Data Converters

数 据 转 换 器

〔意〕 **佛朗哥·马洛贝蒂** 著
Franco Maloberti

University of Pavia , Italy

程 军 陈贵灿 等 译

西安交通大学出版社
XI'AN JIAOTONG UNIVERSITY PRESS

Translation from the English language edition:

Data Converlers by Franco Maloberti

© **2007 Springer**

Springer is a part of Springer Science＋Business Media

All Rights Reserved

陕西省版权局著作权合同登记号　图字 25－2010－098 号

图书在版编目(CIP)数据

数据转换器/(意)马洛贝蒂(Maloberti,F.)著;程军,陈贵灿
等译.—西安:西安交通大学出版社,2013.7(2025.1 重印)
　ISBN 978－7－5605－5213－2

　Ⅰ.①数… Ⅱ.①马… ②程… ③陈… Ⅲ.①数-模转换器
-研究生-教材 Ⅳ.①TP335

中国版本图书馆 CIP 数据核字(2013)第 090666 号

书　　　名	数据转换器	
著　　　者	〔意〕佛朗哥·马洛贝蒂	
译　　　者	程　军　陈贵灿等	

出版发行	西安交通大学出版社
地　　址	西安市兴庆南路 1 号交大出版大厦(邮编:710048)
网　　址	http://www.xjtupress.com
电　　话	(029)82668357　82667874(市场营销中心)
	(029)82668315(总编办)
传　　真	(029)82669097
印　　刷	西安日报社印务中心

开　　本	720mm×1000mm　1/16	**印　张**	25.625
字　　数	454 千字		
版次印次	2013 年 7 月第 1 版　2025 年 1 月第 6 次印刷		
书　　号	ISBN 978－7－5605－5213－2		
定　　价	98.00 元		

如发现印装质量问题,请与本社市场营销中心联系。
订购热线:(029)82665248　(029)82667874
投稿热线:(029)82665397
读者信箱:banquan1809@126.com

译者的话

　　数据转换器,包括 ADC 和 DAC,是连接模拟信号和数字信号的桥梁,在数字电路和数字信号处理技术高速发展的今天,集成电路中的数据转换器正越来越显现出其重要性,因为自然界的信号本质上是模拟的。数据转换器的性能通常是 SoC 系统的瓶颈,其性能的高低往往决定了一个电子信息处理系统的性能。近年来,数据转换器电路技术发展迅速,传统结构的 ADC 和 DAC 不断向深亚微米和低电压、低功耗发展,新的技术如数字校准、时间交错、连续时间 $\Sigma\Delta$ 调制、电荷域 ADC 等技术的出现,不断推动数据转换器向更高速、更高精度和更低的功耗方向发展。

　　本书全面介绍了数据转换器的技术规范、体系结构、电路设计和性能测试,融合了模拟信号处理和数字信号处理的相关知识。本书不仅介绍了数据转换器电路方面的内容,更富有特色的是,在行为级对数据转换器进行了建模和定量分析验证,使得读者可以站在比较高的层面来权衡数据转换器电路设计中性能指标的折中,这是以往的数据转换器教科书所缺乏的内容。本书曾用在美国得克萨斯A&M大学、得克萨斯大学和意大利的帕维亚大学作为教材,书中的例题和习题大量使用了 Matlab 和 Simulink 行为级的模型作为仿真验证工具。本书可作为微电子技术和相关专业的高年级本科生和研究生的教科书,也可作为集成电路设计的工程师和科研工作者的参考书。

　　本书由程军组织翻译和审校。全书共9章,程军翻译了前言和第 2、8、9 章,陈贵灿翻译了第 1 章和第 4 章,王红

1

义翻译了第 3 章和第 5 章，张鸿翻译了第 6 章和第 7 章。全书由程军和陈贵灿统稿和初审。中译本对原书中一些排校等方面的错误进行了纠正(在修改处加译者注或右上角加星号＊)。西安交通大学出版社的赵丽平编审在组织筹备和编辑工作中给予了很大的帮助和支持，在此深表感谢。

由于译者水平和经验所限，译文中难免有错误与不当之处，敬请广大读者批语指出。

译者
2013 年 5 月
于西安交通大学微电子学系

2

前言

　　本书的目的是为了帮助学生、工程师和科学家设计和使用数据转换器,这些数据转换器可以是单独的芯片,也可以是用在数模混合集成电路(IC)中的一部分。若用于教学,本书每章都包含许多习题,作为课文内容的实际应用。此外,该书还收录许多例题和插图,概述了研究主题的关键方面。

　　本书的内容大量是来自给大学讲授的数据转换器课程,这些大学包括位于学院站的得克萨斯A&M大学、位于得克萨斯和达拉斯的大学以及近期在意大利帕维亚大学的课程。选修该课程的学生需要模拟电路设计和版图的知识,并熟悉晶体管的工作原理。

　　该书包含九章。第1章涉及正确理解和设计数据转换器的基础知识,通过讲授数据转换器的理论含意,使读者意识到研究数据转换器所使用的近似方法的限制。此外,本章还回顾了用于分析和表征采样数据系统的数学工具。

　　第2章帮助读者正确理解数据转换器的规格参数。本章相应地(suitably)介绍了数据转换器的一般信息、特点以及静态和动态工作极限,这些能帮助读者对已有的器件进行评价和比较,确定新器件的规格参数。本章还对厂商提供的规格中使用到的技术术语进行了明确定义。

　　第3章在考虑电压和电流基准源基本要求之前研究了奈奎斯特率数模转换器的架构,接着讨论了基于电阻和基于电容的数模转换器架构,最后,本章对电流舵数模转换器架构进行了研究,该架构采用单位电流源阵列或者二进制

1

权重电流源阵列,对电流进行切换得到数模转换功能,并在最后简要提及了其他特殊的架构。

第4章涉及奈奎斯特率模数转换器的架构、特点和限制。开始介绍的是全并行架构的ADC,只需要一个时钟周期就可以完成转换,接着是两步转换方案,需要至少两个时钟周期才能完成转换。然后讨论了折叠插值的方法,在研究流水线结构之前,本章还分析讨论了时间交错和逐次逼近算法。最后考虑用于特殊要求的一些技术。

本书假定读者是熟悉基本模拟电路的特点和设计技术,但还是有些特殊功能的电路没有在模拟电路课程中详细介绍。为此,第5章集中研究数据转换器相关的电路,从采样保持(S&H)电路开始,或是双极工艺或者是CMOS工艺实现的。之后是时钟增强技术,可以在非常低的电源电压下增强(或者是使之成为可能)MOS晶体管的开关导通。然后分析了折叠系统中用于电流和电压输入的电路技术。因为许多结构中用到了 V-I 转换器,本章回顾了一般的 V-I 转换的原理。最后介绍了用于控制数据转换器的交叠和不交叠相位时钟的产生方法。

由于不需要精确的工艺就可以达到高的分辨率,过采样转换器在现代混合模数系统中越来越重要了。过采样技术在本书中分两章讨论,第6章从简单的过采样方法开始研究过采样的基本理论。然后讨论通过速度和分辨率的适当折中,从噪声整形和过采样中可以获得的益处。该章回顾了基本原理,出于学习的目的,通过研究一阶和二阶 $\Sigma\Delta$ 调制器的结构给出了调制器的基本原理,这些基本原理在随后的第7章用于更高阶的调制器。除了单级结构外,第7章研究了通常称为 MASH(多级噪声整形)的级联调制器的方案。然后,在讨论带通 $\Sigma\Delta$ 调制器的实现之前,对前面研究过的采样数据 $\Sigma\Delta$ 调制器的连续时间版本进行了讨论,最后简要讨论了 $\Sigma\Delta$ DAC。

第8章涉及提高数据转换器性能的数字技术。当精度和元件匹配的要求比工艺能够提供的精度和匹配更高时,就需要使用数字技术校准或者修正转换器的结构。因此,各种增强转换器预期性能的方法大大帮助了数据转换器设计者。该章研究了误差测量方法,这样使得误差可以在模拟域或者数字域得到校正或者校准。这些方法或者是在线的(转换器可以不间断工作),或者是离线的,有一段时间用于误差测量和校准。该章还研究了通过元件的动态平均技术提高频谱性能的校正技术。

第 9 章讨论数据转换器的测试和性能描述所使用的方法。本章从测试 DNL 和 INL 的静态方法开始,之后讨论动态性能的测试,也就是稳定时间(settling time)、毛刺和谐波失真(distortion)。该章还讨论了静态 ADC 的测试。本章研究不同类型输入的柱状图方法、谐波失真和互调的测试技术。还讨论了在提取器件性能规格参数中如何使用正弦波和 FFT。

本书的一个特点是在提供的许多例题中广泛使用了行为模型。我们相信,通过对结果的数字验证,或者对于数字转换器而言,使用适当精确的模型定量验证其行为和性能,会大大加快学习过程。对电路设计者而言,进行 Spice 仿真是非常重要的,但对于数据转换器,使用更高级的模型是有价值的。本书采用 Matlab 和 Simulink(MathWork 公司)作为行为仿真的基础。所有例题文件均可在网站上下载,更多信息请访问 http://ims. unipv. it。我感谢许多完成行为仿真工作和仔细阅读手稿的学生,他们中有爱德华·多博尼佐尼(Edoardo Bonizzoni),马西米利亚诺·贝罗尼(Massimiliano Belloni),克里斯蒂娜·德拉菲奥雷(Cristina Della Fiore),伊万诺·加尔迪(Ivano Galdi),我特别感谢尼尔·邓肯(Niall Duncan)的出色工作,他审阅了整本书的技术内容,改进了书写风格。

本书的材料深受我与皮耶罗马尔·科瓦蒂(Piero Malcovati)交往的影响,我感谢他对本书的贡献。

意大利帕维亚,2007

佛朗哥·马洛贝蒂(Franco Maloberti)

3

目录

第 7 章　高阶 ΣΔ ADC、连续时间 ΣΔ ADC 和 ΣΔ DAC

第1章

背景知识与基础 [1①]

本章我们将讨论必要的背景知识,以便正确地理解和设计数据转换器。在电子电路中,数据转换器是模拟和数字世界之间的接口。从概念上讲,数据转换器对信号进行转换:从连续时间和连续的幅值转换为离散时间和量化幅值;反之亦然。从本质上讲,这种转换是一种非线性变换。我们将看到,这些数据转换会影响信号的频谱,有时可能会修改信号的信息内容。因此,熟悉数据转换的理论意义,并意识到在研究数据转换器中所使用近似方法的限制是十分重要的。此外,为分析和表征采样数据系统将使用一些数学工具,关于这些工具的适当知识是必要的。

1.1 理想的数据转换器

模拟到数字(A/D)或数字到模拟转换器(D/A)的基本操作可以分解成顺序的简单基本步骤。图 1.1(a)把 A/D 转换器表示为四个功能的级联:连续时间抗混叠滤波、采样、量化和数据编码。在接下来的几节我们将研究:连续时间滤波器为什么是必要的,采样和量化对信号会产生什么样的影响。最后,我们将讨论在数字域表示信号的几种不同的编码方案。

D/A 转换器实现两个基本功能:一是码转换阶段,把数字输入转换成等价的模拟信号;另一个是对模拟信号的重建。我们将看到,重建的作用是去除采样数据模拟信号的高频成分。如图 1.1(b)所示,重建信号用两个步骤完成:采样与保持和紧跟着的一个低通重建滤波器。我们将在本章的稍后几节研究 D/A 功能的有关特性。 [2]

---

① 此数字为原版书页码,以下类推。

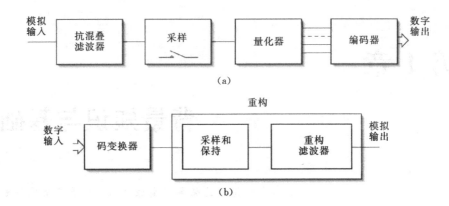

（a）

（b）

图 1.1　A/D 转换器（a）和 D/A 转换器（b）的基本功能框图

1.2　采样

采样器把一个连续时间信号转换成其采样数据的等效。理想情况下，采样器产生一个 δ 函数（译者注：即单位冲激函数）的序列，序列中每个 δ 函数的值等于相应采样时间的信号幅度。对于周期为 T 的均匀采样，采样器的输出为

$$x^*(t) = x^*(nt) = \sum x(t)\delta(t - nT) \tag{1.1}$$

图 1.2 显示了一个连续时间信号的波形和由此产生的采样的数据信号。正如式（1.1）描述的，该采样数据的形式是通过对加权的 δ 函数进行叠加得到的。然而，实际的电路不能产生 δ 函数，而是产生一定持续时间的脉冲，该脉冲的幅值等于输入信号在采样时刻的值。不管脉冲的形状和持续时间如何，该脉冲只是用来表示在准确的采样时间（nT）的输入。

式（1.1）概述了采样操作中固有的非线性：输入信号与 δ 函数序列相乘（注意，乘法是一种非线性操作）。因此，如图 1.3 所示，对信号进行采样相当于该信号与 δ 序列的混频。

3

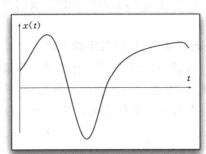
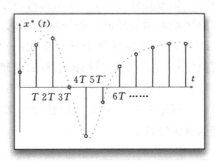

图 1.2　连续时间信号（左）和采样数据表示（右）

而且,用混频器来表示采样器是十分有用的,因为这有助于理解在欠采样模式下工作的数据转换器。

无限的 δ 函数序列的拉普拉斯变换由下式给出:

$$\mathscr{L}\left[\sum_{-\infty}^{\infty}\delta(t-nT)\right]=\sum_{-\infty}^{\infty}\mathrm{e}^{-nsT} \tag{1.2}$$

应用式(1.1),(1.2)和拉普拉斯变换的定义,其结果为

$$\mathscr{L}\left[x^{*}(nT)\right]=\sum_{-\infty}^{\infty}X(s-\mathrm{j}n\omega_{\mathrm{S}})=\sum_{-\infty}^{\infty}x(nT)\mathrm{e}^{-nsT}, \tag{1.3}$$

该式对采样输出的拉普拉斯变换给出了两个有用的表达式:右手等式将用来讨论 s 平面与 z 平面之间的关系;另一个等式则表明,$x^{*}(nT)$ 的频谱是输入信号频谱进行无限复制后的叠加。这些复制的频谱的中心处在沿 f 轴移动采样频率倍数的地方,即位于 $nf_{\mathrm{S}}(=n/T)$ 处,其中 $n=0,\pm1,\pm2,\cdots$。因此,采样后的频谱是周期性的,周期为 f_{S}。

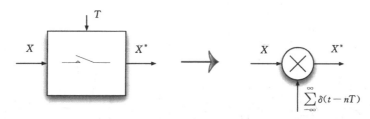

图 1.3 理想的采样器及其非线性等效处理

注意,从带宽有限的输入信号的频谱转换成无限复制的频谱再次揭示了采样的非线性本质。

假设输入信号的双边频谱如图 1.4(a)所示,在 f_1 和 f_2 处显示两个峰,频率超过 f_{B} 的频谱消失。图 1.4(b)给出了一种可能的采样后的频谱。图中的采样频率大于 2 倍的 f_{B},因此,复制的频谱并不互相干扰。这种情况是有益的:原信号带宽内的采样后的频谱完全等于图 1.4(a)中的频谱,因而通过滤波恢复出原连续时间信号是可行的。

当采样频率小于两倍的输入信号带宽时,图 1.4(c)显示了将会发生的情况。复制的频谱产生部分交叠,改变了频谱。请注意,图 1.4(c)的频谱在 $f_{\mathrm{S}}/2$ 处不为零。而且,在 f_2 的谱峰已发生了变化,其幅度也增加了。因此,频谱的改变使其无法保存住连续时间的各种特性。

上述讨论提醒我们,采样理论指出的是:一个带限信号 $x(t)$(其傅里叶频谱 $x(\mathrm{j}\omega)$ 在角频率 $|\omega|>\omega_{\mathrm{S}}/2$ 的地方为零)由均匀采样的 $x(nT)$ 序列完全描述,其中 $T=2\pi/\omega_{\mathrm{S}}$。该带限信号 $x(t)$ 可通过下式重建

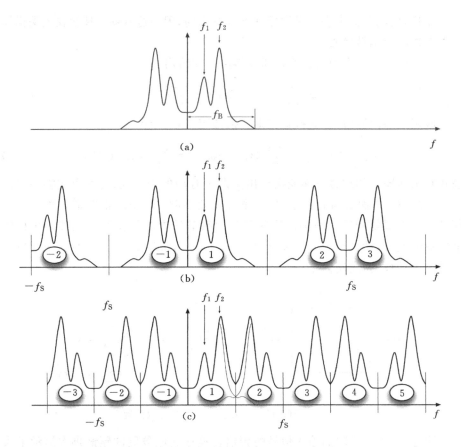

图 1.4　(a)一个连续时间信号的双边频谱;(b)以 $f_S/2 > f_B$ 采样后的频谱;
　　　　(c)以 $f_S/2 < f_B$ 采样后的频谱

$$x(t) = \sum_{-\infty}^{\infty} x(nT)\,\frac{\sin(\omega_S(t-nT)/2)}{\omega_S(t-nT)/2}, \tag{1.4}$$

这是输入 $x(nT)$ 与 $\sin(\omega_S t)/(\omega_S t)$ 的卷积,后者是频谱宽度为 ω_S 的一个脉冲的拉普拉斯逆变换。

采样频率的一半,$f_S/2 = 1/(2T)$,通常称为奈奎斯特频率。频率间隔 $0 \sim f_S/2$ 被称为奈奎斯特频带(或基带),而频率间隔,$f_S/2 \sim f_S$,$f_S \sim 3f_S/2$,…,被称为第二、第三奈奎斯特区间,等等。由于在所有奈奎斯特区间的频谱都是相同的,所以只专注于 $0 \sim f_S/2$ 的基带就足够了。当考虑双边谱时,频率范围变为 $-f_S/2 \sim f_S/2$。

前面曾经提到,如果采样频率至少是输入信号带宽的两倍,则重复的频谱不会交叠。然而,不仅对于信号,而且对噪声和干扰而言,该条件都必须得到满足。

噪声的频谱是不可预知的,可以在任何频率都有分量。这种情况对干扰同样是正确的。因此,有必要消除带外干扰,因为它折叠到带内的频谱会破坏信号频带。在采样器前放置的滤波器可以达到这个目的。滤波器的频率响应必须使带内的信号通过,并抑制带外干扰。这种类型的滤波器称为抗混叠滤波器,我们很快就会讨论它的特性。

例 1.1

用计算机模拟来验证采样的影响。在采样得到的数据域中进行研究,但采用非常高的采样频率。如果以这种方式工作,相对于信号频带而言,奈奎斯特区间变得非常大,而且,采样数据系统的工作几乎像一个连续时间系统。

解

为了研究采样的影响,我们需要一个合适的输入信号:它必须是带限的,即其频谱在给定的频率应消失。产生这种信号的一个简单方法是:对一些正弦波进行叠加。然而,如果输入信号的频谱是由离散的线谱组成的,这不利于本研究。采用频谱在给定范围的信号则更好。出于这个原因,本例使用如图 1.5 所示的截断 sinc(即 $\sin(\omega t)/(\omega t)$ 函数。该信号的持续时间是从 0 到 1 秒,当 $t > 1$ 秒时信号为零。请注意,在时间窗的两个边界该函数值为零;ωt 范围从 -4π 到 4π。

本仿真在 1 秒内采样了 2048 个点,其奈奎斯特频率为 1024 Hz。图 1.6 显示了截断 sinc 波形的频谱。虽然频谱是不规则的,但它有一个形状类似长方形的频谱,并在 15 Hz 处(第 16 号频率窗口(bin))逐渐减小。这是建立适当的输入信号的基础。Ex1_1 Matlab 代码所做的工作是,分别用几个纯正弦波对截断的 sinc 波进行调制。四个被截断的、并被调制了的正弦波加权叠加后产生如图 1.7 所示的频谱。该图在 3 Hz 处有一个大的频率分量,在 11 Hz,13 Hz 处有两个幅度接近的分量,以及在 17 Hz 处的一个小幅度的频率分量。该信号的带宽是 30 Hz,所以根据采样定理,应以 $f_s > 60$ Hz 的频率对它进行采样。

图 1.8 显示了,以 32 Hz 的低频率采样时所发生的情况。在 17 Hz 的频谱已被折叠在 15 Hz,但其效果并不很容易看到。然而,在 13 Hz 频率分量的幅度上升了,变得比 11 Hz 的幅度更大。而且,在奈奎斯特频率处频谱不会变为零。

读者可以自行验证,当奈奎斯特条件满足时该频谱的形状是什么样。

6
≀
8

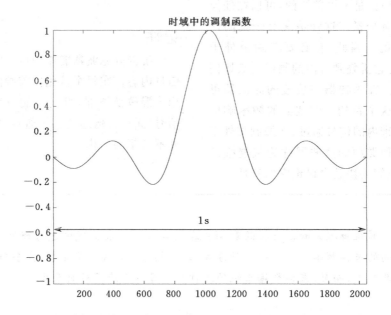

图 1.5　截断的 $\sin(x)/x$ 函数（2048 个采样点）

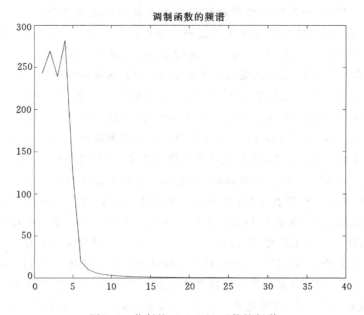

图 1.6　截断的 $\sin(x)/x$ 函数的频谱

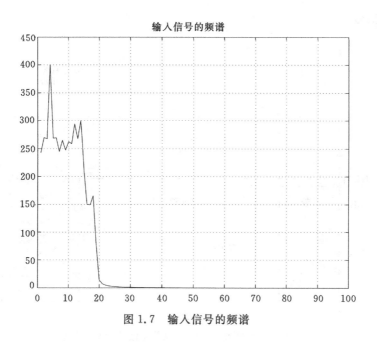

图 1.7 输入信号的频谱

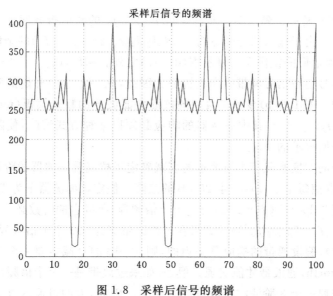

图 1.8 采样后信号的频谱

我们已经讨论了,如何利用采样器之前的连续时间滤波器来避免杂散信号折叠到有用信号的频带内。也就是说,为了使信号不失真,抗混叠的频率响应必须从 0 到 f_B 是平坦的;在此之外,必须用所要求的抗混叠衰减来抑制各种有害

9 的杂散信号。

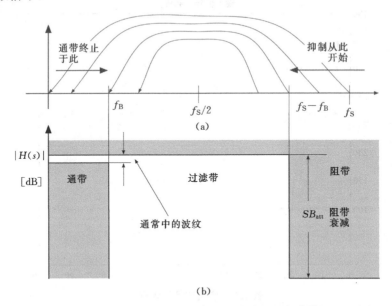

图 1.9　(a)混叠效应;(b)抗混叠滤波器的频谱模板

图 1.9(a)显示了第二奈奎斯特区间 $f_S/2 \sim f_S$ 的频谱折叠回第一奈奎斯特区间的情况。由于输入信号带宽为 f_B,在区间 $f_S/2 \sim (f_S - f_B)$ 的杂散信号是不重要的,因为他们的镜像在信号范围($0 \sim f_B$)之外。相反,$(f_S - f_B) \sim f_S$ 范围的各种杂散信号会在信号频带内产生镜像。因此,从 $(f_S - f_B)$ 开始的阻带衰减必须是有效的。图 1.9(b)显示了典型的抗混叠滤波器的频谱模板(mask)。过渡带是 $f_B \sim (f_S - f_B)$,在其中滤波器的响应必须以某种方式滚降,使阻带开始处的衰减变为所要求的 A_{SB}。

过渡带的宽度和阻带中所要求的衰减确定了抗混叠滤波器的阶数。我们知道,一个极点使每十倍频程产生 20 dB 的滚降。假定该滤波器全为极点,由于过渡区的带宽是 $\log 10[(f_S - 2f_B)/f_B]$ 个十倍频程,所以它的阶数必须是 $A_{SB}|\text{dB}/\{(20\log 10[(f_S - 2f_B)/f_B])\}$。如果在过渡区带宽为 0.3 个十倍频程(即一个倍频程 octave),假设通带的响应是平坦的,则 48 dB 的衰减需要一个 8 阶巴特沃兹(Butterworth)滤波器才能实现。但是,如果过渡带是一个十倍频程,则 60 dB 的衰减只需要一个 3 阶滤波器就可以实现了。因此,大的过渡区极大地简化了抗混叠滤波器的设计。但是,增大过渡区必然要求更高的采样频率,要求更高速的电路来进行采样及所需的模拟和数字的信号处理。

该抗混叠滤波器的设计是至关重要的,因为它是在转换链中的第一个模块,

而该级的有限的性能会影响整体转换器的精度。因此,所用的抗混叠滤波器必 10
须具有以下性能:低的谐波失真,较大的输出摆幅和低噪声等。

1.2.1　欠采样(Undersampling)

欠采样利用折叠的方法,把频率分量高于奈奎斯特区间边界($f_S/2$)的信号
折叠到信号的基带中。该技术通常用来把高频的频谱引入到基带。该方法也被
称为谐波采样、基带采样、中频采样和中频到数字的转换。

图 1.10 用两个例子说明了这种方法。图 1.10(a)中的信号频谱从 f_L 扩展
到 f_H,如果上限(f_H)大于两倍的信号频带(f_H-f_L),那么就可以使用这样的采
样频率 f_S:使 $f_S>f_H$,而且 $f_S/2<f_L$。这样的采样把信号频谱限制在第二奈奎
斯特区间。并且,由于混叠,输入信号频谱的整个副本频谱被放进了基带。图
1.10(b)表明,基带中这个副本频谱是由负的输入信号频谱通过平移 f_S 得到的;

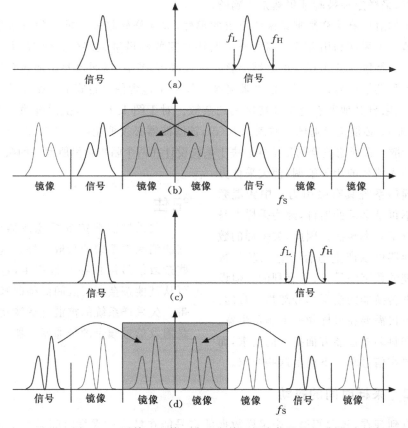

图 1.10　对第二和第三奈奎斯特区间中信号的欠采样

11 同时,正的输入信号频谱在平移 $-f_s$ 后产生负的镜像频谱。因此,基带变成为原信号频谱被镜像后的模式。

图 1.10(c) 显示了另一个可能的情况。输入信号频带和采样频率的关系使得第三奈奎斯特区间完全地包围住了输入信号的频谱。采样的操作会通过平移 $-f_s$ 使输入频谱的一个副本进入基带。负基带($-f_s/2\sim0$)中的镜像来自负的输入信号频谱,是通过移动 f_s 得到的。图 1.10(d) 显示了采样后的结果。由于基带内的镜像频谱来自第三奈奎斯特区间,所得到的输入信号的复制频谱就不是由镜像得到的。

图 1.10 考虑的两种情况中,输入信号是带限的,而且其频带均在一个奈奎斯特区间之内,被复制的频谱之间并不相互交叠。因此,尽管伴随着频谱的镜像,输入信号的信息内容保持不变。这一观察结果显示采样定理的一个延伸的推论:即使信号频带处在高的奈奎斯特区间,如果输入信号的带宽小于采样频率的一半,采样定理被验证仍然是正确的。

正如对所有采样数据系统所要求的那样,欠采样转换器之前必须有抗混叠滤波器。欠采样利用混叠使高的奈奎斯特区间的频谱进入基带。然而,来自其他奈奎斯特区间的干扰也可以被混叠而进入基带,或者,基带本身可能包含不希望的各种杂散信号。抗混叠滤波器必须去掉除了包含信号带宽的奈奎斯特区间之外的、来自其他所有奈奎斯特区间的杂散。对于图 1.10(a),抗混叠滤波器从 $f_s/2$ 到 f_s 必须是带通的。对图 1.10(c),该滤波器必须抑制($f_s\sim3f_s/2$)范围之外的杂散。带通滤波器的复杂性取决于系统设计在两个阻带边沿所允许的余量。

输入信号的相干解调,使欠采样方法对通信系统具有吸引力。中频混频器已不再是必须的器件,因为采样本身就进行了频率转换。因此,欠采样的数据转换器可以产生适合于直接基带数字处理的数字信号,这是有利的。但设计数据转换器的模拟部分却是困难的:电路不仅需要在采样频率下满足带宽、失真和抖动等性能方面指标的要求,而且还要在信号频率下满足这些要求。

记住

欠采样需要抗混叠滤波器!它能消除不希望的杂散信号。这些杂散信号可以在基带产生,也可从其他奈奎斯特区间混叠回基带。欠采样系统的抗混叠滤波器是遍及信号频带的带通滤波器。

12 ## 1.2.2 采样时间的抖动

直到现在,我们假设一个采样数据的信号能在精确的采样时间条件下重新产生输入信号。对于理想采样这是正确的,但在实际情况下,采样会受到时钟的不确定性的影响。此外,产生采样相位的逻辑与有效采样之间的延时在一定程度上是不可预测的。这两方面影响的结合决定了在采样瞬间的实际抖动。图1.11 显示了带抖动的采样例子。一个正的采样时间误差 $\delta(0)$,会影响在时间 $t=0$ 的采样值,信号是上升的,因此采样数据的误差 $\Delta X(0)$ 是正的。在下一个样本中,采样的不确定性 $\delta(T)$ 还是正的,但输入信号的负导数导致了负的 $\Delta X(T)$ 的误差。在时间 $2T$ 的时刻,即使 $\delta(2T)$ 的值较大,信号的平坦特性也使采样数据的偏差可以忽略。最后,负的 $\delta(3T)$ 和上升的输入信号在 $3T$ 时刻产生了负的误差。因此,采样的抖动对采样后得到的信号值的影响是通过误差体现的,这种误差同时取决于抖动和输入信号对时间的导数。

对于正弦波 $X_{in}(T)=A\sin(\omega_{in}t)$,误差 $\Delta X(nT)$ 由下式给出

$$\Delta X(nT) = A\omega_{in}\delta(nT)\cos(\omega_{in}nT) \tag{1.5}$$

它是一个离散量,等于 $\delta(nT)$ 乘以 $A\omega_{in}$ 倍 *,并且被频率为输入频率的余弦函数调制。

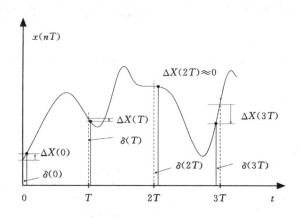

图 1.11 采样时间的抖动引起的误差

假定 $\delta(nT)$ 是一个随机变量 $\delta_{ji}(t)$ 的采样;误差 $\Delta X(nT)$ 是 $x_{ji}(t)$ 的采样, $x_{ji}(t)=\delta_{ji}(nT)\omega_{in}X_{in}(t)$(不考虑由余弦导致的 90°相移)。而且,如果 $\delta_{ji}(t)$ 是白噪声,则 $x_{ji}(t)$ 的频谱也是白噪声,因为余弦调制对白噪声频谱没有任何影响。因此,这个简单的研究得出了随机抖动的模型是:随机抖动可以被认为是在理想采样之前附加到输入信号的一个白噪声源 $x_{ji}(t)$。

以上就是 A/D 转换器精度的第 1 个明确的限制。不久我们将看到,其他噪声源(无论是基波产生的,还是由非理想特性产生的)会进一步影响数据转换器的性能。

抖动误差 $x_{ji}(t)$ 的功率是

$$< x_{ji}(t)^2 > = < [A\omega_{in}\cos(\omega_{in}nT)]^2 > < \delta_{ij}(t)^2 > \tag{1.6}$$

这使得

$$< x_{ji}(t)^2 > = \frac{A^2\omega_{in}^2}{2} < \delta_{ij}(t)^2 > \tag{1.7}$$

输入余弦波的功率为 $A^2/2$。作为结果,信号与噪声之比(SNR)是

$$SNR_{ji,\text{dB}} = -20\log\{< \delta_{ij}(t) > \omega_{in}\} \tag{1.8}$$

图 1.12 所示的是,要得到给定的 SNR、时钟抖动相对于所需的输入信号频率的关系。从图可见,对于大的信噪比和高的信号频率,时钟抖动必须在 ps(皮秒)量级中的很小部分。例如,对 100 MHz 的输入正弦波要实现 SNR＝90 dB,要求的时钟抖动为 50 fs(飞秒)!

> **注意**
>
> 对一个 20 MHz 的正弦波进行采样,72 dB 的信噪比(SNR),至少要求抖动小于 2 ps(皮秒)。如果频率增大 10 倍,则时钟抖动必须减小 10 倍。如果系统要求 SNR 增加 6 dB,则时钟抖动的性能必须提高 2 倍。

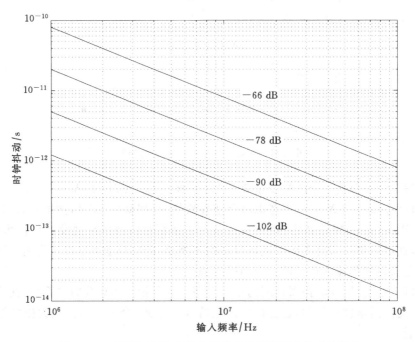

图 1.12　不同的 SNR 和输入频率条件下所要求的时钟抖动

例 1.2

一个 100 MHz 的时钟频率的采样数据系统,必须达到 $SNR=80$ dB。如果 $f_{in}=20$ MHz,总噪声的 20% 分配给抖动噪声,输入信号的满刻度振幅为 1 V。当输入信号的频率扩展到第二奈奎斯特区间时,请估算 SNR 减少了多少。

解

总噪声功率是 $1/(2\times10^{SNR/10})=0.5\times10^{-8}$ V^2。因此,在输入信号频率为 20 MHz 时的抖动噪声功率为 0.1×10^{-8} V^2,得出的时钟抖动是 5×10^{-13} s。

总噪声功率由两部分组成:与频率无关的部分和抖动的贡献。因此,与输入频率有关的噪声为

$$v_n^2 = 0.4\times10^{-8} + 0.1\times10^{-8}\left[\frac{f}{20\times10^6}\right]^2 \tag{1.9}$$

Matlab 文件 Ex1_2.m 提供所需的代码来研究这个问题,并绘制了信噪比的插图。图 1.13 显示了结果。信号的频率低于 20 MHz 时,信噪比大于 80 dB,因为抖动噪声的贡献小(在非常低的频率下几乎为零)。在 20 MHz 频率下,预期的信噪比是 80 dB。在较高频率下抖动噪声成为主要的噪声,在奈奎斯特频率下 SNR 损失 3 dB。在第二奈奎斯特区间这种影响更加明显,SNR 从 77 dB 下降到 72.5 dB。假设 1 dB 的损失是可以接受的,可用的输入信号频带只有 0.6 倍的奈奎斯特频率间隔。

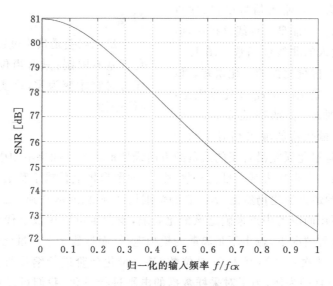

图 1.13　抖动噪声引起 SNR 的降低

以上的观察也表明,这种采样器对欠采样是不适用的:抖动噪声在第一奈奎

斯特区间是可以接受的,但在其他奈奎斯特区间会变得太大。

1.3 幅度的量化

幅度量化把采样数据信号从连续电平转换成离散电平。量化器的动态范围被分为许多相等的量化间隔,其中的每一个间隔均用一个给定的模拟幅度来表示。量化器把输入信号的幅度改变成一个数值,该数值表示输入信号处在哪个量化间隔。通常,表示某个量化间隔的数值指的是该间隔的中点,在某些情况下,该间隔的上限或下限,也表示同一个间隔。

假设的 $X_{FS} = X_{max} - X_{min}$ 是量化器的量化范围,M 是量化间隔的数目,则每个量化间隔的幅值或量化步长 Δ 为

$$\Delta = \frac{X_{FS}}{M} \tag{1.10}$$

由于第 n 个间隔的中点 $X_{m,n} = (n+1/2)\Delta$ 代表了所有位于该间隔的输入幅度,因此对输入电平进行量化,除 $X_{m,n}$ 电平外,其他电平都会导致误差。这被称为量化误差,ε_Q,量化器的输出 Y 与输入 X_{in} 的关系是

$$Y = X_{in} + \varepsilon_Q = (n+1/2)\Delta; \quad n\Delta < X_{in} < (n+1)\Delta \tag{1.11}$$

16 图 1.14(a)图示出了量化过程:量化误差 ε_Q 附加到输入信号中,以便得到量化输出。相加是一种线性操作,但相加项是输入的非线性函数。图 1.14(b)画出了 3 位量化器的量化误差。该量化器表明,量化误差 ε_Q 变化范围是:从 $-\Delta/2$ 到 $\Delta/2$。动态范围($X_{min} \sim X_{max}$)以外,量化器的输出相对于两个

注意

量化误差是量化过程不可避免的基本限制:只有当位数趋于无穷时它才变为零,这实际上是行不通的。

边界饱和,且量化误差沿着正的或负的方向线性地增加。如果不用中点,而是用两个边中的一个来代表某个量化间隔,则 ε_Q 的图形将上移或下移 $\Delta/2$。在动态范围内 ε_Q 的最大变化仍然是 Δ,但它的范围从 0 到 Δ、或从 0 到 $-\Delta$。

如果不用间隔的中点来确定该量化间隔,我们也可以用数字代码表示这个间隔。在这种情况下,输出不是离散的模拟电平,而是数字字。量化间隔数的数字通常是 2 的次幂,2^N;其中 N 是位数,是对量化台阶进行编号所要求的。因此,以图 1.14(b)为例,为了对采样数据的电平进行量化,我们可以使用中间点模拟值,也可以使用从 0 到 7 的十进制符号或二进制 3 位代码。所有这些表示方式显然是等价的。

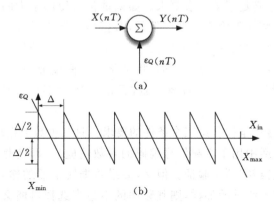

图 1.14　(a)输入信号加量化误差得到量化输出;(b)3 位数据转换器的量化误差

17

1.3.1　量化噪声

前面的小节表明,量化操作对应于量化误差与输入信号的相加。大的量化误差会降低量化器保持信号特性方面的性能,这是电子噪声损坏模拟系统所发生的情况。众所周知,噪声的影响可以通过信号与噪声比(SNR)进行量化,SNR 由下式定义

$$SNR \mid_{dB} = 10 \times \log \frac{P_{sign}}{P_{noise}} \tag{1.12}$$

其中 P_{sign} 和 P_{noise} 分别是信号的功率和在相关带宽内的噪声功率。

在研究量化操作的影响时,使用信噪比的概念是非常方便的。如果可以把量化误差视为噪声,这也是唯一可行的方法。但是,当某种输入导致的量化误差并不是噪声时,该方法并不适用。例如,一个直流(dc)输入会产生一个恒定的量化误差,而且,如果一个输入信号的幅度被保持和束缚在同一个量化间隔内,则量化误差只是输入的一个平移了的副本,导致的误差频谱与只有直流项的信号频谱不同。相反,对经常穿越量化起点的信号能很好地进行量化操作,量化编码的频繁变化可以对量化误差的连续采样起着去相关的效果,因而扩展频谱,使量化误差与噪声十分相似。因此,振幅大、不断变化的信号是量化所希望的信号,它能使量化误差成为所期望的、类似噪声的表述。

把上述定性讨论正式地规定为下列必要的条件:

- 所有的量化电平以相等的概率出现;
- 使用了大量的量化电平;
- 量化步长是完全相同的;
- 量化误差与输入信号不相关。

大的输入信号满足了第一项要求。如果量化器使用了大的位数,则第二个条件也符合,许多情况下确实如此。但是,数据转换器中重要的一种($\Sigma\Delta$)采用很少的量化电平,往往只有两个电平:1 位。因此,对 $\Sigma\Delta$ 结构,将量化描述成加性噪声的第二个条件不能成立。然而,将量化误差假设成噪声获得的益处是如此有意义,使得设计师只要适当地注意,无论如何就都可以使用噪声近似的方法。

大多数量化器完全符合第三个条件的要求。只有少数数据转换器使用非线性响应(例如在电话中用于音频信号编码的对数响应)。即使是最后一个条件,在正常情况下也已经得到了验证。但是,如果数据转换器的输入信号是一个正弦波,正如通常用于测试的那样,则其频率的不适当选择可能会产生问题:当采样频率与输入正弦波频率的比值为有理数时,量化噪声变成与输入相关了。

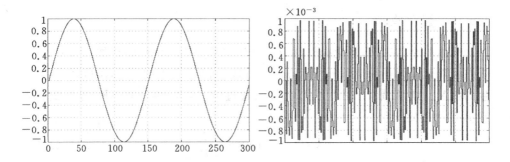

图 1.15 　$f_\mathrm{s} = 150 f_\mathrm{in}$ 条件下,已量化的信号(左)和量化误差(右)

图 1.15 显示了一个 10 位量化的信号及其量化噪声,$f_\mathrm{s}/f_\mathrm{in}$ 比值是 150。由图可见,信号摆幅在 ±1 范围内,而量化误差为 $\pm1/1024$。此外,该误差显示出周期性的图形。误差与输入信号之间的结果相关性证实了在做测试时必须对正弦波频率进行正确选择的建议。关于这一点,很快就会进行详细讨论。

1.3.2　量化噪声的性质

以下两个关键性质描述了任何噪声发生器的特性:时间平均功率和噪声功率谱。噪声功率谱描绘了时间平均功率在整个频率上如何分布。量化噪声也是一种采样数据信号,所以它也含时间平均功率,而且其频谱只在奈奎斯间隔内是有意义的。

估计量化误差的时间平均功率时,假定,在 $-\Delta/2 \sim +\Delta/2$ 范围内概率分布函数 $p(\varepsilon_\mathrm{Q})$ 是一个常数,而在此范围外为零。在前一节中给出的第一个条件证明了这一假设。此外,$|\varepsilon_\mathrm{Q}|$ 始终小于 $\Delta/2$。由于概率分布函数在无限范围 $-\infty$

～∞的积分等于 1，所以

$$p(\varepsilon_Q) = \frac{1}{\Delta}, \quad 对于 \ \varepsilon_Q \in -\Delta/2 \cdots \Delta/2 \tag{1.13}$$

$$p(\varepsilon_Q) = 0, \quad 其他情况$$

ε_Q 的时间平均功率为

$$P_Q = \int_{-\infty}^{\infty} \varepsilon_Q^2 \cdot p(\varepsilon_Q) \mathrm{d}\varepsilon_Q = \int_{-\Delta/2}^{\Delta/2} \frac{\varepsilon_Q^2}{\Delta} \mathrm{d}\varepsilon_Q = \frac{\Delta^2}{12} \tag{1.14}$$

19

正如所料，量化噪声的时间平均功率随着位数的增加而降低，而且它与量化步长的平方成正比。使用式(1.14)和信号功率，我们可以计算信噪比 SNR。我们考虑正弦波或三角波输入的情况。由于正弦波或三角波在 X_{FS} 动态范围内的最大振幅是 $X_{FS}/2$，最大振幅的正弦波功率为

$$P_{sin} = \frac{1}{T} \int_0^T \frac{F_{FS}^2}{4} \sin^2(2\pi ft) \mathrm{d}t = \frac{X_{FS}^2}{8} = \frac{(\Delta 2^n)^2}{8} \tag{1.15}$$

最大振幅的三角波功率为

$$P_{trian} = \frac{X_{FS}^2}{12} = \frac{(\Delta 2^n)^2}{12} \tag{1.16}*$$

因此，由上两式和(1.14)式，可得

$$SNR_{sine}\big|_{dB} = (6.02n + 1.76)\mathrm{dB} \tag{1.17}$$

$$SNR_{trian}\big|_{dB} = (6.02n)\mathrm{dB} \tag{1.18}$$

式(1.17)和(1.18)，在可达到的最大信噪比与量化位数之间建立了十分有用的关系。结果表明，每提高一位的分辨率可提高 6.02 dB 的信噪比。另外，每增加 1 位，量化噪声的功率减小 4 倍。

以上信噪比的计算只考虑了量化噪声。在实际电路中的无源和有源元件的电子噪声会产生额外的噪声。此外，在高频率下电路的动态性能会恶化；速度的局限性会引起误差，在某些情况下，这可以被视为另一类型的噪声。与此相反，我们将很快看到，许多

保持注意

分辨率每增加一位可提高 6.02 dB 的信噪比。因此，量化误差的功率降低 4 倍。

应用中只使用比奈奎斯特区间小得多的信号频带。由于有用信号频带中只包含了总量化噪声功率的一小部分，因此信噪比可以变得很高。

在影响实际的数据转换器方面，上述的分析使噪声包含了更大的范围。这就解释了，往往更广泛地使用式(1.17)和(1.18)来定义等效位数(ENB：equivalent number of bits)的原因。对于正弦波或三角波的输入信号，我们有

$$ENB_{\text{sin}} = \frac{SNR_{\text{tot}} \mid_{\text{dB}} - 1.76}{6.02}, \tag{1.19}$$

$$ENB_{\text{triang}} = \frac{SNR_{\text{tot}} \mid_{\text{dB}}}{6.02} \tag{1.20}$$

其中 SNR_{tot} 是考虑了转换系统对信号频带产生影响的所有噪声情况下的信噪比。

我们已经注意到,采样时间的不确定性可以用白噪声描述,从而增加了总噪声功率。因此,抖动和其他可能的噪声源会减少等效位数。考虑一个 N 位量化器和对一个输入频率为 f_{in} 的正弦波采样中 δ_{ji} 抖动产生的影响。如果振幅为 $X_{\text{FS}}/2$,那么 $P_{ji} = 1/2(X_{\text{FS}} \cdot \pi f_{\text{in}}\delta_{ji})^2$ *。等效位数变为

$$ENB = \frac{-10\log(4\pi^2 f_{\text{in}}^2 \delta_{ji}^2 + 2/3 \times 2^{-2N}) - 1.76}{6.02} \tag{1.21}*$$

图 1.16 是式(1.21)在亚皮秒抖动、$N=12$ 和 $N=14$ 条件下绘出的结果。该信号的频率从 40 MHz 到 200 MHz。类似于在例题 1.2 中得到的结果,如果抖动增加,则 ENB 将减小,请注意,量化器中更高分辨率的优势会迅速消失。对于 $N=14$ 和 $N=12$ 的曲线比较,前者的 ENB 下降得更快;而在大抖动的条件下,这两个性能几乎相等。因此,要获得高的分辨率,高位量化器的使用是不够的:高位必须伴随着对所有噪声源的严格控制。

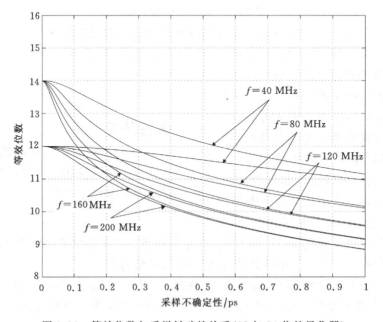

图 1.16 等效位数与采样抖动的关系(12 与 14 位的量化器)

量化噪声的另一个关键性质是功率谱。正如已经提到的,它表示噪声功率在奈奎斯特区间中如何散布。回想一下,功率谱是自相关函数的拉普拉斯变换。对采样数据信号

$$P_\varepsilon(f) = \int_{-\infty}^{\infty} R_\varepsilon(\tau) e^{-j2\pi f\tau} \mathrm{d}\tau = \sum_{-\infty}^{\infty} R_\varepsilon(nT) e^{-j2\pi fnT} \qquad (1.22)$$

不幸的是,式(1.22)无济于事,因为不容易找到代表量化误差自相关的表示式。

我们可以做的是,得到自相关函数的近似估计。其中有理由使用量化噪声的一个条件是:输入信号的幅度是频繁变化的。该条件使相邻样本之间的量化误差显示出很小的相关。因此,我们可以假定:当 $|n| > 0$ 时自相关函数 $\mathrm{Re}(nT)$ 迅速趋于零。由于 $\mathrm{Re}(nT)$ 是一个采样数据函数,我们只考虑 $\mathrm{Re}(0)$ 是合理的:在时域中自相关变为单位冲激,频谱变得与频率无关,因为单位冲激的拉普拉斯变换是一个常数。因此,功率谱密度是功率为 $P_Q = \Delta^2/12$ 的白噪声在遍及单边奈奎斯特区间 $0 \cdots f_s/2$ 中的均匀分布。单边功率谱为

$$p_\varepsilon(f) = \frac{\Delta^2}{6f_s}; \text{这能满足} \int_0^\infty p_\varepsilon(f)\mathrm{d}f = \Delta^2/12 \text{ 的条件} \qquad (1.23)$$

对于双边频谱,功率 P_Q 在双频率间隔($-f_s/2 \sim f_s/2$)中分布,而且功率谱 $p_\varepsilon(f)$ 变为 $\Delta^2/(12f_s)$。

总之,如果量化符合特定的要求,那么量化过程可以使用具有白噪声谱的加性噪声进行描述。这种近似很有效,因为如图 1.14 中的非线性项输入的加法变成了白噪声谱的线性项的加法。如图 1.17 所示,输入谱和噪声谱

> **记住**
>
> 量化噪声的功率谱在整个奈奎斯特间隔是白色的。单边谱表达式的幅度为 $\Delta^2/(6f_s)$;双边谱的表达式的幅度为 $p_\varepsilon(f) = \Delta^2/(12f_s)$。

22

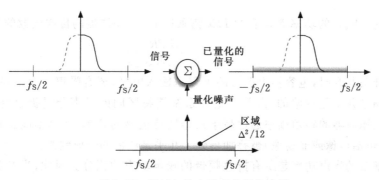

图 1.17　通过加性白噪声为量化建模

的叠加可得到量化信号的频谱。对线性系统,就可以使用拉普拉斯变换或对采样数据系统而言,使用 $\mathscr{L}$ 变换。

1.4 kT/C 噪声

量化噪声是数据转换器的基本限制。另一个不可避免的限制是 kT/C 噪声,它出现在所有实际的采样数据系统中,因为它的产生是由于不可避免的、与采样开关相关的热噪声。显然,只有在采样电容值无限或工作温度为零的条件下 kT/C 噪声才趋于零。这就是为什么把它作为任一实际采样数据系统的基本限制的原因。

采样器的工作可以用图 1.18(a)所示的简化电路进行建模。输入电压 V_{in} 通过开关对采样电容充电。保持时 * 开关断开,从而保持住电容两端的输入电压值。图 1.18(b)中的电阻 R_S 表示两个电阻的串联:开关的导通电阻与信号产生器的输出电阻。我们注意到:如果时间常数 $\tau_S = R_S C_S$ 相对于采样时间可以忽略不计(使系统能达到时不变情况的条件),则采样可以正确地进行;而且,输入信号的带宽必须远小于 $1/\tau_S$。

图 1.18(b)提供了噪声估算的等效电路。由 R_S 贡献的热噪声谱是白色的,$v_{n,R_S}^2 = 4kTR_S$。此外,$R_S C_S$ 网络建立了一个低通滤波,它使电容两端的噪声谱

23

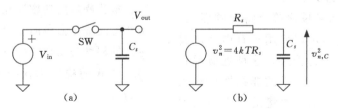

图 1.18 采样模型与它的噪声等效电路

是有色的。V_{n,C_S} 的功率谱等于 $4kTR_S$ 谱乘以 $R_S C_S$ 滤波器的传递函数的平方。

$$v_{n,C_S}^2(\omega) = \frac{4kTR_S}{1 + (\omega R_S C_S)^2} \tag{1.24}$$

当开关断开时,电容器上保持的不仅是输入电压,还有噪声。由于在 C_S 上的噪声频谱并不是带限的,混叠会把高奈奎斯特区间的噪声分量折叠到基带。由于低通滤波器的转角频率远远高于奈奎斯特边界的频率,功率不能忽略的许多频带(包括镜像或非镜像)被叠加得到了几乎是白色的合成频谱。

在基带的噪声功率是所有折叠频带的噪声功率的积分。因此,当开关断开时,C_S 上储存的总的噪声功率是

$$P_{n,C_S} = \int_0^\infty v_{n,\text{out}}^2(f)\mathrm{d}f = 4kTR_S \int_0^\infty \frac{\mathrm{d}f}{1+(2\pi fR_SC_S)^2} = \frac{kT}{C_S} \quad (1.25)^*$$

可以看到,P_{n,C_S} 与 R_S 无关。增加 R_S 提高了本底白噪声,但也提高了低通滤波功能。这两种作用相互补偿,因此抵消了对 R_S 的依赖。

kT/C 噪声加上其他噪声功率得到的总噪声功率,将用于计算 SNR 或者等效位数。如果反方向考虑,给定了分辨率和满刻度的参考电压,也就确定了总噪声功率预估值。设计者必须分割这些不同噪声源的噪声大小。一小部分噪声被分配给量化噪声,另一部分为抖动噪声,其他部分则计入电子和 kT/C 噪声源。不同的设计约束之间的折衷确定了可分配到 kT/C 噪声源的部分,从而决定了采样电容的最低值。

> **记住**
>
> kT/C 噪声是采样造成的一种基本限制。使用 1 pF 的电容对任何信号进行采样,将产生 $64.5\ \mu\text{V}$ 的噪声电压。如果电容值提高 k 倍,则的噪声电压减小 $\sqrt{k}$ 倍。

24

图 1.19 画出了电容值从 0.1 pF 到 100 pF 变化时 kT/C 的噪声电压 $\sqrt{kT/C}$ 的值。图中同时还显示了对于不同的位数和 1 V 的参考电压情况下的

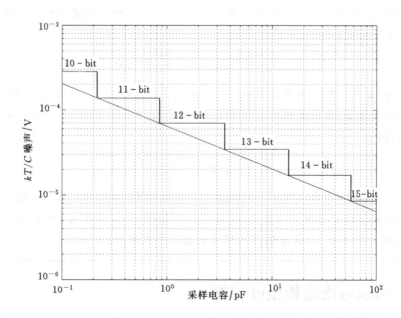

图 1.19　kT/C 噪声电压与电容值的关系。台阶表示 $1V_{\text{FS}}$ 条件下的量化步长

量化噪声电压($V_{Ref}/(2^N \sqrt{12}) = 0.29\Delta$)。从图中可以观察到,当 kT/C 等于量化噪声电压时,总的噪声功率增加了 1 倍,信噪比降低 3 dB,因而等效位数减少了 1/2 位 * 。例如,如果 0.8 pF 采样电容的 kT/C 的噪声等于 12 位转换器的量化噪声(1 V 基准电压),那么 0.8 pF 的采样电容只适合于比 12 位更低的转换器,或更高基准电压的 12 位转换器。对于 12 位的转换,建议使用 1.6 pF 或更好的 3.2 pF 的较大采样电容,总噪声功率将导致等效位数分别为 11.7 位和 11.85 位。

例 1.3

流水线数据转换器在第一级使用了级联的两个采样保持电路。时钟抖动是 1 ps。请确定最低的采样电容数值,以便能达到 12 位分辨率。满刻度电压为 1 V;输入频率为 5 MHz。

解

我们假设,额外的 50% 噪声是可以接受的(即系统将失去 1.76 dB、0.29 位)。由于量化噪声功率是 $\Delta^2/12$,噪声预算中可用于 kT/C 和抖动的部分为

$$V_{n,\text{budget}}^2 = \frac{V_{FS}^2}{24 \times 2^{24}} = 2.48 \times 10^{-9} \text{ V}^2 \tag{1.26}$$

注意,抖动只影响第一级的信号,因为第二级采样的是由第一级生成的保持信号。第一级的抖动噪声是

$$V_{n,ji}^2 = \{\frac{V_{FS}}{2} \times 2\pi f \delta_{ji}\}^2 = 2.47 \times 10^{-10} \text{ V}^2 \tag{1.27}$$

因此,该采样器可产生的总噪声功率是 2.23×10^{-9} V^2。假设两个 S&H 电路中的电容相等,每个电路中的噪声为 $V_{n,C}^2 = 1.12 \times 10^{-9}$ V^2 * ,这样得到采样电容的值为

$$C_S = \frac{kT}{V_{n,C}^2} = \frac{4.14 \times 10^{-21}}{1.12 \times 10^{-9}} = 3.7 \text{ pF} \tag{1.28}$$

注意,抖动噪声确定了一个可达到的最大分辨率,即使采用非常大的采样电容也不能超过该分辨率。对于 1 ps 抖动和 5 MHz 的输入信号,如果使用与上述相同的 50% 的余量,则限制可达到的最大分辨率为 15.3 位。

1.5 离散与快速傅里叶变换

一个采样数据信号的频谱可以用式(1.3)进行估算,(为方便读者,该式再次给出如下)

$$\mathscr{L}\left[x^{*}(nT)\right]=\sum_{-\infty}^{\infty}x(nT)\mathrm{e}^{-nsT} \tag{1.29}$$

或者,用该式对应的傅里叶变换式(1.30)来估算。

$$\mathscr{F}\left[x^{*}(nT)\right]=X^{*}(\mathrm{j}\omega)=\sum_{-\infty}^{\infty}x(nT)\mathrm{e}^{-\mathrm{j}\omega nT} \tag{1.30}$$

不幸的是,式(1.30)要求无限的样本数目,当然,这在实际中是行不通的。通常可用的是一个有限的采样序列 N,从初始采样时间(通常假设为 $t=0\times T$)开始的样本到结束采样时间 $(N-1)T$ 的最后样本,用于表示时间间隔为 $(N-1)T-0T$ 的信号。

式(1.30)的一个方便的近似是离散傅里叶变换(DFT)。DFT 把输入序列以 N 为周期地(简称为 N 周期)延拓到 $0\sim(N-1)T$ 范围之外;即假定,对 $0<i<(N-1)$ 和所有的 k,$x[(i+kN)T]=x(iT)$。因此,该序列成为以 NT 为周期的周期序列。这种 N 周期的延拓产生了 N 条线组成的频谱,这些线所在频率为 $f_k=k/[T(N-1)]$,其中 $0<k<(N-1)$。DFT 的结果为

$$X(f_k)=\sum_{n=0}^{N-1}x(nT)\mathrm{e}^{-\mathrm{j}2\pi kn/(N-1)} \tag{1.31}$$

由于 DFT 的结果是复函数,我们使用实部和虚部得到 DFT 的幅度和相位

$$\mid X(f_k)\mid=\sqrt{\mathrm{Re}\left[X(f_k)\right]^2+\mathrm{Im}\left[X(f_k)\right]^2}; \tag{1.32}$$

$$Ph\{X(f_k)\}=\arctan\left[\frac{\mathrm{Im}\{X(f_k)\}}{\mathrm{Re}\{X(f_k)\}}\right] \tag{1.33}$$

由于式(1.31)需要 N^2 次计算,计算长序列所需的时间变得很长。为了避免这个限制,可以用库利·杜克提出的快速傅里叶变换算法(FFT)所确定的另一个公式来计算 DFT。该 FFT 算法减少了计算量:由 N^2 减为 $\mathrm{N}\log_2(N)$。例如,对 1024 点的序列,计算时间减少了 100 倍(译者注:原文误为 10 倍)。然而,当该序列由 2 的整数次幂个元素组成时,这种减少是有效的。具有不同运行速度的各种软件代码均可用于 FFT 计算。其中之一是程序包 FFTW,这是快速、精确地实现基本的 FFT 算法的优化软件。

1.5.1　加窗

DFT 和 FFT 均假设,输入为 N 周期的序列。换句话说,假定输入样本被一遍又一遍地不断重复。在现实中,已经正确地验证了以下的特性:如果输入是一个重复的波形,则它的各个频率分量是,采样率除以该序列的点的数量(N)的整数倍。

真正的信号是没有周期的,N 周期的假设会导致连续序列的最后一个和第

一个样本之间的不连续性。因此,即使使用纯正弦波也可以出现不连续,这与采样频率的数值、信号频率数值和该序列中点的数量有关。

图 1.20 是 256 个正弦波样本被重复 4 次后的序列。其中每个序列包含 3.25 个正弦波周期。显然,N 周期的延拓变换导致了在 256 点、512 点和 768 点等处出现不连续。因此,频谱在 3.25/256 的频率处(译者注:这是数字频率,信号的实际频率为 $3.25/256 \times f_s$)不是给出陡峭的频谱分量,而是会扩展,除了该信号频率外的一些频率也会显示能量。

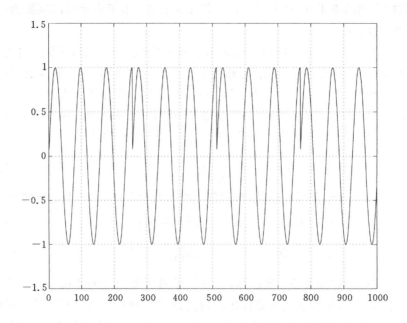

图 1.20 失去了 N 周期性而导致不连续的信号

通过使序列两端信号逐渐减弱的加窗方法可以缓解这个问题,从而减少不连续性。加窗表示为

$$x_w(kT) = x(kT)W(k) \quad (1.34)$$

其中 $W(k)$ 是由 N 项组成的窗函数序列,$W(k)$ 的最大值通常为 1。注意,因加窗造成的信号整形降低了总功率。这不是一个严重的问题,因为设计师主要关心的是各频率分量之间的比例,而不是各频率分量的绝对功率。

有用的提示

当使用 FFT 或 DTF 时,要确保样本的序列是 N 周期性的。否则就要使用加窗的方法。采用正弦波输入要避免在序列中出现重复的图形:正弦波的周期与采样周期之比应该是一个质数。

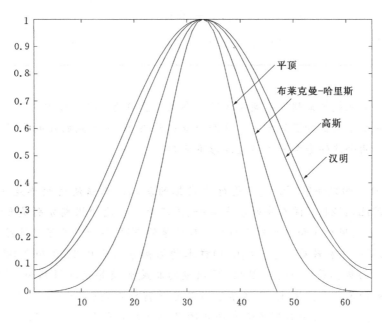

图 1.21 几种窗函数

最简单的窗函数是一个三角形窗函数。其他窗函数也可使用。图1.21比较四种可能的选择:布莱克曼-哈里斯、高斯、汉明和平顶。布莱克曼－哈里斯窗使信号在端点处为零,从而确保该 $x_w(N+1)=x_w(1)$。其他窗只是对边界点的信号进行衰减,从而限制了可能的不连续。各种窗函数对输出频谱进行不同的整形,汉明窗提供窄的谱峰;布莱克曼-哈里斯窗提供较宽的谱峰,但具有较低的扩展。高斯窗则介于这两者之间。另一种可能的选择是平顶窗。它得到宽的谱峰,但峰顶部的平坦度使得可以准确测量频谱的高度。

尽管加窗方法有助于改善 DFT 或 FFT 的频谱,它本质上是对输入信号进行的一种幅度调制,用来纠正 N 周期变换产生的限制及其不良影响的来源。例如,对该序列开始时或结尾处的尖峰信号所产生的特性进行完全屏蔽,并使这些特性几乎完全离开窗口。

加窗的缺点之一是它带来了频谱泄漏。虽然窗函数方法能给出精确的 SNR 测量,如果输入的是正弦波,则由此得到的频谱不可能是由一个尖峰所代表的预期的纯谱线。为了避免频谱泄漏可以方便地使用相干采样:整数个信号周期 k(译者注:原文误为时钟周期)与采样时间窗长度匹配(即相等)。此外,为避免在输出流中出现重复的模式,k 必须是一个素数。2^N 个样本的序列要求正弦波频率 f_{in} 为

$$f_{in} = \frac{k}{2^N} f_s \tag{1.35}$$

其中:k 是一个素数,f_s 是采样频率,输入序列由 2^N 个点组成。

例 1.4

用计算机模拟来研究布莱克曼窗的影响。使用两个输入正弦波叠加分别在时域和频域中验证加窗的方法。这两个正弦波在 1024 个点的序列中具有分数个周期。两个波的叠加一定引起波形不连续。

解

Matlab 的文件第 Ex.1_4 是行为模拟的基础。正弦波的频率是 1/17 和 1/19。因此,1024 个样本序列包含第一、第二个正弦波的周期分别是 60.23 和 53.89。分别用 0.6 和 0.4 作为两个正弦分量的振幅,信号产生了不连续。很容易验证,第一个和最后一个(♯1024)样本的振幅分别为 0.3393 和 0.0298。下一个样本的振幅是 0.1899,因此,N 周期的扩展变换导致在振幅为 0.1899⋯0.3393 处的不连续。图 1.22 显示了布莱克曼窗整形前(a)后(b)的输入信号。可见,莱克曼窗显著地抑制了输入序列的第一个部分和最后一个部分,而且,该序列在两端趋于零。

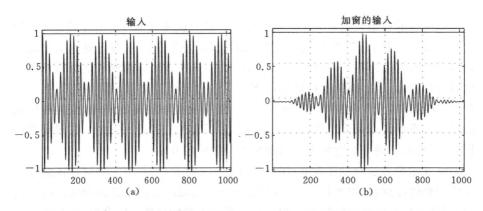

图 1.22　例题中加窗前(a)后(b)的输入时域信号

图 1.23 显示了图 1.22 中两个信号的频谱。由图可见,不连续性造成了的频谱扩展,因此在两个正弦波频率之间的区域内频谱并不趋于零。利用加窗的方法能更好地辨别这两根谱线。但是请注意,加窗后的频谱中,两个正弦波频谱的绝对振幅均降低到原来的 1/2 以下,但它们的幅度比值仍被保留,不会改变。

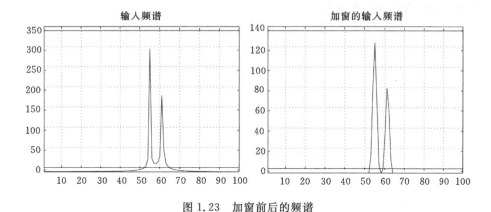

图 1.23　加窗前后的频谱

N 个样本序列的 FFT 产生由 N 根离散线组成的频谱。这些谱线在 $0 \sim f_{\mathrm{s}}$ 间隔内等距离分开。由于第二奈奎斯特区间($f_{\mathrm{s}}/2 \sim f_{\mathrm{s}}$)的频谱会镜像到基带，习惯上只描述 FFT 计算的一半($0 \sim f_{\mathrm{s}}/2$)。

在 f_{s}/N 频率间隔内，每一谱线都会使该谱线周围的功率产生下降。因此，FFT 的工作就像一个具有 N 个通道的频谱分析仪，每个通道的带宽是 f_{s}/N。如果增加该序列点的数量，则将减小等效频谱分析仪的带宽，每个通道将包含的噪声功率更低。FFT 的频道数量加倍将使每个通道噪声的功率减半。因此，一组谱线使本底噪声降低 3 dB。

如果我们要从噪声中识别功率弱的小信号(small tone)，以上的分析是很有意义的。如果等效频谱分析仪的带宽较大，那么在每个频道的噪声频谱的积分可以大于小信号的功率。简而言之，描绘本底噪声的谱线可以掩盖小信号。要在整个本底噪声中观察小信号，就必须降低等效频谱分析仪的频道宽度。因此，有必要增加用于计算 FFT 序列的点数(均为 2 的整数次幂)。

M 位分辨率量化器中产生的量化噪声等于 $V_{\mathrm{FS}}^{2}/(12 \times 2^{2M})$ *。满刻度的正弦波功率为 $V_{\mathrm{FS}}^{2}/8$。因此，噪声功率比满量程的正弦波功率低 $(3/2) \times 2^{2M}$ 倍。如果是 N 点的 FFT 序列，则噪声功率平均分配到 $N/2$ 根(单边表示)谱线中。该 FFT 表示了包含一组离散谱线的量化噪声谱，这些离散谱线的幅度平均地比满刻度低 $(3/2) \times 2^{2M}/$

31

注意

如果输入序列的长度增加到 2 倍，则 FFT 的噪声谱的基底会降低 3 dB，谐波失真引起的谱线并不会改变。只有很长的输入序列才可以显示出非常小的信号。

N倍。该结果以dB表示为

$$x_{\text{noise}}^2 \big|_{\text{dB}} = P_{\text{sign}} - 1.76 - 6.02M - 10 \cdot \log(N/2) \tag{1.36}$$

式中的一项$10 \cdot \log(N/2)$被称为FFT的处理增益(process gain)。

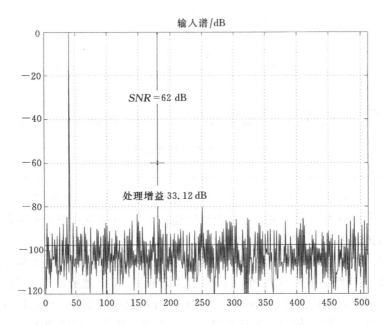

图1.24　10位量化器输出的4096个点序列的FFT

32　　例如,考虑一个频率为39 Hz的满刻度正弦波信号和一个频率为249.1 Hz的小正弦信号(−80 dB)。用1024 Hz的时钟对该信号采样并进行10位分辨率的量化。4096点的FFT会对2048根谱线的量化噪声功率进行扩展。信号的功率集中在以39 Hz和249 Hz两个频率为中心的频道上。图1.24显示了本底噪声比满刻度的信号低95.1 dB,这正如所预期的。因此,频率为249 Hz、功率为−80 dB的信号在噪声谱线(有的高于−85 dB)中几乎看不见。图1.25显示了输入序列提高到32768点时所得到的频谱。这提高了9 dB的处理增益,现在频率为249 Hz信号的频谱分量在噪声之上,变得容易分辨了。

1.6　编码方案

对量化幅度进行编码,是A/D转换器的最后一个功能。最简单的方案是全闪速转换器中许多比较器所产生的编码。该转换器使用$(2^N - 1)$个逻辑信号为一组编码,这些逻辑信号的值是:到指定的位置均为1;超过指定位置以后为0,这种逻辑码称为温度计码。这个方案不是很有效,因为它需要用$(2^N - 1)$个二

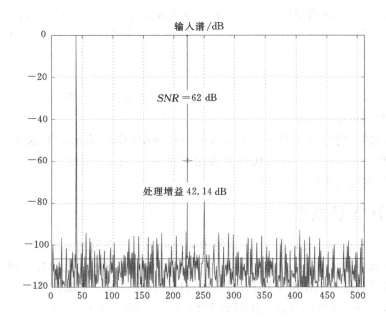

图 1.25　10 位量化器输出的 32768 个点序列的 FFT

进制值量化电平来表示 N 位。更为有效的方案是使用二进制表示。

- **单极性标准二进制**（USB：Unipolar Straight Binary）：这是最简单的二进制方案。它用于单极性信号。USB 把第一个量化电平（$-V_{ref}+1/2V_{LSB}$）表示为全零（$000\cdots0$）。随着数字码的增加，模拟输入每一次增加 1 个 LSB；当数字码是满刻度时（$111\cdots1$），模拟输入大于最后一个量化电平 $V_{ref}-1/2V_{LSB}$。量化的范围是 $-V_{ref}\sim+V_{ref}$。

- **互补标准二进制**（CSB：Complementary Straight Binary）：与 USB 相反，CSB 编码也可用于单极性系统。数字代码（$000\cdots0$）表示满刻度，而代码（$111\cdots1$）对应的是第一个量化电平。

- **双极性偏移二进制**（BOB：Bipolar Offset Binary）：该方案适用于双极系统（已量化的输入可正可负）。最高有效位表示该输入的符号：1 为正信号；0 为负信号。因此，（$000\cdots0$）表示负的满刻度。过零点发生在（$0111\cdots1$），而数字代码（$111\cdots1$）表示正的满刻度。

- **互补偏移二进制**（COB：Complementary Offset Binary）：这个编码方案是与 BOB 互补的，所有位均互补而意义保持相同。因此，既然在 BOB 中，（$0111\cdots1$）表示过零点，则在 COB 中，过零点变为（$1000\cdots0$）。

- **二进制 2 的补码**（BTC：Binary Two's Complement）：这是最常用的编码方

案之一。在最高位(MSB)以互补的方式表示符号:0 为正的输入;1 为负的
输入。过零点发生在(000…0)。对于正极性的信号,不断增加的模拟输
入,数字码通常也增加。因此,正的满刻度为(0111…1)。对于负极性的信
号,数字码是正极性对应码的 2 的补码。这导致(1000…0)表示负的满刻
度。BTC 编码系统适用于基于微处理器的系统或数学算法的实现。这也
是数字音频的标准。

- **互补的 2 的补码(CTC:Complementary Two's Complement)**:这是 BTC 的
  补码。所有位均互补而代码具有相同含义。负的满刻度是(0111…1);正
  的满刻度是为(1000…0)。

1.7 D/A 转换器

译码器(transcoder)是 D/A 转换的第一阶段。它在概念上产生一个脉冲序
列,每个脉冲的幅度是数字代码的模拟表示。然后,重建过程把脉冲序列变为连
续时间信号,这项工作由采样和保持(S&H)的级连以及一个滤波器完成。通常
情况下,单独一个电路可以完成译码和 S&H 的功能。图 1.26 显示出,由 S&H
生成的信号是像阶梯一样的波形。重建滤波器通过消除高频成来平滑阶梯状
波形,最终得到模拟的信号。

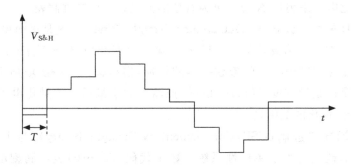

图 1.26 DAC 中采样与保持后的信号波形

1.7.1 理想的重建

一个加权的冲激序列的频谱是相同频谱(可能被 S&H 改变)的无限重复,
但所期望的重建信号可以在基带内获得。因此,重建应该完全删除重复的副本
并保留基带不变。

理想情况下,重建使用具有如下传输函数的滤波器,

$$H_{R,id}(f) = 1, \quad \text{当} -\frac{f_\text{S}}{2} < f < \frac{f_\text{S}}{2} \text{ 时}$$

$$H_{R,id}(f) = 0, \quad \text{其他情况时} \tag{1.37}$$

这种滤波器被称为理想重建滤波器。它消除镜像信号并把采样数据精确地转换成连续时间的表示。不幸的是,理想的重建滤波器的冲激响应 $r(t)$ 为

$$r(t) = \frac{\sin(\omega_\text{S}t/2)}{(\omega_\text{S}t/2)} \tag{1.38}$$

这是不能得到的,因为它是非递归的。

1.7.2　实际的重建

实际重建滤波器的响应是理想的重建响应的近似。如前所述,重建的功能是通过采样保持(S&H)和一个低通(重建)滤波器的级联来实现的。采样保持的传递函数为

$$H_{\text{S\&H}}(s) = \frac{1 - \text{e}^{-sT}}{s\tau} \tag{1.39}$$

其中 τ 是一个合适的增益系数,对无量纲的 $H_{\text{S\&H}}$ 而言,τ 的量纲是时间。

在 $\text{j}\omega$ 轴上,式(1.39)变为

$$H_{\text{S\&H}}(\text{j}\omega) = \text{j}\frac{T}{\tau}\text{e}^{-\text{j}\omega T/2}\frac{\sin(\omega T/2)}{\omega T/2} \tag{1.40}$$

该式表明:相移正比于 ω;振幅衰减成正比于 sinc 函数($= \sin(x)/x$)。图 1.27 显示了式(1.40)获得的幅频响应,并与理想的重建滤波器进行了比较。请注意,正是 S&H 滤波器导致了信号在奈奎斯特区间中的衰减。在奈奎斯特区间的边界($f_\text{S}/2$)幅度是 0.636(-3.9 dB)。此外,在高奈奎斯特区间信号衰减不太大,

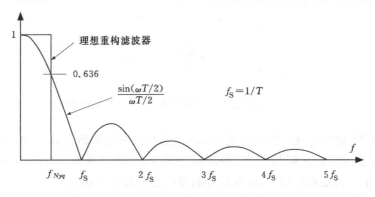

图 1.27　理想与实际的采样保持器的幅值响应

因为在几倍于采样频率的地方,sinc 的增益响应才趋于零。而且在第五个奈奎斯特区间,接连两个零点之间的相对极大值仅降低到 0.1(−20 dB)。总之,S&H 在基带中产生了不希望的衰减,并在高奈奎斯特区间留下了相当一部分镜像频谱。

相位响应对某些应用是重要的问题。基于这个原因,除了幅度误差之外,设计师必须经常考虑采样和保持在信号频带内所产生的相位误差,并采用类似全通的适当滤波器来纠正这种误差。

重建滤波器可以纠正由采样和保持所造成的限制。重建滤波器的规格类似以前讨论过的抗混叠滤波器。对于抗混叠而言,必须消除来自高奈奎斯特区间的杂波,以避免它们被折叠进基带。同样,对重建滤波器而言,高奈奎斯特区间中信号的镜像频谱也必须进行强烈衰减。此外,必须进行信号校正,使用校正电路来纠正基带内不希望的衰减。由于 S&H 的幅值响应是 $\sin(x)/x$,则在信号频带内理想的校正函数是:sinc 函数的倒数,即 $x/\sin(x)$。可见,如果一个信号频带是 f_S 的很小部分,则由 S&H 电路所造成的衰减可以忽略不计,对它的补偿往往是没有必要的。只有当信号频带占据了奈奎斯特区间 * 的较大部分时,带内 sinc 的衰减才会出现问题,从而需要一个补偿滤波器,在信号频带内模仿 $x/\sin(x)$ 的响应,并在阻带降为零。

36

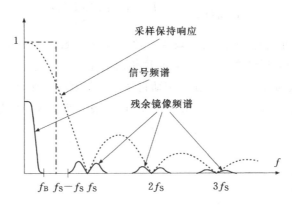

图 1.28　采样数据信号通过采样-保持后的频谱

图 1.28 描绘了译码信号通过 S&H 电路后的典型频谱。请注意,基带频谱约占据了奈奎斯特区间的一半,在基带边界,sinc 的衰减为 0.9(−0.91 dB)。因此,在中等精度的应用中,应在信号频带内进行幅度校正。

图 1.28 中的频谱可以使阻带滤波器的指标要求更加明确。sinc 的各个传输函数零点对 f_S 倍数地方的镜像进行了整形:接近这些零点的衰减非常好;只

有在远离这些零点的频率处,镜像频谱才增大、变得显著。因此,由于 S&H 电路在阻带开始处($f_S - f_B$)* 已提供了一些衰减,这种衰减应该被计算,并在系统要求所规定的阻带衰减中减去这部分的衰减。例如,信号频带为 $1/20f_S$,在 $f = 19/20f_S$ 处 $\sin(x)/x$ 的值是 0.0498,这对重建滤波器的阻带衰减而言,额外地多了 26 dB。

从通带到阻带的过渡区,$f_B \sim f_S - f_B$,会影响重建滤波器,这与抗混叠的情况类似。正如抗混叠中所观察的

> **经验法则**
>
> 　　如果信号的频带占据了奈奎斯特区间的四分之一或者四分之一以上,设计者应考虑使用带内 $x/\sin(x)$ 的重建补偿。

一样,滤波器的阶数取决于相应过渡带的对数:$\log 10[(f_S - 2f_B)/f_B]$。如果所要求的阻带衰减(包括由 S&H 所给以的衰减)以 dB 表示的值是 $A_{SB}|_{dB}$,则一个最平坦的重建滤波器阶数必须大于 $A_{SB}|_{dB}/\{20\log 10[(f_S - 2f_B)/f_B]\}$ *。由于滤波器的阶数随过渡带的增大而减小,为了确保重建滤波器符合指标要求,在 f_B 与 f_S 之间留有一定的余量是十分重要的。

例 1.5

　　通过计算机模拟验证采样和保持对信号镜像的影响。使用平顶信号的输入来模拟一个带限的输入信号。

解

　　Matlab 的文件 Ex1_5.m 提供了这方面研究的基础。该文件用 64 个点定义了一个平顶窗函数。然后该函数被插值在 1024 点的范围内而产生了输入信号。

　　图 1.29 显示了输入信号及其频谱。正如所预期的,输入频谱在前几个频率间隔(frequency bin)中几乎是平坦的,直到第 6 个频率间隔(该处的相应的频率是 $5/1024f_S$)才趋于零。因此,信号的带宽是奈奎斯特区间的很小部分。

　　采样器和采样-保持所产生的频谱如图 1.30 所示。由于采样频率为 $f_S/64$(译者注:仿真文件 Ex1_5.m 中,采样周期是 64 个点),即 $16/1024f_S$,对应于第 17 个频率间隔,因而采样后所得到信号的频谱(左图)表示了基带及其位于 $f_S/64$ 的倍数附近的频谱复制。图 1.30 的右图表示,采样和保持的影响是非常明显的。sinc 函数在 $f_S/64$ 及其倍数的地方均为零。正如所料,剩余的镜像频谱在这些零点的旁边突了起来。

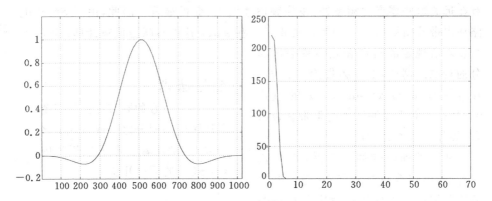

图 1.29 例题 1.5 所使用的输入信号；左图为时域表示；右图是所得到的频谱

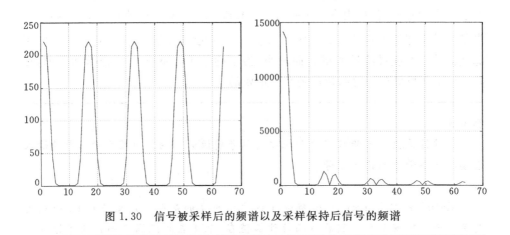

图 1.30 信号被采样后的频谱以及采样保持后信号的频谱

1.8 $\mathscr{L}$ 变换

用于研究线性的连续时间系统的数学工具是拉普拉斯(或傅里叶)变换。连续时间的线性运算是加法、减法、导数和积分。相应地，含有加、减、积分和导数的线性方程组描述了一个线性的连续时间系统。拉普拉斯变换把时域的一组方程变成为 s 域的线性代数方程组。对线性系统的求解比处理微积分系统更容易。此外，s 域的分析可以提供十分有用的、关于电路行为的理解。

上述特点很有吸引力，利用拉普拉斯变换的时间离散版本，即 $\mathscr{L}$ 变换，可以使线性的采样数据系统从中受益。$\mathscr{L}$ 变换被定义为

$$\mathscr{L}\{x(nT)\} = \sum_{-\infty}^{\infty} x(nT)z^{-n} \qquad (1.41)$$

上式是一个等比数列,仅在 z 平面的某些区域收敛。如果级数收敛,则 $\mathscr{L}$ 变 39
换是收敛解在整个 z 平面上的解析延拓(analytical extension)。

离散时间的线性操作有加、减和延迟。$\mathscr{L}$ 变换操作也是线性操作。因此,两个或更多离散变量的线性组合的 $\mathscr{L}$ 变换是它们各自 $\mathscr{L}$ 变换后的线性组合:

$$\mathscr{L}\{a_1 x_1(nT) + a_2 x_2(nT)\} = a_1 \mathscr{L}\{x_1(nT)\} + a_2 \mathscr{L}\{x_2(nT)\} \qquad (1.42)$$

而且,延迟信号的 $\mathscr{L}$ 变换为

$$\mathscr{L}\{x_1(nT - kT)\} = \sum_{-\infty}^{\infty} x(nT - kT) z^{-(n-k)} z^{-k} = X(z) z^{-k}, \qquad (1.43)$$

表明 z^{-1} 是单位延迟操作。

式(1.3)定义了采样数据信号的拉普拉斯变换。把该定义式与式(1.43)进行比较,可得到如下关系:

$$z \to e^{sT}, \qquad (1.44)$$

即在复平面 s 和复平面 z 之间建立了重要的联系。关系式(1.44)被称为映射,因为它把 z 平面上的点映射到 s 平面上,反之亦然。

使用 $s(s = \sigma + j\omega)$ 的实部和虚部以及 $z(z = |z| e^{j\Omega})$ 的幅度和相位,得到

$$|z| \to e^{\sigma T}; \quad \omega \to \Omega \qquad (1.45)$$

因此,s 平面虚轴上($\sigma = 0$)的点对应于 z 平面单位圆上($|z| = 1$)的点。而且,在虚轴上相差 $2n\pi$ 的所有点都映射到了 z 平面单位圆的相同点上。因此,由式(1.44)建立的映射不是一一对应的:z 平面上单独的一个点映射到 s 平面的无限个点上。这个特点标志着连续时间系统与采样数据系统之间的主要区别,因为它把连续时间的一个频谱修改成采样产生的无限复制的频谱。

s 平面与 z 平面之间的转换对于估计采样数据系统的稳定性和频率响应是有用的。连续时间系统的极点处在 s 平面的左半平面。对于采样数据系统,它的极点必须处在 z 平面的单位圆内部。

在连续时间系统中,由于频率响应是在 $j\omega$ 轴上计算的传递函数,s 平面与 z 平面之间的映射告诉我们,采样数据系统的频率响应是在单位圆上计算的 z 域 40
传递函数。

图 1.31 显示了 s 平面中有关各点的映射。$s = 0$ 的点和 $s = \pm j2k\pi/T$ 的所有点均映射到 $z = 1$,$sT = j\pi$ 映射到 $z = -1$ 以及 $sT = j\pi/2$ 映射到 $z = j$。s 的负半平面($s = -\sigma + j\omega T = \pi$)上的一个点映射到了 z 平面实数的 $0 \sim -1$ 区间之内。

以上描述的性质可用于估计采样数据系统的稳定性和频率响应。连续时间系统的极点处在 s 平面的左半平面。对于一个采样数据系统,它的极点必须处在 z 平面的单位圆内部。系统的频率响应是 z 平面的单位圆上计算的 z 域传递函数。传递函数在 $z = -1$(相位 π)上的值是在奈奎斯特边界的响应。

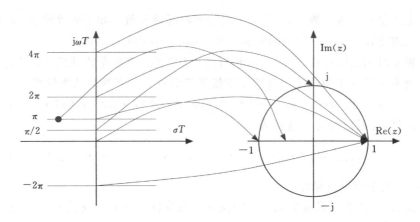

图 1.31　s 平面(左边)与 z 平面(右边)点之间的映射

例 1.6

确定 s 平面上的各点,它们分别映射到 z 平面以下几点:$z=-0.5$;$z=-0.5+\mathrm{j}\sqrt{3}/2$;$z=-0.8\mathrm{j}$;$z=1.2$。采样周期是 T_s。

解

式(1.44)给出了从 s 平面到 z 平面的映射,它的逆映射提供了从 z 到 s 平面的映射:

$$\sigma = \frac{1}{T_\mathrm{s}}\log|z|;\qquad \omega = \frac{1}{T_\mathrm{s}}\{phase(z)\pm 2n\pi\}\qquad(1.46)$$

41 该式给出了 $s=+\mathrm{j}\omega$ 的实部和虚部。由式可见,多值映射来自 $\pm 2n$ 项:n 是任意整数。

图 1.32 显示了各点的映射关系。第一个点 A 在相位为 π^* 的实轴上,映射相对应的点在 s 的左半平面上,因为它的幅度小于 1。第二个点 B 的相位是 $2\pi/3$,并在单位圆上,映射点在 $\mathrm{j}\omega_b=2/3\pi/Ts$ 的虚轴上。点 C 位于单位圆内部,相位为 $3\pi/2$ 或 $-\pi/2^*$。D 点在单位圆外面,相位为 0。这两个点相应的映射点分别在具有适当实部 * 的 s 的左半平面上和右半平面上。

有一种数据转换器称为 $\Sigma\Delta$,采用对采样数据的处理从快速采样中获取更多的益处。所使用的处理函数是积分,其在 s 域的传输函数表示为

$$H_I(s) = \frac{1}{s\tau}\qquad(1.47)$$

对采样数据值而言,由于信号仅在离散的时间点上是有意义的,变量 $x(nT)$

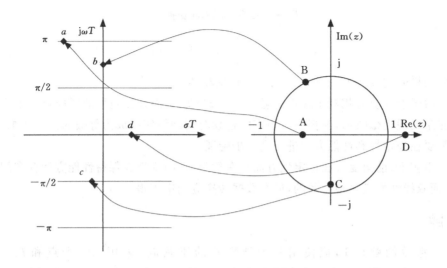

图 1.32　从 z 平面(右边)到 s 平面(左边)的映射

的积分 $y(nT)$ 只能是近似值。所使用的可能的表达,由以下近似的关系得到

$$y(nT + T) = y(nT) + x(nT + T)T \qquad (1.48)$$

$$y(nT + T) = y(nT) + x(nT)T \qquad (1.49)$$

$$y(nT + T) = y(nT) + \frac{x(nT + T) + x(nT)}{2}T \qquad (1.50)$$

使用 $\mathscr{L}$ 变换可得

$$zY = Y + zXT \qquad (1.51)$$

$$zY = Y + XT \qquad (1.52)$$

$$zY = Y + XT\frac{z+1}{2} \qquad (1.53)$$

这将产生三种不同的积分传输函数近似表达式

$$H_{I,\text{F}} = T\frac{z}{z-1}; \quad H_{I,\text{B}} = T\frac{1}{z-1}; \quad H_{I,\text{Bil}} = T\frac{z+1}{2(z-1)} \qquad (1.54)$$

其中,下标"F""B"和"Bil"分别表明前向、后向和双线性。

　　通过近似映射,上述三个表达式对连续时间的积分是等价的。通过对式(1.47)与式(1.54)的比较(译者注:式(1.4)中的 τ 是同相积分器的时间常数,当信号频率远小于采样频率以及开关电容积分器的两个电容值相等时,该式才成立,而且 $\tau = T$),可得到

$$sT \rightarrow \frac{z-1}{Tz} \quad (\text{前向变换}) \qquad (1.55)$$

$$sT \rightarrow \frac{z-1}{T} \quad (\text{后向变换}) \tag{1.56}$$

$$sT \rightarrow \frac{2(z-1)}{T(z+1)} \quad (\text{双线性变换}) \tag{1.57}*$$

其中采样时间 T 与以上方程式的左边量纲相匹配。

由于上述映射相对于理想映射$(s \rightarrow \ln(z)/T)$不同程度地移动了极点。采用电路来实现近似映射,要把一个稳定的连续时间网络转换成为等效的采样数据,这需要在稳定性和性能方面进行进一步验证。

事实上,前向变换在稳定性方面存在危险,后向变换在保持性能方面存在问题,而双线性变换是最有效的,但在数据转换应用中用得不多。

43 习题

1.1 重做例题1.1,但使用一个被截断的正弦波。采用4096个点和$f_s = 4.096\ \text{MHz}$,建立一个由两个主峰组成的输入谱:它们分别在 10 kHz 和 60 kHz。

1.2 输入信号的带宽为 22 kHz。如果采样频率为 1 MHz,对折叠杂波的抑制至少为 80 dB,请确定抗混叠滤波器的频谱模板(mask),并估计所需巴特沃斯滤波器的阶数。

1.3 输入信号的带宽从 41 MHz 至 42 MHz。请确定使信号会进入 2 MHz～3 MHz间隔区间的所有可能的欠采样方案。频谱的镜像不是相关的问题。

1.4 重做例题 1.2,但使用 FFT 在频域对以下结论进行验证:来自第二奈奎斯特区间折叠的信号频谱并不取决于所采用的两个正弦波之间的相位差。

1.5 通过计算机仿真来确定 2 位量化输出中量化噪声的频谱。输入是频率为$64/2048 f_s$,振幅为 $0.38 V_{FS}$的正弦波。解释产生可能频率分量的原因。

1.6 一数据处理系统对正弦波(频率为$39/2048 f_s$;振幅为 $0.46 V_{FS}$)进行采样和保持。其结果被量化为 10 位分辨率。使用行为模拟器(例如 Matlab)来表示其输出,并确定输出信号的频谱。

1.7 当对 100 MHz 的正弦波进行采样时,由于采样时间的抖动得到了 $SNR = 92\ \text{dB}$,最小的时间抖动是多少? 如果 SNR 降低至 80 dB,新的抖动参数是多少?

1.8 使用汉明窗重做例题1.4。使用 2048 个点和频率分别为 30.3,45.11 和 65.2 的三个输入正弦波系列。请选择它们的幅度,并为消除不连续而确定第三个正弦波的相位。

44 1.9 对 $0.367 V_{FS}$确定 USB 的编码,对$-0.763 V_{FS}$确定 BOB 和 BTC 的编码。

假设量化的分辨率为 10 位。

1.10 对频率为 0.23456 MHz、振幅为 $0.67V_{FS}$ 的正弦波以 1 MHz 的频率进行采样。保持一个整采样周期的样本并重新对该结果以 10 MHz 的频率进行采样。估计最终所得到信号的频谱。

1.11 对 1 秒内从 0 上升到满刻度(1 V)的线性斜坡进行 6 位的量化。使用的采样频率为 10 kHz。画出量化误差,并解释其结果。

1.12 通过计算机模拟确定 8 位量化输出的量化误差。假设对频率为 372.317 Hz 的输入正弦波进行采样的频率是 2 kHz。请估计量化误差的分布函数,该分布函数的精度必须高于 5%。

1.13 如果采样频率为 58 MHz,由 3 pF 的采样电容所产生的本底噪声是多少? 产生相同的本底噪声的等效电阻是多少?

1.14 为补偿采样和保持在 $0.36f_S$ 处的响应,请确定(以 dB 为单位)所要求的增益校正,为确保在 $1.5f_S$ 处镜像抑制优于 75 dB,请确定必要的衰减。

1.15 按以下要求用计算机模拟对图 1.16 生成新的版本:分辨率必须得到 15 位和 16 位;输入频率为 50 MHz 和 100 MHz;研究抖动的范围是 0.01~0.1 ps。

1.16 推导图 1.15 * 给出的两个频谱。并把这些结果与比值 $f_{in}/f_s = 6712/4096$ 条件下的正弦波采样频谱进行比较。对于比值 $f_{in}/f_s = 6800/4096$ 的采样频谱进行重新评价。采用 2048 和 8192 个点进行仿真。

1.17 在 z 平面中确定以下各点,这些点映射到的 sT 平面的点分别是:$sT = 2 + j2$;$sT = -2 + j2$;$sT = -2 - j2$;$sT = -1 + j\pi/2$;$sT = -2 + j\pi/2$;$sT = -3 + j\pi/2$。

1.18 计算 2^{14} 点 FFT 的处理增益。假设频谱表示的是 1 V_{peak} 的正弦波通过了 10 位的量化器。可以观察到最低幅度的谐波成分是多少?

1.19 给定的设计规格要求非常低的谐波失真。最高谐波必须低于满刻度输入 98 dB。估计 FFT 序列的长度,以便把本底噪声推至 -105 dB_{FS} 以下。假设量化分别为 10 位和 12 位。

1.20 为使输入频谱占据奈奎斯特区间的 0.34,由采样-保持器(S&H)所造成的失真是多少? 在输入频带上限的相移是多少?

1.21 对于 14 位、65MS/s 的 ADC,满刻度电压为 1 V,其 ENB 必须为 13.5 位,请确定采样电容器的值和时钟抖动。

1.22 计算以下采样数据表达式的 $\mathscr{L}$ 变换:$ax(nT) + bx(nT + 2T) - x(nT)$;$x(nT - T) - x(nT)$。

1.23 在 z 域计算由以下关系式确定的传递函数 $Y(z)/X(z)$:$y(nT + T) = y(nT) + x(nT)$

46 参考文献

书和专著

L. R. Rabiner, and B. Gold: *Theory and application of digital signal processing* - Prentice-Hall, Inc., Englewood Cliffs, New Jersey, 1975.

S. W. Smith: *The Scientist & Engineer's Guide to Digital Signal Processing*. California Technical Publishing, San Diego, California, 1997.

A. V. Oppenheim and R. W. Schafer: *Discrete-Time Signal Processing*. Prentice-Hall, Inc., Englewood Cliffs, New Jersey, 1989.

R. Soin, F. Maloberti, and J. Franca: *Analogue-Digital ASICs*. Peter Peregrinus Ltd., IEE Press, London, 1991.

G. Doetsch: *Guide to the Applications of the Laplace and z-Transform*. Van Nostrand-Reinhold, London, 1971.

期刊和会议论文

J. W. Cooley and J. W. Tukey: *An algorithm for the machine computation of the complex fourier series*, Mathematics of Computation, vol. 19, pp. 297–301, April 1965.

R. E. Crochiere and L. R. Rabiner: *Interpolation and decimation of digital signals - A tutorial review*, Proceedings of the IEEE, vol. 69, pp. 300–331, 1981.

H. Sorensen, D. Jones, M. Heideman, and C. Burrus: *Real-valued fast Fourier transform algorithms*, IEEE Transactions on Acoustics, Speech, and Signal Processing, vol. 35, pp. 849–863, 1987.

P. Duhamel and M. Vetterli: *Fast fourier transforms: A tutorial review and a state of the art*, Signal Processing, vol. 19, pp. 259–299, 1990.

A. J. Jerri: *The Shannon Samplign Theorem - Its Various Extension and Appications: A Tutorial Review*, Proceedings IEEE, Vol. 65, pp. 1565–1596, 1997.

互联网资料

J. Albanus: *Coding schemes used with data converters*, http://focus.ti.com/docs/analog/analoghomepage.jhtm.

W. Kester: *Seminar material, high speed design techniques: High speed sampling and high speed ADC*. http://www.analog.com/support/Design_ Support.html.

EE241: Educational Material, Stanford University: *Waves*. http://sepwww.stanford.edu/ftp/prof/waves/toc_html.

第 2 章

数据转换器规格

应用或设计数据转换器要求我们正确地理解其性能参数。这些性能参数给出了数据转换器的基本信息,描述了其特征及静态、动态工作极限。本章我们将探讨用于评价和比较现有转换器件的基本的性能参数,并学习如何测定一个新的转换器的性能参数。此外,本章内容也将有助于我们为一个已有的系统选择适当的数据转换器。

本章将讨论生产厂家提供的性能参数中的一些专业术语的定义,解释这些术语。这些参数的测量方法将在后面的章节进行研究。

2.1 数据转换器类别

描述一个数据转换器的第一个性能参数是它的类型。转换器的算法一般给出了这方面的信息。例如,我们有闪速型、子区型和 SD 型等转换器。此外,转换器的类型可以被分为两大类:奈奎斯特率转换器和过采样转换器。这是由以下的设计策略来区分的:输入信号是占用大部分可用带宽,还是只占用奈奎斯特区间的一小部分。奈奎斯特界限与信号带宽之间的比值 $f_S/(2f_B)$,被称为过采样率(oversampling ratio, OSR)。过采样率很大的转换器被称为过采样转换器,而奈奎斯特率转换器的过采样率较小,一般小于 8。

图 2.1 示意出了奈奎斯特率转换器和过采样转换器之间的区别。前者的图中抗混叠滤波的过渡区域很小(导致难以实现的性能指标),而且有一大部分量化噪声落在了信号带宽内;相反,在后一图中,抗混叠滤波的过渡区很宽,而且只有一小部分量化噪声出现在信号带宽内。过采样转换器的采样频率显然比奈奎斯特率的要大得多,在某些情况下它的过采样率可高达几百。

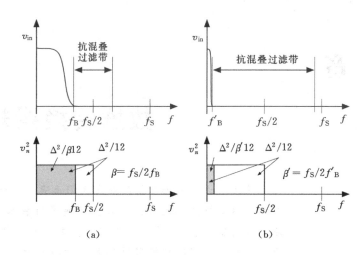

图 2.1　比较奈奎斯特率转换器(a)和过采样转换器(b)的策略

2.2　工作条件

数据转换器的性能在很大程度上依赖于它的实验装置（experimental setup）。在研究数据转换器的性能参数之前，了解一下环境因素如何影响器件性能是有用的。

电源电压和温度是两个重要的工作条件。一个数据转换器除了要满足标称电压和室温的要求之外，还要能够适应一定范围内的变化。电源电压需

> **保持注意**
>
> 数据转换器的工作条件是实现或测量数据转换器性能参数的关键因素。不精确的装置或印刷电路板（PCB）的限制可能会完全掩蔽器件的优异性能。

要允许 5％甚至以上的波动；温度范围要满足－20℃到 85℃（民用）或－55℃到 125℃（军用）。在特定电压和温度范围内的器件性能指标并不能严格代表现场应用的器件性能参数。而在一个大的电压和温度范围内保持良好的工作性能往往是非常困难的，尤其是对高精度器件而言。例如，一个 14 位的转换器需要达到这样的高精度：600ppm/V（5V 供电）和 0.3ppm/℃（民用）。

当测量或使用数据转换器时，确保印刷电路板不对输出结果产生干扰是很重要的。电源耦合及糟糕的接地是关键问题。高性能的数据转换器常常将模拟电源和数字电源的引脚分开，尽管这些引脚在印刷电路板上通常都接到同一个电源上。这种方法能够利用键合线的寄生电感对内部模拟电源和数字电源去耦

合。而且,为了得到良好的 V_{DD} 或者地线,保证外部电源到电源引脚或者地引脚的连接恰当是很必要的。连接焊线(connecting lead)的长度必须尽可能的短:因为它们等效于电感。要仔细设计 PCB,避免在 PCB 两面形成接地环路,尤其是在射频频率下。两层电路板的结构只适用于低频测量。在高频情况下,要想确保高的信号完整性,往往需要采用含单独分开的接地层与电源层的多层电路板。

由 PCB 提供的其他重要信号是主时钟信号和基准电压信号。我们知道时钟抖动会降低器件性能。因此,不仅要使用低抖动的信号发生器,而且在相位发生器里保持这个特性也非常重要。印刷电路板上的时钟信号线必须要短,下面要有一个可靠的接地层。这样便形成了一个微带传输线,并使阻抗匹配。当低速数据转换器采用外部电压基准时,有必要使用一个干净的电压产生器,其输出阻抗要足够低,以免其内部的电压波动超过 1LSB。然而这点并不容易实现,因为数据转换器工作于离散时间状态下,对电容的充放电会导致很大的脉冲电流。

在大多数情况下,为了避免不确定因素,帮助用户测试器件,一些生产厂家会提供评估电路板(或它们的 PCB 版图),并给出对评估过程详细的指导。

数据手册中给出的一系列器件性能参数是假定器件工作在最佳特定条件下所测得的,这些条件应该是非常清楚的。然而必要时,还应该阐明测量过程中所用的仪器的特征和精度,以免器件供应商和用户之间的测试结果出现矛盾。

2.3 转换器性能参数

50

有大量的性能参数用于描述数据转换器的性能。这些性能参数用于解释和理解产品目录中的资料,帮助应用和描述产品。有的性能参数或者是描述模数转换器(ADC)的特性或者是数模转换器(DAC)的工作特性,而有的性能参数可同时描述 ADC 和 DAC 的工作特性。这些性能参数可以被分为以下几类:

- 基本特性参数。
- 静态性能参数。
- 动态性能参数。
- 数字和开关的性能指标。

2.3.1 基本特性参数

大部分基本特性参数的含义是不言自明的。但对于其余一些特性参数,则回忆一下其定义或者给出适当的注解是有必要的。

- **模拟信号的类型**:数据转换器的模拟输入输出可以是单端型、伪差分型和差分型。单端模拟信号是参照公共"地",它与转换器的模拟"地"接在一起;伪差分信号相对于一个固定参考电平对称,该固定电平与转换器的模拟"地"不同;而差分信号并不需要相对于一个固定的电平对称,它们是输入或者输出信号中除去共模电平外不相等的那部分信号。

- **精度**:是 ADC 用于表示其模拟输入的位数,或者是 DAC 在其输入端接收到的用于转换成模拟量的位数。精度与参考电压共同决定了 ADC 输入的可检测的最小电压,或者是 DAC 输出的最小变化量。它也被称作量化台阶。

- **动态范围**:指的是转换器所能处理的最大电压与噪声电压之间的比值,用分贝表示。动态范围决定了最大信噪比。

- **绝对最大额定参数**:指的是器件应用过程的极限值,一旦超过这些参数值,电路的工作能力可能会削弱,电路功能不是必定会受影响。但长期在最大绝对额定参数值下工作,会影响器件的可靠性。最大额定参数分为两类:电气的和环境的。其中,环境类包括工作温度范围,最高芯片温度,焊接温度,最长焊接时间,存储温度范围以及用于机载系统时的震动范围等。

- **静电放电(ESD)警告(notice)**:所有的集成电路对高静电电压都十分敏感。人体和测试仪器所存储的静电电荷能够通过这些器件放电,静电电荷电压可以高达 4000V。尽管所有的集成电路都有保护电路,但高能量的静电冲击仍有可能造成电路的永久性损坏。厂商总是建议采用适当的静电防护措施以避免电路功能的损坏。

- **引脚功能描述及引脚配置**:这是一张表格,里面有每个引脚的编号,名称和功能描述。它与器件性能参数一起提供给用户。另外,在器件封装图中也给出了引脚的配置。

- **预热时间(Warm-up time)**:是器件从上电到稳定工作的推荐等待时间。该参数是考虑到数据转换器在上电后由于温度变化导致的性能变化。

- **漂移(Drift)**:指的是器件的某个参数(如增益、失调和其他静态参数等)在特定温度范围内的变化。其中有:漂移的温度系数,通常用 ppm/℃表示;还有漂移的电压系数,通常用 ppm/V 表示。它们的值可以通过测量器件的参数在最小和最大工作范围内的值,然后将参数的变化量除以相应的温度变化范围计算得到。

2.4　静态性能参数

输入输出传输特性描述了数据转换器的静态性能。理想情况下的输入输出特性呈现出在整个动态范围内是均匀高度的阶梯。图 2.2 所示为通常位数的转换器开始部分的转换特性。如果第一级和最后一级阶梯宽度为 $\Delta/2$,那么 Δ 的计算是用满刻度范围除以 (2^n-1) 得到的,而不是除以 2^n。图

> **注意**
>
> 　　静态特性是器件所有静态性能参数的基础;但是,如我们在上一章研究过的,一些静态参数的测量可以采用更便捷的技术。

2.2同时说明量化间隔可以由数字码或者阶梯的中点表示出。同时,图 2.2 还给出了量化误差。可见,量化误差的范围在 $\pm\Delta/2$ 间,在阶梯中点处等于零。

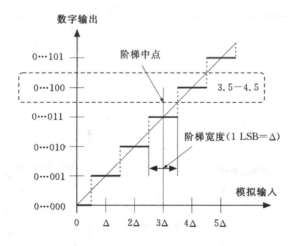

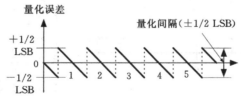

图 2.2　模数转换器的理想输入输出特性

偏离理想转换曲线的输出结果如图 2.3 所示。图 2.3(a)示意的是几乎随机变化的量化间隔,在任意相邻的误差之间没有相互关系。图中还画出了一条插值曲线,它是一条从原点到满刻度点的直线。图 2.3(b)所示的转换特性在曲

线开始时量化间隔较小,而曲线末端的量化间隔较大。结果,插值曲线偏离了直线,导致失真响应。这些特性由积分非线性(INL)和微分非线性(DNL)定量表示,这两个静态性能参数将在下面定义。

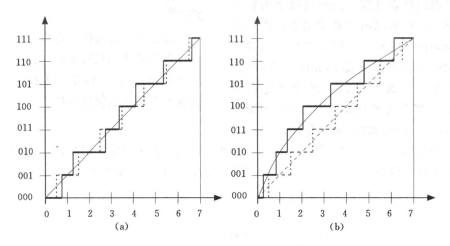

图 2.3　实际数据转换器的输入输出传输特性

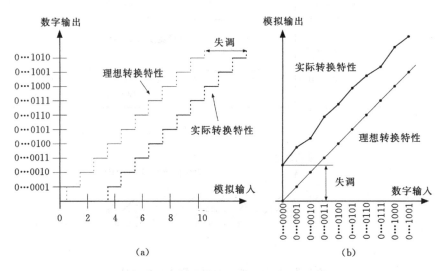

图 2.4　含有失调误差(offset error)的模数

(a)和数模;(b)转换器

■ **模拟分辨率**:是指对应 1LSB 的数字码变化的最小模拟增量。例如,对于 16 位满刻度电压 X_{FS} 为 1 的转换器,其模拟分辨率为 $15.26 \times 10^{-6} = 15.26\mu$。

- **模拟输入范围**：指的是加到 A/D 转换器使转换器产生满刻度响应的单端或差分输入信号的峰峰值（电压或者电流）。差分信号峰值指的是两个相位相差 180°的信号之差。差分峰峰值的计算方法如下：将两个输入信号都反相 180°后重新计算得到一个差分信号峰值，再与原来的峰值相减，即得到差分峰峰值。

- **失调**：失调描述了零输入条件下的输出漂移。失调是一种误差，既可以影响 ADC，也可以影响 DAC。图 2.4(a) 对 ADC 的实际输入输出传输特性与理想传输特性进行了比较。失调改变了传输特性，所有的量化阶梯都整体移动了一个 ADC 失调量的大小。DAC 失调误差的定义如图 2.4(b) 中的实际传输特性曲线所示。由数字量 0⋯0000 产生的模拟输出即为 DAC 的失调。失调可以用 LSB，或者绝对值（伏特或安培），或者满刻度值的百分比，或者 ppm 来度量。

54 ~ 57

- **零刻度失调**(Zero Scale Offset)：有些 ADC 的数据手册(data sheets)中提供这个参数。它指的是，理想输入电压(1/2LSB)与使全 0 输出码变化到输出码 1 的实际输入电压之差。

- **共模误差**：该参数适用于差分输入的 ADC。该参数表示，当输入共模模拟电压按照给定的数量变化时输出码的变化量。通常的测量是，引起了输出码发生 1LSB 的变化所需的两个相等模拟输入的变化量，该变化量以 LSB 度量。

- **满刻度误差**：用于衡量 ADC 的最大输出数字码的跳变与 V_{Ref+} 下的理想最大跳变的偏差。它通常用 LSB 作为度量。

- **双极性码零点失调**(Bipolar Zero Offset)：当 DAC 输出双极性码时，输入 10⋯000时，其模拟输出与理想中点输出之间的偏差称为双极性码零点失调。

- **增益误差**：增益误差指传输特性直线斜率的误差。理想转换器，该斜率为 D_{FS}/X_{FS}，其中 D_{FS} 和 X_{FS} 分别对应满刻度数字码和满刻度模拟范围。由于 D_{FS} 本身代表 X_{FS} 的值，因此我们一般认为理想斜率为 1。增益误差定义了数据转换器斜率与理想值之间的偏差。图 2.5 所示为实际输入输出特性图和理想 ADC(a) 及理想 DAC(b) 的特性。

  增益误差的另一种度量方法是产生满刻度输出码的模拟量与参考电平（减去半个 LSB）之间的差。当采用此定义时，增益误差即为满刻度误差。

- **微分非线性(DNL)误差**：指的是数据转换器的实际转换阶梯宽度与理想转

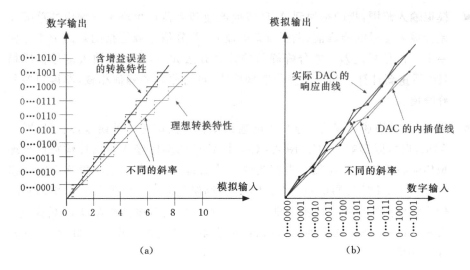

图 2.5　模数(a)和数模(b)转换器的增益误差

换台阶 Δ 的宽度之差。假设 X_k 是相邻码 $k-1$ 和 k 之间的跳变点,则二进制码 k 的宽度为 $\Delta_r(k)=(X_{k+1}-X_k)$;微分非线性为

$$DNL(k)=\frac{\Delta_r(k)-\Delta}{\Delta} \tag{2.1}$$

该式也被称为微分线性度误差(DLE,differential linearity error)。图 2.6 所示为一个 12 位 ADC 的微分非线性的例子。图中可见,在整个动态范围内该误差在 ±0.5LSB 之间。图 2.6 中微分非线性误差的度量是 LSB。而 DNL 也可以选用伏特(当输入为电流时用安培)或者满刻度的百分比或 ppm 来表示。最大微分非线性是所有 k 的 $|DNL(k)|$ 中的最大值。一般把最大微分非线性直接简称为微分非线性。有些数据手册还会给出额外的性能参数,即微分非线性的均方根(RMS)。

$$DNL_{\text{RMS}}=\left\{\frac{1}{2^N-2}\sum_1^{2^N-2}\left[DNL(k)\right]^2\right\}^{1/2} \tag{2.2}$$

- **单调性**:指的是 ADC 的输出始终随着输入信号的增大而增大,并始终随输入信号的减小而减小的特征。因此,输出码总是或者保持不变,或者随着输入同方向变化。

- **迟滞性**:指的是输出数字码与输入信号变化方向(增大或减小)的相关性限制。如果发生迟滞,则迟滞参数是这些差值中的最大值。

- **失码**:表示某些数字码在 ADC 的输出中被跳过或从未出现的情况。因为丢

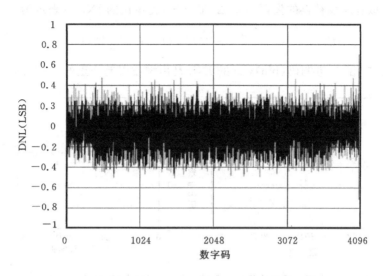

图 2.6　一个可能的 12 位 ADC 的微分非线性误差(DNL)

失的数字码无法由任何模拟输入得到,所以相应的量化间隔为 0。在这种情况下,微分非线性为 −1。

■　**积分非线性**(INL):用于度量实际转换曲线相对于理想插值线的偏离。积分非线性的另一种定义是度量实际转换曲线相对于端点拟合连线(endpoint-fit line)的偏离。采用端点拟合连线可以修正增益和失调误差。第二种定义被选作积分非线性的标准,因为它在估算谐波失真时提供了更多的有用信息。图 2.7 所示的例子分别对应前面两种定义的积分非线性。从图中可以看出,左图中的曲线并未从零点开始,并且 INL 逐渐升高;而右图中的曲线修正了这两个局限,积分非线性在量化区间的两端为零。最大积分非线性对应|$INL(k)$|中的最大值,且往往被直接简称为积分非线性。在图 2.7 所示的例子中,由第一种定义得到的积分非线性超过了 2LSB,而按照第二种定义得到的积分非线性为 1.3LSB。像 DNL 一样,INL 也用 LSB 度量。它也可以用绝对值(伏特或者安培)或者满刻度电压的百分比或者 ppm 来度量。

现在我们考虑端点拟合连线,它是修正了失调和增益误差的传输特性曲线。重复使用式(2.2),可以给出修正后的相邻输出码间的跳变点,$X'(k)$

$$X'(k) = \Delta'\left\{k_{os} + \sum_{1}^{k} DNL(i)\right\} \tag{2.3}$$

其中 $\Delta' = \Delta(1+G)$;G 是增益误差;k_{os} 是以 LSB 为单位的失调误差。因为

端点拟合连线补偿的失调为 $k_{os}\Delta'$,以 LSB 为单位的 INL 可表示为

$$INL(k) = \frac{X'(k) - k\Delta'}{\Delta} = (1+G)\sum_{i=1}^{k} DNL(i) \tag{2.4}$$

可以看出,二进制码(bin)k 处的 INL 是由增益误差修正的 DNL 的求和。

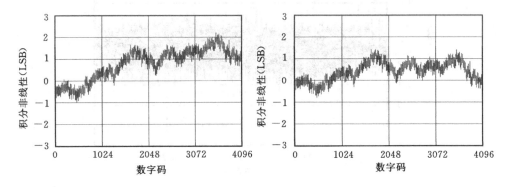

图 2.7 由理想插值连线(左)和端点拟合连线(右)得到的积分非线性

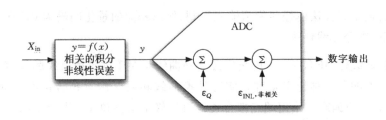

图 2.8 积分非线性误差所导致的前失真效应的等效系统模型

58　　INL 和 DNL 在噪声谱上给出了不同结果的信息。假设 DNL 被分为相关的和非相关的两部分,则相关部分的连续累加构成了 INL 的主要来源。如果在整个范围内 INL 没几个 LSB,那么 DNL 中相关部分的大小相当于 INL 除以输出数字码个数的数量级。它成了可以被忽略掉的部分:观察 DNL 谱,预测 INL 的大小是很困难的。DNL 中的非相关部分的累加看起

注意

　　积分非线性较大的 ADC 将会出现谐波失真,大的微分非线性将导致积分非线性具有大的随机分量(large random component)。由此引入的误差相当于增加了量化噪声,使信噪比降低。

来像噪声,可以将其加到量化误差中。图 2.8 是以上描述的一个模型。其中非

线性函数 $f(x)$ 可以看作 DNL 相关部分的连续累加。量化误差和 INL 的非相关部分被看作噪声项。由于 DNL 的相关部分往往可以忽略,我们可以看到大的 DNL 是一个额外噪声的来源。它被累加入量化噪声中,降低了信噪比(SNR)。大的 INL 意味着转换曲线与理想直线之间存在大的偏移,因此导致谐波失真。谐波项影响无杂散动态范围(SFDR)和信噪失真比(SNDR)(很快将被定义)。

例 2.1

评估由积分非线性造成的谐波失真。运用图 2.8 提供的模型建立一个积分非线性误差为 1.2LSB 的系统响应。INL 的随机变化范围是 ± 0.45。试估算输入为满刻度的正弦波情况下的输出频谱。

解

文件 Ex2_1 中的 Matlab 代码给出了研究该问题的基础。INL 由两项构成,一个变化区间为 ± 0.45 的随机数序列和一个多项式函数

$$y = x + ax^2 + bx^3 + cx^4; \quad x = (n - 2^{N-1})/2^N \quad (2.5)$$

式中 n 为用于计算 INL 的输入(即采样)数字码(running bin),其值从 0 到 4095;$N=12$。

设 $a = -0.01, b = -0.01$ 且 $c = 0.02$,得到如图 2.9 所示的 INL 曲线。相应的 DNL 如图 2.9 右边的图所示。正如所料的那样,范围在 ± 0.45LSB 的 DNL 没有受到相关项的影响。

使用的信号为 12 位量化的 61 周期的正弦波(输入序列由 2^{12} 个采样构成),得到如图 2.10 左边图所示我们所料的谱线。谱线的平均值是本底噪声,为

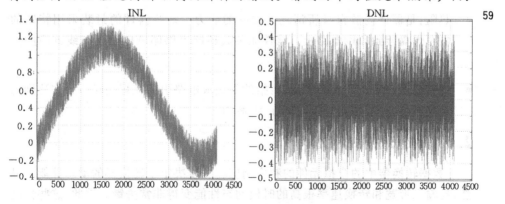

图 2.9　积分非线性(左)与微分非线性(右)

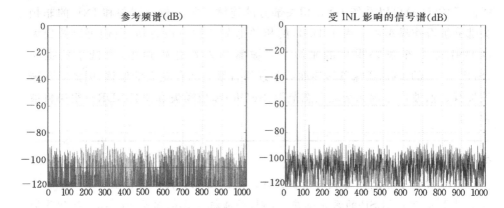

图 2.10　归一化的参考频谱和受 INL 影响的信号谱

-107.1dB。它等于信噪比 $SNR=74$ dB 与处理增益为 33.1 dB 的和。图 2.10 右边的图说明了 INL 对信号频谱的影响。由于 INL 曲线的非相关部分的范围为 ±0.45LSB,使得本底噪声只增加了几分之一 dB。而 INL 的相关部分则导致频谱中出现了谐波(tone)。INL 的大部分是抛物线形状表明二次方项是最主要的。事实上,频谱中最大的谐波峰是 -76dB 的二次谐波。

- **功耗**:功耗是器件在正常工作状态或在待机(或者掉电 power-down)条件下所消耗的功率。

- **温度范围**:保证器件正常工作的温度范围。工作温度范围给出了能使器件维持正常工作的温度限制,而储藏温度范围给出了器件的保存条件。

- **热阻**:是器件耗散自身所消耗的功率的能力。某些器件的封装采用特殊的电源焊盘接到印刷电路板。该性能参数还能提供印刷电路板布线方面的信息。热阻以℃/W 为单位。

- **焊接温度**(Lead Temperature):指的是集成电路引脚在焊接时所允许达到的最高温度,一般假定焊接时间在 10 秒以内。

2.5　动态性能参数

数据转换器中的模拟元件的频率响应和速度决定了转换器的动态性能。显然,当输入带宽和转换速率很高的时候动态性能变得非常关键。因此,这些性能参数要么对应于已定义的动态条件,要么以频率、时间或者转换速率的函数的形式给出。动态特性的品质因子(quality factor)就是它在整个动态工作范围内保持不变的能力。

- **模拟输入带宽**：指的是当 ADC 满刻度输入，产生的输出重建的模拟信号值比其低频时的值下降 3dB 时的输入信号频率。这个定义和放大器输入带宽的定义不同，放大器中通常使用的是小信号输入。

- **输入阻抗**：即 ADC 输入端之间的阻抗。低频时输入阻抗是电阻；理想情况下，电压输入时输入阻抗为无穷大，电流输入时输入阻抗为零（由此得到电压或者电流的理想测量方法）。高频时输入阻抗主要由容性器件决定。通常采用开关电容结构进行输入采样，在这种情况下，器件性能参数给出了输入引脚的等效负载。在非常高的频率下，ADC 的输入阻抗必须与输入连接的终端匹配。

- **负载调整率(Load Regulation)或输出阻抗**：负载调整率是对 DAC 输出级维持其额定电压精度的能力的估算。它描述了输出端每流出 1mA 电流对应的输出电压变化量，用 LSB/mA 表示。输出阻抗可以由负载调整率得到，把 LSB/mA 比值中的 LSB 用 mV 值代替，得到输出阻抗值，结果的单位为 Ω（欧姆）。

- **稳定时间(Settling-time)**：是 DAC 进入阶跃响应且随后维持与最终值相差一定误差范围所需要的时间。输入是 $t=0$ 时的一个阶跃信号，最终值是阶跃开始之后经历一段时间得到的。

- **串扰(Cross-talk)**：度量在一个信号上与其它信号不希望的耦合得到的能量。除 IC 级的耦合外，一个糟糕的印制电路板设计也能引起串扰。例如，关键信号如果在 PCB 上的相同层并行布线就会导致相互干扰。

- **孔径不确定性(时钟抖动，Clock Jitter)**：是采样时间的标准偏差。它也叫做孔径抖动或者时域相位噪声。通常我们假设时钟抖动是一种白噪声。

- **数模转换毛刺脉冲(Glitch Impulse)**：是 DAC 中数字输入状态改变时由数字输入注入到模拟输出的信号的总量。最大数量的毛刺脉冲通常发生在半满度时，当 DAC 在 MSB 附近切换时，许多开关改变状态，即，输入从 01…11 变化到 10…00。该参数是对毛刺面积的积分，以 V-sec 或者 A-sec 为单位进行度量。

- **毛刺能量(Glitch Power)**：类似于前一个 DAC 的性能参数，但是其导致的原因更加广泛。它可能是由于位控制信号之间的延时或者模拟电路部分的时序不匹配导致的。通常它的最大值出现在半满刻度。与前一个性能参数相似,它同样是毛刺面积的积分,单位为 V-sec 或者 A-sec。

- **等效输入参考噪声**(Equivalent input referred noise):ADC 电路产生的电子噪声的度量。当输入为恒定直流时,输出的数字码并不固定,这些数字码围绕与输入相关的标称输出码有一个分布。在很大数量的采样样本下,数字码的直方图近似于高斯分布。分布的标准差大小定义了输入参考噪声,它通常用 LSBs 或者电压方均根(rms)值来表示。图 2.11 所示的是在 0.63LSB噪声之下,一个可能的数据转换器输出数字码的直方图。

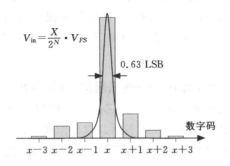

图 2.11　直流输入下直方图估算的参考噪声

62

- **信噪比**(SNR):是信号功率(通常是正弦信号)与由量化噪声和电路噪声引起的总噪声功率之比。信噪比考虑的噪声是整个奈奎斯特区间内的噪声。它与输入信号的频率有关,并且随输入信号幅值的减小等比例减小。图 2.12所示的是一个假定的 12 位、50 MHz 采样频率的数据转换器的信噪比。由图可知,-0.5dB 输入时信噪比为 67dB。图中信噪比的下降表明电子噪声导致的噪声大于量化噪声。当输入信号为 -20dB 时,正如所料的,信噪比降低为 48dB。注意到信噪比相对频率的关系是有益的:信噪比在整个奈奎斯特区间几乎保持恒定。而且,它在第二奈奎斯特区域仅仅下降了几个 dB。因此,图 2.12 所示假定的数据转换器可以适用于处在第二奈奎斯特区域的欠采样信号。

- **信噪失真比**(SINAD 或者 SNDR):与信噪比的定义相似,但它还包括了由正弦波输入产生的非线性失真项。信噪失真比是信号的方均根值与谐波成分加上噪声(直流量除外)的和的平方根之比。因为静态和动态的限制会导致非线性响应,所以信噪失真比与输入正弦信号的幅度和频率都有关。图 2.13所示的是与图 2.12 中一样的假定转换器的信噪失真比。可以看到当输入为 -20dB$_{FS}$ 或者更小时,谐波项是可以忽略的。更大的信号输入幅值会

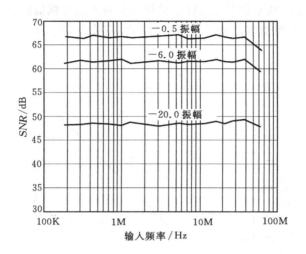

图 2.12　不同输入电平下信噪比随输入频率的变化

引起失真,尤其在高频处。注意到信噪失真比在第二奈奎斯特区域会显著下降;因此,这种转换器在第二奈奎斯特区域或者需要高线性度的场合下使用会有问题。

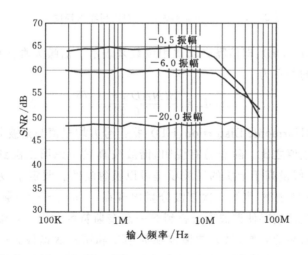

图 2.13　信噪失真比随输入幅度和频率的变化

■ **动态范围(Dynamic Range)**:是指当输入信号为 0dB 时信噪比(或者信噪失真比)的值 * 为 0dB 时输入信号的值")。该参数对于那些无法在 0dB$_{FS}$ 输入时得到最大信噪比(或者信噪失真比)的转换器非常有用,典型的就是 ΣΔ 转换器。图 2.14 所示的是 $\Sigma\Delta$ADC 信噪比与输入信号幅值的关系。信噪比的峰值为 74dB,而动态范围为 80dB。因此,信噪比峰值出现在大约 $-6dB_{FS}$ 处。

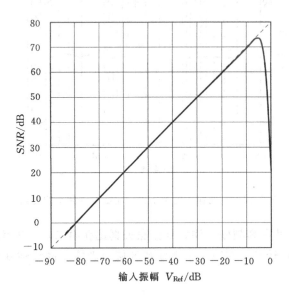

图 2.14　$\Sigma\Delta$ 转换器典型的信噪比与输入幅度关系

■ **有效位数(ENOB)**:即信噪失真比用位数来表示。信噪失真比用 dB 表示与有效位数的关系为

$$ENOB = \frac{SINAD_{dB} - 1.76}{6.02} \tag{2.6}$$

■ **谐波失真(Harmonic Distortion,HD)**:指信号方均根值与谐波分量包括混叠项的方均根值之比。除非另有说明,谐波失真只考虑第二次到第十次的谐波:通常都假设高于十次的谐波项是可以被忽略的。假定 f_{in} 为输入信号频率,f_s 为采样频率,则第 n 次谐波分量出现在 $|\pm nf_{in} \pm kf_s|$ 频率处,其中 k 是一个适当的数字使谐波项折叠到第一奈奎斯特区间内。当输入幅值很大并且频率很高的时候,最大的谐波项为第二和第三次谐波。一些数据手册提供这些谐波幅值与输入信号频率的关系图,用 dB_C(低于载波的 dB 值)表示。图 2.15 所示的是一个假定的 100 MHz 时钟、12 位 ADC 的谐波。该图用到的输入频率高达 250 MHz(第五奈奎斯特区间)。全差分系统使得二次谐波在前两个奈奎斯特区间可以被忽略。但在高频处全差分结构的好处消失了,二次谐波失真成为最主要的。

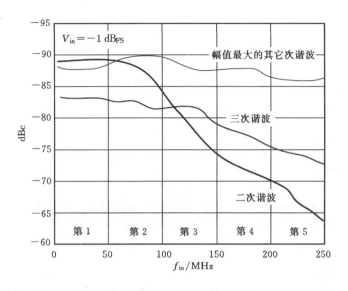

图 2.15　谐波分量与输入频率的关系

例 2.2

65

　　计算非线性转换器输出频谱中前 10 次谐波的频率。输入为一个单频正弦信号。使用计算机仿真的方法验证计算结果。

解

　　该例子使用一个 2^{14} 个点的输入序列。假设序列持续一秒,采样频率为 16.4kHz。当输入频率为 671Hz 时,第 10 次谐波处于 6.71kHz 处,正好低于奈奎斯特区间边界。所有的谐波分量会在奈奎斯特范围内依次出现。假设现在输入频率增大到 1.711kHz,第 5 次谐波处于 8.555kHz 处,略微高于 $f_S/2 = 8.192$kHz。折叠镜像第 5 次谐波到 $f_S - 5f_{in} = 7.829$kHz。第 6、第 7、第 8 和第 9 次谐波同样被折叠一次。第 10 次分量位于 17.11kHz 处,并且需要折叠两次,频率位于 $10f_{in} - f_S = 726$Hz。

　　代码文件 Ex2_2.mdl 和 Ex2_2launch.m 提供了 Simulink 模型和用于启动仿真的 m 文件。使用多项式函数和适当的参数描述了谐波失真的情况。

　　对比图 2.16 和图 2.17 的频谱,可以验证上面所述的输入频率分别为 671Hz 和 1.711kHz 时的特征。两幅图示意出了各谐波分量与输入频率很好地分隔开了。然而如果 f_{in} 接近于 f_S/n(n 为整数),谐波分量就会非常接近输入频率(比如,$f_{in} = 2339$Hz)。

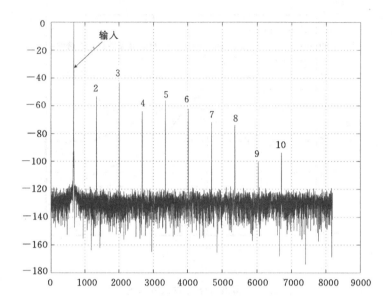

图 2.16 $f_{in} = 671 \text{kHz}(f_S = 16.38 \text{kHz})$ 时的谐波分量

66

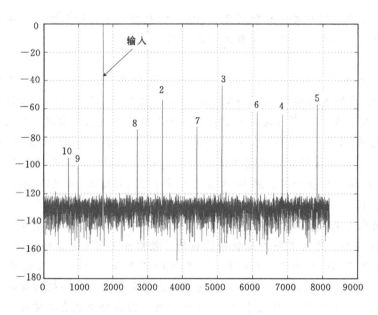

图 2.17 $f_{in} = 1.711 \text{kHz}(f_S = 16.38 \text{kHz})$ 时的谐波分量

- **总杂散失真(Total Spurious Distortion，TSD)**：是 ADC 输出频谱中杂散分量的平方和的平方根(root-sum-square)。其输入是一个指定幅值和频率的 67 纯正弦波。TSD 经常用 dB 表示，以该输入频率下，输出分量的方均根值作为参考。

- **无杂散动态范围(Spurious Free Dynamic Range，SFDR)**：是信号幅值的方均根值与第一奈奎斯特区间中最大杂散频谱分量的方均根值的比率。SFDR 提供的信息类似于总谐波失真，但它关注于最坏的谐波分量。SFDR 与输入信号幅值有关。在大输入信号情况下，最大谐波项是多个谐波信号中的一个。对于输入信号的幅值远低于满刻度的情况，输入信号引起的失真可以被忽略，不是由于输入，而是由于转换器的非线性特性导致的其他谐波量成为主要的。

  SFDR 对于通信系统很重要。我们经常需要进行小信号的模数转换，该信号是由天线接收到的小信号，与其他通道的大信号混在一起。可能会发生这样的情况：一个由大信号通道产生的大的杂散非常接近小信号通道的频率，从而屏蔽了该通道的相关信息。图 2.18 示意出了这个问题。输入信号有两个通道，大的信号(0dB)在 6.72 MHz 附近，小的信号(−90dB)在 3.8 MHz 附近。采样频率是 16.4 MHz。大信号通道产生了一个大的第三

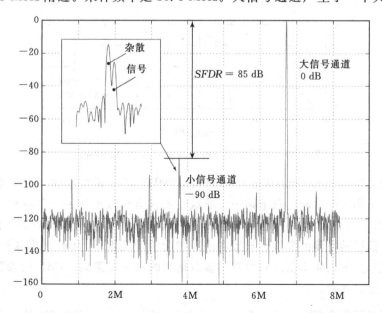

图 2.18 小信号通道被大的杂散分量破坏的频谱图

68

次谐波分量,频率为 20.13 MHz,该谐波折叠至 3.76 MHz,仅和小信号通道差 40kHz。即使 SFDR 为 85dB,杂散分量还是几乎完全掩盖了 −90dB 的信号。

　　一般情况下 SFDR 以信号幅值作为函数绘图,常用 dBc 表示。一些器件的数据手册给出了归一化到 ADC 的满刻度(dB$_{FS}$)的最大杂散谐波的方均根值。图 2.19 示出了一个假定 ADC 的 SFDR。这是输入为 60.2 MHz、采样频率为 80 MHz 时的曲线。因此输入信号处于第二奈奎斯特区。从图中可以看出以 dB$_{FS}$ 表示的 SFDR 与输入幅值大小无关。相应的,以 dB$_C$ 表示的 SFDR 曲线随输入幅值增大而线性增长。SFDR 在输入为 −86dB$_{FS}$ 时等于 0dB$_C$,此时最大杂散与输入相等。

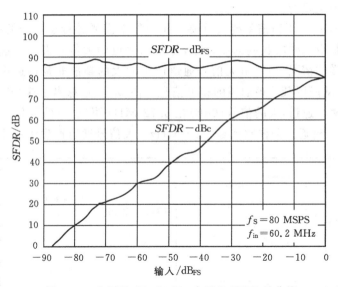

图 2.19　分别以 dB$_C$ 和 dB$_{FS}$ 表示的 SFDR 的曲线

■　**互调失真(Intermodulation Distortion,IMD)**:用于说明当输入是复杂信号时由于非线性引起的杂散谐波。非线性不仅会导致单纯一个频率信号的失真,而且当输入由多个正弦波组成时,他们之间的相互作用也会产生互调项。数据转换器的非线性导致各个频谱分量间的混频,从而产生各种杂散,其频率是输入频率值所有可能的整数倍间的和频及差频。IMD 用参数或图表来定量表示。

■　**双频互调失真(Two tone Intermodulation Distortion,IMD2)**:是两个输入信号中任意一个的方均根值与最坏的三阶互调积的方均根(rms)值的比率,用 dB$_C$ 表示。输入信号由两个频率很接近的单频信号组成，f_1 和 f_2。通常该参数只考虑频率位于($2f_1-f_2$)和($2f_2-f_1$)处的三阶杂散。只考虑三阶项的原因是它们接近输入频率 $f_1 \cong f_2$，其它互调项离输入频率太远，可在数字域被过滤掉。

例 2.3

用计算机仿真来确定一个 14 位 ADC 中的 IMD2。失真由量化之前的非线性块描述，$y=x+10-4x^3$。

解

代码 Ex2_3.mdl * 和相应的运行程序 Ex2_3launch.m 提供了计算机解法的基本原理。采样频率是 16.38kHz，双频输入信号的频率分别为 1.169kHz 和 1.231kHz，振幅为 1。满刻度电压是 $\pm 2V$ *，量化台阶为 $4V_{FS}/2^{14}=1/2^{12}$。非线性模块模拟了转换器传输特性中的失真。

图 2.20 给出了频率范围在 500Hz 到 4kHz 的输出频谱。图上标出了四个互调结果，($2f_1-f_2$)，($2f_2-f_1$)，($2f_1+f_2$)，($2f_2+f_1$)。前两个离输入频率最近。图中还示意出了三阶非线性效应所产生的两个杂波信号 $3f_1$ 和 $3f_2$。由于输入正弦波的振幅相同，每对互调信号的振幅都一样。据三角法则公式得到第一对的振幅是 $3A_1A_2/4$。读者可以自行验证输入正弦波振幅不同时的互调效应。

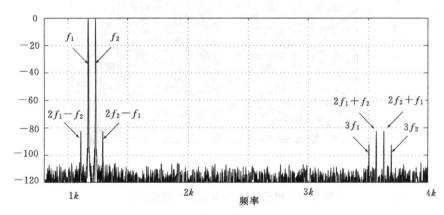

图 2.20　由 IMD2 产生的输出信号频谱

- **多频功率比**(Multi-Tone Power Ratio，MTPR)：专门为用在通信系统中的数据转换器制定的。它定义了多频传输系统的失真。该参数是用一系列振

幅都为 A_0、频率为基频 f_0 的整数倍的信号来测量的。少数信号频率会丢失,因为谐波失真在丢失频率的位置产生了干扰信号(interference signal)。MTPR 被定义为振幅为 A_0 的信号的方均根值与丢失频率上的信号的方均根值的比率。

■ **噪声功率比**(Noise-power ratio,NPR):类似于 MTPR,它描述了在频分复用(FDM)链路中的 ADC 的线性性能。NPR 参数经常用来描述功率放大器,但同样的概念也可用于数据转换器。在频分复用系统中,信号由许多不同振幅和相位的载波组成。信号看起来就像通过带通滤波器的白噪声。如果一个信道被去掉,频谱就会在那个丢掉的信道频率上显示出一个深陷的凹槽。如果我们用得到的信号去激励 ADC,那么转换器的噪声和互调失真就会填补这个频谱凹槽。经过 ADC 后的频谱凹槽的深度给出了 NPR 的定义。图 2.21 示意出了典型的用于确定 NPR 的频谱。

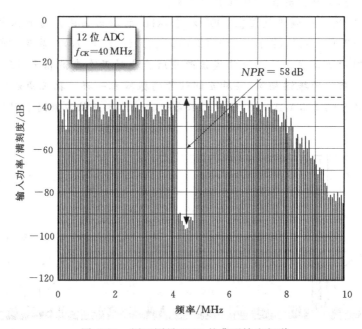

图 2.21　用于测量 NPR 的典型输出频谱

NPR 取决于输入的方均根值。对小的输入量级,频谱凹槽主要被量化噪声和热噪声填满,他们几乎与输入功率无关。对于大的输入信号,ADC 的饱和项和失真项成为导致 NPR 快速下降的最主要原因(图 2.22)。

■ **有效分辨率带宽**(ERBW):定义为当信号-噪声及失真比(SINAD)相对低频

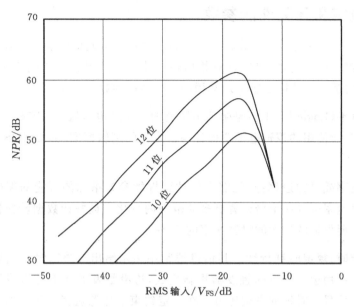

图 2.22 不同分辨率下 NPR 与输入幅度的 RMS 的关系

时的值下降 3dB 时的模拟输入频率。ERBW 给出了转换器能处理的最大信号带宽。ERBW 应该远大于奈奎斯特区的边界(Nyquist limit)。

- **品质因素(Figure of Merit,FoM)**:是衡量 ADC 的功耗效能的一个参数。它假定总功率的消耗主要与转化信号的带宽(BW)和等效位数(ENB)有关。出版物或数据手册采用不同定义的 FoM,所有这些定义的基础是

$$FoM = \frac{P_{\text{Tot}}}{2^{\text{ENB}} 2BW} \tag{2.7}$$

在一些情况下用位数代替 ENB 或用 ERBW 代替 BW。其他的定义还有用时钟频率,不用信号带宽(对于奈奎斯特率的转换器而言)。品质因数与转换器采用的架构和工艺线宽有关。好的解决方案显示 FoM 可以低于 1pJ /转换步骤。为了协调不同架构和不同工艺间 FoM 的比较,更清晰明白的 FoM 定义中应该用到与工艺和工作条件有关的参数。

> **记住**
>
> 品质因素不是一个固定的参数,因为它与工艺线宽、信号带宽和位数有关。但是,不管怎样都要用它来评价转换器功耗效能。

72

2.6 数字和开关性能参数

数字特性也由一系列给定的参数指定。这些参数确保转换器具有与内部或者外部电路相连的适当接口，且对数据转换器之间逻辑信号的同步是有用的。以下给出的是商业数据手册中最常用的几个性能参数：

- **逻辑电平**(Logic levels)：是幅值不重叠的一系列电压区间，用来表征不同逻辑状态，所使用的逻辑电平要保证与已定义的逻辑标准（如 CMOS 和 TTL）兼容。

- **编码速率或时钟速率**：是能够保证达到性能参数指标的可能的编码速率范围。该速率可以在十倍或者更多的范围内变化。最好让数据转换器工作在数据手册保证的最大的时钟速率的 25%。

- **时钟定时**：规定时钟特性。其信息通常用图示给出。外部时钟通常在集成电路内部用边沿触发的触发器重新生成，边沿触发器在上升沿或下降沿锁存输入信号。时钟的占空比可以在一定约束下任意选择。50% 的占空比对优化动态性能通常是最好的。

73 - **时钟源**：时钟信号规定了转换器的工作时序。要求抖动非常小的电路利用差分输入正弦波来产生时钟。晶体时钟振荡器（采用或不采用外部滤波器）获取输入正弦波。这保证了正弦波的纯度并提供了准确的过零时间（zero-crossing time）。饱和状态下的内部放大器把输入正弦波变成方波，从而产生了内部时钟。

- **休眠模式**：定义省电模式，关掉主要的偏置电流，使功耗最小化。在适当的引脚上加一逻辑电平可以激活省电模式。上电和省电生效的时间取决于休眠电路相关的时间常数。电路可能会用几微秒的时间进入休眠模式，而要几毫秒的时间回到上电状态。

74 ## 习题

2.1 搜索主要数据转换器厂商的网址，列出它们生产的各种类型的数据转换器。草拟一张表格列出类型、分辨率和最大时钟速率。

2.2 画出一个 8 位数据转换器的输入-输出传输曲线。使用计算机模拟并假设其有最大为 0.4LSB 的随机 DNL。插值曲线为 $y=x+0.01(x-0.5)^3$；$0<x<1$*。

2.3 使用理想插值曲线测量出一个 12 位数据转换器的 INL 在第一个码是

　　－0.4LSB,在最后一个码是 1.3LSB。其最大 INL 发生在满刻度的 2/3 处,为 2.1LSB。估算该转换器的失调、增益误差和端点拟合连线的最大 INL 是多少。

2.4　在互联网上搜索分辨率大于 14 位的 A/D 转换器,看看其类型是什么。考虑以下的输入带宽:44kHz,150kHz,2 MHz,20 MHz 和 80 MHz。

2.5　从网络上下载 12 位 ADC 的数据手册。估算用于 INL 计算的插值曲线。验证满刻度正弦波时输出频谱中的失真效应。

2.6　重新计算例 2.1,采用以下失真系数:$a=0.02,b=-0.005,c=0.01$,确定输入正弦波的谐波失真。将输入幅度从满刻度到$-20dB_{FS}$进行变化,保持参数 a 为常量,改变 b 和 c 的值,使得输入满刻度正弦波时的谐波失真是最优的。使用最优值画出谐波失真随着输入幅度变化的曲线。

2.7　采用计算机仿真 5000 个采样,画出 12 位数据转换器输出的直方图。输入幅值固定为 $0.372V_{FS}$,随机噪声分量为 $20mV_{FS}$。

2.8　采用 3.7kHz 和 4.2kHz 输入正弦波重新计算例 2.2。确定输入同频率方波时的输出频谱,证明得到的结果是正确的。

2.9　在网络上搜索 100MS/s 转换率、14 位的 ADC,比较找到的器件数据手册中提供的谐波失真,估算其价格性能比(如果可以得到器件的价格的话)。

2.10　使用以下传输响应:$y=x+10^{-4}x^2$ 重新计算例 2.3。使用两个正弦波,一个幅值为半满刻度,另一个幅值为 1/4 满刻度。频率为 $1.23kHz\pm50Hz$。

2.11　10 位 ADC 的 INL 具有锯齿状的特性:在半满刻度有一个 1.6LSB 的跳跃;在 1/4 满刻度有一个 0.8LSB 跳跃;在 3/4 满刻度有一个 1.1LSB 的跳跃。对给出 INL 值的点及其对应点,估算它们附近的 DNL,并画出在这些点附近的输入-输出传输特性的草图。

2.12　在网络上搜索 $f_B=2 MHz$、10 位分辨率的 ADC 公开的功耗数据,比较其 FoM。找出其所使用工艺的线宽与 FoM 可能的关系。

76 # 参考文献

书和专著

M. Gustavson, J. J. Wikner, and N. N. Tan: *CMOS Data Converters for Communications*, Kluwer Academic Publishers, Dordrecht, The Netherland, 2000.

Working Group of the IEEE Instrumentation and Measurement Society: *IEEE Std 1241-2000: IEEE Standards for Terminology and Test Method for Analog-to-Digital Converters*. IEEE, 2001.

W. Kester (ed.): *The Data Converter Handbook*. Elsevier's Science & Technology, Burlington, MA, 2005.

期刊和会议论文

F. Maloberti: *High-speed data converters for communication systems*, in IEEE Circuits and Systems Magazine, vol. 1, no. 1, pp. 26–36, 2001.

H. J. Casier: *Requirements for embedded data converters in an ADSL communication system*, in International Conference on Electronics, Circuits and Systems, ICECS 2001, vol. 1, pp. 489–492, 2001.

F. H. Irons, K. Riley, D. Hummels, and G. Friel: *The noise power ratio-theory and adc testing*, IEEE Transactions on Instrumentation and Measurement, vol. 49, no. 3, pp. 659–665, 2000.

M. Vogels and G. Gielen: *Architectural selection of A/D converters*, in Proceedings of Design Automation Conference, pp. 974–977, 2003.

互联网资料

Analog Devices: *Data Converters information and data sheets*.
http://www.analog.com.

Maxim: *Data Converters information and data sheets*.
http://www.maxim-ic.com.

ST Microelectronics: *Data Converters information and data sheets*.
http://www.st.com.

Texas Instruments: *Data Converters information and data sheets*.
http://www.ti.com.

第 3 章

奈奎斯特率数模转换器

本章研究集成电路中数模转换器的架构,首先考虑
电压基准和电流基准的基本要求,这是因为任何 DAC
(和 ADC)的精度都严重依赖于基准的性能;然后研究基
于电阻和基于电容的 DAC 架构,它们在数字输入信号
的控制下输出基准电压的一个分压值;最后研究利用单
位电流源及其二进制权重电流源实现的 DAC 架构。

3.1 概述

DAC 的输入为多位的数字信号,输出为可以驱动外部负载的电压或电流。
为了满足驱动要求,许多 DAC 采用有源电路,比如运算放大器或 OTA,显然,这
些电路对 DAC 的性能非常重要。因此我们先研究有源电路可能的限制因素,
这些研究是系统级的,不深入到设计细节。这里假设读者已经充分理解运算放
大器和 OTA 的设计方法,了解集成电路与版图的基本知识。

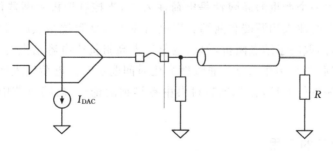

图 3.1 电流输出 DAC 驱动双端口同轴电缆

DAC 的输出可以是电压也可以是电流,电流输出通常驱动片外同轴电缆,
在电缆端口上产生电压。这些电缆的两端应该具有合适的阻抗,以保证片外电
缆传输的高频特性。

第 1 章假设 DAC 的输出为重构的波形,即连续时间信号,带宽完全处于采样数据的第一奈奎斯特区间。然而,许多商业集成电路不提供重构信号,仅是采样保持信号的 DAC 表征,而是由片外分离器件实现重构功能。而且,当 DAC 用在 ADC 中时,模拟波形必须是采样数据的形式,这是因为典型情况下 DAC 信号要与其它模拟信号进行复合,以实现一些采样之后数据的算法。

许多 DAC 利用集成电阻或电容来实现对基准信号的衰减(或放大),衰减(或放大)系数取决于无源器件的比例,因此良好的匹配特性和温度无关性具有非常重要的意义。通过版图的精心设计(采用叉指结构或共中心结构),虚拟(dummy)器件的采用,寄生电容的匹配,接触电阻的一致化等措施可以实现 0.02%~0.1%数量级的匹配精度。从而,不经过无源模拟器件的修正和数字校正或数字校准,也可能达到 60~70dB 的分辨率和线性度。

各种 DAC(和 ADC)都采用模拟 CMOS 开关来实现转换算法,CMOS 工艺很容易实现开关:当驱动电压低于阈值电压时 MOS 管关断,当驱动电压超过阈值电压时 MOS 处于低阻导通状态,V_{DS} 很小。开关的设计与控制是转换器设计中的重要工作,导通电阻低、开关迅速且副作用小的开关是不可或缺的。

导通电阻反比于宽长比(W/L)与过驱动电压($V_{GS}-V_{TH}$)的乘积,单个 MOS 管可以实现固定电压结点的切换,但对于电压波动的结点,最好采用互补晶体管进行切换,随着结点电压的增加,NMOS 的导通电阻增加,而 PMOS 导通电阻减小。有些应用中更倾向于采用单个 NMOS,其栅极的控制信号随切换点电压的升高而升高相同的幅度,典型情况下,栅电压会超过电源电压,产生这种栅电压的电路称为时钟升压电路。

模拟开关一个严重的局限性是电荷注入 *,当控制栅极关断器件时,MOS 沟道中的电荷会注入到源端和漏端。当电荷注入到低阻抗结点时,仅会引起毛刺,其持续时间取决于结点阻抗,但当电荷注入高阻抗或电容结点时,引起的失调会带来麻烦,尤其是注入电荷非线性变化时问题更甚。电荷注入问题可以采用适当的方法进行处理,在基础教科书中有详细的论述,后续章节中也会进行回顾。

3.1.1 DAC 的应用

高速 DAC 的许多指标要求来自于视频应用,从诸如计算机或 DVD 等数字信号源送来的视频信号,经常需用模拟显示器进行显示,这就需要高速 DAC。高性能 DAC 也经常应用于电视中,高清电视图像需要高清显示器:NTSC 制式模拟电视每帧 525 行,而好的高清显示器每帧超过 1000 行。另外,高清电视显示器提供更高的分辨率、更高的对比度和更细腻的颜色,不同于模拟电视约 8 位的对比度,数字光学处理(DLP)或等离子体显示器其对比度超过 11 位。DNL、转换速率,毛刺能量和芯片面积都是这些视频 DAC 的关键参数,为了尽量发挥最新显示技术的视觉效果,经常需要 12 位、150MSPS 的转换速率。

DAC 也经常用于有线和无线通信中,这些系统中用各种调制和编码技术交换数字信息。ADSL 和 ADSL2＋系统中的 DAC 必须处理带宽 1.1 MHz 或 2.2 MHz、12 位分辨率的信号;像 UMTS,CDMA2000 和 GSM/EDGE 的无线应用中同时需要高的转换速率和高的分辨率,尤其是在多载波代替单个信号源时更是如此:UMTS 的每个发送器多达 4 路载波,而 GSM/EDGE 和 CAMA2000中单个发送器采用 4 到 8 路的载波。因此,复杂调制波的产生不仅需要进行复杂的数字处理,还需要高性能的 DAC,200MSPS 到 1GSPS 的转换速率、12 位到 16 位的分辨率可能是必不可少的。

模拟信号处理器中可能用 DAC 来代替电位器,而一个数控电阻可实现的功能包括增益的数字化控制、失调的消除、可编程电压源和电流源、可编程的衰减系数等。方法是采用电阻分压型 DAC,分压点根据通过 n 位寄存器的值进行设定,其设定值不用很频繁更新。这样的 DAC 经常采用慢速的串口,设置量存储在易失性或非易失性的存储器中。

为了将麦克风或其它声源中的信号存储在计算机中而将它们转换为数字信号,如果需要还可以进行编辑或存放在一些存储设备中。这些信号经过 DAC 转换后,可以在耳机或喇叭中进行声音的回放,这种 DAC 的分辨率较高(16 位或更高),典型采样速率为 44kSPS 的。由于信号带宽较窄,音频 DAC 通常采用过采样的方法。

3.1.2　电压和电流基准

DAC 的动态范围取决于电压(或电流)基准,基准可以在芯片内部产生也可以通过引脚由外部提供,两种情况下都必须保证基准具有非常高的精度,任何影响基准的因素都会制约整个系统的性能。所以,通常需要基准保持一个精确的恒定值,不随负载、温度、输入电压和时间发生变化。

采用外部基准可以更加灵活一些,还可以更加细致地控制误差,但互联线上的串并联阻抗会带来静态和动态误差。图 3.2 给出了连接外部基准的简单等效电路,其中电阻 R_V 和 R_I 是基准的内阻,C_p 是折算到输入引脚的所有寄生电容,外部基准到内部电路采用键合线连接,键合线用电感 L_{bond} 进行等效,取值约为 1nH/mm。

基准的各种静态误差对应固定的偏差量,它们一般不相互关联,仅会引起增益误差,相反,动态误差会麻烦得多,它会影响电路的速度和 SNR,动态误差产

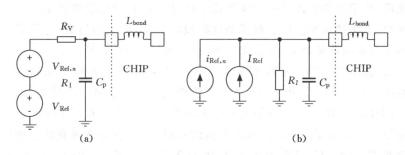

图 3.2 外部基准的等效模型:(a)电压;(b)电流

81 生的主要原因是基准需要对一个或多个电容进行充放电。在转换周期的部分时间内,电容两端的电压必须过渡到半个(或更小)LSB 之内,因此充电网络的时间常数必须远小于 $1/f_{ck}$。另外,由于键合线电感的存在,引脚电压也会以 LC 网络的特征频率经历一个振荡过程,需要采用串联或并联电阻的方法在时钟周期的小部分时间内将振荡衰减到小于 LSB 的一半。

图 3.2 中还包括了基准的噪声 $v_{Ref,n}^2$ 或 $i_{Ref,n}^2$,这些噪声在输出端体现为近似不变的附加量,所以其频谱高度必须远远低于量化误差基底(quantization floor),对于动态范围为 V_{FS}(或 I_{FS}),采样频率为 f_s 的 n 位转换器来说,必须满足

$$v_{Ref,n}^2 \ll \frac{V_{FS}^2}{6 \times 2^{2n} f_s} \ \text{或} \ i_{Ref,n}^2 \ll \frac{I_{FS}^2}{6 \times 2^{2n} f_s} \tag{3.1}$$

举例来说,400MSPS,$I_{FS} = 20\text{mA}$ 的 14 位 DAC,电流基准的噪声谱要求低于 $0.79\text{nA}/\sqrt{\text{Hz}}$[*],这样的噪声电流流进 50W 电阻产生的电压谱为 $39.5\text{nV}/\sqrt{\text{Hz}}$[*],是个相当低的噪声。要知道 MOS 管的输入参考噪声为 $v_n^2 = (8/3)kT/g_m$,因此跨导为 0.2mA/V 的单个 MOS 管的噪声就高达 $v_n^2 = 7.4\text{nV}/\sqrt{\text{Hz}}$[*]。

> **记住**
>
> 基准电路的噪声必须低于期望的量化噪声基底,对于分辨率超过 14 位的转换器来讲非常具有挑战性。

3.2 转换器的类型

通常根据 DAC 采用基本器件的不同来区分 DAC,其架构有:

- 电阻型架构。

82 - 电容型架构。

- 电流源型架构。

3.3　电阻型架构

电阻型架构包括电阻分压网络(或开尔文分压网络)、数字电位器和 R-$2R$ 梯形网络。

硅工艺中的电阻采用薄膜电阻实现,具有特定的电阻率 $\rho_\square$,单位为 $\Omega/\square$,是指一个正方形薄膜电阻在相对的两边测得的电阻。根据有效的方块数 $(L/W)_{\text{eff}}$ 和接触电阻 R_{cont} 可以得到电阻的总阻值:

$$R = \rho_\square\,(L/W)_{\text{eff}} + 2R_{\text{cont}} \tag{3.2}$$

集成电路中的电阻从几 $\Omega/\square$ 到几 $k\Omega/\square$,需要方块数目很精确时,电阻宽度不要采用工艺允许的最小值。选用电阻类型时,要考虑到线性要求,这与温度和电压系数有关,方块数不要太小,否则精度差,方块数也不要太大(即使需要几十到上百 $k\Omega$ 的电阻),以节省芯片面积。

电阻的绝对值一般不是很重要,只是在控制功耗和提高电路速度时进行考虑。然而,电阻的匹配精度却重要得多,匹配误差会引起增益误差,有些情况下导致谐波失真。为了得到良好的匹配特性,必须采用制造过程可以很好控制的薄膜电阻,且进行精心的版图布局。显然,当要保证电阻间的匹配时,应使用类型相同薄层电阻且处于相同的温度,并使电阻的端头电阻正比于电阻阻值。如果电阻比例为整数,则应采用单位电阻的串联来组成不同的电阻。版图必须保证匹配单元的中心和电流方向是相同的。

图 3.3(a)是一个 6 方电阻的版图示例,图 3.3(b)用三个这样的单位电阻组成了一个匹配的 R-$2R$ 电阻对。电阻 $2R$ 的两个单位电阻处于单个电阻 R 的两边,这样的布局使得 R 和 $2R$ 具有相同的中心,补偿了在竖直方向上可能存在的任何电阻特性的偏差。连线保证了各单位电阻中的电流方向相同,避免电阻各向异性带来的误差。

83

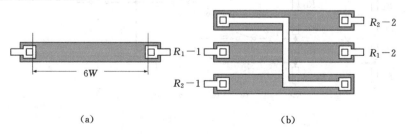

(a)　　　　　　　　　　　　(b)

图 3.3　(a)L/W＝6 的电阻;(b)比例为 2 的两个匹配电阻

图 3.3(b)的版图没有考虑边界效应,精确应用中在版图周围采用虚拟器件来保证所有电阻的边界环境相同。连接电阻的金属电阻率为几十 mΩ/□,如果需要,这些寄生效应可以通过金属连线方块数的匹配进行平衡。

3.3.1 电阻分压器

在基准正端和负端之间连接一串电阻,通过数字控制选取不同的分压点,就实现了一个非常简单的 DAC,这就是所谓的开尔文分压器,它是开尔文勋爵在 18 世纪发明的。图 3.4(a)是一个 3 位的电阻分压器,连接在地和单极性的基准 V_{ref} 之间,分压器由 2^3 个相同的电阻 R_U 构成,产生 8 种离散的模拟电压,容易验证所产生的电压为

$$V_i = V_{\text{Ref}} \frac{i}{8} \qquad i = 0 \cdots 7 \tag{3.3}$$

在图 3.4(b)中,将电阻分压器顶部的半个单位电阻 $R_U/2$ 移到底部,产生的电压就被抬高了半个 LSB($V_{\text{Ref}}/2^{n+1}$)。

通过数字输入控制各个开关的通断来选择分压器的输出电压,并被送到缓冲器的输入端。缓冲器具有非常高的输入电阻以免影响分压值(就像电压表测量一样),缓冲器也提供低的输出阻抗,保证合适的负载驱动能力。

图 3.4(b)给出最简单的电压选择方法(3 位),由数字位(或其反相信号)直

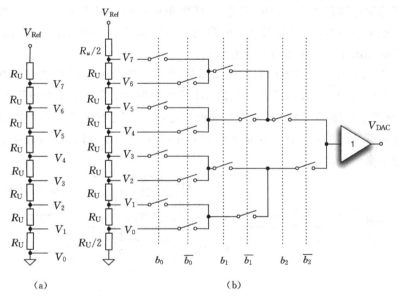

图 3.4 (a)电阻分压器;(b)具有 1/2LSB 失调、开关树和输出缓冲器的电阻分压器

接控制开关树,这种方法不需要任何实质性的数字处理过程,但输出电压到缓冲器之间要经过三个开关(n 位 DAC 经过 n 个开关)。

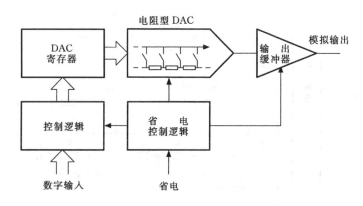

图 3.5　电阻分压型 DAC 的典型架构

85

开关的导通电阻和寄生电容的值会影响 DAC 的高速工作,有些架构的 DAC 采用控制逻辑产生 DAC 寄存器信号,分别控制 2^n 个开关,开关将电阻分压器的所有抽头连到一个公共端接到缓冲器。图 3.5 是这种典型架构的框图,图中还包括了低功耗控制,用以

折衷
　　开尔文分压器电压选择的解码方法取决于速度、复杂性和功耗的折衷。

降低空闲时的功耗。可以集成到电路中的其它功能还包括输入数据的串行接口(比如 I²C),DAC 寄存器的上电复位功能(上电时将输出设置为 0)等。

3.3.2　X-Y 选择

　　电阻分压器架构的局限性是开关数量或控制线数量随转换器位数呈指数增加,比如,一个 8 位 DAC 要使用 510 个开关或要产生 256 个逻辑信号去控制开关在每个转换周期内的动作。此外,由于所有关断的开关都连接在缓冲器的公共线路上,寄生负载可能会非常大,从而要么降低了速度、要么需要增加输出缓冲器的功耗。

　　图 3.6 是一个简化选择开关且节省功耗的方案。8 位的开尔文分压器采用 86
X-Y 选择。256 个单位电阻分配在 16 根行线上,蛇形连接在基准的正极 V_{Ref+} 和负极 V_{Ref-} 之间。每根行线代表着数字输入高四位 MSB 的一种情况,高位解码器 MSB 选择一个行线,而低位解码器 LSB 选择行上的一个器件。给定一对

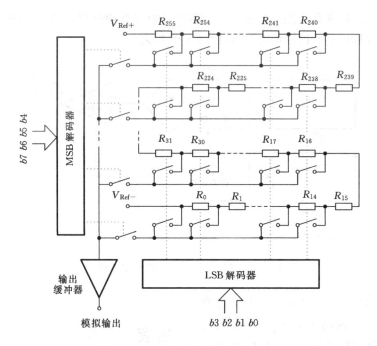

图 3.6 X-Y 选址方案的电阻型 DAC

行选择 X 和列选择信号 Y,唯一地确定了分压器的电压。奇数行的第一个抽头和偶数行的最后一个抽头,即连接 R_0,R_{16},R_{32} … 的一端,确定了该行的第一个 LSB 电压。因此,LSB 解码器必须根据 MSB 指向的是奇数还是偶数行来交换 LSB 选择的方向。

3.3.3 输出电压的建立

DAC 中,输入码值的变化应引起输出信号的阶跃,然而由于缓冲器的速度有限、开尔文分压器寄生电容的存在平滑了这个阶跃过程。这里先假设缓冲器的速度足够快,则输出电压的建立仅取决于分压器,分压器的等效电路近似为 RC 网路。对于 n 位分压器,第 k 个抽头到地之间的等效电阻是$(k-1)R_U$ 和$(2^n-k+1)R_U$ 的并联,考虑到开关的导通电阻,RC 网路的等效电阻等于

$$R_{eq} = \frac{(k-1)(2^n-k+1)}{2^n}R_U + N_{on} \cdot R_{on} \tag{3.4}$$

加载在缓冲器输入端的寄生电容为

$$C_{in} = C_{in,B} + N_{on} \cdot C_{p,on} + N_{off} \cdot C_{p,off} \tag{3.5}$$

其中 $C_{in,B}$ 为缓冲器的输入电容,N_{on} 和 N_{off} 为连接到缓冲器输入端导通和关断开

关的数目,$C_{p,on} \approx C_{p,off}$是相应的寄生电容。$C_{in}$的值几乎不变,对于任何分压选择,导通和关断的开关数目之和也不变。但是,式(3.4)得到的电阻值依赖于抽头的位置,R_{eq}呈抛物线变化,在$k=1$时为$N_{on} \cdot R_{on}$,$k=2^{n-1}+1$时达到最大值$2^{n-2}R_U + N_{on} \cdot R_{on}$,在最后一个抽头处减小为$N_{on} \cdot R_{on} + R_U$。时间常数$R_{eq}C_{in}$随抽头位置发生变化的情况导致了建立时间的非线性变化,当抽头位于电阻链的开始端或末尾端时响应最快,而抽头在中间时响应最慢。

87

即使缓冲器的输出通过滤波器进行重构,也仅是滤除了频率高于奈奎斯特区间的杂波(spur),而信号的低频谐波和来自多频输入的互调结果会在第一奈奎斯特区间内产生杂波。因此,无杂波的输出频谱要求建立时间远低于D/A转换周期,需要采用非常小的单位电阻来使时间常数最小化。

观察

输出电压的建立时间与码值相关导致了失真,高的 SFDR 需要每个结点的电阻要小,建立时间的差别必须远小于保持时间。

很小的单位电阻可以减小时间常数,但具体实现中存在问题,一种替代方案是在k个单位电阻的子串上并联电阻R_S,并联后的总电阻为

$$R_{eq} = \frac{kR_U R_S}{kR_U + R_S} \qquad (3.6)$$

如果并联的电阻小于整个子串的电阻,则并联的电阻主要决定了这部分电阻的总阻值,从而不需要减小单位电阻的阻值也可以减小时间常数。比如,如果将并联电阻$R_S = R_U$跨接于图3.6(图3.7)中X-Y架构中的每一行,则每行的阻值会减小到约十六分之一,这是因为每行电阻为R_U和$16R_U$的并联。通过减小开关面积可以减小输入电容,或在缓冲器输入端对电容进行有源补偿,这样也可以达到减小时间常数的目的。

现在来考虑缓冲器的影响,其动态响应受限于它的压摆率 SR 和增益带宽积 f_T。假设缓冲器的输入为阶跃电压(也就是说开尔文分压器不限制速度),在$t=0$时刻从$V_{in}(0^-)$跳变到$V_{in}(0)$,在转换周期 T 中保持不变。缓冲器的输出以固定的速度 $dV_{out}/dt = SR$ 变化,经过转换时间 t_{slew}后输出与输入的差值达到某一给定值 ΔV,然后输出再以指数速率建立到最终值。一阶近似情况下,ΔV的值是使得输出电压在过渡点处的导数是连续的。时间常数 τ 等于 $1/(\beta 2\pi f_T)$(其中 β 为反馈因子,f_T 为运放的增益带宽积),综上所述,这个瞬态过程可以描述为

$$V_{out}(t) = V_{in}(0^-) + SRt \qquad 当\ t < t_{slew}\ 时$$

88

$$V_{Out}(t) = V_{in}(0^-) + \Delta V_{in}(0) - \Delta V e^{-t/\tau} \qquad 当\ t > t_{slew}\ 时 \qquad (3.7)$$

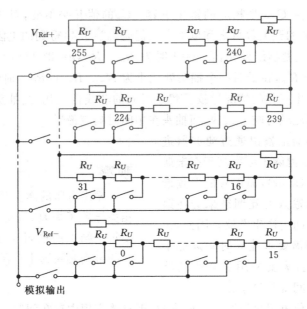

图 3.7 具有 X-Y 选址方案和并联电阻的电阻型 DAC

$$\Delta V = \Delta V_{\mathrm{in}}(0) - SR\,t_{\mathrm{slew}}; \quad t_{\mathrm{slew}} = \frac{\Delta V_{\mathrm{in}}(0)}{SR} - \tau$$

这是一个斜坡信号和指数信号的非线性组合,阶跃越大,转换时间 t_{slew} 越长,剩余的指数建立时间 t_{sett} 就越短;阶跃越小,转换时间 t_{slew} 越短(甚至为 0),建立时间 t_{sett} 越长(图 3.8 所示)。

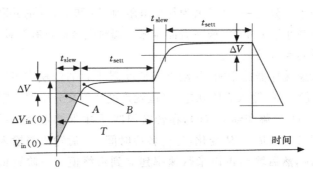

图 3.8 单位增益缓冲器的压摆率和带宽有限时的响应过程

由于重构滤波器或多或少地将缓冲器的输出波形进行了时间平均,非线性误差的平均意味着失真。如果允许的建立时间足够长,输出就可以更精确地达到最终值。转换期间误差的积分(图 3.8 中 A 的面积)是 $\Delta V_{\mathrm{in}}^2/SR - SR \cdot \tau^2/2$ ＊,而建立时间内的误差积分(图 3.8 中 B 的面积)是 $\Delta V \cdot \tau$。如果 $\Delta V_{in} < \Delta V$,则不存在转换阶段,误差积分为 $\Delta V_{in} \cdot \tau$。相应地,如果阶跃幅度小,误差积分正比于阶跃幅度,而对于大的阶跃,误差随阶跃的平方增加。

上述分析对缓冲器速度限制的定性估计是有用的,对性能影响的定量估算必须由晶体管级的仿真给出。

3.3.4　分段架构

跨接在 $X\text{-}Y$ 结构每行上的并联电阻,使得并联电阻本身组成的辅助分压器,产生 $n/2$ 位 DAC 的电压,这就是分段技术的基础:分段技术就是将两个或多个 DAC 组合在一起得到更高分辨率的 DAC 方法。

图 3.9 的方案可以看做为一个 3bit 的高位 DAC 和 8 个 3bit 的低位 DAC 的级联,电阻 $R_{M1} - R_{M8}$ 先对基准进行初步分压,再经过 $R_{Li1} - R_{Li8}$,$i = 1 \cdots 8$. 构成的 3 位分压器进行电压细分。实际上,并不需要 8 个 LSB DAC,图 3.10(a)给出了仅使用一个细分压器的方法,开关选择一个初步电压送给细分压器 $R_{L1} - R_{L8}$ 中,分压因数为 2^{LSB}。两个单位增益缓冲器隔离粗分压器和细分压器,缓冲器要进行良好的匹配,使失调电压小于一个 LSB。缓冲器的输入共模范围应达到 V_{ref},而且输入阻抗必须非常高,使得可以采用伏特表方式检测粗分电压,输出电阻应远小于 LSB 分压器的总电阻。

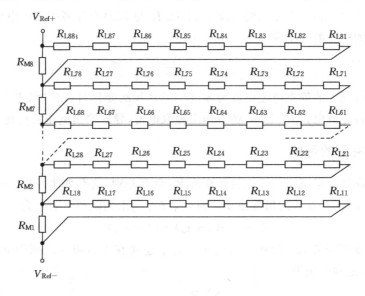

图 3.9　采用并联电阻的 3+3 位的 $X\text{-}Y$ 网路

90

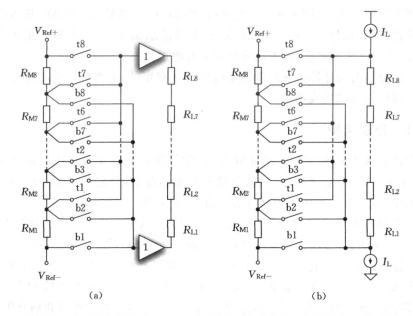

(a)　　　　　　　　　　　　　(b)

图 3.10　(a)具有去耦缓冲器的两个 DAC 级联;(b)LSB DAC 的伏特表式连接

不用单位增益缓冲器也可以实现伏特表电压检测,这种情况下必须保证两个 DAC 间连线的电流等于零。如图 3.10(b)所示,分别在 LSB 分压器的顶端和底端注入(抽出)一个相同的电流 I_L,如果 I_L 与 LSB 分压器需要的电流相等,则连线上的电流就等于零。

$$I_{\mathrm{L}} = \frac{\Delta V_{\mathrm{LSB}}}{2^{n_{\mathrm{LSB}}} R_{\mathrm{L}}} = \frac{V_{\mathrm{Ref+}} - V_{\mathrm{Ref-}}}{2^{n_{\mathrm{MSB}}} \times 2^{n_{\mathrm{LSB}}} R_{\mathrm{L}}} \tag{3.8}$$

91 这种情况下的静态电流可以为零,但 MSB 每次变化时,LSB 结点上的寄生电容要进行充放电,会从 MSB 的分压点抽取电流,导致输出电压的抖动。

3.3.5　失配的影响

电阻在具体实现中实际值与标称值 R_u 会有差别,这有两个原因:一是参数的整体偏移,二是参数的局部波动。假设第 i 个电阻的阻值可表示为

$$R_i = R_{\mathrm{U}}(1 + \varepsilon_a) \cdot (1 + \varepsilon_{r,i}) \tag{3.9}$$

其中 ε_a 是绝对误差,$\varepsilon_{r,i}$ 为相对失配量。对于连接在 V_{Ref} 和地之间的 n 位分压器,抽头 k 处的电压为

$$V_{\mathrm{out}}(k) = V_{\mathrm{Ref}} \frac{\sum_0^k R_i}{\sum_0^{2^n-1} R_i}; \quad k = 0, \cdots, 2^n - 1 \tag{3.10}$$

将式(3.9)代入式(3.10)表明,正如所料的,输出电压不受绝对误差的影响,输出电压变成

$$V_{out}(k) = V_{Ref} \frac{k + \sum_0^k \varepsilon_{r,i}}{2^n - 1 + \sum_0^{2^n-1} \varepsilon_{r,i}}; \quad k = 0, \cdots, 2^n - 1 \quad (3.11)$$

因此误差依赖于失配的累积,在电阻串两端为零。极端情况是当误差相关时,累积后引起很大的 INL。比如,考虑单位电阻间距为 ΔX 的一条直电阻串,其相对值的梯度为 α,则第 k 个电阻阻值为

$$R_k = R_0(1 + k\alpha\Delta X); \quad k = 0, \cdots, 2^n - 1 \quad (3.12)$$

所以抽头 k 处的输出电压为

$$V_{out}(k) = V_{Ref} \frac{k + \alpha\Delta X k(k+1)/2}{2^n - 1 + \alpha\Delta X (2^n - 1)2^n/2} \quad (3.13)$$

这是一条初值为 0、终值为 V_{Ref} 的抛物线。回想一下,INL 等于 $V_{out}(k) - \overline{V_{out}(k)}$,对于 $\alpha\Delta X = \pm 10^{-4}$ 的一个 8 位 DAC,INL 如图 3.11 中曲线(a)和(b)所示,INL 的最大值发生在输入为一半刻度的位置,在这个情况下为 ± 0.8LSB。

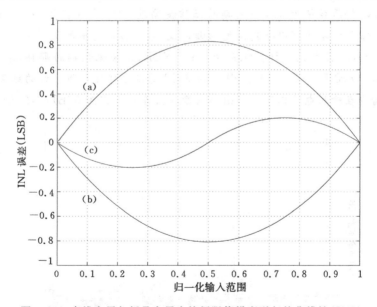

图 3.11　直线布局与折叠布局中特征阻值梯度引起的非线性(INL)

如果电阻分压器沿中心点折叠后布局,仅考虑梯度导致的误差时,单位电阻的阻值从始端到折叠点前持续增加(或减小),然后在电阻串的终端回到初始值。由于前半段的电阻值等于后半段的电阻值,中心点的电压得到校正,使得折叠点

处的 INL 等于零。图 3.11 中曲线(c)表明：$a\Delta X$ 相同时，相对于直线布局，折叠布局的 INL 最多可减小到 1/4(本例中为 ± 0.2LSB)＊，通过多次折叠，更通常的办法是适当设计的版图，可以得到更好的结果。

例 3.1

通过计算机仿真确定谐波失真：直线电阻的阻值梯度 α 为 $2.5\times 10^{-5}/\mu$，电阻间距为 4μ，对于连接在 0V 到 1V 之间的 8 位开尔文分压器 DAC，近似分析是否可以预测结果？ 多大的电阻梯度会导致 -95dB$_{FS}$ 的毛刺？

解

为了计算谐波失真，Matlab 文件 Ex3_1 采用由 2^{12} 个点组成的输入序列。8 位 DAC 输出的 FFT 的噪声(量化噪声加上增益)为

$$P_Q = -1.76 - 6.02\times 8 - 10\times \log(2048) = -83\text{dB}＊;$$

93 所以，任何大于 -65dB(高过噪声基底 18dB 以上)的杂波都是明显可见的，更低电平的杂波需用更长的采样序列才可见。输入信号是一个满刻度的正弦波，振幅为 0.5V，将质数值为 311 个周期的正弦波编进 2048 个数据的序列。这样不需采用加窗的方法就可以得到清晰的频谱线(尽管推荐使用加窗方法)。

"calcSNR"函数用于计算噪声功率和 SNDR，结果像预期的那样，零失真产生的 SNR 和 SNDR 等于 -49.8dB。图 3.12 是线性梯度电阻导致的结果，产生的二阶谐波在输入电平以下 -50dB 处(输入信号归一化为 0dB)，二阶谐波还使

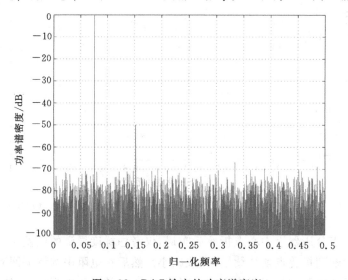

图 3.12 DAC 输出的功率谱密度

SNDR 下降了 3dB。可以看到，$\alpha\Delta X = 10^{-4}$ 的梯度使得最后一个电阻仅比第一个电阻大 5％，尽管这个梯度并不算大，但引起的谐波失真却是不可忽略的。

作为近似分析，我们忽略量化效应，近似认为 $kV_{Ref} \approx V_{in} \times 2^n$，带入式（3.13）中

$$V_{out} \approx \frac{2^n\left[V_{in}(1 + \alpha\Delta X/2) + V_{in}^2\alpha\Delta X 2^n/(2 \times V_{Ref})\right]}{2^n - 1 + \alpha\Delta X \times (2^n - 1)2^n/2}$$

上式中用到三角关系式 $\sin^2 x = 1/2 \cdot (1 - \cos 2x)$，对于正弦波输入，二阶谐波振幅为 $V_{in}^2\alpha\Delta X \times 2^n/(4 \times V_{Ref})$（分母近似为 2^n），对于满刻度正弦波，

$$\frac{A_{spur}}{A_{in}} = \frac{V_{Ref}}{2} \frac{\alpha\Delta X \times 2^n}{4 \times V_{Ref}} = 0.0032 \longrightarrow -49.9\text{dB}$$

非常接近于仿真结果，用这个公式计算梯度，-95dB_{FS} 的毛刺对应梯度为 $\alpha = 1.39 \times 10^{-7}/\mu$，显然这个值是无法达到的。对于这样的规格要求，必须采用共中心结构消除一阶误差，若要更好，可以利用单位电阻的随机串联将大范围内的参数相关性变化转换为噪声。

3.3.6　修正与校准

单位电阻的阻值除了受系统性偏差（用一阶梯度描述）影响外，也会受随机误差的影响，可以采用统计方法进行研究，或采用蒙特卡洛方法进行多次仿真，每次仿真时采用不同的器件失配值，然后汇总仿真结果可以得到直方图，描绘出输出误差的变化情况。仿真中器件参数的取值要反映随机误差的分布状况（一般为高斯分布）。

电阻参数的局部波动是不可预测的，也不能通过版图方法进行补偿，而且，系统误差的影响也不能完全消除，导致应用中整体精度不够，这个问题的解决方案是可以对电阻进行修正或电子校准。薄膜电阻工艺尤其适合进行电阻校准，因为薄膜电阻做在集成电路

> **注意**
>
> 通过修正或熔丝（反熔丝）进行校准是个不可逆的静态过程（不能动态变化），适用于校正制造过程中不精确带来的失配。

的钝化层上面，可以在晶圆上用激光对电阻进行精确调节。薄膜电阻具有良好的性能：温度系数小于 20ppm/℃，匹配精度 0.05％～0.1％，通过修正，有可能达到 0.005％的匹配精度。

可惜的是，并非所有工艺都提供薄膜电阻，修正过程也很昂贵。薄膜电阻激光修正的一个替代方案是利用熔丝或反熔丝断开或连接电阻网络中的连线，比

如,一个大电阻 R_{cal},通过一个熔丝与一个单位电阻 R'_U 并联,阻值为 $R'_U \cdot R_{cal}/(R'_U + R_{cal})$,烧断熔丝后阻值就可以增加,提供校正能力。用熔丝或反熔丝进行校正的过程是在测试阶段(封装前或封装后)进行的,其过程也是不可逆的。

例3.2

估算 10 位电阻分压器中单位电阻随机误差引起的谐波失真。假设误差服从标准差为 0.05 的正态分布。

解

用 Ex3_2 的 Matlab 代码可得到结果,仿真中采用包含 2^{12} 个数据的序列,总共容纳了 91 个周期的正弦波,由于程序每次运行时随机误差不同,重复使用这个程序可以得到不同的结果。图 3.13 为阻值与位置仓(bin)值的对应图,该图也表示了 DNL,即:量化台阶,它等于位置仓对应的电阻值与电阻串电流的乘积。有些情况下电阻值会变化两倍的 σ 或更大,但图 3.14 给出的频谱分量低于 $-65\mathrm{dB_{FS}}$。INL 值很小,因为它是非系统误差的累积。

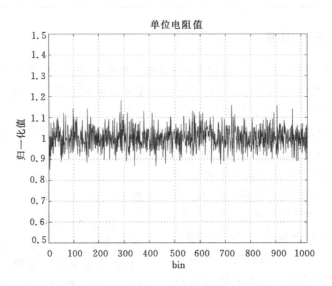

图 3.13　单位电阻值与位置仓的关系

96　　除了可以采用(激光)修正、熔丝和反熔丝以外,还可以用数字控制电路实现校准。数字控制电路可以在上电时工作(离线校准)或在转换器正常工作时工作(在线校准)。这种误差校正不是恒定不变的,所以电子校准也可以用来补偿参数的缓慢漂移,比如老化或温度影响(离线)等。

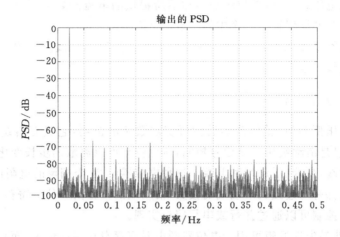

图 3.14　图 3.13 中存在失配时输出信号的频谱

离线校准时电路不是工作在 DAC 状态：校准网络根据一定的算法，测量失配量，随后确定用于误差校正的模拟量或数字量。校正数据存储在寄存器中，提供给 DAC 正常工作时使用。与离线校准不同，在线校准在 DAC 工作过程中一直进行着，校准算法的运行速度可以比转换速度低，不妨碍 DAC 的正常工作。

校准的元件太多时就成了问题，通常将各个组内的元件进行匹配就可以了，而不需要将所有的元件进行匹配。图 3.15(a)给出了一种可能的方案，将 256 个结点中的 3 个中间点进行校准，采用另一套辅助分压器调节四个单位增益缓

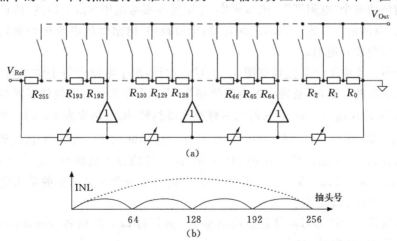

图 3.15　(a)三点校准的 8 位电阻分压器；(b)INL 的改善

冲器的输出电压。注意,单位增益缓冲器所提供的电流刚好为误差调节所需的电流,而且,缓冲器保证了三个中间结点的低阻抗。

INL 曲线如图 3.15(b)所示,校准点处的 INL 为 0,虚线所示的 INL 经校准后变成了实线所示的形状。

3.3.7　数字电位器

电阻分压型 DAC 稍作改动后就可实现数字电位器,它具有传统电位器的相同功能,只是滑动端用数字信号控制,所以仅允许以离散的步长变化。电位器有三个引出端:高端、滑动端和低端。这种电位器由 2^n 个相等的电阻组成,每个电阻连接点都有可连接到滑动端的接头,滑动端的位置由 n 位的寄存器控制,器件的通信和控制可以通过并行或串行接口实现。

另外,非易失性逻辑可用于电位器断电时寄存滑动端的位置,而易失性逻辑通常在上电时将滑动端设置到中间位置。

3.3.8　$R\text{-}2R$ 梯形网络 DAC

电阻分压器的缺点是电阻数目随 DAC 位数增加而指数增加,采用 $R\text{-}2R$ 梯形网络可以解决这个问题。$R\text{-}2R$ 梯形网络中对应每一位采用一个 $R\text{-}2R$ 单元,再在总端口加上一个 $2R$ 电阻,因此所需的电阻就由 2^n 个减少到约 $3n$ 个。梯形电阻网络可以产生电压输出也可以产生电流输出,如图 3.16(a)和(b)所示,电压模和电流模的区别是基准和输出的连线不同,控制位在两个公共线之间切换梯形网络的各个"电阻臂"。电压模中,电阻臂在参考电压 V_{Ref} 和地端(假设为单端输出,双端输出时为 $-V_{Ref}$)之间切换;电流模中,电阻臂的电流被切换到输出端或者被泄放到地端。

分析工作原理之前先观察图 3.16,可以看到:两个电路中每个结点向左(不包括该结点的电阻臂)看进去的电阻值都为 $2R$。现在假设电压模梯形网络中的 MSB 电阻臂连接到 V_{Ref},其它的电阻臂都连接到地,则电路成为 V_{Ref} 的一个 $2R\text{-}2R *$ 分压器,使得 $V_{Out}=V_{Ref}/2$。如果只有左边相邻的下一个开关是连到 V_{Ref} 的电阻臂,则相应结点的电压由 $2R$ 与 $6/5R$ 组成的分压网络对 V_{Ref} 分压:$V_{n-1}=3V_{Ref}/8$,从而 $V_{Out}=V_{Ref}/4$。可以验证,再向左下一个开关产生的输出电压为 $V_{Out}=V_{Ref}/8$,依此类推。

电压模 $R\text{-}2R$ 梯形网络的总输出是 V_{Ref} 连续除以 2 得到各分压项的叠加,对于 n 位 DAC 来说,有

$$V_{Out} = \frac{V_{Ref}}{2}b_{n-1} + \frac{V_{Ref}}{4}b_{n-2} + \cdots + \frac{V_{Ref}}{2^{n-1}}b_1 + \frac{V_{Ref}}{2^n}b_0 \qquad (3.14)$$

这就是数字输入为 $\{b_{n-1}, b_{n-2}, \cdots, b_1, b_0\}$ 时 DAC 的转换结果。

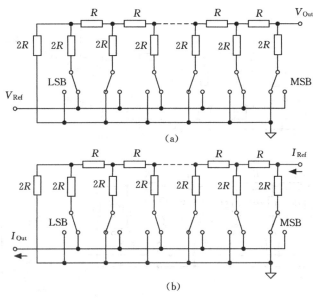

图 3.16　(a)电压模 R-$2R$ 梯形网络；(b)电流模 R-$2R$ 梯形网络

但是,电压模工作的 R-$2R$ 梯型网路产生的输出电压不能直接使用:梯型电阻网络的电压需要"伏特表式"检测,只有高输入阻抗的缓冲器或放大器才可以满足要求。为了驱动 DAC 负载,也必须要保证低的输出阻抗。

注意,电压模梯形电阻网络的输出阻抗是固定的,这对于所用的放大器

99
～
102

注意

　　电压源的负载与码值相关时会引起谐波失真,要确保基准源的输出电阻在任何情况下都远小于负载。

(图 3.17(a))或单位增益缓冲器的稳定性有好处,然而,缺点是基准电压驱动的负载与数字码值有关;这就要求基准源必须在一个宽的电阻负载范围内提供精确的电压。另外,开关将梯形网路的部分结点连到 V_{Ref},其它结点连接到地,因此,基准源应具有低的输出阻抗、开关应具有低的线性导通电阻,以保证对寄生电容快速地充放电。

电压模和电流模 R-$2R$ 梯型网络都存在一个局限性:输入输出特性不是本征单调(intrinsically monotonic)的,开尔文分压器具有本征单调性,当代码增加 1 时,接头从一个位置直接上移到上面一个位置,上面抽头的电压不会低于在下面的值。相反,R-$2R$ 网络中,代码增加 1 时,所有位值发生改变的"电阻臂"连

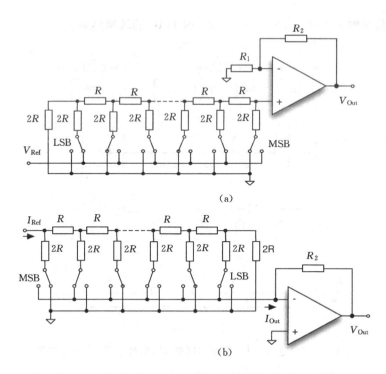

图 3.17 (a)电压模 R-$2R$ 梯形网络;(b)电流模 R-$2R$ 梯形网络在电压输出 DAC 中的应用

线都要进行切换。由于失配,可能导致断开的一个电阻臂的贡献量大于所有闭合电阻臂贡献量的情况(从而引起输出下降),最坏情况发生在中间点的位置。

例 3.3

通过计算机仿真,研究电压模梯型电阻网络中失配的影响。假设"臂电阻"和"梁电阻"都存在正态分布的随机失配。对于 8 位 DAC,找出输出不单调的条件,确定最大的 INL,研究"电阻臂"中存在线性梯度的影响。

解

文件 Ex3_3 中的 Matlab 程序在行为级描述了图 3.18 中任意位数的 DAC。本例中参数 n(也就是"位数")设为 8,臂电阻和梁电阻的标称值分别为 2Ω 和 1Ω,参数"errandom"用来定义该仿真中的随机误差,取值为 $1/2^n$,同样,参数"errorgradlad"用来描述臂电阻器的线性梯度误差。

程序估算梯型网路中每个结点向右端和向左端看进去的电阻,各个结点向右端看进去的电阻标称值分别为(单位 Ω):

2.0002 2.0007 2.0029 2.0118 2.0476 2.2000 3.0000 *INL*

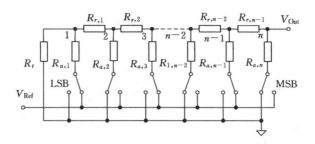

图 3.18　梯形网络在本例中的应用

各个结点向左端看进去的电阻标称值都为 2Ω。左端电阻与右端电阻并联的值，$R_{par}(i)$，以及臂电阻 $R_a(i)$ 决定了该电阻臂的"位"为 1 时电阻臂结点的电压。

$$V_i = V_{Ref} \frac{R_{par}(i)}{R_{par}(i) + R_a(i)}$$

流进右端的电流为 $V_i/R_{r,i}$，被后面的"臂连接"一次次的分流，只有一部分流进 $R_{a,n}$ 产生第 i 位的电压 $V_{DAC}(i)$。Matlab 程序用所有的 $V_{DAC}(i)$ 电压来计算总输出，由于程序每次运行时的随机数都不同，所以得到的仿真结果也不同。

图 3.19 是一次仿真中采用的电阻标称值，图 3.20 表明最大的 INL（0.6LSB）发生在中间位置。INL 小于 1LSB 表示（输入输出）为单调的，然而，

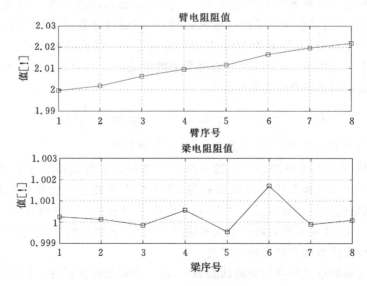

图 3.19　臂电阻和梁电阻的归一化值

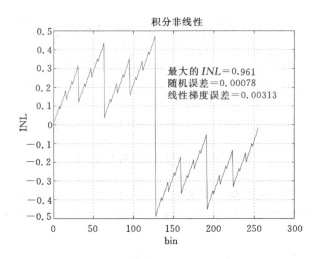

图 3.20　图 3.19 中电阻存在失配时的 INL

随机误差并没有小到保证单调性。程序重复运行可以看到随机误差复合的结果使 INL 大于 1LSB，正的线性梯度时误差大于 $0.8/2^n$ 会导致非单调性，而负的梯度会导致台阶步长丢失。

　　电流模电路不断地将基准电流 I_{Ref} 一分为二，输出结点电压为地电压。图 3.16(b) 最右端的结点提供了两条电流路径：一条通过竖着的 $2R$ 电阻，另一条通过网络其它部分，其阻值为 $2R$。左边相邻的下一个结点情况相同，一次次直到最后一个单元用两个 $2R$ 终端电阻将剩余的电流再一分为二。由开关选择的电流进行叠加后形成总的输出电流为

$$I_{out} = \frac{I_{Ref}}{2}b_{n-1} + \frac{I_{Ref}}{4}b_{n-2} + \cdots + \frac{I_{Ref}}{2^{n-1}}b_1 + \frac{I_{Ref}}{2^n}b_0 \qquad (3.15)$$

这就是采用电流输出的 DAC 对数字信号 $\{b\}$ 转换结果。

　　电流模 $R\text{-}2R$ 梯型网路产生的电流一般通过运算放大器转换为电压（图 3.17(b)）。由于虚地与模拟地电压相等，开关结点的寄生电容保持相同的电压，与转换码值无关，因此，开关更快，且不会引起瞬态误差。然而，虚地点的阻抗与码值有关，这对于放大器稳定性来说是个问题，更糟糕的是，运放失调与低频噪声的放大倍数也与转换码值有关。

　　毛刺会影响电流模应用中的动态响应，从一个码值转换到另一个码值时，一些电阻臂从地切换到输出或者从输出切换到地。这种电流切换不是同时瞬间完成的。当需要关断一些大电流分支而导通其它一些小电流分支时，可能发生小

电流分支已经导通而大电流分支仍未关断的情况,这种超过期望大小的瞬间电流会在输出端引起大的正向毛刺。类似的,负向毛刺也会发生。

103

电流模中,电路的失配也是一个问题:码值增加 1 时若关断的电流超过导通 * 的电流时就会导致非单调性。考虑电流模 $R\text{-}2R$ 网络名义上在中间刻度的一个切换过程,从 $I_{\mathrm{Ref}}(1/2-1/2^n)$ 切换到 $I_{\mathrm{Ref}}/2$,如果失配误差使得 MSB 电流变为 $I_{\mathrm{Ref}}(1-\varepsilon)/2$,上述转换就成为

$$I_{\mathrm{Ref}}(1+\varepsilon)(1/2-1/2^n) \longrightarrow I_{\mathrm{Ref}}(1-\varepsilon)/2 \tag{3.16}$$

阶跃幅度为

$$\Delta I \approx I_{\mathrm{Ref}}(1/2^n - \varepsilon) \tag{3.17}$$

如果 $\varepsilon > 1/2^n$ *,阶跃幅度就成为负值,传输特性变成非单调的。

如果单位电阻的阻值较大,采用电阻率较小的电阻层(比如低阻的多晶硅)时,电阻版图就会占用比较大的面积。对于中等精度要求,可以用 MOS 管代替电阻来节省芯片面积。图 3.21 给出了一种可行的电流模实现方案:所有的晶体管都为宽长比相同的 PMOS,单电阻由一个晶体管构成,$2R$ 和终端电阻由两个晶体管串联得到。可以看到,不用担心单个元件的非线性,只要两个 MOS 工作在相同的非线性区,就可以将输入电流等分为两部分。

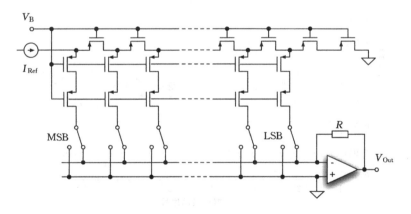

图 3.21　用 MOS 晶体管代替电阻的 $R\text{-}2R$ 架构

例 3.4

一个 8 位电流模 $R\text{-}2R$ DAC 中的电阻阻值服从正态分布,标准差为 $2/2^8$。 104 通过计算机仿真,确定满刻度正弦波输入时的 INL 和输出频谱,应用不同的随机失配量观察对 INL 的影响。

解

　　电流模中,基准电流被 R-$2R$ 梯型电阻网路中的一系列单元进行一次次的二等分。电阻的失配改变了每个分流结点右边的阻值,使得电阻臂上的电流与传输到 R-$2R$ 网络右边的电流不再相同。

　　文件 Ex3_4 给出解决这个问题的基础,程序中给出了电阻的随机误差或梯度参数,设置了臂电阻和梁电阻的值。图 3.22 为一次仿真中采用的归一化(标准化)电阻值,范围为 0.994 到 1.007。图 3.23 表明,INL 曲线在中间位置有一个约 1LSB 的大跳变,在其它位置变化很小。由 4096 个序列点含 31 个周期的正弦波对应的频谱如图 3.24 所示,频谱中可以看到三阶、五阶和七阶的谐波,其幅度处于 -55dB 和 -68dB 之间。

　　仿真中采用 -0.1dB 的输入,后面跟随一个 8 位的量化器,因为用满刻度的正弦波会产生超出范围的码值(overrange codes)。

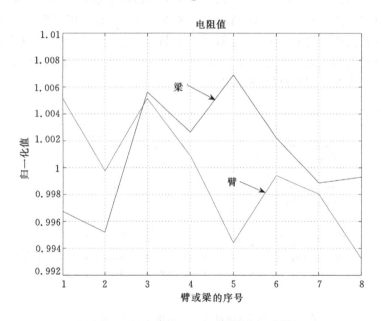

图 3.22　本例中 R-$2R$ 电阻的归一化值

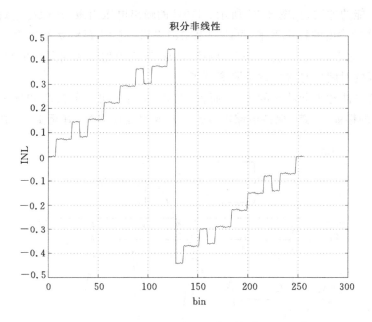

图 3.23　图 3.22 中电阻值引起的 INL

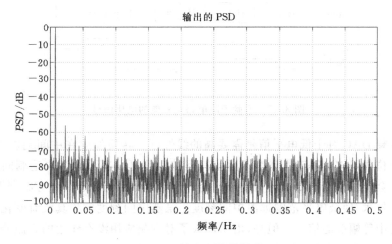

图 3.24　输出电流的频谱

3.3.9　毛刺消除

$R\text{-}2R$ 网络非同步切换时会产生毛刺,这些毛刺会导致非线性和谐波失真。"毛刺消除技术"是一种在 DAC 之后加入一级跟踪-保持(T&H)电路来改善电路性能的方法,如图 3.25 所示。DAC 的输出电压用跟踪-保持电路进行复制,当 DAC 输出的稳定下来、可能的毛刺消失后,进入"跟踪状态";而在新数据进入 DAC 之前进入"保持状态"。因此,DAC 输入数据变化期间产生的毛刺,在预期出现的时间内与输出端被隔离开了。

要特别注意不同状态的控制,而且,跟踪-保持中可能的失真和噪声也会影响 DAC 的性能,跟踪-保持电路的线性度和噪声要比 DAC 好至少 10dB。

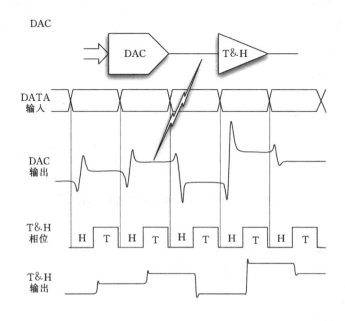

图 3.25　毛刺消除电路与可能的电压信号

107　　音频 DAC 对于低电平信号需要高的线性度。转换发生在中间刻度附近时变化的位数最多,毛刺很大,采用跟踪-保持电路可以部分地解决毛刺问题,尽管这样会使线性度的要求成为挑战。毛刺消除的一种可能的替代方案利用了数字失调技术,使低电平范围远离中间刻度。虽然中间刻度的失真没有变化,但影响的是中等幅度的信号。但是,由于加入了对音频应用没有作用的直流分量,使得 DAC 可以应用的信号范围减小了。

3.4　电容型架构

电容型架构使用带电容分压器的运算放大器或跨导放大器,或者容性 MDAC 来实现 DAC 的功能,这一小节将分别详细讨论这两种方法。

3.4.1　电容分压 DAC

初始时完全放电的两个电容,串联在 V_{Ref} 和地之间,会产生一个中间电平,(图 3.26(a)),大小为

$$V_{Out} = V_{Ref} \frac{C_1}{C_1 + C_2} \tag{3.18}$$

如图 3.26(b)所示,这里用到的电容都是由多个单位电容(C_U)并联而成的,总电容大小为 $2^n C_U$,C_1 由其中 k 个单位电容并联而成,而 C_2 由其余单位电容并联而成,产生的输出电压为 $V_{Out} = V_{Ref} \times k/2^n$,满足 DAC 的输出要求。更常见的情况是两个电容由一系列二进制权重电容单元($C_U, C_U, 2C_U, 4C_U, \cdots, 2^{n-1}C_U$)组成,总电容为 $2^n C_U$(图 3.26(c)),根据 k 值的二进制组合码将电容的底端连接到地或 V_{Ref} 实现这两个电容。如果满刻度电压为 $(2^n-1)V_{Ref}/2^n$,那么一个单位电容总是接到地;而如果传输特性移动半个 LSB,那么半个单位电容连接到地,半个单位电容连接到 V_{Ref},产生的满刻度电压为 $(2^n-1/2)V_{Ref}/2^n$。

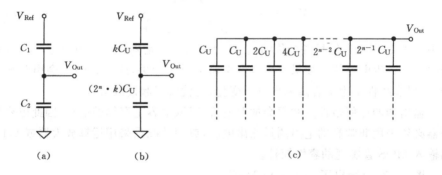

图 3.26　(a)和(b)简单电容分压器;(c)二进制权重电容阵列

集成电路中电容与衬底的距离只有几微米甚至更近,由两个导电极板组成,中间由薄氧化层隔开。主要有两种结构:一种是一个极板在另一个极板的上方(电容器可以是多晶硅-氧化物-多晶硅型或者金属-绝缘介质-金属型,MIM 电容),如图 3.27(a)所示;另一种是由手指状金属或过孔的侧壁构成的电容,即金属—金属梳状电容(MMCC),如图 3.27(b)所示。无论哪种架构,电容距离衬底都较近,电容极板与衬底间的寄生电容都不能忽略。多晶硅—多晶硅电容和 MIM 电容的下极板对上极板起到一定的屏蔽作用,因此上极板寄生电容较下极板寄生电容要小。MMCC 两极板的寄生电容几乎相等,用更高层金属实现的 MIM 和 MMCC 可以使寄生电容更小些。

连接到 V_{Ref} 或地的电容极板上的寄生电容不影响电容分压器,因为它们会

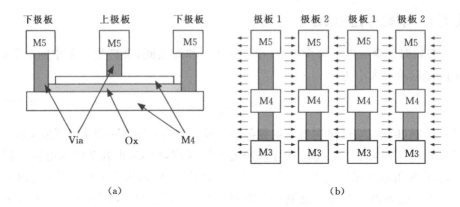

下极板　　　上极板　　　下极板

极板 1　　极板 2　　极板 1　　极板 2

图 3.27 　(a)MIM 电容；(b)三层金属构成的 MMCC 电容

通过低阻结点充电,但连接到输出结点的寄生电容会影响输出与地之间的电容分压值。一个二进制权重电容阵列产生的输出电压为

$$V_{\text{Out}} = V_{\text{Ref}} \frac{\sum_1^n b_i C_i}{\sum_0^n C_i + \sum_0^n C_{\text{p},i}} \tag{3.19}$$

109 　　其中 b_i 是数字输入信号各个位的值,C_i 和 $C_{\text{p},i}$ 分别是阵列中各单位电容的容值与关联的寄生电容值。如果寄生电容与输出电压无关,式(3.19)只会引起增益误差,但非线性寄生电容随输出电压变化,这就会引起谐波失真。

　　输出端的任何阻性负载都会抽取电流,吸取电容上存储的电荷,因此电容分压器必须采用非常高的电阻测量输出电压,典型情况是采用运算放大器或 OTA 的输入 MOS 管实现的容性探针。

　　图 3.28(a)给出了一个 n 位 DAC 的实现方式,转换之前先进入复位阶段 Φ_R,所有的开关被设置为使电容下极板接地,对电容阵列放电。在转换阶段,复位开关断开,二进制权重电容的下极板根据控制数位连接到 V_{Ref} 或地。缓冲器的输入电容并联在电容阵列的寄生电容上,因此加剧了增益误差、非

> **记住**
>
> 电容型 DAC 必须避免高阻的输出结点放电,输出电压的测量应采用输入电阻无穷大的缓冲器或放大器实现。

110 线性和谐波失真。图 3.28(a)的运算放大器采用单位增益结构,如果需要,可采用合适的反馈来改变增益。

　　电容分压器架构的一个缺点是单元电容的数量随着位数的增加而指数增加。技术的局限性和匹配的要求决定了单位电容的最小尺寸,电容数量的增加

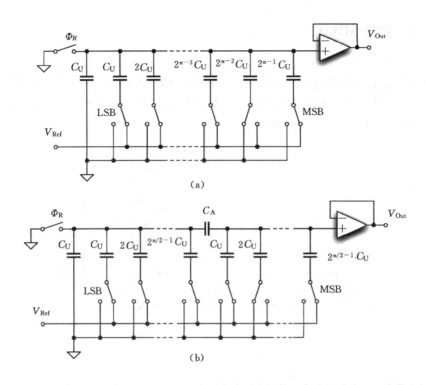

图 3.28 (a)n 位的电容分压型 DAC；(b)在电容阵列中间使用衰减器减小了电容值的扩大

使得总电容增加，从而芯片面积和基准电路所需的功率也随之增加。

解决方法如图 3.28(b)所示，用一个衰减电容 C_A 将电容阵列分成两部分可减少电容数量，右边阵列中最大的电容是 $2^{n/2-1}C_U$，最小的是 C_U。由于衰减系数等于 $2^{n/2}$，左边阵列中的最大电容不再是 $\frac{1}{2}C_U$，而是 $2^{n/2-1}C_U$，可以转换 $n/2$ 位数，C_U 代表最低有效位 LSB。总之，电容数量从 2^n 个减少到 $2 \times 2^{n/2}-1$ 个。

衰减电容与右边整个电容阵列的串联必须等于 C_U

$$\frac{C_A \cdot 2^{n/2}C_U}{C_A + 2^{n/2}C_U} = C_U \qquad (3.20)$$

可以解得 C_A 为

$$C_A = \frac{2^{n/2}}{2^{n/2}-1}C_U \qquad (3.21)$$

遗憾的是 C_A 和 C_U 呈分数关系：为了保证必要的精度，要进行版图的精心设计。

3.4.2 容性 MDAC

电容分压器中缓冲器允许的动态输入范围必须等于 DAC 的基准范围,同时还要保证有高的线性度。这些要求对许多正相输入端通常接固定电压的运算放大器或 OTA 来说并不容易实现。一种避免输入共模电平摆动的方案是采用容性 MDAC,电路如图 3.29 所示。

111

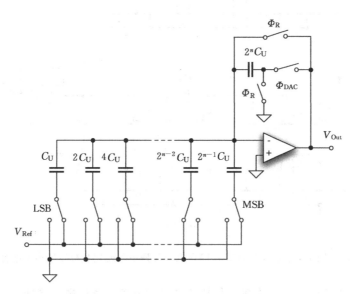

图 3.29　具有失调抵消功能的容性 MDAC

这种电路的输出电压由运放和电容组成的可编程增益放大器提供。输入电容由二进制权重电容器阵列构成,在输入数字信号控制下连接到基准电压;反馈电容为 $2^n C_U$。如果选中的输入单元为 kC_U,运放为理想时输出电压为 $-V_{Ref} \cdot k/2^n$。

图 3.29 的电路也可以完成其它功能,即进行阵列复位和失调抵消。在 Φ_R 阶段,运算放大器为单位增益结构,失调电压存在于反相输入端。输入阵列和 $2^n C_U$ 电容被预充电到失调电压,而不是进行传统的复位。在互补阶段 $\overline{\Phi_R}$,二进制权重电容在数位 b_i 的控制下连接到 V_{Ref} 或地。由于电容预充电到了失调电压,因此输出电压成为

$$V_{Out} = -\frac{\sum_0^{n-1} b_i 2^i C_U}{2^n C_U} \tag{3.22}$$

这里假设失调电压从 Φ_R 阶段到 $\overline{\Phi_R}$ 阶段保持不变。

为了预充电到失调电压,运放要工作在单位增益状态,这依赖于运放的转换速率和带宽。另外,由于预充电阶段反馈系数为 1,而转换阶段反馈系数为 1/2,使得电路的补偿变得复杂。高速应用中,当失调不是很重要时,电容阵列的复位仅需将它们与地连接即可,而反馈电容的复位通过将其两端进行简单地短接就可以了。

注意,由于存在复位阶段,所以输出只有在 $\overline{\Phi_R}$ 阶段有效,而其它阶段运放的输出为零或为失调电压,除非采用跟踪–保持电路在复位阶段对输出电压进行保持,否则重构滤波器的实现将更加困难。

3.4.3　翻转式 MDAC

前面小节中研究的 MDAC 使用了 $2 \times 2^n - 1$ 个单位电容,是其它已经研究过的架构所需电容的两倍。图 3.30 中的翻转式 MDAC 避免了电容数量的增加,同时保留了使用虚地的好处。其基本思想是将 k 个单位电容充电到 V_{Ref},并将它们与 $2^n - k$ 个放过电的电容并联(图 3.30(a)),充电电荷进行重新分配,从而得到需要的 V_{Ref} 的一个分量

$$V_{Out} = V_{Ref} \frac{kC_U}{2^n C_U} \tag{3.23}$$

图 3.30(a)中的电路仅是概念性的,实际上它对电容上极板的寄生电容敏感,这在电荷共享时必须考虑,此外,该电路没有对产生的电压进行缓冲输出。

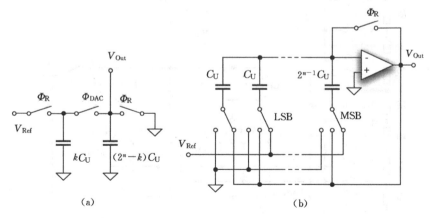

图 3.30　翻转 DAC
(a)基本思想;(b)对寄生电容不敏感的电路

图 3.30(b)中的电路具有缓冲功能,并且对寄生电容不敏感。在复位阶段 Φ_R,二进制权重电容阵列中的部分电容下极板被充电到 V_{Ref},其余的则放电到地,

113 所有的电容上极板都被连接到地,以确保上极板寄生电容的放电。在 Φ_{DAC} 阶段,由右侧的开关连在一起的阵列电容被接到运算放大器的输出端,分享电荷由上极板电荷决定,下极板寄生电容可能的充放电电荷由运放的低阻输出提供。

<table>
<tr><td>

记住

　　任何基于电容的架构都需要复位阶段来保证电容阵列初始化放电,因此复位阶段输出电压无效,需要跟踪-保持电路维持输出。

</td></tr>
</table>

　　运放的失调和输入参考噪声会叠加到电荷共享产生的电压上,如果阵列电容的上极板被预充电到失调电压,电路就对失调不敏感。这可以通过以下方式实现:在 Φ_R 阶段将运放连接为单位增益对阵列电容的上极板进行充放电,而不是通过开关接地。

3.4.4　电容-电阻混合型 DAC

　　电阻型 DAC 和电容型 DAC 可以结合到一起,构成混合的分段方案。既然电容型架构 DAC 需要缓冲器保持输出电压,所以可用电阻型 DAC 进行粗转换,而采用电容型 DAC 进行细转换。图 3.31 是一个由 3 位开尔文分压器及其

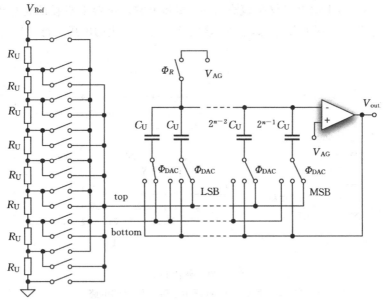

图 3.31　开尔文分压器后面跟翻转式 MDAC 组成的混合架构

后端的电容型翻转式 DAC 构成的混合架构。复位阶段,开关选择电阻分压器 114 的一个分段,将阵列中选中的电容充电到 $V_{\text{MSB}+1} - V_{\text{AG}}$,其余电容(包括额外的单位电容)充电到 $V_{\text{MSB}} - V_{\text{AG}}$。在 Φ_{DAC} 阶段,进行翻转式 MDAC 的普通控制,得到

$$V_{\text{out}} = V_{\text{MSB}} + \Delta_{\text{MSB}} \frac{k}{2^n} \tag{3.24}$$

其中 k 指的是驱动电容型 MDAC 的 LSB。

3.5　电流源型架构

这类 DAC 所包括的电流切换架构有:二进制权重电流源、单一电流源、或分段方法,它们采用不同的选择策略来得到最优的线性度。

3.5.1　基本工作原理

一个 n 位的电流舵型 DAC 在 n 位数字输入信号 $b_{n-1}, \cdots, b_2, b_1, b_0$ 控制下, 115 将 $2^n - 1$ 路单位电流源中的 k 路用开关切换到输出结点。对于单位电流源采用二进制权重组合后进行并联的情况,每个开关控制 2^i 个单位电流源,这些开关用输入信号相应的第 i 位进行控制即可。对于每个电流源单独控制的情况,需要把输入的二进制代码转化成“温度计码”,一个一个地来控制各个电流源的通断。图 3.32 给出了这两种的架构,输出电流为

$$I_{\text{out}} = I_u \left[b_0 + 2b_1 + 2^2 b_2 + \cdots + 2^k b_k + \cdots + 2^{n-1} b_{n-1} \right] \tag{3.25}$$

真实的电流源和开关并不能理想地实现图 3.32 的功能,至少要考虑每个电流源的并联电阻 R_{U} 和每个开关的导通电阻 R_{on},一个单元的等效电路如图 3.33(a)所示。利用诺顿等效,可以得到电流源 I_N 和接地电阻 R_N 分别为

$$I_N = \frac{I_{\text{U}} R_{\text{U}} + V_{\text{DD}}}{R_{\text{U}} + R_{\text{on}}}; \qquad R_N = R_{\text{U}} + R_{\text{on}} \tag{3.26}$$

假设 $k = b_0 + 2b_1 + 2^2 b_2 + \cdots + 2^{n-1} b_{n-1}$ 是导通单元的数量,并且假设电流流入电阻 R_{L},则整体的等效电路如图 3.33(b)所示,其中各路的诺顿等效电流源加在一起,k 个相等的电阻 R_N 相并联,所以输出电压为

$$V_{\text{out}} = k I_N \frac{R_{\text{L}} \cdot R_N / k}{R_{\text{L}} + R_N / k} = I_N R_{\text{L}} \frac{k}{1 + \alpha k} \tag{3.27}$$

其中 $\alpha = R_{\text{L}} / R_N$。式(3.27)是个非线性关式,会导致 INL 的恶化,产生失真。 116 另外,式(3.27)也表明存在增益误差。以 LSB 为单位的端点拟合 INL 为

$$INL(k) = \frac{k[1 + \alpha(2^n - 1)]}{1 + \alpha k} - k; \quad k = 0, \cdots, 2^n - 1 \tag{3.28}$$

这一函数在中间刻度处存在最大值,近似为 $\alpha \cdot 2^{2n-2}$。为了使 $INL <$

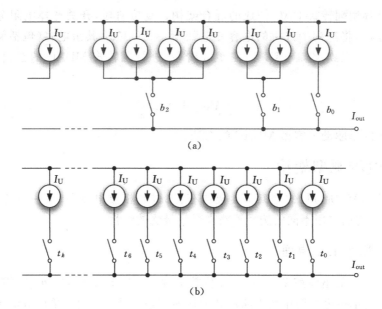

图 3.32　(a)二进制权重控制;(b)单路控制

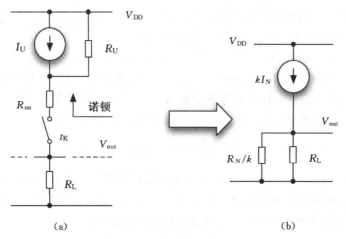

图 3.33　(a)电流舵型 DAC 单元的简单模型;(b)整体电路的等效
(译者注:图中电流源原文误为 BI_N)

1LSB,必需保证单位电流源的并联电阻 $R_U > R_L \cdot 2^{2n-2}$。如果 $R_L = 25\Omega, n = 12$ 位,则要求 $R_U > 100M\Omega$。

　　INL 误差主要是由二次谐波失真产生。在输入端加一个峰值电压为 $k_p = 2^{n-1}$ 的正弦波,根据式(3.27),在输出端会产生峰值电压为 $I_N R_L k_p$ 的同频率正弦波。二次谐波的幅度为 $I_N R_L \alpha k_p^2 / 2$，引起的谐波失真为 $(R_L / R_U) \cdot 2^n / 4$。因此，当 $R_U = 100\text{M}\Omega$，$R_L = 25\Omega$ 时，一个 12 位的 DAC 总谐波失真（THD）为 -72dB，这是一个较低的值，但在一些应用中仍显不足。

由于差分电路可以消除偶次误差，因此使用差分电流舵型 DAC 几乎可以消除有限的电流源并联电阻带来的限制因素。

注意：仅在速度非常高的情况下才使用负载电阻（典型情况是同轴电缆的端口电阻），对于中等速度的情况可以

> **注意**
>
> 单位电流源的输出电阻会带来二次谐波失真，采用差分结构可以放宽对单位电流源的要求。

使用运算放大器，通过虚拟地来接收电流。电流舵型 DAC 的输出电压为一个常量，不受失真的影响。

例 3.5

仿真分析单位电流源的输出电阻不是无穷大、开关导通电阻不为零的影响。$R_U = 200\text{M}\Omega$，$R_L = 25\Omega$，$R_{on} = 100\Omega$，估算 12 位 DAC 的 INL 和谐波失真，计算采用差分结构实现时的失真。

解

通过式（3.28）近似计算 INL，可以预测 INL 和谐波失真的大小分别为：$INL = 0.522$，$HD = -78\text{dB}$。使用文件 Ex3_5 可以得到计算机仿真结果。

输入信号是由正弦波转化成的 12 位离散信号，频率的选取应使得进行快速傅里叶变换（FFT）的序列中有整数个正弦波。仿真结果为 $INL = 0.539$，$HD = -78\text{dB}$，非常接近近似估算值。对差分结构的仿真使用了两个互补的输入信号，它们经 DAC 后相减得到差分输出。图 3.34 给出了单端输出的频谱，图 3.35 是差分结构的仿真结果。正如预期的那样，单端输出中位于正弦电压最大幅度之下 -76dB 处的二次谐波失真在差分架构中几乎消失了。

117
〜
118

3.5.2 单位电流产生器

图 3.36 中所示的简单电流镜和共源共栅电流镜是用双极晶体管或 MOS* 晶体管实现单位电流源的基础。发射区面积的比值 Q_1 / Q_2 或者晶体管 M1－M2 宽长比（W/L）的比例关系决定了对参考电流是进行放大还是进行缩小。

电流源利用了三极管集电极或者 MOS 管漏极的高输出阻抗，简单 MOS 电流镜的输出电阻为 $r_{ds,2}$，而共源共栅电流镜的输出电阻为 $r_{ds,2} g_{m,4} r_{ds,4}$。由于增

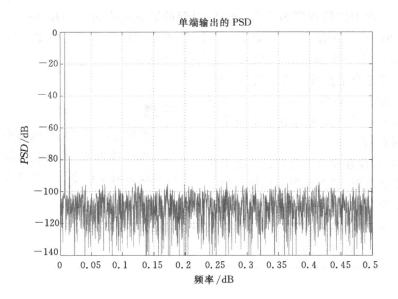

图 3.34　单端输出的频谱

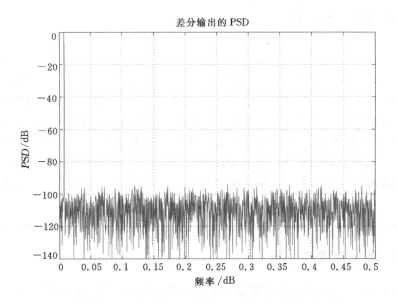

图 3.35　差分输出的频谱

益 $g_{m,4} r_{ds,4}$ 在 100 左右(对于三极管更高),$r_{ds,2}$ 在几十千欧数量级,所以输出电阻可达几兆欧,这对于中等线性度单端输出的电路已经足够了。如果输出不是全差分的,线性度要求又较为严格时,可以使用双共源共栅结构来实现电流镜。

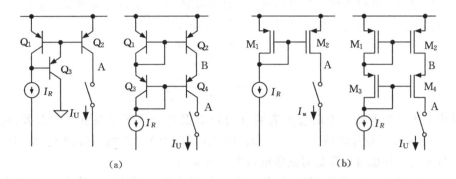

图 3.36 (a)简单/共源共栅的双极型电流镜;(b)简单/共源共栅的 MOS 电流镜

设计时要做一个重要的选择:是采用单一"主电流基准"镜像到 DAC 的所有单元中呢,还是采用许多局部的"子电流基准",每个子电流基准只给部分 DAC 单元提供镜像。前一种情况中传输的信号是电压,而后一种情况中传输的是电流,这个电流被传送到需要的位置后进行局部镜像。后一种方式

注意

　　使用高输出阻抗的电流源以保证高线性度是值得的,但在许多情况下要保证在速度和精度之间进行最好的折衷。

需要额外的电路将主电流基准复制过来(产生"子电流基准"),并要满足复制倍数的精度要求。

当许多双极型单元对同一个基准电流进行复制时,总的基极电流会占基准电流的很大一部分,需要对基极电流进行补偿,比如简单双极型电流镜中 Q_3 晶体管的采用。

对于 MOS 电路,由于栅极的直流电流为零,所有的镜像单元的栅电压都是相等的。但是,由于 V_{DD} 连线(对于互补情况为 V_{SS} 连线)上的寄生电阻会产生压降,导致源极的电压可能不相同,如果 $V_{GS}-V_{TH}$ 较大,过驱动电压的相对变化就较小,所以过驱动电压较大时误差就较小。实际上,重要的是误差之间还存在差异。电源走线采用树状结构匹配的金属线可以使 V_{DD} 连线造成的压降相等,从而使单位电流一致。

误差的另一种来源是决定 MOS 管饱和电流的工艺参数存在着系统性失配或随机失配,

$$I_D = \beta\,(V_{GS} - V_{TH})^2 \tag{3.29}$$

其中,$\beta=\mu C_{ox}(W/L)$,μ 是表面载流子的迁移率,W 和 L 分别是栅宽和栅长。

假设 β 为各电流镜中的平均值,$\Delta\beta$ 是失配量,类似的,V_{TH} 是平均阈值电压,ΔV_{TH} 是失配量,忽略二阶项可得 M_1 和 M_2 的电流近似为

$$I_1 = \bar{I}\left(1 + \frac{\Delta\beta}{\beta} + \frac{2\Delta V_{TH}}{V_{GS} - V_{TH}}\right) \tag{3.30}$$

$$I_2 = \bar{I}\left(1 - \frac{\Delta\beta}{\beta} - \frac{2\Delta V_{TH}}{V_{GS} - V_{TH}}\right) \tag{3.31}$$

其中 $\bar{I}$ 为平均电流。上面公式表明 β 的相对误差会直接影响电流的误差,而 ΔV_{TH} 的影响会被除以 $(V_{GS} - V_{TH})/2$。因此,类似于 V_{DD} 上电压降误差,采用大的过驱动电压也可以降低对阈值电压失配的要求。

工艺参数变化带给 MOS 管饱和电流的误差包括相关项和随机项,随机部分的变化量为

$$\frac{\Delta I^2}{I^2} = \frac{\Delta\beta^2}{\beta^2} + \frac{4\Delta V_{TH}^2}{(V_{GS} - V_{TH})^2} \tag{3.32}$$

β 和 V_{TH} 的变化依赖于工艺,由下式表示:

$$\frac{\Delta\beta^2}{\beta^2} = \frac{A_\beta^2}{WL}; \quad \Delta V_{TH}^2 = \frac{A_{VT}^2}{WL} \tag{3.33}$$

其中参数 A_β 和 A_{VT} 通常由工艺厂提供。

上述研究表明,在给定的工艺条件下,电流镜精度的提高可以通过增加所用晶体管的栅极面积来实现,即:若栅极面积增大到四倍,则 $\Delta I/I$ 减小一半。

例 3.6

一个 12 位的电流舵型 DAC,达到一定成品率要求 $\Delta I/I$ 为 0.3%,当过驱动电压为 0.4V 时,估算晶体管的尺寸。μC_{ox} 等于 $39\mu A/V^2$,单位电流源的电流为 $4.88\mu A$。绘出归一化面积从 1/10 到 10 变化时,误差 $\Delta I/I$ 与栅极面积的关系曲线。精度参数采用以下值:$A_{VT} = 2mV\cdot\mu$,$A_\beta = 0.3\%\cdot\mu$。

解

利用式(3.32)和式(3.33),得

$$(WL)_{min} = \left(A_\beta^2 + \frac{4\cdot A_{VT}^2}{(V_{GS} - V_{TH})^2}\right)\Bigg/\frac{\Delta I^2}{I^2} \tag{3.34}$$

得到 $WL = 12.11\mu^2$。考虑到 $\beta = I_U/V_{ou}^2 = 30.5\mu A/V^2$,所以 $W/L = 0.8$。由于单位电流较小且过驱动电压较大,得到的宽长比较小。由栅极面积和宽长比可得 $W = 3.1\mu$,$L = 3.9\mu$。

式(3.32)和式(3.33)表明误差 $\Delta I/I$ 与 $\sqrt{WL}$ 成反比,WL 增大或减小 10 倍将使误差改善或恶化 $\sqrt{10}$ 倍,图 3.37 表示了这一结果。因此器件尺寸的按比例

缩小虽然可以减小硅片面积和寄生电容,但会导致成品率显著下降。

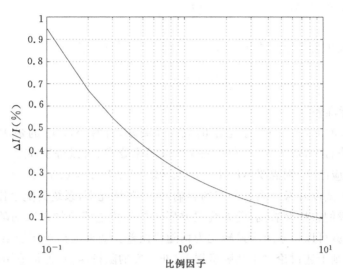

图 3.37 $\Delta I / I$ 与比例因子的关系

本例采用了文件 Ex3_6 中的程序进行求解。

3.5.3 单位电流源选择的随机失配

单位电流源的随机误差和系统误差,$\Delta I = \Delta I_r + \Delta I_S$,对 DAC 线性度的影响依赖于所用的选择方案。对于单个电流源的选择方案,"温度计码"信号在给定序列中选择前 k 路单位电流源,若码值增加一,就会再增加选择一路电流源。k 个选中的单位电流源的端点拟合误差(endpoint-fit error)为

$$\Delta I_{\text{out}}(k) = \sum_{1}^{k} \Delta I_{r,j} - k \overline{\Delta I_r} + \sum_{1}^{k} \Delta I_{s,j} - k \overline{\Delta I_S} \qquad (3.35)$$

其中 $\overline{\Delta I_r}$ 和 $\overline{\Delta I_S}$ 是平均误差,用于抵消可能的增益误差,下标 j 是指第 j 个单位电流源。

式中第一个求和项中的各子项是相互无关的,而第二个求和项的子项根据选择方案不同,可能是完全相关或部分相关的。若仅考虑前两项,其方差为

$$\Delta I_{\text{out},r}^2(k) = k \cdot \Delta I_r^2 - \frac{k^2}{2^n - 1} \Delta I_r^2 \qquad (3.36)$$

该式在 k 的中间值 $k = 2^n - 1$ 处存在最大值

$$\Delta I_{\text{out},r,\text{max}}^2 \approx 2^{n-2} \Delta I_r^2 \qquad (3.37)$$

122   如果要求最大的 INL 小于半个 LSB,那么

$$\frac{\Delta I_r}{I_u} < 2^{-n/2} \tag{3.38}$$

对于服从正态分布的 $x = \Delta I_r/I_u$,误差为 x 的概率为

$$p(x) = \frac{1}{\sigma\sqrt{2\pi}} \mathrm{e}^{\frac{-x^2}{2\sigma^2}} \tag{3.39}$$

其中 σ 是标准差 *。

    式(3.38)和(3.39)对于给定的成品率要求,计算 $\Delta I_r/I_u$ 的最大误差很有用。正态分布中,对于 0.99 和 0.999 的成品率要求,可以分别在 2.57σ 和 3.3σ 处达到,相应的,分别需要 $\Delta I_r/I_u < 0.39 \cdot 2^{-n/2}$,$\Delta I_r/I_u < 0.3 \cdot 2^{-n/2}$。

    上述公式没有考虑系统失配的影响,在某些情况下,系统失配会比随机失配更严重。我们很快会看到:受系统误差影响的单位电流源如果以伪随机的顺序进行排列,就可以将系统误差转化为伪随机误差。如果选择顺序使 $\Delta I_r/I_u$ 服从正态分布,则上述讨论对于伪随机误差(非真实的随机误差)也是适用的。

3.5.4   电流源选择方案

    通常将单位电流源排列成二维阵列,如果位数 n 为偶数,最好是排成 $2^{n/2}$ 行和 $2^{n/2}$ 列的正方形,最简单的"温度计"选择方法是从阵列的一角开始按行和列连续选择。图 3.38 是一个 8 位的 DAC 框图,对应输入码(01000110)时选中 70 个单元(阴影部分)。x 和 y 方向上的梯度误差会引起 INL,如果对应的梯度分别为 γ_x 和 γ_y,x 和 y 方向单元间距分别为 Δ_x 和 Δ_y,则 i,j 处的单位电流为

$$I_u(i,j) = \overline{I_u}(1 + i \cdot \gamma_x \Delta_x)(1 + j \cdot \gamma_y \Delta_y) \tag{3.40}$$

其中 $\overline{I_u}$ 是标称单位电流源的电流。

    图 3.38 顺续选择方案中的误差随 i 线性变化。由此产生的 INL 为一系列曲率与 x 梯度有关的抛物线,与曲率与 y 梯度有关的弧线的交点上。使用更复杂的选择方案可以减小 INL,比如沿阵列中心对称地在行或列中进行选择,这种情况下,线性梯度的误差被每一对电流单元进行了补偿,可以得到更低的 INL。

123 该方法对于行列数不超过 8 的情况都是可以胜任的,选择的顺序为 1,8,2,7,3,6,4,5。

    图 3.39(a)使用了一种"洗牌"式行列分布方案,目的是将失配随机化,使累积误差保持在较低值。第一个单元(1,1)位于阵列的中心,第二个单元(1,2)位于阵列左下角,第三个单元(1,3)在阵列右上角,等等。第二和第三个单元的平均电流基本上和第一个单元的电流相等。除了"洗牌"式分布外,许多架构还在阵列周围使用虚拟单元来保证实际单元版图的边界环境相同。

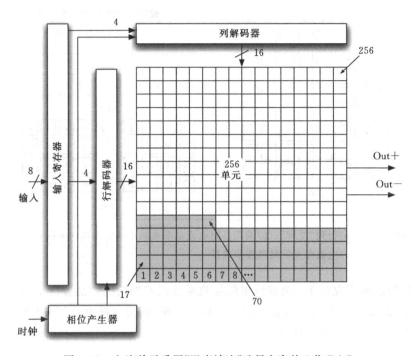

图 3.38   电流单元采用"温度计法"选择方案的 8 位 DAC

图 3.39(b)通过对基准电流的多次复制进一步控制了误差：整个阵列被划分成四部分，每部分在本地为其中的各个单元镜像参考电流。各部分中的单元与本地电流基准距离很短，从而控制了阈值电压的失配。这种电路中的主电流基准在各个偏置产生器电路中进行了精确地镜像。

注意

单电流源选择方案可保证单调性和灵活性，但每个单元需要一个控制信号，使得对于 8 位或 8 位以上的应用难以实现。

除了使用多个电流基准外，不同于"洗牌"式行列分布，图 3.39(c)将各部分内部再划分成小块进行随机排列，每个小块内的单元也采用随机漫步选择。

由于 DAC 的 INL 是误差的累积，图 3.39(c)中随机分布的"温度计"选择方案将相关误差转化为伪噪声，使得针对随机误差推导的公式对梯度误差仍可适用。图 3.39(c)中有 16 个方块 A 到 P，图中给出了各方块内单元从 a 到 p 随机漫步选择的一种可能的方案，这种方案对二次残差的补偿进行了优化。用 Q^2 随机分布的方法实现 12 位 DAC 时，在合理的硅片面积上已经得到很好的线性度。

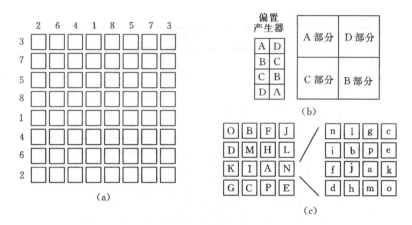

图 3.39　(a)行列"洗牌"；(b)采用多路电流基准来减小阈值电压的失配；
(c)电流单元的随机漫步选择

　　我们前面研究过 V_{DD} 金属线电阻导致系统误差的情况，"乱置(scrambling)"技术和 Q^2 随机漫步选择方法可以降低这一影响，因为这样也对 V_{DD} 连线上的电压降进行了"乱置"或者随机分布。

3.5.5　电流切换和分段

　　二进制权重的 DAC 中，对应数据输入码的第 k 位，有 2^{k-1} 个单位电流源并联，并用这个第 k 位去控制并联后总电流的导通与关断。这种方法的优点在于本质上不需要译码器。相反，使用单电流源选择方案时，每个单位电流源都要一个逻辑控制信号，这些信号要由二进制码通过译码器转换为"温度计码"，位数增加时，译码逻辑的复杂性呈指数关系增加，即使对于位数不多的情况，占用的芯片面积也很可观。

　　译码器要占用较大的芯片面积是单个电流源选择方案唯一的局限性，而在其它大多数方面，单个电流源选择方案都优于二进制权重方案。由于毛刺幅度正比于实际动作的开关数目，单个电流源选择方案具有更好的开关特性。与此形成对比的是，当使用二进制权重选

> **采用单位电流源还是二进制权重电流源？**
>
> 　　使用二进制权重电流源选择方案的一个显著优势是仅需很小的数字部分，而单电流源选择方案需用更庞大的数字逻辑，但可减小毛刺失真，提供良好的 DNL 和 INL，以及具有本质单调性。

择方案时,切换的单元数目与输入数字码的变化不成比例,也就是说,到达中间量程时所有的开关都动作,而在满量程的四分之一或四分之三处时,除了一个开关外其它开关都动作,数字码经过这些位置时,数值仅仅变化一个 LSB,就会产生大的毛刺。而"温度计"式方法切换的开关数目正比于数据变化的幅度:对于小幅度的变化,毛刺就小;对于大幅度的变化,毛刺就大,这样使线性度受到的影响最低。

毛刺会带来误差,但更糟糕的是二进制权重方案在临界点处的 DNL 很差,最差情况仍然发生在中间码值位置。考虑数字码中点值切换时的随机误差的影响:MSB 产生器的 ΔI 是 $\sqrt{2^{n-1}}\Delta I_r$,阵列其余部分的误差几乎相同,为($\sqrt{2^{n-1}}-1)\Delta I_r$。因此,可能的最大 DNL 为

$$DNL_{max} = \pm 2\sqrt{2^{n-1}}\Delta I_r/I_u \tag{3.41}$$

同时,由于 DNL 步长的变化,在相同位置也会出现较大的 INL。相比之下,单电流源选择方案对于任何码元的转换,其最大 DNL 都等于 $2\Delta I/I_u$。

例 3.7

对于 12 位二进制权重电流舵型 DAC,估算最差情况的 DNL 随输入数字码(bin)的变化。误差 $\Delta I_r/I_u$ 为 0.5%。

解

DNL 依赖于数字码切换时要打开或关断的单位电流源的数目,文件 Ex3_7 中给出了这个问题 MATLAB 求解程序,方程 dec2bin 和 bin2dec 分别实现输入信号从十进制到二进制的转化和二进制到十进制的转化,函数 num2str 将转换的二进制位矢量转化成字符串。

图 3.40 为所得结果,可以看出正如预期的那样,最大的 DNL 出现在中间码值处,其值很接近 $2\times64\times0.05=0.452$LSB。其它重要的转换发生在满量程的四分之一和四分之三处,DNL 的值是中点处的 $1/\sqrt{2}$。它们之间一半距离的地方 DNL 也减半,以此类推。

二进制权重方案的另一个局限性是它不能保证单调性:在有些苛刻的转换点,断开的电流源与接通的电流源的电流差值可能会超过一个 LSB。

基于以上考虑,单个电流源选择方案更好,而二进制权重方案仅在 4～5 位时较好。为了限制译码器的面积,一个常用的方法是将单个电流源选择方案和二进制权重方案进行分段组合。对于相对较少的 n_L 位 LSB,采用二进制权重选择方案进行转换,而其余$(n-n_L)$位 MSB 则采用单个电流源选择方案。MSB 的

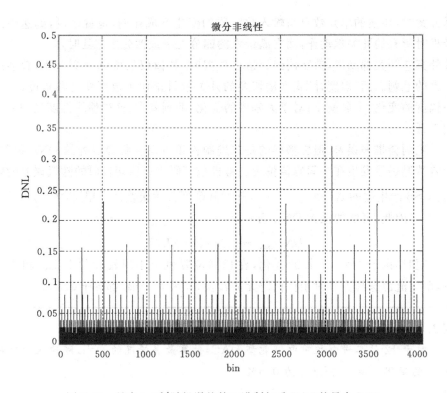

图 3.40　具有 0.5% 随机误差的二进制权重 DAC 的最大 DNL

(译者注:原图有误,横坐标的范围不正确,纵坐标值不对)

单位电流为 $2^{n_L} I_U$。当 DAC 的位数较多时,剩余的 $(n-n_L)$ 位再分成两部分,采用二级分段。这样,n 位数据就分成了三部分:n_L 位(低位数据)LSB,n_I 位中间位数据(ISB)和 $n_M=n-n_L-n_I$ 位高位数据(MSB)。ISB 的权重为 2^{n_L},MSB 的权重为 $2^{n_L+n_I}$。

三个 DAC 输出电流的叠加只要将它们的输出端接在一起就可以了,如图 3.41 所示。中间位 DAC 中电流源的有 2^{n_I} 个控制信号,MSB DAC 中有 2^{n_M} 个控制信号,它们都是"温度计"编码信号。

分段结构占用的芯片面积取决于单位电流源的面积和控制信号产生、分配所需电路的面积。在二进制权重 LSB DAC 中,允许的最大 DNL 决定了产生 I_U 的 MOS 晶体管栅极的面积 WL,由(3.33)和(3.41)可知

$$WL > 2^{n_L+1} \left(A_\beta^2 + \frac{4 \cdot A_{VT}^2}{(V_{GS}-V_{TH})^2} \right) \Big/ DNL_{max}^2 \qquad (3.42)$$

对于给定的 DNL_{max},单位电流产生器的面积随 2^{n_L+1} 的增加而增加,可以表示为

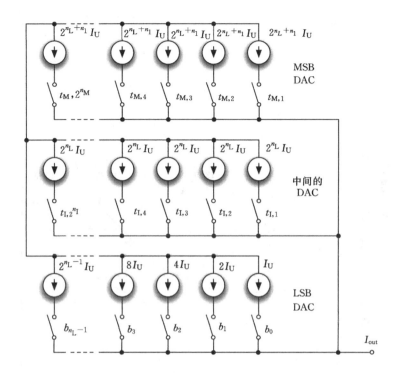

图 3.41　分段电流舵型 DAC 的示意图

$A_U = A_U 2^{n_L}$（A_U 是单个电流源选择方案中单位电流源的面积，$n_L = 0$）。假设产生和分配一组温度计代码所需逻辑电路的面积随 n_M 的位数的增加而增加，可以用 $A_d \cdot n_M 2^{n_M}$ 表示，则对于分段为 $n = n_L + n_M$ 的情况，总面积近似为

$$A_{DAC} = 2^n \cdot A_U \cdot 2^{n_L} + A_d \cdot n_M 2^{n_M} \qquad (3.43)$$

经过整理，可得

$$A_{DAC} = 2^n \cdot A_U \left(2^{n_L} + \frac{A_d}{A_U} \frac{n - n_L}{2^{n_L}} \right) \qquad (3.44)$$

如果 $A_d / A_U = 8, n = 12$，则当 $n_L = 3$ 时 DAC 的面积最小，n_L 增大时面积迅速增加。例如，$n = 10, n_L = 6$ 时，面积增大到 5 倍（图 3.42）。

对于二级分段，逻辑部分的面积得以减小，为 $A_d (n_I 2^{n_I} + n_M 2^{n_M})$，DAC 的面积近似为

$$A_{DAC} = 2^n \cdot A_U \left[2^{n_L} + \frac{A_d}{A_U 2^n} (n_I 2^{n_I} + n_M 2^{n_M}) \right] \qquad (3.45)$$

对于与上面 DAC 相同的参数，即 $A_d / A_U = 8, n = 12$，由于逻辑部分面积的减小，在 $n_L = 2, n_I = n_M = 5$ 时面积缩小了 2.5 倍。

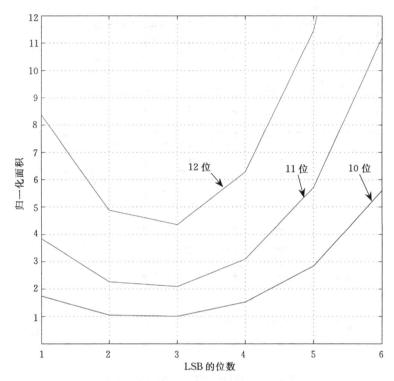

图 3.42　所假设的 DAC 在不同分辨率和分段方案下的面积

129

3.5.6　电流源切换

图 3.36 和图 3.41 所示的切换方法仅仅是概念性的,当电流路径开路时,构成电流源的晶体管进入线性区,图 3.36 中结点 A 的电压(对于共源共栅电流镜还有结点 B 的电压)很快上升到 V_{DD},重新导通时输出电流必须将结点 A(和结点 B)放电到其原来的电压值,这就产生了一个减缓电路工作速度的过渡过程。此外,与充电和放电过程相关联的非线性还可能引起谐波失真。

采用合适的切换方法可以避免晶体管在电流发生器不工作时进入线性区,使晶体管保持饱和状态,为了做到现这一点,电流源并不关断,而是改接到一个虚拟连接。图 3.43(a)给出了第 k 个共源共栅电流镜的电路图,它在 $\Phi_{s,k}$ 为低时将电流传输到输出端,而在 $\Phi_{d,k}$ 为低时将电流导入虚拟负载。

> **切记**
>
> 　　永远(即使在很短时间内)不要将单位电流产生器输出开路,开路后晶体管会进入线性区,需要一个很长的恢复时间。

互补逻辑信号 $\Phi_{s,k}$ 和 $\Phi_{d,k}$ 通过时钟信号获得,作为驱动晶体管 $M_{k,1}$ 和 $M_{k,2}$ 的输入信号。一个获得互补信号的简单方法是使用一个反相器,如图 3.43(b) 所示,但是这种方法不能令人满意,由于反相器的延迟会使 $\Phi_{d,k}$ 控制的导通(或关断)时刻相对于 $\Phi_{s,k}$ 有所延迟,导致两个晶体管会在一个短时间内同时导通或同时关断。

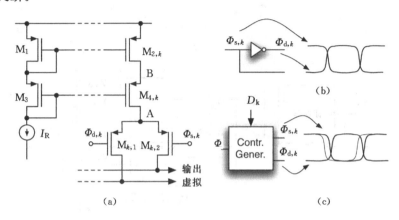

图 3.43　(a)第 k 个电流镜的切换方案(b)和(c)可能出现的控制相位

当开关管同时导通时,电流会同时流向两个输出端,只要重叠的时间很小, 130 这种情况还是有利的。因为这种情况下上述结点 A 的电压仍是可控的,并且还能使两个电压平稳过渡。相反,如果两个晶体管都关断,电流找不到任何到地的通路,就会将结点 A 很快的充高到 V_{DD}。

图 3.43(c)给出了一种优化的相位方案:在选择阶段,Φ_k(与时钟同步)驱动一个模块,其输出端产生两个相位互补的信号,它们都由选择信号延迟得到,两者的交点较低,使两个 pMOS 开关在短时间内同时导通,保证任何时候电流都有到地的通路,从而使电流源晶体管总是工作在饱和区。

图 3.44(a)是上述相位优化方案一种简单而有效的电路实现,是一种仅由 8 131 个晶体管构成的有比逻辑锁存器。当 Φ 为高时,选择信号为高的一路的输出结点放电到地,另一个输出结点经过反相器延迟之后达到 V_{DD},从而使 Φ_S 和 Φ_d 在比较低的电平上相交。

在图 3.44(b)中的方案需要更多的器件,但时序控制更加灵活。其中一对反相器用于对锁存器的输出进行整形,另一对反相器决定开关驱动器的控制延迟。相位信号的摆幅由 V_H 和 V_L 决定,它们的值需要进行合理得选取,以保证关断状态时差分开关栅极的充放电电流最小。实际上,各相位的电压变化要足够大,以保证开关可以完全导通或完全关断,但也不能过大,因为栅极和输出结

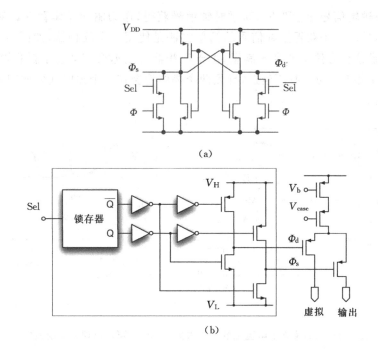

图 3.44　(a)产生切换信号的比例逻辑锁存器;(b)一种更复杂更灵活的方案

点的寄生电容带来的电荷注入可能会带来麻烦。图 3.44(b)中将相位信号的摆幅设计为可以变动的,正是出于这个目的。

3.6　其它架构

　　前几节中描述的 DAC 的转换方法都是最常用的,但对于具有更多特殊要求的 DAC,还有许多其它可能的算法和架构,我们不对每一种方案进行详细讨论,在此我们仅介绍其中的三种:单/双斜坡型、算法型和占空比型转换器。前两种在集成 $\Sigma\Delta$ DAC 出现前就已经在低成本的数字音响中研究过,这两种 DAC 都可以产生所需的模拟电压,并可将产生的结果由采样保持器进行采样-保持,一直维持到新的模拟信号

> **建议**
>
> 　　数据转换方面的算法和方法很多,导致使用者针对特定应用和工艺条件选择最佳方案时,难以掌握和理解各自的优点与局限性。

建立起来。占空比型转换器则是产生满刻度的脉冲,再通过低通滤波器进行平均化。

斜坡型转换器是一种利用中间量来获得结果的转换器,理论上,它是个级联结构,先将数字量转换成时间量、再将时间量转换成电压的数据转换。这种方法在基础课程中也有讨论,类似于单/双斜坡算法的模数转换器。

132

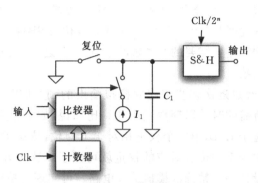

图 3.45　单斜坡 DAC

(译者注:本图中的 I_1 应是一个接 V_{DD} 的电流源,对 C_1 充电)

图 3.45 是一种单斜坡型转换器电路,结构简单:由一个计数器、一个数字比较器、一个电流源(I_1)、一个电容(C_1)和两个开关组成。输出电压由一个采样保持器进行复制。在每一个转换周期开始时,两个开关都闭合,计数器复位为零,电容电压被复位开关初始化为 $0\,\text{V}$;然后电流流入电容,电容上产生斜坡电压,直到计数器值达到输入数据时停止。假设输入码值为 k,则得到的电压为

$$V_{\text{out}} = \frac{kI_1}{C_1 f_{\text{S}}} \qquad (3.46)$$

对于 n 位数据,计数器需要 2^n 个时钟周期才能记满刻度,所以对电容电压的采样速率为 $f_{\text{S}}/2^n$。

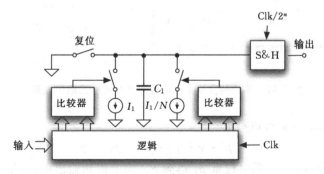

图 3.46　双斜坡型 DAC

(译者注:本图中电流源 I_1 和 I_1/N 的方向有误。左侧比较器比较输入的高 $\log_2 M$ 位,右侧的比较器比较输入的低 $\log_2 N$ 位)

133 　　这种方法不但简单,且不需修正就可以达到 14 位的线性度。但对于音频带宽的信号,实现 14 位 DAC 所需的时钟频率却是不现实的(20kHz 的信号带宽需要时钟达到 720MHz)。这个问题可以通过使用两个电流源来解决(图3.46),其中第二个电流源减小到 N 分之一(通常 N 等于 32 或 64)。高有效位(MSB)控制着大电流源的导通时长,而对应于 N 的低有效位(LSB)控制着小电流源的导通时长。这样达到满刻度需要的时钟数减小到 N 分之一,从而所需的时钟频率也就减小相同的倍数。

　　算法 DAC 也是经过逐次多步来建立模拟输出的,它利用一定的算法调节每一步的权重来使所需的时钟周期数最小化。比如说,如果采用的算法是倍乘 2,则第一个权重对应于 LSB,第二个权重相对于下一位,依次类推。因此,只需选择数字输入信号中为 1 的位所对应的权重就可以了。这个方法很有吸引力,但主要问题是需要设计一个精确的模拟乘 2 电路。可实现的精度水平使该方法可以达到 10～12 位的分辨率。

　　另一种算法方案是"累积法",它在精度与转换所需的时钟数之间进行折衷。斜坡型转换器通过线性斜坡得到输出电压,其实就是单位量的累积。这种转换器基于的累积算法,采用阶梯电压发生器作为基本模块,其输出等于输入步长乘以步长数,原理如图 3.47 所示。图中使用了两个阶梯电压发生器,其中一个级联在另一个后面。两个逻辑信号用于启动或停止阶梯电压发生器。

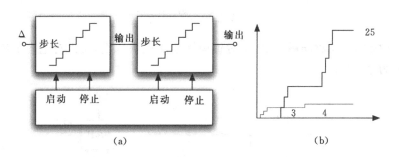

图 3.47　算法转换器工作原理图及其可能的输出波形

　　假设输入信号 k 可以写成

$$k = p_1 \cdot x + p_2 \cdot y; \quad p_1 < p_2 \tag{3.47}$$

需要 x 乘以权重 p_1,y 乘以权重 p_2 得到 k。为了得到输出电压,第一个斜坡发

134 生器运行 p_1 个时钟周期,并产生权重 Δp_1。然后,第二个斜坡发生器将这个权重作为输入,运行 x 个时钟周期以产生 $\Delta p_1 x$。达到这一点之后,第二个斜坡发生器停止,第一个斜坡发生器继续工作 $p_2 - p_1$ 个时钟周期,将其输出提高到

Δp_2，这正是 k 分解式中的第二部分所需的权重，用这个权重运行 y 个时钟周期就可以产生 k 分解式中的第二部分。假设没有空等的周期，整个转换将在 $p_2 + x + y$ 个时钟周期内完成。

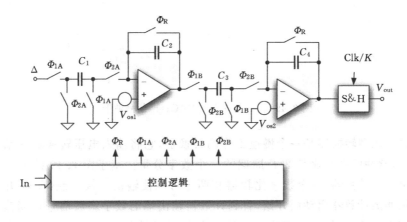

图 3.48　算法型转换器可能的电路实现

一个可能的电路实现如图 3.48 所示，其中使用了两个开关电容积分器，其时钟相位用逻辑信号进行控制以实现阶梯电压发生器。经过复位阶段（每个有效时钟周期内将两输出端置零）后电容 C_1 向电容 C_2 注入正比于 Δ 的电荷。由于这一过程是非反相的，所以如果 $C_1 = C_2$，那么输出步长就为 Δ。实际上可能存在的失调会影响结果，这是由于电容 C_1 上会存在残留电压 V_{os1}，p_1 个时钟周期后输出电压为

$$V_{out1} = p_1 (\Delta - V_{os1}) + V_{os1} \tag{3.48}$$

步长大小的差异等效为增益误差，并不是很重要。然而第二项会带来问题，它将第一级产生的电压平移了 V_{os1}。

第一级运算放大器的输出电压作为第二级的输入，每个时钟周期它会使第二级输出电压发生变化，假设 $C_3 = C_4$，则变化量为

$$\Delta V_{out2} = p_1 (\Delta - V_{os1}) + V_{os1} - V_{os2} \tag{3.49}$$

上式表明，实际的问题来自 $V_{os1} - V_{os2}$，这一项在二级运放对一级运放输出的每次累积中都要出现，结果会被放大 $x + y$ 倍。如果 $x + y$ 随码值非线性变化，还会引起谐波失真。解决方案是使

$$x + y = 常量 \tag{3.50}$$

这样误差项在输出信号只是产生无关紧要的整体失调量。

式(3.50)是(3.47)关系式的一个约束条件，这个约束条件是可以满足的。采用该方法的一个集成电路表明，它可以达到 15 位，SNDR 能达到 74dB。

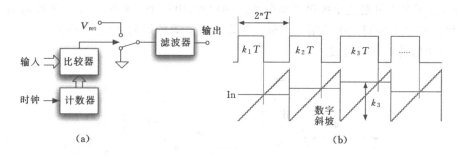

图 3.49 (a)占空比型 DAC;(b)信号波形

占空比型转换器是一个慢速工作的转换器,它将输入电压转换成一系列脉冲信号,脉冲的占空比是 2^nT 周期的一个数字分量。基于图 3.49 的一种可能架构由一个计数器、一个数字比较器和两个可以使输出端接 0 或 V_{ref} 的开关组成。脉冲随计数器启动而开始,直到计数器输出端的数字斜坡信号达到输入信号时停止。因此,如果数字输入信号为 k,脉冲持续的时间即为 kT。输出端的频谱在 $\pm mf_N=1/(2^nT)$ 处被镜像,并按正弦规律衰减。低通滤波器用来滤除高频成分,得到所需的结果。

这种方法适用于慢速中等分辨率的应用场合,它是过采样架构的第一个实例,但其效果远不及后面即将研究的其它方案。

136 习题

3.1 以输入阶跃信号的幅度为自变量,计算单位增益缓冲器响应波形的面积函数,其中缓冲器的压摆率和带宽为有限值,采用近似表达式(3.7)进行计算,$SR=10^8\,V/s,\tau=1ns,T=5ns$。假设最大输入码变化对应 0.8V。

3.2 对于图 3.10 所示的电阻型 DAC,研究电流产生器电流值 I_L 误差的影响。即,分析只有一个电流产生器电流值正确的情况,以及两者都比期望值大一定百分比时的情况;同时,再研究一下两个电流产生器输出电阻为有限值时的情况。

3.3 重做例 3.1:假设电阻分压器中电阻率的误差随电阻与分压器中心距离的平方而增加,两端的电阻值是中心电阻值的 1.3 倍。

3.4 设单位电阻阻值在 x 方向的梯度为 2%/电阻,在 y 方向梯度为 0,估算谐波失真。其中 DAC 是一个开尔文分压器,使用 32×32 单位电阻阵列,电阻间蛇形相连,估算正弦波为满刻度和半满刻度时分别对应的失真,采用近似分析解释所得结果。

3.5 修改例 3.2 的解题文件来进行统计分析,用修改后的文件对满刻度正弦输入连续进行 100 次仿真,画出 SFDR 的直方图。

3.6 一个由 1024 个单位电阻组成的线性阵列具有 0.1%/电阻的梯度,确定达到 80dB SFDR 所需的校准点个数。注意校准点处电压将达到理想值。

3.7 利用文件 Ex3_3 研究电压模梯型电阻 DAC,确定仅有一个臂电阻或仅有一个梁电阻存在 2% 误差时的影响,找出对 INL 影响最大的电阻。

3.8 利用电路级仿真器(Spice 或等同软件)对一个用 MOS 晶体管代替电阻的 6 位 R-$2R$ 架构 DAC 进行仿真,通过增加基本的 R-$2R$ 单元的并联数目使 R-$2R$ 梯的不同部分匹配,使得每个单元中的电流相匹配。估算静态输入输出响应的线性度。

3.9 修改例 3.4 的解题文件来进行统计分析,进行 100 次仿真,绘出峰值 INL 绝对值的直方图。

3.10 一个 12 位电容分压式 DAC 使用了两个衰减电容,一个在四位之后,另一个在 8 位之后。确定两个衰减电容的大小,并编写电脑程序绘出衰减电容分别有 ϵ_1 和 ϵ_2 的误差时的输入输出特性曲线。

3.11 确定图 3.29 中从运算放大器正相输入端到输出端的 z 域传输函数,并以 z 为变量,绘制 $|z|=1$ 时的曲线。

3.12 图 3.30(a)阵列中,假设单位电容上极板的寄生电容为 $0.01C_U(1+0.001V_C)$,其中 V_C 是电容两端的电压。通过计算机仿真确定 8 位 DAC 在 $V_{Ref}=2V$ 时的传输函数以及对应满刻度正弦波的谐波失真,假设输出电压由理想的电压缓冲器进行检测。

3.13 图 3.30(b)中的翻转型 DAC,在 Φ_R 期间连接为单位增益结构,将电容阵列预充电到失调电压,对运放的失调进行补偿。在复位阶段,假设电容阵列的上极板改接到地,估计运算放大器的失调电压对输入输出传输特性的影响,其中 DAC 输入量为 10 位。

3.14 估算图 3.31 混合型 DAC 中运算放大器失调电压的影响,分压器由 32 个单位电阻组成,而翻转电容型 MDAC 是 5 位的转换器,假设失调电压等于 3.4 个 LSB,推导输入输出传输特性。

3.15 考虑一个电流舵式 DAC,计算非线性输出电阻 $R_U=\overline{R_U}(1-\alpha V_{out})$ 的影响,这种非线性可能是由于输出电压将电流源中的晶体管推向线性区而引起的。确定当 $R_{on}=0$ 时的方程,相当于式(3.28)那样给出以输入数字码为自变量的 INL 的表达式。

3.16 重做例 3.5,将参数改为:位数 14 位,$R_L=25\Omega$,$R_{on}=0$,$R_U=100M\Omega$,计算使 SFDR$=90$ 所需的 R_U,验证全差分架构对性能的改善。

3.17 假设一个电流舵式 DAC 基于图 3.39(a)中行和列的"洗牌"顺序选择电

流,单位电流源的梯度为:每行(或列)为 1%,通过计算机仿真估算 DAC 的 INL,并研究其它"洗牌"方案的效果。

3.18 利用方程(3.44)和(3.45)估算电流舵式 DAC 的面积,其中 $A_d/A_U = 20$ 并且 $n=14$。计算分两种情况:简单分段和两级分段,并确定两种情况的最优设计。

139

参考文献

书和专著

D. A. Johns and K. Martin: *Analog Integrated Circuits Design*. John Wiley and Sons, New York, NY, 1997.

F. Maloberti: *Analog Design for CMOS VLSI Systems*. Kluwer Academic Press, Boston, Dordrecht, London, 2001.

R. van de Plassche: *CMOS Integrated Analog-to-Digital and Digital-to-Analog Converters*. Kluwer Academic Press, Boston, Dordrecht, London, 2003.

D. H. Hoeschelle: *Analog-to-Digital and Digital-to-Analog Convertsion Techniques*. John Wiley and Sons, New York, NY, 1994.

期刊和会议论文

一般性问题

M. J. M. Pelgrom, A. C. J. Duinmaijer, and A. P. G. Welbers: *Matching properties of MOS transistors*, IEEE Journal of Solid-State Circuits, vol. 24, 1290–1297, 1989.

J. Huang: *Resistor termination in D/A and A/D converters*, IEEE Journal of Solid-State Circuits, vol. 15, pp. 1084–1087, December 1980.

Y. Chiu, B. Nikolic, and P. R. Gray: *Scaling of analog-to-digital converters into ultra-deep-submicron CMOS*, IEEE Custom Integrated Circuits Conference, pp. 375–382, 2005.

J. Shyu, G. C. Temes, and K. Yao: *Random errors in MOS capacitors*, IEEE Journal of Solid-State Circuits, vol. SC-17, pp. 1070–1076, 1982.

电阻型 DACs

D. J. Dooley: *A complete monolithic 10-b D/A converter*, IEEE Journal of Solid-State Circuits, vol. 8, pp. 404–408, December 1973.

J. A. Schoeff: *An inherently monotonic 12 bit DAC*, IEEE Journal of Solid-State Circuits, vol. 14, pp. 904–911, 1979.

R. J. van de Plassche and D. Goedhart: *A monolithic 14-bit D/A converter*, IEEE Journal of Solid-State Circuits, vol. 14, pp. 552–556, 1979.

J. R. Naylor: *A complete high-speed voltage output 16-bit monolithic DAC*, IEEE Journal of Solid-State Circuits, vol. 18, pp. 729–735, 1983.

K. Maio, S. I. Hayashi, M. Hotta, T. Watanabe, S. Ueda, and N. Yokozawa: *A 500-MHz 8-bit D/A converter*, IEEE Journal of Solid-State Circuits, vol. 20, no. 6, pp. 1133–1137, 1985.

M. Pelgrom: *A 50MHz 10-bit CMOS digital-to-analog converter with 75 Ω buffer*, IEEE International Solid-State Circuits Conference, vol. XXXIII, pp. 200–201, 1990.

S. Brigati, G. Caiulo, F. Maloberti, and G. Torelli: *Active compensation of parasitc capacitances in a 10 bit 50 MHz CMOS D/A converter*, in IEEE Custom Integrated Circuit Conference, pp. 719–722, 1994.

M. P. Kennedy: *On the robustness of R-2R ladder DAC's*, IEEE Transactions on Circuits and Systems, vol. 47, pp. 109–116, Feb. 2000.

Lei Wang, Y. Fukatsu, and K. Watanabe: *Characterization of current-mode CMOS R-2R ladder digital-to-analog converters*, IEEE Transactions on Instrumentation and Measurement, vol. 50, pp. 1781–1786, 2001

140 电容型 DACs

R. E. Suarez, P. R. Gray, and D. A. Hodges: *All-MOS charge redistribution analog-to-digital conversion techniques - Part II*, IEEE Journal of Solid-State Circuits, vol. SC-10, pp. 379–385, 1975.

P. R. Gray, D. A. Hodges, D. A. Hodges, Y. P. Tsividis, and J. Chacko, Jr.: *Companded Pulse-Code Modulation Voice Codec Using Monolithic Weighted Capacitor Arrays*, IEEE Journal of Solid-State Circuits, vol. SC-10, pp. 497–499, 1975.

J. F. Albarrán and D. A. Hodges: *A charge-transfer multiplying digital-to-analog converter*, IEEE Journal of Solid-State Circuits, vol. 11, pp. 772–779, 1976.

Y. S. Yee, L. M. Terman, and L. G. Heller: *A Two-Stage Weighted Capacitor Network for D/A-A/D Conversion*, IEEE Journal of Solid-State Circuits, vol. 14, pp. 778 - 781, 1979.

G. Manganaro, S. Kwak, and A. R. Bugeja: *A dual 10-b 200-MSPS pipelined D/A converter with DLL-based clock synthesizer*, IEEE Journal of Solid-State Circuits, vol. SC-39, pp. 1829–1838, 2004.

电流型 DACs

T. Miki, Y. Nakamura, M. Nakaya, S. Asai, Y. Akasaka, and Y. Horiba: *An 80-MHz 8-bit CMOS D/A converter*, IEEE Journal of Solid-State Circuits, vol. 21, pp. 983–988, 1986

A. Cremonesi, F. Maloberti, and G. Polito: *A 100-MHz CMOS DAC for video-graphic systems*, Journal of Solid-State Circuits, vol. 24, pp. 635–639, 1989.

J. Bastos, A. M. Marques, M. S. J. Steyaert, and W. Sansen: *A 12-bit intrinsic accuracy high-speed CMOS DAC,*" IEEE Journal of Solid-State Circuits, vol. 33, pp. 1959–1969, 1998.

G. A. M. van Der Plas, J. Vandenbussche, W. Sansen, M. S. J. Steyaert, and G. G. E. Gielen: *A 14-bit intrinsic accuracy q^2 random walk CMOS DAC*, IEEE Journal of Solid-State Circuits, vol. 34, pp. 1708–1718, 1999.

A. R. Bugeja, B. Song, P. L. Rakers, and S. F. Gillig: *A 14-b, 100-MS/s CMOS DAC designed for spectral performance*, IEEE Journal of Solid-State Circuits, vol. 34, pp. 1719–1732, 1999.

A. R. Bugeja and B. Song: *A self-trimming 14-b 100-MS/s CMOS DAC*, IEEE Journal of Solid-State Circuits, vol. 35, pp. 1841–1852, 2000.

K. O'Sullivan, C. Gorman, M. Hennessy, and V. Callaghan: *A 12-bit 320-MSample/s current-steering CMOS D/A converter in $0.44\,mm^2$*, IEEE Journal of Solid-State Circuits, vol. SC-39, pp. 1064– 1072, 2004.

T. Ueno, T. Yamaji, and T. Itakura: *A 1.2-V, 12-bit, 200MSample/s current-steering D/A converter in 90-nm CMOS*, 2005 IEEE Custom Integrated Circuits Conference, pp. 747–750, 2005

M. Choe, K. Baek, and M. Teshome: *A 1.6-GS/s 12-bit return-to-zero GaAs RF DAC for multiple nyquist operation*, IEEE Journal of Solid-State Circuits, vol. SC-40, pp. 2456–2468, 2005.

其它 DACs

W. D. Mack, M. Horowitz, and R. A. Blauschild: *A 14 bit dual-ramp DAC for digital-audio systems*, IEEE Journal of Solid-State Circuits, vol. 17, pp. 1118–1126, 1982.

M. Pelgrom, M. Rooda: *An Algorithmic 15-bit CMOS Digital-to-Analog Converter*, IEEE Journal of Solid-State Circuits, vol. 23, pp. 1402–1405, 1988.

第4章

奈奎斯特率模数转换器

本章讨论奈奎斯特率模-数转换器的架构、性能和限制。我们将从全闪速(full-flash)结构开始,该结构能够在一个时钟周期内获得转换结果。然后,我们将研究两步的解决方案,其算法至少需要两个时钟周期。接着,我们讨论折叠和插值的方法。交错技术允许设计者充分利用许多转换器(它们是并行工作的)协同工作的优点,我们将考虑这种技术的优势和限制。在研究一种广泛使用的顺序方法(流水线结构)之前,我们将分析逐次逼近算法。最后,我们考虑用于特殊要求的一些转换技术。

4.1 引言

取决于输入信号的带宽,奈奎斯特速率的数据转换器可以在一个时钟周期或多个时钟周期内完成转换算法。由于小的信号带宽允许长的转换周期,转换算法可以采用高频时钟,其采样周期分布在多个时钟周期内。相比之下,对大带宽的信号,必须使电路工作的时间最大化,而使完成算法所需的时钟周期数减到最低限度。

对高速 ADC 电路的最高工作频率进行估算,即使是近似地估算,都是十分有用的。为此,我们从工艺技术的速度开始,或者更好的指标是工艺的单位增益频率 f_{Tech}(technology unity gain frequency)(译者注:该值是由工艺的特征尺寸确定的晶体管的特征频率),该值可确定运算放大器或 OTA 的最大单位增益带宽(f_T)。f_T 是 f_{Tech} 的 $1/\alpha$,α 的值至少是 2~4,但最终取决于转换器所要求的精确度。

因为 A/D 转换器是采样数据系统,必须提供足够的时间来建立(稳定)模拟信号,因此在运算放大器的 f_T 与时钟频率之间要求一个合适的余量 γ。

为了估计 γ,假设输入 V_{in} 是 $t=0$ 的阶跃信号。一个单极点的带限电路产生的输出 $V_{out}(t)$ 为

$$V_{out}(t) = V_{in}(1 - e^{-t/\tau}) \tag{4.1}$$

其中的时间常数 τ 为

$$\tau = \frac{1}{2\pi\beta f_T} \tag{4.2}$$

式中 β 是运放(或 OTA)中反馈网络的反馈系数。

由于一个 n 位的 ADC 要求精度优于 $2^{-(n+1)}$，建立时间必须满足 $t_{sett} > \tau(n+1)\ln(2)$。回顾前面提到的，允许的建立时间是半个时钟周期，因此得

$$f_{CK} < \frac{\pi\beta f_T}{(n+1)\ln(2)} \tag{4.3}$$

$$\gamma = \frac{f_T}{f_{CK}} > \frac{(n+1)\ln(2)}{\pi\beta} \tag{4.4}$$

抗混叠滤波器阶数的设定预计给定一定的余量为 λ，这是采样速率和信号频带之间的比率。而且，由于转换算法可以使用多个时钟周期(例如 k)，因此转换速率为 $f_{CK}/(\lambda k)$。

例 4.1

10 位的 ADC 采用 $f_{Tech} = 1.6\ GHz$ 的工艺技术。该 ADC 的算法需要两个时钟周期来完成转换。假设 $\alpha = 2$ 和 $\beta = 0.5$。抗混叠滤波器的规格是：过渡带宽为一个倍频程。请计算输入信号的最大带宽。

解

OTA 的 f_T 为 800 MHz，$\beta = 0.5$ 条件下的时间常数 $\tau = 0.398\ ns$。为达到满摆幅的 0.5LSB 的误差，该 OTA 要求建立时间 $t_{sett} = 6.93 \times 0.398\ ns = 2.7\ ns$。由此产生的 γ 为 4.85，允许的最大时钟频率为

$$f_{CK} = \frac{1}{2 \cdot t_{sett}} = \frac{f_T}{\gamma} = 164.8\ MHz$$

由于转换需要两个时钟周期的采样频率，得到 $f_s = 82.4\ MHz$。该抗混叠滤波器的过渡带从 f_B 到 $fs - f_B$，其带宽是一个倍频程。则信号的带宽变为

$$\frac{f_s - 2f_B}{f_B} = 2 \rightarrow \lambda = 4; \quad f_B = \frac{f_s}{4} = 20.6\ MHz^*$$

所得到的低信号频带是由于使用的是保守的数值，较宽松的精度要求可以得到更高的信号频带。

当转换器只使用一个时钟周期时，该结构称为全闪速(full-flash) ADC。使用两步闪速或折叠方法的其他结构则需要两个(或三个)时钟周期；需要几个时钟周期的转换方法包括逐次逼近法、算法技术和其他慢速的方法。

与只采用少数(或一个)时钟周期的算法相比较,采用多个时钟周期的转换算法通常更精确,功耗和芯片面积更小。而且,慢速转换器可以通过以下方法增加吞吐量:使用许多转换器并行工作的交错方法,或使用若干级进行级联工作的流水线结构。虽然这些方法允许更高的采样率,但这些转换器在某个等待时间后才提供输出,当它们在控制系统环路中使用时,这可能会引起不稳定。

4.2 定时的精确性

第 1 章中已确定了,采样抖动所引起的误差为

$$\delta V_{in} = \delta T_{ji} \cdot \frac{dV_{in}}{dt} \qquad (4.5)$$

由于 n 位 ADC 的性能要求定时的误差小于 $1/2$ LSB$=V_{fs}/(2^{n+1})$ ＊ ,对 1 V 的振幅＊及 20 MHz 的正弦波输入,一个 12 位的 ADC 要求定时误差小于 1 ps。

以上的叙述强调了,对于分辩率高于 $10\sim12$ 位和输入信号频率为几十 MHz 的情况下,需要非常在意时钟相位的产生和分布,而且,采样时间的误差不只是由时钟抖动造成的,而且还取决于时钟的有限上升/下降时间、传输延迟和其他非线性效应,而这些非线性效应造成信号依赖于时钟延迟。

由于采用高速时钟,输入引脚的阻抗失配会产生反射和时钟时序误差。为了避免这种情况,精确的应用中的输入信号是阻抗仔细匹配了的正弦波,而不是一个方波。然后,该正弦波在芯片内部被放大,并变为方波,如果方波整形电路使用过零点检测的低噪声放大器,则可获得抖动非常小的主时钟。

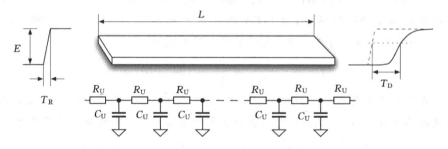

图 4.1 时钟信号传输中金属互连线的 RC 分布模型

其他定时误差的产生是由于数字信号沿金属互连线的传输:互连线导致信号的弥散和延迟。图 4.1 显示了对互连线建模的分布式 RC 模型。有限斜率的阶跃信号 $e_i(t)$ 为

$$e_i(t) = \frac{E}{T_R}t \qquad 对于 \quad 0 \leqslant t \leqslant T_R$$

$$e_i(t) = E \qquad 对于 \quad t > T_R \qquad (4.6)$$

该信号的时间响应为

$$e_{\text{out}}(t) = V_r(t) - V_r(t - T_R) \qquad (4.7)$$

$$V_r(t) = \frac{E}{T_R} \left\{ \left(t + \frac{\tau}{2} \right) \text{erf} \left[\sqrt{\frac{\tau}{4t}} \right] - \sqrt{\frac{\tau t}{\pi}} e^{\frac{-\tau}{4t}} \right\} \qquad (4.8)$$

其中,V_r 是中间函数,$\tau = R_U C_U L^2$,粗略估算的延时为

$$T_D = \frac{\tau}{4} = \frac{R_U C_U L^2}{4} \qquad (4.9)$$

式中,R_U 和 C_U 分别是单位长度的电阻和电容的数值。由式可见,如果宽度增加则每单位长度的电阻减小,但单位长度的电容以同样的数量增加。因此,改变互连线的宽度并不影响延时。对于典型的亚微米工艺,$R_U C_U$ 的乘积在 $10^{-17}\,\text{s/m}^2$ 的数量级,不过几百微米长的互连线就会导致 1 ps 量级的延时。

例 4.2

利用式(4.7)和(4.8)来估算金属互连线 150 μm 和 300 μm 后的时钟波形。$R_U = 0.04\ \Omega/\mu\text{m}$,$C_U = 2.5 \cdot 10^{-16}\ \text{F}/\mu\text{m}$。时钟的上升时间为 50 fs。估计达到输入阶跃幅度的一半时的时钟斜率。

解

文件 Ex4_2 是计算机仿真的基础。图 4.2 给出了波形。对于 150 μm 和

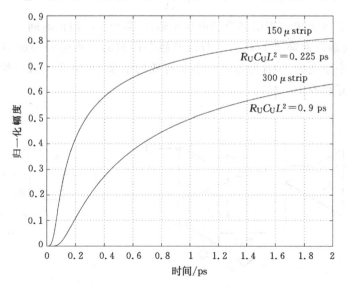

图 4.2　经过 150 μm 和 300 μm 金属线之后的时钟波形

300 μm 的金属互连线,使用式(4.9)可得到 τ 的值分别为 0.225 ps 和 0.9 ps,这些值均与达到输入幅度一半时的模拟结果十分接近。这两个波在达到输入幅度一半时的斜率分别是 0.98 V_{FS}/ps 和 0.28 V_{FS}/ps,其结果是:在阈值之上 40 mV_{FS} 的噪声将分别导致 39 fs 和 12 fs 的抖动。

146

4.2.1 亚稳态误差

当比较器的输出未确定时会发生亚稳态误差。采样数据的比较器通常使用一个预(前置)放大器和一个锁存器来实现(图 4.3)。一个相位期间输入信号被预放大,在锁存相位期间,正反馈电路(regenerative circuit)将固定逻辑电平。如果输入差分电压 $V_{in,d}$ 不够大,在锁存相位结束时比较器的输出可能是不确定的,因而给出一个错误的逻辑输出,在某些转换结构的温度码输出中则可能导致温度码汽泡(code bubble)错误。

图 4.3 中的差分锁存是两个跨导放大器的正反馈环路,其正反馈的时间常数 τ_L 为

$$\tau_L \simeq \frac{C_p}{g_m} \tag{4.10}$$

亚稳态的误差概率可近似为

$$P_E = \frac{V_0}{V_{in} A_0} e^{-t_r/\tau_L} \tag{4.11}$$

其中 V_0 是有效逻辑电平所要求的电压摆幅,t_r 是锁存阶段的时间。

锁存周期通常等于 $1/(2f_S)$,所以亚稳态误差的概率随采样频率呈指数增加,在高频率下变为 1(因为超过 1 不是有效的结果,如果式(4.11)给出超过 1 的结果,则意味着 $P_E = 1$)。

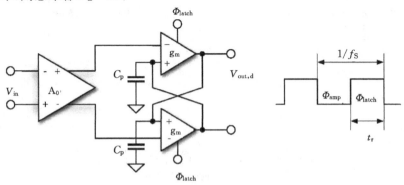

图 4.3 数据转换器中使用的典型比较器

在合理的工作频率下,指数部分的值很小。而且,我们看到,误差的概率与差分输入幅度 V_{in} 成反比。对于 V_{IN} 大于 $0.5LSB$,比较器必须保证确定的输出,因此,当 $V_{in}=V_{FS}/2^{n+1}$ 时要求 P_E 小于给定的 $P_{E,max}$,这产生了以下必须满足的条件

$$f_S \cdot \ln\left[\frac{V_0 2^{n+1}}{P_{E,max} V_{FS} A_0}\right] < \frac{1}{2\tau_L} \tag{4.12}$$

例如,如果 $V_{FS} \approx V_0$,$n=8$,$\tau_L=2\times10^{-10}$ 且 $A_0=10^3$,确保误差率等于 $P_{E,max}=10^{-4}$ 的采样频率是 $f_S=1/(17\times\tau_L)=293$ MHz。

4.3 全闪速转换器

模数的转换器必须明确可以包含输入信号的量化区间。实现这一操作的一个直接的方式(图 4.4)是把输入信号与相邻量化区间的所有跳变点(transition points)的值进行比较。这些比较的结果突显出输入信号大于某个阈值的界限,该阈值给出的信息可以转换成数字码。这种"蛮力"(但有效)方法导致了全闪速结构。该方法的名称来自这一事实:所有的比较器均并行工作,并仅仅在一个时钟周期内迅速(像闪光一样的快速)地获得结果。

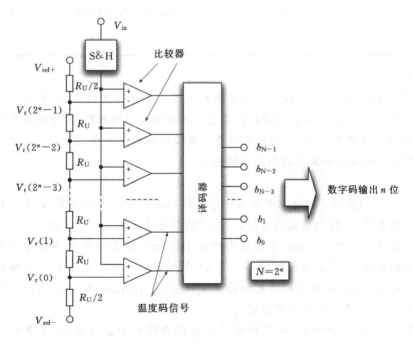

图 4.4 全闪速转换器的基本结构图

148   一个 n 位的量化器由 $2^n - 1$ 个跳变点分割成 2^n 个区间。因此,图 4.4 所示的结构要求 $2^n - 1$ 个参考电压和 $2^n - 1$ 个比较器,在某个给定电平以下,比较器输出逻辑 1,该电平以上输出逻辑 0。ROM 译码器(或等效电路)就可以将温度码的表示转换为 n 位的数字输出。

4.3.1 参考电压

产生参考电压的最简单的方法是,在正和负的参考电压(V_{ref+},V_{ref-})之间使用开尔文电阻分压器进行连接。某些实现方式如图 4.4 所示,使用 $R_U/2$ 作为两端的单元,产生的第 i 个参考电压等于

$$V_r(i) = V_{ref-} + \frac{i - 1/2}{2^n - 1}(V_{ref+} - V_{ref-}); i = 1, 2, \cdots, 2^n - 1 \qquad (4.13)*$$

量化步长是动态范围除以($2^n - 1$),等于 $\Delta = (V_{ref+} - V_{ref-})/(2^n - 1)$,其中的第 1 个和最后一个量化区间等于 $\Delta/2$。

随机性和系统误差会影响所产生的参考电压。例如,当开尔文分压器作为 DAC 使用时这种情况就会发生。因此,对于闪速型转换器,必须使用同一种电阻材料,使用匹配的接触孔和金属互连,并在版图中确保相同的电阻方向。用现代工艺预期可达到的匹配在 $0.1\% \sim 0.05\%$ 的量级,不用修调(trimming)可达到 $10 \sim 11$ 位的精度。

例 4.3

($2^6 - 1$)个阻值为 50 Ω 的电阻串联构成了 6 位全闪速的 ADC 中的电阻分压器。所使用的是 $0.18~\mu m$ CMOS 工艺。为确保良好的匹配,必须使用宽度为 2.5mm、方块电阻为 25W/□ 的多晶硅条。假设电阻的线性梯度为 300 ppm/μm,请估算不同的版图形式下的积分非线性 INL。

解

图 4.5(a)显示了由电阻串联成一条直线组成的分压器的版图,第 1 个和最后一个单元是 25 Ω 的多晶硅方块,而其他的所有单元均为两个方块。

149   电阻中心距为 7.5 μm,导致总长度为 480 μm。假设在电阻串的开头等于电阻的额定值,则在末端的阻值变为 1.14 个额定值。使用文件 Ex4_3 研究了这个问题,通过计算机模拟得出的结果 INL 约为 10 LSB(译者注:原文中,图 4.6 和以下文字中的数据均有错误)。

图 4.5(b)显示的是,以同样的单元电阻进行更紧密的排列,其中心间距(pitch)减小到 3.75 μm。图 4.5(c)则是对图 4.5(b)中的直线电阻串进行折叠,使电阻串的开始和结尾具有相等的电阻值。中心间距减少到 3.75 μm 后,使

INL 减小为 4.8LSB,折叠所得到的 S 型 INL 如图 4.6 所示。带折叠的紧密版图给出的 INL 为 1.3 LSB。

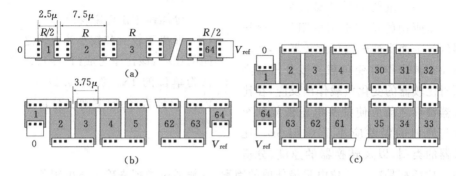

图 4.5　使用不同版图策略所布置的分割电阻

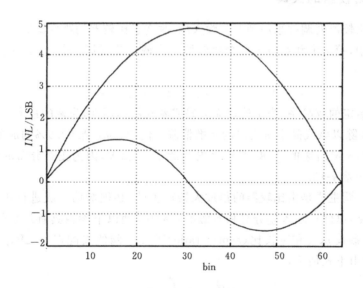

图 4.6　图 4.5 中(b)和(c)版图的 INL

(译者注:原文的该图纵坐标有误,与 Matlab 程序结果差别很大)

产生误差的另一个原因是沿着电阻分压器可能存在温度梯度。集成电路中　150
电阻的温度系数取决于所用的材料,可大到 10000 ppm/℃。因此,对 7 位的 ADC,沿电阻串 7℃ 的线性温度漂移可能会引起 1 LSB 的 INL。另外,但没有那么严重的是电压系数会沿电阻串产生电阻值的变化。由于电阻变化几乎与分压器的下降电压成正比,这种影响等效于线性梯度。

另一个重要的设计参数是产生参考电压所用的单位电阻的阻值。分压器的各个抽头被连接到比较器上,比较器通常被当作时变负载。该分压器必须对比较器的变化负载作出反应,在比较器锁存之前应使抽头电压恢复到至少与原值的误差应小于 0.5LSB。比较器的类型,以及转换器的速度、分辨

> **经验规则**
>
> 分压器中由电阻梯度产生的 INL 取决于较大和较小的电阻之间的比率,该比率写成$(1+k)$,以伏为单位的 INL 约为 $0.18 \cdot k$ $V_{FS}/2^n$(译者注:原文缺少分母的 2^n)。

率与功耗都是决定单位电阻最佳值的因素,一般通过模拟来确定该电阻值。

4.3.2 比较器的失调

由于比较器失调被添加到差分输入端,改变了比较器的跳变阈值。因此,在闪速结构中,第 i 个和第$(i-1)$个比较器的失调会改变第 i 个量化间隔的数值 Δ,使它变为

$$\Delta_i = V_{thr,i} - V_{thr,i-1} = \Delta - V_{os,i} + V_{os,i-1} \tag{4.14}$$

对所给定的成品率,为了确保无失码或者确保单调性,失调的最大值必须低于 1/2LSB 除以该成品率所要求的标准偏差。例如,为确保 99.9% 的成品率,满刻度为 1V、8 位闪速的 ADC 要求该失调低于 0.6mV,因为正态分布的误差相应的标准偏差 $\sigma = 3.3$。

由于失调主要是由比较器的预放大器产生的,必须对第一级进行正确设计和版图优化,以便在输入差分对和有源的负载中,使以下参数具有最小的失配:阈值、跨导参数 μC_{cx} 和宽长比(aspect ratio)W/L。阈值失配误差 ΔV_{TH} 取决于栅面积,并由下式估算,

$$\Delta V_{TH} = \frac{A_{VT}}{\sqrt{WL}} \tag{4.15}$$

如果 MOS 晶体管的长度接近其最小值,则 μC_{cx} 和 $\Delta W/W$ 的失配可忽略,因为它远低于长度的失配 $\Delta L/L$。该误差乘以 I_D/g_m(输入对管的电流和跨导)确定了对输入参考失调的相应贡献。对于工作在饱和区的 MOS,$I_D/g_m = (V_{GS} - V_{TH})/2$。因为由阈值失配和 $\Delta L/L$ 失配引起的误差源是不相关的,它们的平方项叠加为

$$V_{os,MOS} = \sqrt{\frac{A_{VT}^2}{WL} + \left[\frac{V_{GS} - V_{TH}}{2}\right]^2 \frac{\Delta L^2}{L^2}} \tag{4.16}$$

对于典型的 0.18 mm 标准 CMOS 工艺，$A_{VT} \approx 1 \text{ mV} \cdot \mu\text{m}^*$，为使第 1 项小于 $(0.6/\sqrt{2})$ mV（译者注：该值是阈值失配误差部分），要求 $WL > 5.5 \ \mu\text{m}^2$。对于第 2 项也一样，为达到相同的要求，如果 $(\Delta L/L) < 2 \cdot 0.42/(V_{GS} - V_{TH})$，对于 120mV 的过驱动电压，则要求 $(\Delta L/L) < 1\%$。

对于双极的情况，与式（4.16）相应的公式将 V_{BE} 的失配和考虑发射极面积失配的误差进行平方项叠加

$$V_{\text{os,BJT}} = \sqrt{\Delta V_{BE}^2 + \left(\frac{kT}{q}\right)^2 \frac{\Delta A^2}{A^2}} \tag{4.17}$$

第一项很小，因为它取决于发射极电流的失配 ΔI_E，$\Delta V_{BE} = V_{BE} \log [(I_E + \Delta I_E)/I_E]$。与 MOS 晶体管相比，第二项也比较小，因为面积的失配比长度失配小，而且乘以的系数是 $kT/q = V_T = 26 \text{ mV}$，而不是过驱动电压的一半。因此，与 CMOS 电路相比，双极比较器的失调更小。

> **关于失调**
>
> CMOS 电路的失调是几个毫伏。双极电路的失调是零点几毫伏。好的设计可以得到最小的系统失调；好的版图布局可补偿由于制造误差产生的随机失调。

例 4.4

估算 CMOS 和双极型两种比较器的失调。对于 MOS 的实现，预放大器中输入晶体管的宽长比为 $W/L = 5 \ \mu\text{m}/0.18 \ \mu\text{m}$。偏置电流等于 $80 \mu A$ 时跨导 g_m 为 0.8 mA/V。$0.18 \mu\text{m}$ 的 CMOS 工艺中 $A_{VT} = 2 \text{ mV} \cdot \mu\text{m}^*$。长度失配 $\Delta L/L = 1.8\%$。对于双极型预放大器，各参数为：$I_E = 0.8\text{mA}$，$\Delta I_E/I_E = 0.5\%$，发射极面积失配为 0.2%。

解

在式（4.16）中采用 $(V_{GS} - V_{TH})/2 = I_D/g_m$ 可确定一个标准偏差 σ 的 MOS 失调电压为

$$V_{\text{os,MOS}} = \sqrt{\frac{4 \cdot 10^{-6}}{0.9} + \left(\frac{0.08}{0.8}\right)^2 0.018^2} = 2.77 \text{ mV}$$

其中，来自阈值失配和长度失配对失调有几乎相同的贡献，分别为 2.1 mV 和 1.8 mV。

由于双极晶体管的电流随 V_{BE} 指数变化：$I_E = I_S e^{V_{BE}/V_T}$，误差 $\Delta I_E/I_E = 1\%$ 产生的 ΔV_{BE} 为

$$\Delta V_{BE} \simeq V_T \times \Delta I_E/I_E = V_T \times 0.005 = 0.13 \text{ mV}$$

因此,双极比较器的一个 σ 的失调电压为

$$\Delta V_{\text{os,BJT}} = 26 \times 10^{-3} \sqrt{(0.005)^2 + (0.002)^2} = 0.14 \text{ mV}$$

该失调与 MOS 的失调相比,低了 20 倍。

4.3.3 失调的自动调零

典型 CMOS 电路的失调在几个 mV 的范围,这对于确保高成品率而言是太大的数值。例如,要达到 99% 的成品率,要求 1 个标准偏差 σ 的失调小于 $0.5/2.57 \approx 0.2$ LSB(因为 2.57σ 的失调必须小于 $1/2$ LSB);要达到 99.9% 的成品率,要求失调小于 $0.5/3.3 \approx 0.15$ LSB(因为 3.3σ 的失调必须小于 $1/2$ LSB)。因此,必须把失调减小到零点几个 mV,并且只能使用简单、廉价的方法,因为闪速转换器中使用了相当大数量的比较器。常用的技术是自动调零(auto-zero),这是两阶段采样数据的方法:一阶段用于测量和存储失调量;另一阶段用于消除失调。

图 4.7 显示了自动调零技术的电路实现。在 Φ_{az} 有效期间,放大器工作在单位增益结构并使反相输入端产生所得到的失调,电容器 C_{os} 被充电到某个电压值:失调电压减去输入电压 V_1。在互补的阶段,即 $\overline{\Phi_{\text{az}}}$ 有效,开环结构对输入放

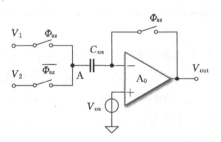

图 4.7 自动调零技术

大 A_0,由于电容器 C_{os} 上电压偏移了 $V_{\text{os}}(\Phi_{\text{az}}) - V_1$。产生的差分输入等于

$$V_{d,\text{in}} = V_+ - V_- = V_{\text{os}}(\overline{\Phi_{\text{az}}}) - V_2 + [V_1 - V_{\text{os}}(\Phi_{\text{az}})] \qquad (4.18)$$

只要在自动调零期间失调不发生变化,该电路能实现完美的失调消除。通常情况下,失调被认为是一个直流信号,只有环境波动或元件老化时它才会发生变化。然而,输入参考的失调存储也会对噪声产生影响,其中包括 $1/f$ 噪声项:在消除 $1/f$ 噪声中,自动调零技术部分有效,但增加了白噪声,因为在连续的两次采样之间缺乏相关性,而使白噪声项加倍。

失调消除电路所产生的另一个问题是电荷注入 *。MOS 导电沟道的部分

电荷会注入到自动调零的电容。对于图 4.7 所示方案,关键的通路途经了反馈连接的开关。下一章研究的补偿技术,将减少这种电荷注入,并可以得到等效的失调量(等于零点几个 mV)。

通常,在采用图 4.7 所示的比较器失调消除方法时,闪速 MOS 转换器采用如下的方案。图 4.7 中的一个输入端连接到电阻分压器的一个抽头,另一个输入端连接闪速转换器的输入:终端 V_1 和 V_2 成为图 4.4 中比较器的差分输入。请注意,输入与参考之间的电压差不是由一个差分对进行计算,而是来自两个不同电压的减法:这两个电压是结点 A(图 4.7 中)处在两个工作阶段时的电压值。

自动调零是否有用?

CMOS 比较器的失调量可以从几个 mV 减少到零点几个 mV,因为各种时钟馈通的消除方法不能完全消除该极限值。为了有效地消除失调,应该采用全差分结构。

由于 C_{os} 左极板(图 4.7 的结点 A)的寄生电容在第一阶段被充电到 V_1,另一阶段被充电到 V_2,该寄生电容建立了两个输入之间采样数据的寄生耦合:电阻分压器必须能够完全恢复结点 A 的电压,即从输入电压回到参考电压。进入和离开这些参考结点所需的电荷,受电阻分压器非线性的方式的限制,因为恢复电阻串两端点附近的抽头电压的速度,比恢复电阻串中间抽头电压的速度快。

154

例 4.5

一个 8 位全闪速转换器采用了一个电阻分压器,该分压器由 256 个 25Ω 的电阻组成,连接的电压是 0 和 1V。开关结点的寄生电容是 6.25 fF。采用 Spice 模拟:对 0.5625V 的输入进行转换之后,各个抽头的电压恢复情况。

解

对电阻分压器建模的等效网络是由 256 个单元组成的阶梯形电路(图 4.8(a))。由于网络很复杂,而且不是真的有必要确定波形的细节,我们可以通过以下方法简化电路:对单元进行分组(16 个一组),对每组用等效的 RC 网络来近似模拟,如图 4.8(b)所示。

对该简化电路进行模拟(由 SPICE 仿真文件 Spice4_5 描述),得到了图 4.9 所示的响应。该图指出,在抽头序号为 80,144 和 240 中,其预期的电压分别是 0.3125,0.5625 和 0.9325。由图可见,第 144 号抽头的电压,它与转换以前具有相同的数值,但并不能随时间保持不变,因为电阻串必须提供其他结点所需要的电荷。

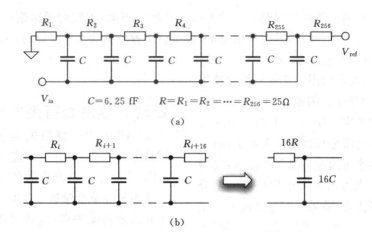

图 4.8 (a)电阻分压器的等效电路;(b)对(a)图的宏单元简化

155

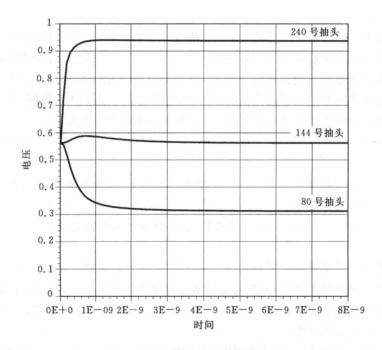

图 4.9 不同抽头电压的瞬态响应

当各个开关闭合后(译者注:即图 4.7 中各个比较器中的 $\overline{\Phi}_{az}$ 有效),所有的抽头电压立刻均为 0.5625 V,接着进行瞬态变化。抽头 80,144 和 240 的电压,分别在 5.7 ns,3.9 ns 和 4.3 ns 后达到 1/2LSB 的精度。240 号抽头接近低阻抗的

V_{ref}，但由于它必须比 144 抽头的电压变化更大的幅度，因此所需的稳定时间多一点。

为建立 80 号抽头的参考电压，如果使用的时钟只允许 5ns 的时间，则无法达到 1/2 LSB 的精度。如果下一个样本值在 0.3125V 附近，则将可能产生一个误码。

4.3.4　实际的限制

全闪速转换器的速度和分辨率取决于许多方面的问题，这些问题确定了采用结构方面的实际限制。第一个问题涉及到非常小的单位电阻。对于高分辨率和高速的应用，开尔文分压器必须使用这种小电阻。而分压器中的低电阻又要求参考电压在直流到采样频率的频率范围内均具有非常低的输出阻抗。对此有两种可能的方法：使用外部的参考电压，但必须具有可靠的片上滤波器，能够对键合线电感引起的任何振铃现象进行衰减；或使用一个片上的、由带隙基准和一个非常低阻抗的缓冲器组成的参考电压。这两种方法都适合用于中等速度和中等性能的转换器。然而，在转换速度为 100 MS/s 范围、分辨率超过 8 位的条件下，精确和稳定的参考电压成了关键的设计问题。

另一个决定最大分辨率的实际限制是，电路的复杂性随着位数的增加呈现指数增长：每增加一位，芯片面积和功耗均增加到 2 倍（后者的影响更大）。虽然大面积可以接受，但功耗是一个非常重要的设计参数。因为任何系统的规范都建立了功率预算，限定了数据转换器的功耗值，对于用户给定的时钟频率，最大功耗限制了其最高分辨率。

闪速结构使用的比较器的有效性可以通过式(4.11)给出的亚稳态的误差概率进行估量。假设 P_{E} 不变，提高时钟频率或位数，则要求或者增大 A_0 或者减少 τ_{L}。由于高速应用中预放大的时间很短，预放大器输出不会达到它的直流电平，而是经历一个短暂的瞬态过程，直到锁存一旦启动正反馈过程，瞬态过程终止。结果是一个"动态"增益，是预放大阶段结束时所得到的电压与输入电压的比率。由于瞬态过程的速度(the pace of the transient)是 $C_{\text{p}}/g_{m,\text{A}}$（寄生电容与预放大器的跨导的比值）（译者注："步速"指的是单位增益所需的时间），一个预放大周期等于 $1/(2f_{\text{ck}})$ 给出的"动态"增益等于

$$A_0 = \frac{g_m,A}{2f_{\text{ck}}C_{\text{p}}} \tag{4.19}$$

由于位数的提高需要更大的增益，而增益与频率成反比，多位和高速要求更大的 $g_{m,\text{A}}/C_{\text{p}}$。工作在饱和区的 MOS 晶体管的跨导与电流的平方根成正比，因

此,为了使速度增加一倍,同时也使量化级别数增加一倍或者增加 1 一位,在比较器的预放大器中的功率就必须为原来的 4 倍。

为了对所需功率具有定量的概念,考虑一个 7 位、500 MHz 的闪速转换器,该转换器需要用动态增益 $A_d = 20$ 的预放大器。假设,失调与宽长比之间的折衷后得到的过驱动电压等于 200 mV,$C_p = 0.4$ pF。由于跨导 $g_m = 2I_D/V_{OV}$,该输入差分对的电流为

$$I_p = 2I_D = 2V_{OV}f_{ck}C_pA_d = 1.6 \text{ mA} \tag{4.20}*$$

这表示,仅在这些预放大器中将产生 204.8 mA 的电流功耗。

另一个重要的限制是输入采样-保持电路中的电容负载,这是由比较器的寄生电容产生的,其值等于一个比较器的寄生电容乘以比较器的数量。事实上,由输入晶体管引起的单个比较器的寄生电容通常是非常小的,但对于多位转换,总的影响变得十分重要。例如,单个比较器的电容是 10 fF,8 位闪速转换器中 S&H 的电容负载是 2.5 pF。如果时钟频率为几百 MHz,这是一个很大的数值。

另一个需要关心的关键问题是 S&H 电路必须传输的、对各比较器电容进行充电或放电的电流。对参考采样后,寄生电容上的电荷是 $2^n C_p V_{ref}/2$。满刻度输入电压所抽走的电荷与来自 S&H 的电荷相等,后者是在 a(分数)周期内必须提供的电荷。由此产生的电流脉冲取决于 S&H 的速度,但脉冲的峰值为

$$I_{S\&H, peak} > \frac{f_S 2^2 C_p \Delta V_{in,max}}{2\alpha} \tag{4.21}$$

对于以下条件:$\Delta V_{in,max} = 1$V,$2^n C_p = 2.5$pF,$\alpha = 0.1$,以及 $f_S = 500$ MHz,该电流 $I_{S\&H, peak}$ 将大于 16 mA。

由以上讨论的各种限制,可以得到这样的结论:采用目前的工艺技术,要设计 8 位、速度高于 500 MS/s 的全闪速转换器(或者 6 位、速度超过 2GS/s)是不切实际的。

全闪速的应用

对于速度非常高的要求,全闪速转换器是最佳的结构。但分辨率不能非常高,因为许多限制使其实现不切合实际。

4.4 子分区法和两步法的转换器

当分辨率高于 8 位时,不采用全闪速结构,使用子分区法(sub-ranging)或两步算法将更加方便,并都能取得更好的速度-精度的折衷。子分区法或两步算法的实现要求两个(或三个)时钟周期来完成转换,但他们可以使用较小数量的比较器,因而在芯片面积、功耗和 S&H 上的寄生电容等方面均能受益。

图 4.10 显示了子分区结构或两步结构的基本方案。它在输入端使用采样和保持电路来驱动 M 位的闪速转换器，并以此估算 MSBs（粗转换 coarse conversion）。然后 DAC 将 M 位转换成一个模拟信号，从所保持的输入中减去该模拟量得到粗量化误差（也称为余量 residue）。接着，该余量由第二个 N 位闪速转换器转换为数字码，产生 LSBs（细转换 fine conversion）。数字逻辑电路将结合粗、细的转换结果，获得 $n=(M+N)$ 位的输出。

对于增益级的使用，在子分区结构和两步的结构之间是有区别的，因为子分区方案不使用任何放大。两步法所用放大器的增益可以提高余量的幅度，以便更好地估算 LSB。而且，如果增益等于 2^M，余量被放大后的动态范围与输入的动态范围相同，这使我们能够在粗和细的闪速转换器中共用参考电压。

158

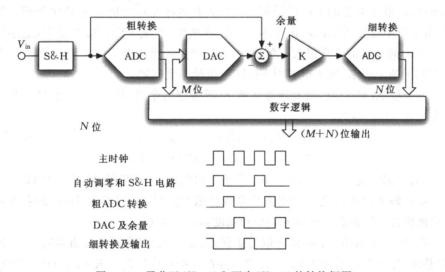

图 4.10　子分区（$K=1$）和两步（$K>1$）的结构框图

图 4.10 显示了两步（或子分区）结构的时序控制，该结构需要四个被主时钟驱动的逻辑信号，分别用于以下模块：自动调零和 S&H 电路，粗 ADC 转换，DAC 以及余量的产生，细转换以及输出。假设半个时钟周期就足以完成每个功能或每组功能，该算法需要两个时钟周期。在以下的情况下，转换器采用 3 个时钟周期：为实现一个组合功能需要使用一个特殊的时间段（time slot），或为了某个关键步骤需要分配两个时间段。

很明显，与全闪速相比较，两步或子分区结构所需比较器的数目少得多。例如，对于 8 位，$M=N=4$ 的情况，本方案使用 $2(2^4-1)=30$ 个比较器，比 8 位全闪速转换器的少了 8 倍（后者需 $(2^8-1)=255$ 个比较器）。比较器中所节省的面积和功率远远超过了本结构中 DAC 和余量产生与放大所需的面积和功率；

此外,S&H 电路只有 2^M 个比较器的负载。

明显的缺点是降低了转换速率,因为它必须使用两个或三个时钟周期来完成转换。然而,由于 S&H 的速度是中等分辨率的全闪速结构的瓶颈,子分区方案的时钟频率却可以比全闪速的高得多,因为减小了寄生电容,能提高 S&H 的速度。

4.4.1 精度要求

图 4.10 结构中使用的每个单独模块的精度决定了转换器的整体精度。特别是 S&H 电路,尤为关键,因为它是转换链中的第一个模块。该电路中的增益误差、失调误差和输入参考噪声对 ADC 设定了的各种等效限制。关于噪声,我们知道,由采样引起的 kT/C 限制(第 1 章中学习过),它应低于量化噪声。然而,由于对中等分辨率的量化步为 1 mV 或更大,产生 kT/C 噪声电压(它小于 1/2 LSB)的电容值不是很大。例如,0.5pF 产生的噪声等于 90mV。因此,对高达 10bits 的分辨率,输入电容对 S&H 的设计不是问题。

因为粗 ADC,DAC 以及增益系数 K 所确定的余量(译者注:这里的余量是放大 K 后的余量)为

$$V_{res}(V_{in}) = K[V_{in} - V_{DAC}(i)] \tag{4.22}$$
$$对于:V_{Coarse}(i-1) \leqslant V_{in} < V_{Coarse}(i);$$

因此,对于幅度受限于 $0 \sim V_{FS} \cdot K/2^M$ 范围内的输入,理想的 ADC 和 DAC 产生的余量是输入电压的完美的锯齿状非线性函数。然而,ADC 和 DAC 的各种缺陷会使锯齿的转折点(break point)和幅度都产生误差。

在 ADC 中的第 i 个转换阈值的正误差 $\varepsilon_{ADC}(i)$ 会使余量的转折点向前(即向右)移动,导致余量值大于 $V_{FS} \cdot K/2^M$,并在转折点产生误差 $K \cdot \varepsilon_{ADC}(i)$。假设:理想的 DAC 响应能非常精确地向下移动,并使该转折点之后的误差立即变为零。这种情况发生在图 4.11(a)转换特性中围绕 000→001 跳变的地方,该处的转换阈值略高于 0.125($V_{FS}=1$);第一个转折点发生在预期值之后,同时在 $V_{in}=0.125V_{FS}$ 之后,余量幅度继续增加少许(见图 4.11(b),$K=2^M$)。

同样,转换阈值的负误差使余量的断点向后移动;与控制 DAC 代码的变化相联系的余量向下移动,导致余量出现负值,这种情况如图 4.11 * 中的第 2 个转折点所示(即 $V_{in}=0.25\ V_{FS}$ 处)。在 $V_{in}=0.5\ V_{FS}$ 的理想转折点 * 处余量误差变为零。

超出了 0 和 1 区间的余量会超出 LSB 闪速结构的范围,使 LSB 产生全为零或全为 1 的代码,并在输入重新进入 $0 \sim 1$ 边界内之前维持不变。另一方面,如果余量达不到 0 或 1 的边界,则 LSB 闪速转换器不能从 0 到满刻度进行转换(反

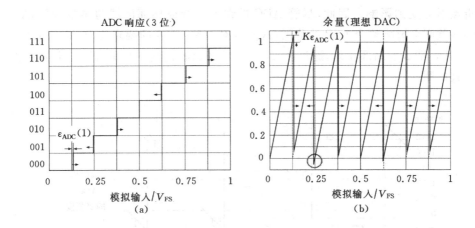

图 4.11　(a)实际的粗 ADC(3 位 *)的响应；(b)理想 DAC 情况下的余量

160

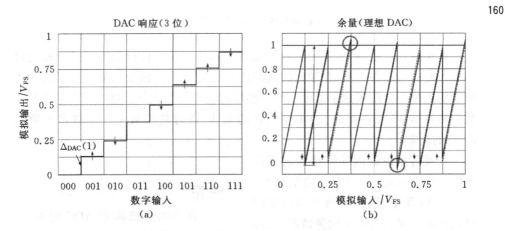

图 4.12　(a)实际 DAC(3 位)的响应；(b)实际 DAC 和理想 ADC 情况下的余量

之亦然),从而导致失码。

由于 DAC 产生的项在余量表达式中是被减数,其误差会在垂直方向上改变余量曲线,如图 4.12 所示,该图只考虑了 DAC 的误差。图 4.12(a)显示一种可能的实际 DAC 的响应。在代码 001 处 INL 是正的(箭头向上),因此,在第一转折点向下的移动幅度大于 1(图 4.12(b)中箭头向下)。第 3 个代码处的 INL 为零,使余量在第四锯齿开始时回到正确的值。最大的正和负的 INL 意味着余量处在动态范围以外更大的区间。

我们注意到,由 DAC 引起的可能的偏移会在整个锯齿波中持续,而各个转折点不会受到影响。因此,尽管 ADC 的误差会造成局部区域的误差,而 DAC 的误差则会影响整个 LSB 的范围,这使得对 DAC 精度的要求比对 ADC 更高。由 ADC 造成的局部误差,通过在 ±1 以外的区域放置额外的阈值的方法很容易地被检测。

161

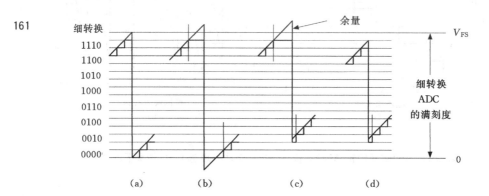

图 4.13 一个转折点周围的余量电压图与 LSB 的量化

该误差一旦被确定,就有可能使用适当的校正技术进行消除。另一种消除局部误差的可能方法是,在额定的间隔内部充分地限制余量的范围,以便达到:可能的失配不会造成余量值处在细转换器的动态范围之外。这实际上是流水线数据转换器(马上将被研究)中要完成的工作:通过使用数字校正技术来消除 ADC 的误差。

余量信号由细闪速转换器进行量化以确定 LSBs。对于 4 位的细转换,如图 4.13 所示,因余量值受到影响而可能产生的误差有以下四种情况。(a) 是理想的情况。在转换 MSB 后余量从 V_{FS} 下降到 0:细的 ADC 转换器将在转换前后分别产生的代码是 1111 和 0000。(b)余量的幅度超出了两个边界。对于 0~1 范围以外的输入,细ADC 转换的输出在代码 1111 和 0000

> **注意**
>
> 两步闪速结构中 ADC 的误差可以很容易地得到校正,因为它是围绕断点的、局部的误差。而 DAC 的误差更为重要,因为它的影响会扩大到整个细转换的区间。

之间产生堆叠。(c)图显示当余量没有达到 0 时发生的情况。细量化器在代码 0010 之后产生代码,转折点跳过了代码 0000 和 0001。(d)图显示如果余量幅度既没有达到 1 也没达到 0,则在跳变阈值前后会出现失码。

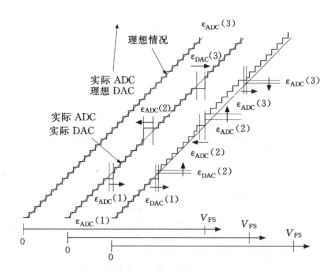

图 4.14　理想情况和实际 ADC 或 DAC 的情况下两步闪速的静态响应 *

图 4.14 显示了三种不同情况下的输入输出转换曲线:理想的响应(左曲线);实际的 ADC 和理想的 DAC 时的转换特性(中间曲线);ADC 和 DAC 均为实际情况时的响应(右曲线)。我们注意到,中间曲线与理想响应不同的地方(即误差)仅出现在 MSB 转换的周围,而且在 MSB 中只有 1 个或 2 个 LSB 的误差,该曲线的响应与插值线能够正确地匹配。右边的曲线,由于 DAC 的积分非线性使得 INL 会处在插值线的上面和下面。

例 4.6

通过计算机模拟来研究两步(4+4)位的转换器。用随机的 DNL 来模拟 ADC 与 DAC 的转换特性,而且计入的失真项要达到 5 次。用满刻度的正弦波输入来确定输出频谱和等效位数。研究 ADC 和 DAC 的非理想性对输出频谱的影响。

解

文件 Ex_4.6.m 可以研究全闪速和两步的两种结构,允许用户通过一个标记来选择其中一种。Matlab 文件使用函数 statchar.m 来生成静态特性:它把模拟范围(第 1 个区间~最后一个区间:firstbin-lastbin)分为 $(n-1)$ 个间隔,并估算理想的响应。然后,该文件增加失调和代表的 DNL 的随机项。与 DNL 相关的部分以函数 dist.m 来进行计算,该函数能改变静态响应而无需修改端点值,它使用了一个 5 次多项式来逼近。输入信号是线性斜坡(为了画出传输特性)或

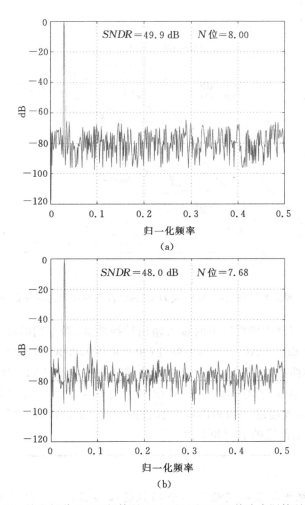

图 4.15　输出频谱:(a)理想情况;(b)ADC 和 DAC 均为实际情况的响应

者是正弦波,对此有一个标记供选择。图 4.15 显示了 f_S/f_{in}＝35.31 条件下的输出频谱。其中的上图描绘了理想的情况。该图中的信噪比 SNR 是 49.9 dB,对应于 8 位。下图的频谱考虑了最大为 0.3 LSB 的随机 DNL 和系数为 0.01 的三次谐波失真。相等的非理想性将影响 ADC 和 DAC 的性能。由图中明显的频谱分量得到了 48dB 的 SFDR,对应的损失是 0.5 位。所提供的文件允许对全闪速和两步闪速的限制和特性进行更广泛的研究,读者可以自主确定和使用。

4.4.2　作为非线性过程的两步转换

两步转换器中的余量(即粗 ADC 的量化误差),可以看作是对输入信号进行非线性变换所得到的结果,该变换如图 4.16 中的方框图所示。它不是单值响应:对许多输入会给出相同的输出,而且这些输出具有分段线性和相等斜率的特性。非线性变换后,放大器将提供可能的级间增益。该图右侧的几个等式是这种非线性响应的数学表达。

该图不仅是两步(或子分区)算法转换器的重复解释,而且对于研究实际非线性系统中频谱的含义也是十分有用的图。相对于能保持输入信号带限特性的线性变换,非线性变换会产生额外的频率分量,这些频率分量在采样数据系统中会把输入的频谱扩展到整个奈奎斯特区间。因此,对于图 4.16 中

> **记住**
>
> 　　任何对 A/D 转换有利的非线性变换都会把输入的频谱扩展到整个奈奎斯特区间。后续电路的带宽必须显著地大于 f_N!

的这个非线性变换模块,即使输入信号的频率小于奈奎斯特频率,所生成的余量电压也可以占据整个奈奎斯特的范围。为了保持余量的宽频谱,放大器和第二个闪速结构在高于奈奎斯特边界的频率中必须有效,因为在奈奎斯特边界周围可能的衰减或相移将损失与 LSBs 相关的信息。

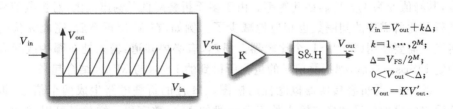

图 4.16　适合于产生余量电压的非线性模块

把余量的产生作为一个非线性的过程来表示,对估算第二个闪速转换中非理想特性的影响也是有益的。由于余量的频谱与输入只有很弱的关联(如果输入信号的幅度至少是几个 MSB),在余量产生器中产生的失真,与各次谐波(输入频率的整数倍)相比,更可能是白噪声。因此,余量产生器的线性度对 SNDR 或 SFDR(主要由第一级的 ADC 和 DAC 的非理想性决定)通常并不重要。

4.5 折叠与内插

前面的章节将余量产生器建模成输入的非线性变换器：动态范围被分为一定数目的 MSB 区间，在每个区间的内部具有线性的输入输出关系。另一种适当的（和等价的）非线性变换是如图 4.17 所示的折叠，它把输入范围分成若干个区间（图(a)为 4，图(b)为 8），每个区间内部是线性响应，而且这些区间具有交替正和负的相等斜率。这种非线性响应可以被视为一个斜坡的多次折叠（2 次折叠生成 4 个区间，3 次折叠产生图 4.17(b)的非线性响应）。这就是为什么该方法被命名为折叠(folding)的原因。

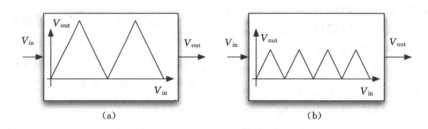

图 4.17 获得输入折叠的非线性模块

单个折叠会把输入在 $1/2\ V_{FS}$ 处进行弯曲，并产生峰值为 $1/2\ V_{FS}$ 的两个区间（1 位）。折叠两次导致峰值为 $1/4 V_{FS}$ 的四个区间（2 位）。折叠三次相当于 3 位，其峰值变为 $1/8\ V_{FS}$，如此等等。由于多重折叠降低了输出范围，对折叠信号进行量化所需要的间隔数也相应地减少了。例如，在 M 位折叠后，完成 n 位的转换只需要使用 $(2^{n-M}-1)$ 个比较器。显然，有必要知道：输入处在哪些区间来确定 MSBs。然后，把折叠信号的量化所得到的 LSBs 与 MSBs 结合起来。

图 4.18 是折叠转换器概念性的框图。M 位的折叠电路生成两个信号：折叠输出的模拟信号和确定输入处于那一段的 M 位数字码。增益级可以把动态范围增大到 V_{FS}。然后，N 位的 ADC 确定 LSBs，数字逻辑最后把它与 MSBs 结合起来，得到 $n=(M+N)$ 位的整体输出。

166 折叠点附近的输入区域是至关重要的，因为在输入输出响应的斜率上必须具有尖锐的变化。而由实际的电路，无论使用双极晶体管的、还是使用 MOS 的电路，该特性都不能完全实现。因为电路的响应总是稍微的圆形。而且，工作在不同的区间有不同的延迟，因为电路必须对开关元件的寄生电容进行充、放电来实现两个区间之间的过渡。

除了上述限制，还要考虑有限带宽和压摆率，因为折叠电路通常用于高转换速率和中、高分辨率的转换器。

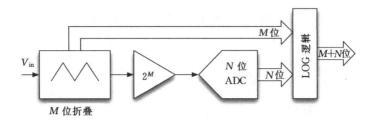

图 4.18　折叠转换器的基本结构

4.5.1　双重折叠

图 4.19 显示了可能的实际折叠的输入输出特性和相应的未折叠曲线。折叠曲线的线性度在折叠点之间的中间区域是良好的,当输入接近区间的边界时变得很坏。因为一段折叠响应的 N 位量化对应于未折叠曲线的$(N+M)$位量化,未折叠曲线的响应可以被用来确定 INL,其方法是:得到实际的和预期的曲线之间的差值,并用 n 位量化步长来测量这个差值。

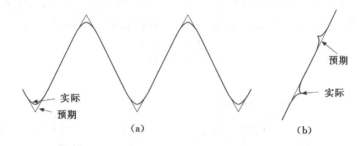

图 4.19　(a)实际的折叠响应;(b)图(a)的未折叠形式

实际的曲线始终是上升的,因此可以保证单调性;但是,转折点附近的圆弧往往会产生 INL,使折叠方法变得不实用。

解决这个问题的方案是使用两个折叠器,允许设计者抛弃坏的区间,只利用好的区间。只要一个折叠器的传输特性相对于另一个被平移了 1/4 个折叠区间,就可确保一个或另一个折叠器的信号对所有输入幅值始终处于线性区域(图 4.20)。只有线性区间需要通过 LSB 的闪速转换器来进行量化。LSB 闪速转换器的动态范围有时会部分重叠,因而使比较器的数量等于或略高于 2^N。

最后,把 MSBs 和 LSBs 组合起来的逻辑必须考虑所使用的折叠段斜率的符号,并且要判定提供最佳线性响应的是哪个折叠器。

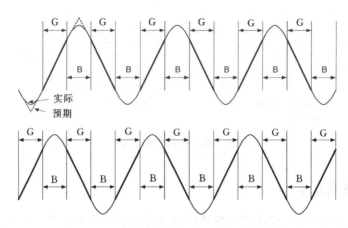

图 4.20 采用双重折叠以避免非线性区

4.5.2 插值

一个插值器可以通过使用以下方法在两个电学量之间生成一个中间数值的电学量：对于电压输入，采用电阻或电容的分压器；对于电流输入，采用基于电流镜的方法。图 4.21(a) 的简单电路是电阻分压器，其输出电压 V_{inter} 为

$$V_{\text{inter}} = \frac{V_1 R_2 + V_2 R_1}{R_1 + R_2} \tag{4.23}$$

168

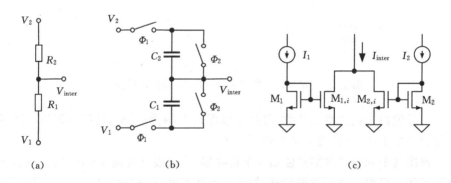

(a)   (b)   (c)

图 4.21 实现插值的简单电路

如果两个电阻器阻值相等，则内插是中间的值；不相等则得到分数的结果。而且，多个电阻的使用，如同在开尔文分压器 DAC 中的情况一样，可得到多个内插值。

图 4.21(b) 的电路采用两个电容 C_1 和 C_2 得到了内插值。它们在 Φ_2 相位有效期间（相应的开关闭合）放电，并在互补的相位（即 Φ_1 期间）产生输出电压

（译者注：原文误把这两个相位颠倒了，下式也有误）。插值电压为

$$V_{\text{inter}}(\Phi_1) = \frac{V_1 C_1 + V_2 C_2}{C_1 + C_2} \qquad (4.24)$$

放电阶段，必须去除会影响初始条件的可能的残留电荷；内插阶段表示采样数据的操作，并只在采样间隔的一半的时间内产生有效的输出电压。显然，使用插值电压必须避免电荷的泄漏，并要求输出结点的寄生电容最低。要达到更精确的结果，应根据式（4.24）进行计算。

使用电流镜可以对电流进行插值，如图 4.21(c) 所示。电流 I_1 和 I_2 被镜像复制后，通过各晶体管（M_1，$M_{1,i}$，M_2，和 $M_{2,i}$.）之间的宽长比进行加权。如果所需的内插因子为 α，则

$$\frac{(W/L)_{1,i}}{(W/L)_1} = \alpha; \qquad \frac{(W/L)_{2,i}}{(W/L)_2} = 1 - \alpha \qquad (4.25)$$

产生的内插电流为

$$I_{\text{inter}} = \alpha \cdot I_1 + (1 - \alpha) \cdot I_2 \qquad (4.26)$$

内插因子的精度取决于电路中所使用器件的匹配度。在目前的工艺技术条件下，对于电阻器和电容器，使用对称或共中心的版图可得到约 0.1% 的精度。对于 MOS 的电流插值，很好的设计可得到的精度略差于 0.1%；设计中，相对于预期的阈值失配，要求 MOS 的过驱动电压必须相当大。

4.5.3 闪速转换器中使用插值

如果比较器是由预放大器后面接锁存器实现的，那么闪速转换器的设计可以从插值技术中获得益处。如图 4.22 所示，使用插值，通过生成相邻预放大器输出的中间值的方法可以减少预放大器的数目。该插值电压，被中间的锁存器使用。对于输入等于或大于紧挨着的上一个阈值，或者等于或低于紧挨着的下一个阈值时，如果输出处于饱和，则插值方法是有效的。由电阻器插值产生的交叠的非饱和区域，如图 4.22(b) 所示，确定了交叉点，这些点是预放大器过零交叉（zero crossing）之间的中点。而且，在这些过零交叉点处的相等斜率使各个锁存器具有相等的速度和亚稳态误差。只有远离交叉点的地方该插值曲线的斜率才会减小，然而，这不是问题，在这些交叉点上的差分信号很大，足以完全地控制锁存。

预放大器（和参考电压）的数量减少了 1 倍，因此减小了 S&H 电路的容性负载，从而更容易地进行 S&H 电路的设计，而允许更低的功耗或更高的速度。而且，更少的参考电压可减少电荷抽取的影响，正如以前研究过的，该影响会导致稳定的限制。

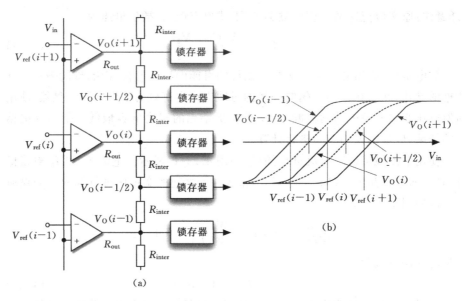

图 4.22 (a)闪速转换器中使用插值;(b)预放大器的输出与插值的响应

为提高速度,如果比较器采用两个增益级的级连的结构,则可以插值两次;在第一和第二增益级之后都可以插值,从而可更进一步减小了 S&H 电路的寄生负载。

该方法也可以扩展到多个插值,串联的 4 个或 8 个相等电阻连接到相邻的预放大器输出之间,从而为多个锁存器提供输入。该插值网络可以是单端或全差分,取决于预放大器的输出类型和锁存输入所要求的信号类型。

4.5.4 折叠结构中使用插值

插值技术也可以用于折叠结构,通过多个插值来取代细闪速转换器。图 4.23(a)显示了两个折叠响应的插值,其中两根折叠曲线 V_{F1} 和 V_{F2} 平移了半个区间。与折叠产生的信号相比,插值曲线的形状更圆(实际上,它在给定范围几乎是平坦的)。然而重要的是,在折叠产生信号的两个过零交叉点之间得到了零相交的中点。对 V_{F1} 和 V_{F2} 的插值可以产生一组中间的过零交点;同时,V_{F1} 和 $-V_{F2}$ 的插值又可以产生第二组中间的过零交点,如图 4.23(b)所

注意

折叠方法中,采用插值技术可避免使用闪速转换器:在插值曲线的过零点中获得 $2^N - 1$ 个过零相交点。

170 ∫ 172

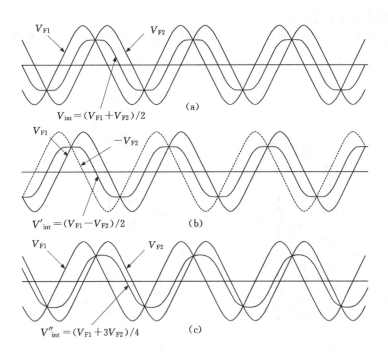

图 4.23　(a),(b)两个折叠响应的中间插值;(c)3/4 插值

示。其结果产生了双倍数量的过零交点,其出现可以很方便地通过附加的比较器进行检测。

　　由于不均匀的电阻或电容会改变插值因子,可能得到偏移的过零交点,如图 4.23(c)所示。如果使用 $R_1 = 3R_2$ 的电阻插值,过零交叉处于离开 V_{F2} 的过零点 1/4 的距离(译者注:该距离指 V_{F1} 和 V_{F2} 的过零点之间的距离);使用 $R_1 = 7R_2$,产生 1/8 的距离,等等。因此,多重插值可以产生足够大的过零交叉的数目来得到 LSB 的转换。就闪速转换器而论,插值要求使用电阻器,但使用并行分压器获得插值可以降低各个 LSB 通道之间的串扰(cross talk),从而有可能提高速度。

4.5.5　插值用于提高线性度

　　插值网络的电阻与各个预放大器相连接并成为它们的负载,因此,如果预放大器的输出电阻不比负载的小得多,那么在其中的压降会改变预放大器的输出电压。但是,这种输出电压变化所产生的误差不会影响整体的工作,反而以一种有益的方式发挥作用。确切地说,该误差电压依赖于生成的输出电压,输出电压为零时,它趋于零。因此,插值网络负载并不影响过零交点,而过零交点才是转换器中真正应关心的问题。

除此之外,插值网络和一组具有有限输出电阻的预放大器将对预放大器的失调进行平均分配,这又将进一步地改善转换器的线性度。

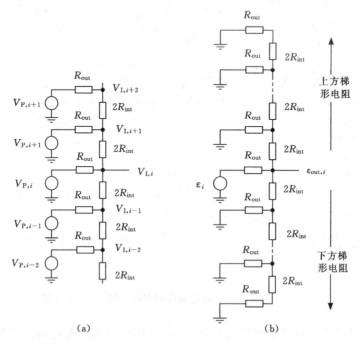

图 4.24　研究插值网络所用的模型

图 4.24(a)的简单电路对预放大器进行了建模,把它作为具有输出电阻为 R_{out} 的实际的电压发生器。在一般情况下,我们可以认为:对于结点间相距较大的情况,这些结点之间的相互影响是可以忽略的;这些结点之间的相互影响仅取决于 R_{out} 对 R_{int} 的比率。如果这个比率非常小,则插值网络几乎不起作用。而且,由插值网络所产生的、第 i 个预放大器结点中流进或流出的电流为

$$I_{P,i} = \frac{V_{I,i+1} + V_{I,i-1} - 2V_{I,i}}{2R_{int}} \tag{4.27}$$

该式表明,如果第 i 个插值电压是其邻近点电压的平均值,则该点的电流为零。因此,由于理想的输出电压不受插值网络的影响,我们只需要考虑输出电压的误差所受到的影响。

假设一个失调 ε_i 使第 i 个预放大器的输出由 $V_{P,i}$ 变为 $V_{P,i}+\varepsilon_i$,则输出 $V_{I,i}$ 的误差将被电阻分割而衰减:上方的电阻网络($R_{U,i}$)与下方的电阻网络($R_{L,i}$)进行并联,误差在该并联电阻与 R_{out} 之间进行分割。第 i 个结点的电阻值为 $R_{T,i}=$

$R_{U,i}R_{L,i}/(R_{U,i}+R_{L,i})$。因此,插值后的误差变为

$$\varepsilon_{I,i} = \varepsilon_i \frac{1}{1+R_{out}/R_{T,i}} = \varepsilon_i T_{i,i} \qquad (4.28)^*$$

其中,$T_{i,i}$ 是第 i 个预放大器的失调在第 i 个插值输出的衰减。

利用图 4.24(b),还可以估计由 ε_i 引起的、在网络的其他抽头上的误差。这产生了一组衰减系数 $T_{i,j}$,该系数的值随 $|i-j|$ 的增大而减小。

对于单个集成电路,失调的影响必须进行线性叠加。但进行统计研究(如同确定成品率所要求的),该影响必须进行平方的叠加,因为工作情况各异的不同的预放大器是不相关的。对这两种叠加,其结果分别是

173

$$\varepsilon_{tot,i} = \sum_{j=1}^{2^n-1} \varepsilon_j \cdot T_{i,j}; \quad \sigma_{I,os}^2 = \sigma_{os}^2 \sum_{j=1}^{2^n-1} T_{i,j}^2 \qquad (4.29)$$

值得提醒的是:实际情况中,对于 $|i-j|>4$,系数 $T_{i,j}$ 约等于零,那么插值网络的平均化作用有利于减小短距离的误差,从而可以减少 DNL。

例 4.7

请采用 Spice 仿真来估算由于电阻插值所得到的 DNL 的改善,因为插值能够平滑 10^* 个预放大器的响应。插值电阻和预放大器输出电阻的阻值相等;只考虑 $5+5$ 个邻近;并且假设静态失调是随机变量。由于失调是静态误差,估算 DNL 时,应该对这些失调的贡献进行线性相加。

解

本解决方案使用了图 4.24 电路的 Spice 描述,单元个数限制在 11 个。而且假定,任何一个预放大器的响应是:输入信号在零附近是线性的;输入信号超过 $\pm 5\Delta$,则饱和。该预放大器输出已绘制在图 4.25 中。图中还显示,插值会对该响应进行很小的扩展,但是,正如预期的那样:过零点并不改变。例如,对于 2Δ 的输入,无插值时产生 $0.85V_{FS}$ 的输出;有插值时,输出为 $0.706V_{FS}$。得到图 4.25 曲线的仿真产生等间隔的预放大器输出电压,并可测量插值的结果。为测量衰减系数,我们只对一个预放大器产生的电压设为 1,则近邻点的电压分别为:

$T_{i,i}=0.44$;$T_{i,i-1}=T_{i,i+1}=0.17$;$T_{i,i-2}=T_{i,i+2}=0.06$;$T_{i,i-3}=T_{i,i+3}=0.02$;$T_{i,i-4}=T_{i,i+4}=0.01$。由此可见,最后 2 个衰减系数很小,可以忽略第 ± 3 个近邻点和第 ± 4 个近邻点的贡献。

所得结果可随后用来作为空间滤波器的系数(文件 $Ex4\_7$),该滤波器用在对比较器失调进行模拟的随机信号上。图 4.26 显示了这种空间滤波器的输入和输出。正如所料,这种影响只在失调的短距离的变化上。例如,第 22 个比较

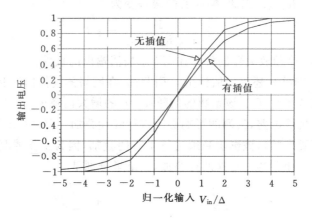

图 4.25　有、无插值时预放大器的可能输出电压

174

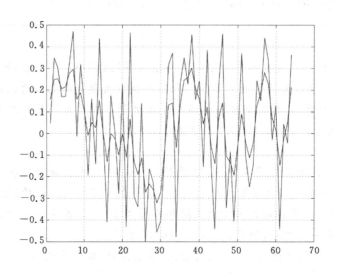

图 4.26　插值对可能的 DNL 所产生的平滑作用

器的误差从 0.46 个任意单位下降到小于 0.1 个任意单位。相反,第 38 个比较器的误差减少却不是十分有效,因为在那个位置周围误差的小范围变化非常小。

4.6　时间交错转换器

时间交错结构可以提高数据转换器的转换速率,其方法是使用多个并行工作的、对输入样本同时量化的转换器。对多个转换器所得到的结果进行适当的组合,可产生相当于一个转换器的操作,但其速度提高的倍数等于并行的转换器的数目。

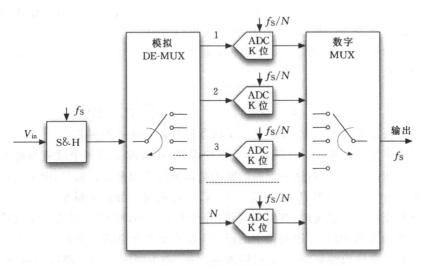

图 4.27　时间交错结构

该架构如图 4.27 所示。它使用全速 $f_s(=1/T_s)$ 运行的一个 S&H 电路来获得将被转换的样本。然后,模拟的多路选择器把样本传送给并行的、转换频率为 f_s/N 的 N 个 ADC。最后,数字的多路选择器顺序选择每个通道的输出,以获得全速的 ADC 代码。

另一种解决方案是,避免对全速 S&H 相关的技术要求,每条路径使用一个 S&H 电路。然而,这要求非常仔细地产生和分配这些控制相位,因为相位的对准偏差会降低动态性能。

其他的重要限制是各通道之间的失调和增益的不匹配。在高速单转换器应用中不会出现的这些误差源,在交错式结构中变得相当严重,因为它们会通过系统操作被转换为动态误差。

4.6.1　精度要求

采样时间中的时钟偏移(clock misalignment)会导致类似于时钟抖动的误差。然而,由于各通道之间的时钟偏移是一种固定的延迟,这种误差均周期性地发生(以 NT_s 为周期)。如果在第 K 通道和第一个通道之间的时钟偏差是 δ_K,则引起的误差为

$$\varepsilon_{ck,K}(nT) = \delta_K \frac{dV_{in}}{dt}\bigg|_{nT}; \quad n = i \cdot N + K \tag{4.30}$$

176 对于正弦波输入 $V_{in} = A_{in} \sin(\omega_{in} t)$,上式变为

$$\varepsilon_{ck,K}(nT) = \delta_K A_{in} \omega_{in} \cos(\omega_{in} nT) \tag{4.31}$$

这是以 f_s/N 为采样速率的、对输入的余弦波副本的采样。这种时钟偏移引起的误差功率是 $P_{\varepsilon_{ck}} = P_{in} \delta_k^2 \omega_{in}^2/N$($P_{in}$ 是输入正弦波的功率)。

对于估算 SNDR,由于该余弦波误差的功率与噪声功率必须相加,两通道电路的 SNDR * 为

$$SNDR = \frac{P_{in}}{P_n + P_{\varepsilon_{ck}}} = \frac{P_{in}}{P_n} \frac{1}{1 + \delta_2^2 \omega_{in}^2 \cdot P_{in}/(2P_n)} \tag{4.32}$$

为了确保所要求的 SNDR,该式建立了两通道时钟偏移的限制条件。

对于多通道结构的时钟偏移所产生的误差,在考虑了每一个通道与某个参考通道之间的延迟之后,这些误差的影响必须被线性地叠加。而且,由于欠采样(down-sampling),功率 $P_{\varepsilon_{ck}}$ 会在 $kf_s/(2N) \pm f_{in}$ 的频率处产生镜像。

现在让我们考虑失调,首先观察到,所有通道的 ADC 中相同的失调只导致一个整体的失调,但各通道失调中的任何失配都会产生杂波。例如,影响单通道的失调将会在输出端每隔 N 个时钟周期出现,产生幅度等于失调值得脉冲,脉冲宽度为 $1/f_s$。这导致频率为 f_s/N 的杂波以及它们倍数频率的谐波。更一般地,在不同通道中失配的失调导致以 N/f_s 为周期的重复脉冲,这又再一次地产生 f_s/N 频率的杂波及其相应的谐波。由于时间交错结构通常用于转换一个宽带信号,信号频带通常占据奈奎斯特区间的很大部分,因此,采样频率范围内的相当大部分的杂波甚至有可能落入信号频带。

各通道失调之间的失配,由性能指标 SFDR 确定。如果在最坏的情况下,时间交错结构经历了失调电压 V_{os} 的正和负的交替序列,那么效果是附加一个方波,其最高的杂波(spur tone)幅度是 $4V_{OS}/\pi$。因此,对于全幅输入的正弦波,SFDR 为

$$SFDR \simeq 20 \cdot \log \frac{\pi V_{FS}}{8V_{os}} \tag{4.33}$$

如果要求最大输入时的 SFDR 等于 SNR,则失调的失配必须满足 $V_{os} < \pi/8 \cdot \sqrt{8/12} \cdot \Delta \rightarrow 0.32LSB$,这是一个很难实现的条件,尤其是在必须保证高成品率的时候,因为失调的标准偏差 * 必须等于估算的失调除以该成品率所要求的 σ。例如,对于 10 位和

注意

高分辩率的时间交错转换器中,如果不采用修调(trimming)或校准的技术,各通道间失调和增益的失配往往是不可克服的限制。

177 $1V_{FS}$,99%的成品率要求失调的标准偏差 $\sigma_{off} < 0.19mV$,以满足所必需的条件

$2.57\sigma_{off}<0.5$ LSB 与失调误差类似,各通道相同的增益误差是没有问题的,因为它们在整体结构中产生相等的增益误差。然而,各通道增益之间的不匹配,由于输入信号与各通道增益的周期序列的相乘会产生许多杂波。当增益以$(1+\varepsilon_G)$和$(1-\varepsilon_G)$交替时会出现最坏的情况,所引起的误差是:在 $f_S/2$ 频率处或它的各个分谐波频率处,误差的值等于输入信号与幅度为 $2\varepsilon_G$ 的方波相乘。

在 $f_S/2 \pm f_{in}$(或 $f_S/4 \pm f_{in}$,或……)处最大的杂波幅度为

$$A_{spur} = \frac{4}{\pi}\varepsilon_G \cdot A_{in} \tag{4.34}$$

其中 A_{in} 和 f_{in} 分别是输入正弦波的振幅与频率。

式(4.34)产生的 SFDR 为

$$SFDR \simeq 20 \cdot \log \frac{\pi}{4\varepsilon_G} \tag{4.35}$$

例如,只有 0.1% 的增益误差可引起的 SFDR 为 -58 dB。

例 4.8

四通道时间交织 ADC 中,每个通道使用的是 10 位、60 MS/s、V_{FS} 为 1V 的 ADC。对于幅度为 -6 dB$_{FS}$ 的正弦输入,在频率为 120MHz 时所要求的 SNDR 为 70dB。请确定符合指标要求的失调和增益的失配。如果对于满刻度输入,最大时钟偏移产生了大于 59 dB 的 SNDR,则最大的时钟偏移是多少?

解

无论失调或增益的失配,还是时钟的偏移,都会在不同的频率产生杂波。如果这些杂波不堆积,它们各自达到的 SFDR 参数可以分别进行估计。

本节中研究的近似方程式产生了下列的限制条件

$$V_{os} = 10^{-3.5}\pi V_{FS}/8 = 0.12 \text{ mV}$$

$$\varepsilon_G = 10^{-3.5}\pi/4 = 2.5 \cdot 10^{-4}$$

特别是对失调和时钟控制而言,这些条件是很难达到的。请注意,在计算中没有使用位数。

式(4.32)表明,如果要求 SNDR * 比 SNR 小 3 dB,则必须使时钟的偏移满足以下条件(该条件已被验证)

$$\delta_{mis}^2\omega_{in}^2 \cdot P_{in} = NP_n \text{ *}$$

得到的结果是

$$\delta_{mis} = \frac{\sqrt{4 \times 8}}{\sqrt{12} \times 2\pi \times 120 \times 10^6 \times 2^{10}} = 2.11 \text{ ps}$$

(译者注:该计算的输入是满刻度正弦信号情况,即 $P_{in} = V_{FS}^2/8$。对于幅度为

178

—6 dB$_{FS}$的正弦输入,$P_{in}=V_{FS}^2/32$,上式的结果应为 4.22 ps)该结果不是特别严重的问题,但对更高的分辨率或更高的输入频率,这将变成为严重的问题,在时钟分配方面需要特别小心。

4.7 逐次逼近转换器

逐次逼近算法进行 A/D 转换需要多个时钟周期,它通过利用前面已确定的有效位信息来确定下一个有效位。该方法旨在减小电路的复杂性和功耗,采用的是每位一个时钟周期(加上输入采样的一个周期)的低转换率。

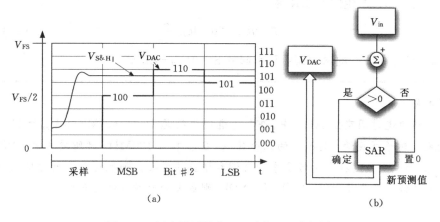

(a)　　　　　　　　(b)

图 4.28　逐次逼近技术:(a)时序;(b)流程图

对于一个给定为 0~V_{FS}的动态范围,MSB 对低于或超过 $V_{FS}/2$ 界限的输入信号进行辨别。因此,采样输入与 $V_{FS}/2$ 的比较可得到第一位,如图 4.28(a)的时序所示。MSB 的已知信息限制了下一位处于 0~V_{FS} 区间的上半部分还是下半部分的搜索。因此,确定第二位的阈值是 $V_{FS}/4$ 或者 $3V_{FS}/4$(如图中的情况)。在此之后,选择一个新的阈值并可估计下一位。图 4.28 的时序图描述了 3 位的操作,显然,对于更多的时钟周期,搜索能够继续,以确定更多的位数。用于比较的电压是在逻辑系统(即熟知的逐次逼近寄存器(SAR))的控制下由 DAC 生成的,如图 4.28(b)所示。请注意,比较器的输入共模范围必须等于转换器的动态范围。

对于 S&H 和每一位的确定,该方法均占用 1 个时钟周期,因此,对于 n 位的转换,要求($n+1$)个时钟间隔。有时候,如果 S&H 电路的建立周期明显地大于每一次比较所需的时间,那么可以方便地使用 2 个时钟周期进行采样,每位转换需 1 个时钟, n 位转换共需 $(n+2)$ 个时钟间隔。

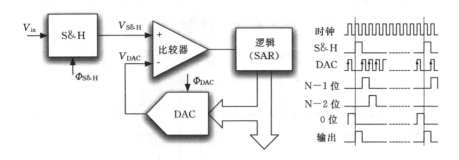

图 4.29 逐次逼近算法的基本电路图

图 4.29 表示了逐次逼近转换器的典型框图。在第一个时钟周期, S&H 电路对输入进行采样, 并保持 N 个连续的时钟间隔(译者注: $N=n+1$, 或 $n+2$)。数字逻辑按照逐次逼近算法对 DAC 进行控制, 算法的流程由图 4.28(b)所示。该流程进行如下叙述。最初 SAR 设置 MSB 为 1(译者注: 其余的位均为 0), 作为 MSB 的预测值; 如果比较器证实了预测值, 则保留该值, 否则, MSB 被置为零。在下一个时钟周期, SAR 通过设置下位值为 1 来产生另一个预测值。比较器再次进行确认: 假设是否正确。确认后, 算法以同样的方式继续进行, 预测每一个逐次位, 直到所有的 n 位均已被确定为止。

下一次转换开始, 当 S&H 电路正在对下一个输入进行采样时, SAR 提供已转换的 n 位输出并复位寄存器。图 4.29 显示了这种转换的时序: 电压 V_{DAC} 在 Φ_{DAC} 的上升沿发生变化, 并在整个时钟周期内保持有效。

请注意, SAR 的控制是这样工作的: V_{DAC} 跟踪 $V_{S\&H}$ 从而建立搜索路径。图 4.30(a)显示了对 $V_{S\&H}=0.364\,V_{FS}$ 跟踪的可能搜索路径。算法的名称来自于这样一个事实, 即电压 V_{DAC} 是向着 $V_{S\&H}$ 的值逐步地改善和逼近: 逐次逼近的每一步中, 误差有时可大于前一步的误差, 但肯定不大于该步的满刻度幅度的一半。

4.7.1 误差与误差校正

位估计的误差会通过这样的方式来修改搜索路径: 该误差沿着后续的所有步骤进行传播。如图 4.30 所示, 假设 V_{DAC} 从远低于 $V_{S\&H}$ 的电平变为略高于 $V_{S\&H}$ 的电平(第 4 个时钟周期)。这种情况可能在这样的条件下发生: 比较器离开过驱动的恢复速度不够快, 最终比较器输出是逻辑 1、而不是逻辑 0。接着, V_{DAC} 电压把搜索路径引进了一个错误的方向, 并在其后的路径产生最终的代码是 01110000, 而不是 01101110, 产生了 2 LSB 的误差。由于这种误差通常发生在转换周期开始、当搜索路径的大步幅导致比较器产生大的过驱动的时候,可能的误差校正方法必须在阈值附近扩大搜索范围,以便适应初始的不精确。基于对这种考虑,转换将需要额外的时钟周期来完成算法。

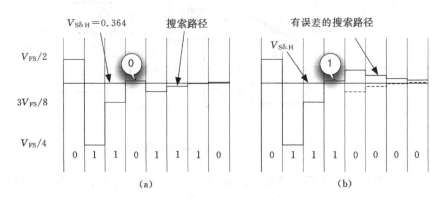

图 4.30 (a)正确的搜索路径;(b)第 4 个时钟周期有误差的搜索路径

逐次逼近转换器的精度明显地取决于 S&H、比较器和 DAC 的精度。设计者必须研究单独每项的影响和它们的叠加效果,在一般情况下,这种叠加会在转换结果中产生随机项和谐波失真,影响转换器的 DNL 和 INL。

题 4.9

模拟 8 位逐次逼近转换器的静态性能。使用慢速斜坡信号输入来估计 INL 和 DNL。使用二次和三次谐波项为 DAC 的非理想性建立模型。

解

考虑 $k \times 2^8$ 个采样周期内从 0 开始到满刻度的慢速斜坡信号。该转换器获得 $k \times 2^8$ 个样本,理想的响应是,每个采样窗口(bin)有 k 个样本的平坦的直方图。

直方图的一个采样窗口所含样本数少于 k 时表示量化间隔小于 1 LSB,超过 k 时表示一个 Δ 大于 1 LSB。因此,从直方图可获得具有 $1/k$ LSB 精度的 DNL 和 INL 图。

为实现 8 位 SAR 的逐次逼近算法,文件 Ex4_9.m 使用了 m 文件程序 SuccAppr.m。慢斜坡信号中 $k=50$,使 DNL 的估计精度等于 2‰ LSB。为模拟噪声产生源和采样时间抖动的性能,仿真使用的斜坡输入含有附加的小噪声(0.001 的变化)。图 4.31 的结果显示了 DNL 的波动(其中的 DNL 是对窗口内 50 个样本曲线的平均),波动的摆幅从原计划的 ±0.2 LSB 减小到 ±0.15 LSB。从 DNL* 的图无法理解 INL 的性能,但对 DNL 的连续累加,如图 4.32 所示,则显示

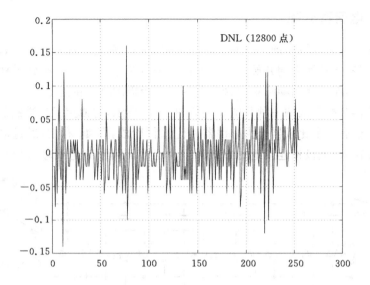

图 4.31　每个采样窗口平均有 50 个样本的 DNL(精度 2%)

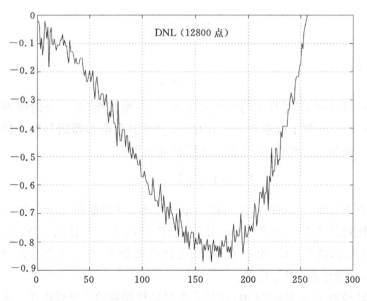

图 4.32　包含二次和三次的谐波失真项的 INL 图

出最大的 INL 为 0.85LSB,该数值是由于在 m 文件 dist.m 中使用了二次失真系数 (0.005)和三次失真系数(0.005)所导致的。

4.7.2 电荷再分配

实现逐次逼近算法的一种有效电路是被称为电荷再分配的电路。该方法的名称来源是：在转换周期开始时采样到的电荷被适当地重新分配到采样的阵列电容上，使得在转换周期结束时这些电容的上板极的电压接近零。

电荷再分配方法的一种可能实现如图4.33所示，它使用了二进制加权的电容阵列和仅有一个比较器作为有源器件。采样阶段，即 Φ_S 有效，通过电容的下极板连接输入、上极板连接地的方式对整个电容阵列预充电到输入信号。整个

183

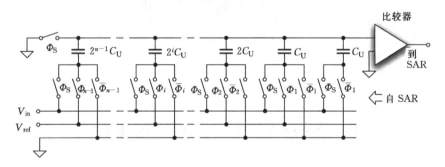

图 4.33　电荷再分配的实现

阵列上的电荷为

$$C_{\text{Tot}} = 2^n C_{\text{U}} V_{\text{in}} \tag{4.36}$$

采样阶段之后，通过以下的连接方式 SAR 开始转换（第 1 个时钟周期）：最大电容器（$2^{n-1}C_{\text{U}}$）的下极板与 V_{REF} 连接、阵列的其余电容器则与地连接。叠加原理确定了施加到比较器的、电容器上极板的电压为

$$V_{\text{comp}}(1) = \frac{V_{\text{ref}}}{2} - V_{\text{in}} \tag{4.37}$$

由于这个电压是 MSB 电压与输入电压之差，只需要把该电压与地电压进行比较。比较的结果确定了 MSB，并使 SAR 可以为下一位的计算进行设定。如果 MSB 为 1，则 $2^{n-1}C_{\text{U}}$ 电容与 V_{ref} 的连接已经确定，在第 2 个时钟周期中电容 $2^{n-2}C_{\text{U}}$ 试验性地与 V_{ref} 连接。

根据已经确定的 MSB 的值，在第 2 个时钟周期新的上极板电压变为

$$V_{\text{comp}}(2) = \frac{3V_{\text{ref}}}{4} - V_{\text{in}} \quad \text{或} \quad V_{\text{comp}}(2) = \frac{V_{\text{ref}}}{4} - V_{\text{in}} \tag{4.38}$$

以上两个等式分别为 MSB=1 和 MSB=0 的情况，该电压被用来确定下一位。继续这种算法，直到产生所有的 n 位。

请注意,寄生电容会影响上极板的电压。其实,总寄生电容 C_p 使生成的电压衰减为原来的 $1/\alpha$,衰减因子 α 为

$$\alpha = \frac{C_U 2^n}{C_U 2^n + C_p} \tag{4.39}$$

然而,衰减因子不是重要的限制,因为它只降低了比较器输入,不改变正负的符号,而后者对于确定某一位才是重要的信息。该特性是采样阶段将上极板电压预充电到零的结果。该电压在采样期间为零,在转换周期结束时几乎为零。

电荷再分配方法的优点是,比较器的输入共模范围被置于零而无需使用运放或跨导放大器。而且,只有比较器、电容阵列的动态充电和放电才消耗电路的功率。

对图 4.33 电路进行改动,可以使用比较器的自动调零来消除失调误差。此时,增益级被连接成单位增益结构,并在采样阶段把电容阵列的上极板预充电到失调电压。图 4.33 电路的另一种修改是,使用衰减电容来限制二进制加权阵列电容值的增大。为此,使用一个或多个串联电容把阵列分为几部分,这些部分的电容在采样阶段都连接到地。

4.8　流水线转换器

流水线数据转换器采用各个级的级联,每级执行顺序算法(sequential algorithm)所要求的一种基本功能。从本质上讲,对于随时间按顺序安排应完成的各种功能,流水线在空间上进行了展开。

最简单的顺序方法是使用两个时钟周期的两步算法:一步转换 MSBs;另一步 LSBs。这种两步算法的流水线方案,可以在单个时钟周期内获得 MSBs 和 LSBs。但必须对图 4.10 中的定时控制进行如下重新安排:当第二级计算前一个样本的余量和 LSBs 时,第一级进行采样并对输入样本确定 MSBs;与此同时,数字逻辑对各个位进行组装,并提供关于前两个时钟周期进入的样本的数字输出。请注意,这两步法可扩展到多步的算法,并以流水线结构来实现。

可以采用流水线实现的另一种顺序算法是逐次逼近。该流水线每级得到一位,而不是每时钟周期得到一位。流水线的每级产生两个输出:所要求的位,以及输入和内部 DAC 之间的差值,即余量电压。该模拟信号(余量)的精度必须符合从该级开始向前将被确定的位数的要求。

流水线的每级还可以生成多位,此时每级需要多位的 ADC 来得到数字输出和多位的 DAC 来产生下一级的输入。这种流水线的总分辩率由每级的各输出位的总和来提供。请注意,每级的输出位数可以相同或不同,取决于设计的权衡。

185

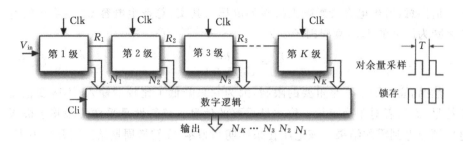

图 4.34 流水线结构

图 4.34 显示了 K 级流水线结构的概念框图。假设时序方案为：时钟占空比为 50%；一个时钟相位用于采样，另一个相位用于比较器的锁存。锁存后，在下一个采样相位期间，每级产生一个模拟输出，以便为流水线的下一级采样提供信号。第一级产生 N_1 位，第二级确定 N_2 位，等等。因此，整个流水线产生的位数为：$N_1 + N_2 + \cdots +$

> **牢记**
>
> 流水线结构生成转换输出有等待时间（latency time），该时间随级数增加而增大。当该转换器使用在反馈环路时，必须意识到该等待时间的存在！

N_K。数字逻辑电路对来自每级的输出位进行组合，尽管有 $(k+1)$ 个时钟周期的延时（对输入的采样和每级的转换均为一个周期），但转换器能以 f_s 的速率生成输出字。因这种延时造成的等待时间，是流水线运行的必然结果。这是一个较小的限制，对大多数应用不会产生问题，除非该转换器被用在反馈回路中。数字逻辑的操作很简单，因为它只要对各级的输出位进行适当的延迟，并将它们并列地进行组合。不久我们将看到，如果采用数字校正，则数字逻辑的操作会复杂一点。

作为定时工作的例子，图 4.35 说明了 2 位/级、5 级、10 位的流水线中的这种时序控制。假设一个模拟输入值在第 n 个时钟周期被采样。在第 $(n+1)$ 个时钟周期生成了位输出 b_9 和 b_8。在下一个时钟周期（第 $(n+2)$ 个时钟周期），电路生成了位 b_7 和 b_6。这种转换持续到第 $(n+5)$ 个时钟周期，在此期间确定了 b_1 和 b_0。最后，第 $(n+6)$ 个时钟，数字逻辑把这些位结合起来，并产生有用的结果。

186   一般流水线级的框图如图 4.36 所示。ADC 产生 j 位，而 DAC 使用与 ADC 相同的位数把该结果转换成模拟信号。然而，正如我们不久将会看到的，使用数字校正的结构中，其 DAC 的分辨率低于 ADC 的分辨率。输入电压 V_{in}

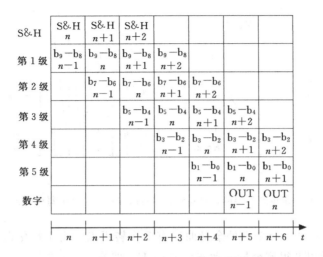

S&H	S&H n	S&H $n+1$	S&H $n+2$				
第 1 级	b_9-b_8 $n-1$	b_9-b_8 n	b_9-b_8 $n+1$	b_9-b_8 $n+2$			
第 2 级		b_7-b_6 $n-1$	b_7-b_6 n	b_7-b_6 $n+1$	b_7-b_6 $n+2$		
第 3 级			b_5-b_4 $n-1$	b_5-b_4 n	b_5-b_4 $n+1$	b_5-b_4 $n+2$	
第 4 级				b_3-b_2 $n-1$	b_3-b_2 n	b_3-b_2 $n+1$	b_3-b_2 $n+2$
第 5 级					b_1-b_0 $n-1$	b_1-b_0 n	b_1-b_0 $n+1$
数字						OUT $n-1$	OUT n
t	n	$n+1$	$n+2$	$n+3$	$n+4$	$n+5$	$n+6$

图 4.35　每级 2 位的 10 位流水线中的时序控制 *

减去 D/A 转换器的输出得到 V_{in} 的量化误差,该误差被放大后,确定了新的余量电压

$$V_{res}(j) = \{V_{res}(j-1) - V_{DAC}(b_j)\}K_j \tag{4.40}$$

对于 n_j 位的 DAC,如果放大器的增益是 2^{n_j},则余量的动态范围等于输入的动态范围。这种情况被经常使用,因为它允许所有的各级使用相同的参考电压。

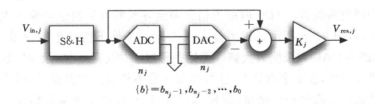

$$\{b\} = b_{n_j-1}, b_{n_j-2}, \cdots, b_0$$

图 4.36　流水线中一级的框图

图 4.37(a)显示了理想余量产生器(residue generator)的输入-输出转换特性。该余量产生器的特性为:输入范围 $-V_R \sim +V_R$;1 位的 ADC 和 DAC;$K = 2$。如果输入为 $-V_R$,则减去 DAC 的输出 $-V_R/2$ 之后,再乘以 2 便得到了转换特性的初始点,其值为 $-V_R$。输入到 $-V_R/2$ 时,余量跨越 0,随输入的增大余量沿斜坡上升、恰好在输入过零点之前到达 $+V_R$。对输入的零点,DAC 的输出从 $-V_R/2$ 变为 $+V_R/2$,使余量下降到 $-V_R/2$。

对于每级 3 位和 $K=8$ 的情况,余量曲线如图 4.37(b)所示。8 个 DAC 的

187

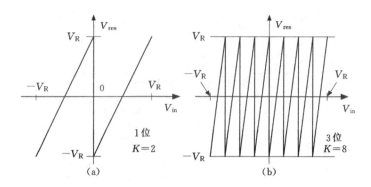

图 4.37　余量产生器的转换特性：(a)每级输出 1 位；(b)每级输出 3 位

量化间隔中，在 7 个跳变点处余量曲线有 7 个转折点。由于量化误差的幅度是 $V_R/4$，该值乘以 8 得到余量的动态范围：$\pm V_R$，即等于输入范围。

4.8.1　精度要求

回想一下：流水线从头至尾，剩余的要估算的位的数量在减少。因此，精度要求和设计困难主要集中在流水线的前几级。最严格的要求体现在输入的 S&H 电路，因为第一个模块的非理想性会引起整个流水线的失调、增益误差和非线性。

流水线各级中 ADC、DAC 和级间放大器的各种非理想性会产生的限制和两步法中研究的类似。ADC 内的阈值误差会导致断点处的余量幅度大于或小于满刻度，如图 4.38 所示。该图显示了在以下条件下所产生的信号：实际的 ADC；理想的 DAC 和级间放大器。无论是每级 1 位还是 3 位，余量特性突出强调的是局部异常，在这个意义上，这些局部异常不能被认为是误差，因为余量产生器仍然能够正确地提供余量（即模拟输入与 DAC 产生的量化信号的之间的差值）。直到下一级的 ADC，才会出现误差，因为不能正确地转换工作范围（$\pm V_{ref}$）之外的余量信号。这一观察是数字校正方法（下节将研究）所用的校正策略的基础。

前面，在对两步法的研究中观察到：DAC 的误差会修改整个 LSB 段的余量，从而可以影响整个转换器的 INL。该结论对流水线也同样适用，任一个 DAC 的精度，折合到整个结构的输入端，都必须比所要求的 INL 更高，并要低于 1 个 LSB，以确保响应的单调性。由于 k 位的输入参考余量被划分为 2^k 个等份，用来生成这部分余量的 DAC 的精度要求可以放宽到相同的因子。因此，在几个转换级之后，DAC 的线性度变得无足轻重。

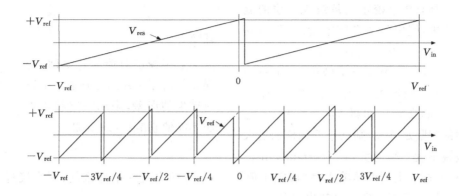

图 4.38　使用实际的 ADC 和理想的 DAC 时的余量响应:上图 1 位;下图 3 位

由于级间增益误差,$G=2^{n_j}(1+\delta G)$,会增大或减小余量的斜率,其导致的余量误差为:余量线段的中间误差为零,段段的两端误差最大。在转折点处误差的符号反转,产生的阶跃变化等于

$$\Delta V = \delta G \cdot 2V_{\text{ref}} \tag{4.41}$$

上式的值折合到输入后,必须小于预期的 INL(为确保单调性,INL 再一次地小于 1 个 LSB)。

4.8.2　数字校正

ADC 中的非理想因素所造成的误差可以通过使用数字校正技术来消除。这里介绍的对于每级 1 位的消除方法可以扩展到任何每级多位的结构。有人曾经指出,余量的动态范围可以超过预期的限制,超出限制范围并不一定是直接的缺陷。当下一级不能够正确地转换范围之外的信号时,才会出现误差。

一个解决办法是减小级间增益,以避免出现超出范围的情况。该方法可能会产生问题,因为所采用的是二进制编码方案,用不同于 1/2 的衰减因子是很难解决的。另一种方法是在各级子 ADC 中增加额外的比较电平。这些冗余比较电平的增加,一方面可避免余量超出范围,另一方面可为数字域(因此得名数字校正)提供信息。如果这些信息被正确地使用,则可以充分地校正 ADC 的误差。

考虑通常要求 1 个阈值 ADC 的 1 位 DAC。很明显,这是量化的最小值,为了确保数字校正有足够冗余,量化必须至少使用 2 个阈值的 ADC。由于 1 位 ADC 使用一个阈值,而 2 位的 ADC 采用 3 个量化级别。使用 2 个阈值通常被称为 1.5 位转换。

具有数字校正的每级 1.5 位的流水线中,使用两个在零附近的阈值,并处于规定的对称位置。输入范围可分为三个区:一个低于下阈值,一个跨越零,第三个区处在上阈值之上,如图 4.39(a)所示。如果 $V_{TH,L}$ 与 $V_{TH,H}$ 之间的间隔足够大,则低于下阈值的输入被说成是"确定负值"(certainly nagtive),高于上阈值的输入是"确定正值"。

不确定性出现在中部区间,因为接近零的输入可能导致余量超出限制。

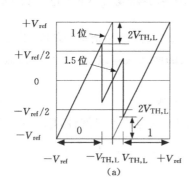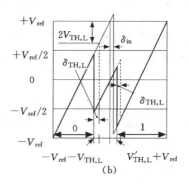

图 4.39　数字校正中每级 1 位和每级 1.5 位的余量响应

190

余量产生器工作如下。当 ADC 提供的是"确定零"(certain zero)时,余量产生器则将输入加 $V_{ref}/2$;当 ADC 输出是"确定 1"(certain one)时,余量产生器将输入减去 $V_{ref}/2$;当 ADC 输出处在不确定区间时,则不进行任何操作。以上操作后乘以 2 便得到输出的余量(在 ADC 输出处于不确定区间时,余量只是简单地将输入放大到 2 倍),如图 4.39 所示。图中,(a)图具有正确的阈值;(b)图的两个阈值均有误差。在 $-V_{TH,L}$ 处(第一个阈值)余量达到 $V_{ref}-2V_{TH,L}$,此后立即变为 $-2V_{TH,L}$ * ;同样地,在第二个阈值($V_{TH,H}$)处,余量从 $2V_{TH,H}$ 摆动到 $-V_{ref}+2V_{TH,H}$ * 。阈值中可能出现的误差,会改变在转折点的余量值。但是,如果 $\delta_{TH,L}$ 和 $\delta_{TH,H}$ 的绝对值分别小于 $V_{TH,L}$ 和 $V_{TH,H}$,该余量仍然保持在 $\pm V_{ref}$ 的边界内。对于图 4.39(b)中阈值的变化,该图显示的情况是:对应于量化输出结果是"确定零"的输入范围已经减小了;而对应于提供"确定 1"输出结果的输入范围已经增大了。

由 1.5 位转换器提供的信息是在 LSB 位置做的一个标记:当表示输入处于

不确定区间时该标记被设置为 1。因此,编码 00 和 10 分别保证转换输出为“确定零”和“确定 1”,而编码 01 表明该位的确定时间被推迟,并取决于下一级的输出。不使用编码 11,是因为输出为 1.5 位。

现在考虑输入处于不确定区间、但更接近 $V_{TH,H}$ 情况。转换器编码为 01,并暂时地给下一级为“确定零”,但设置标记为 1。由于余量等于输入乘 2,该结果接近 $2V_{TH,H}$,这将使余量处于下一级的不确定区间之外,并且其值大于 $V_{TH,H}$。下一级将当然为“确定 1”(即编码 10),它与当前级的 01 组合得到了预期的 10。类似地,如果输入处于不确定区间,但更靠近 $-V_{TH,L}$ * ,则 1.5 位转换按规定再次产生编码 01。然而这一次,下一级(即编码 00 *)的“确定零”证实了原暂时所给的“确定零”,当前级的输出编码仍为 01。如果输入是在不确定区间、且非常接近零,则级间放大后也不足以把信号拉出不确定区,因此该位的确定时间将被推迟得更长。

级	1	2	3	4	… n
时间 $=k$	x				
$k+1$		x			
$k+2$			x		
$k+3$				x	
…					
$k+n-1$					x
out					

(a)

级	1	2	3	4…	$n-1$	n
时间 $=k$	xx					
$k+1$		xx				
$k+2$			xx			
…						
$k+n-2$					xx	
$k+n-1$						x
out						

(b)

级	1	2	3	4	5	6
时间 $=k$	00					
$k+1$		10				
$k+2$			01			
$k+3$				01		
$k+4$					10	
$k+5$						1
out	0	1	1	0	0	1

(c)

图 4.40 流水线各级输出位的数字组合:(a)每级 1 位;(b)每级 1.5 位;(c)六级的数字输出示例

数字校正逻辑将对各级的输出进行累加,同时要考虑延时和每个级间增益 191
的相应加权。由于每级 1.5 位的增益是 2,所以每级的输出位要移动一位,以便使不确定区间标记位的权重等于下一级的 MSB。对于每级 1 位和 1.5 位的情况,图 4.40 显示了数字逻辑的这种操作。图 4.40(a)显示,对于每级 1 位的结构,数字逻辑只需要考虑级间延迟,并把各级的输出位并排地进行组合。对于每级 1.5 位的情况,则需要考虑可能的 01 输出的加法器。因此,如图 4.40(c)所示,第 3 级的 01 输出,当它被其后两级中的 10 校正时变成了“1”;而第 4 级的 01 和第 5 级的 10 则被修正为“零”* 。最后一级,不使用额外的阈值,因为可能的不确定性不能够由后续的比较进行确认。

例 4.10

以行为级的模拟来研究每级 1.5 位流水线 ADC 的非理想性。对前三级输出的余量响应进行作图。对第一和第二级 ADC 中阈值小误差的影响进行研究,并解释所得到的结果。

解

模型文件 Ex4_10. mdl 和 m 文件 Ex4_10_launch. m 的运行可对三级流水线进行 Simulink 仿真,但该描述可以很容易地扩展到任何级数。m 文件为流水线每级的建模提供了 5 个参数:2 个 ADC 的阈值,2 个 DAC 的量化电平和级间增益。对理想的级,这些参数值分别是: $V_{DAC,L} = -0.5$; $V_{DAC,H} = 0.5$;增益 $= 2$。关于 ADC 的阈值,在小于满刻度一半的条件下可以具有任何值,而仿真中所使用的标称值分别为 $V_{TH,L} = -0.25$ 和 $V_{TH,H} = 0.25$。

用理想参数进行模拟可得到与所选择阈值相关的余量曲线。例如,使用的参数值为: $V_{TH,L,1} = -0.16$, $V_{TH,H,1} = 0.18$, $V_{TH,L,2} = -0.26$ 和 $V_{TH,H,2} = 0.28$。使用这些参数可观察到不确定区间修改余量曲线的情况,但最终的数字结果并不会受到影响。而且,在第 3 级的 ADC 中使用额定阈值所产生的第 3 级的余量曲线不受以前两级阈值误差的影响。

以上这些结论已被图 4.41、图 4.42 和图 4.43 的曲线所证实。其中第一个图显示了,阈值移动的组合会如何地改变余量曲线和 ADC 的输出。由于第 1 级

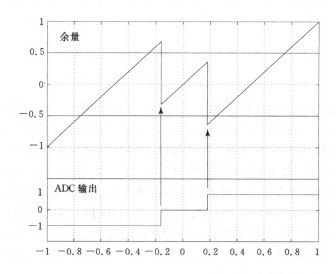

图 4.41　第一级的余量($V_{TH,L} = -0.16$; $V_{TH,H} = 0.18$)与 ADC 输出

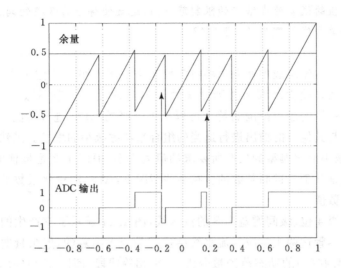

图 4.42 第二级的余量($V_{TH,L}=-0.26$;$V_{TH,H}=0.28$)与 ADC 输出

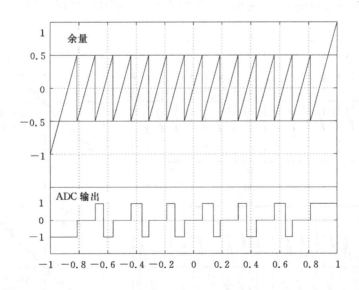

图 4.43 第三级的余量($V_{TH,L}=-0.25$;$V_{TH,H}=0.25$)与 ADC 输出

的第一个转折点是-0.16,如图 4.41[*] 中的箭头标志,第 1 级的余量是-0.32,它处于第 2 级的不确定区间之外,并产生(00)数字输出。只有当输入变成-0.13,第 1 级的余量才能大于第 2 级的低阈值而得到不确定区间的(01)的结果。第三个 ADC 输出也可以说明第 2 级余量的行为。在实际使用的情况中,影

响第 2 级阈值的误差处在给定的限制范围内,这就使得当第 3 级的阈值正确时,第 3 级的余量曲线是理想的(图 4.43)。

每级多位的流水线中所采用的数字校正类似于每级 1.5 位中描述的方法。最常用的方法是减少级间增益到原来的 1/2,从而使余量范围减少一半,如图 4.44所示。可能的超出范围的情况可以由下一级的 ADC 进行检测,该级 ADC 的数字结果与其他级的输出进行适当的组合来考虑减小的增益。虽然级间增益减小一半,减小值比典型的失匹所要求的值太得多,但因子 2 是最佳的选择,因为信号处理是基于二进制基数的。在某些情况下,ADC 的量化级数被限制到所预期的实际数值。

对于每级 4 位、级间增益为 8 的流水线,图 4.44 显示了它产生的两种可能的余量图。尽管这两个响应对流水线结构都是令人满意的,但余量曲线是不同的,因为图 4.44(a)的动态范围被分为 16 根相等线段,而图 4.44(c)为 15 根相等线段再加上 2 根半线段。

用于获取余量的 DAC 输出分别如图 4.44(b)和图 4.44(d)所示。由于后者

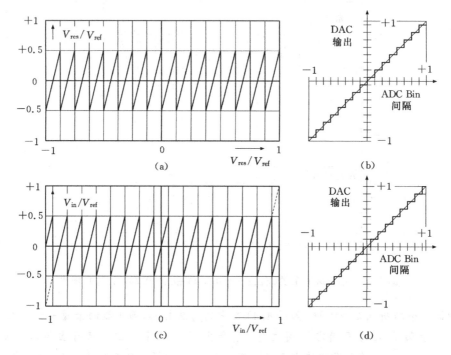

图 4.44　每级 4 位的流水线中两种可能的余量曲线与相应的 DAC 输出

的特性使用了 17 个量化级别,它需要使用 16 个并行比较器来确定 5 位的 DAC 控制。但由于余量第一段和最后一段是由流水线的第 1 级确定,响应可以修改为如图 4.44(c)所示的虚线。所修改的余量响应只需要 14 个并行比较器,输出4 位。

　　由于数字校准方法需要额外的比较器,因此将增加功耗。而且,相关的数字部分更复杂,也需要更大的功耗,因为在延迟和移位后它们需要将各级输出相加。

4.8.3　动态性能

　　流水线转换器的动态性能取决于在 S&H 和余量产生器中所使用电路的转换速率(压摆率)和带宽。尽管动态性能的可靠研究要求在晶体管级的大量模拟,但在费时的晶体管级研究之前进行行为分析,可以在确定有源模块指标和确定结构的瓶颈方面均提供帮助。

　　前面的章节研究了带有运算放大器的实际 S&H 电路。由于余量产生器也使用具有实际特性的运放,我们可以使用类似的分析来计算运放的有限增益带宽(f_T)和有限转换速率(SR)。在理想的情况下,余量是幅度为 $\overline{V_{out}}$ 的一个台阶,现在余量随时间进行如下变化:在转换期间是斜坡函数;在转换完成后、反馈受到输出电压控制时转为指数函数。表示余量瞬态变化的方程是

$$V_{out}(t) = SR \cdot t \qquad\qquad t < t_{slew}$$
$$V_{out}(t) = \overline{V}_{out} - \Delta V \cdot e^{-(t-t_{slew})/\tau} \qquad t > t_{slew} \qquad (4.42)$$
$$\Delta V = SR \cdot \tau; \quad t_{slew} = \frac{\overline{V}_{out}}{SR} - \tau$$

其中 $\tau = 1/(\beta 2\pi f_T)$,它取决于运算放大器的单位增益带宽和产生余量所用电路的反馈系数 β。

　　由于流水线中下一级的 S&H 在 $T_S/2$ 之后将对余量进行采样,指数关系的稳定过程产生的非线性误差为 $\Delta V \cdot e^{-(T_S/2 - t_{slew})/\tau}$。

　　我们注意到,小的稳定误差对流水线的第一级是重要的,但对以后各级的精度要求会降低,因为对于某级的输入参考效果是:该误差要除以该级以前的所有级间增益。因此,稳定的要求沿着流水线可以逐步放宽,使得不同的级可以使用不同速度要求的运放。这有助于降低设计复杂性,也有助于减少总的功耗。

　　在行为模拟器中或运行某个行为模型的电路模拟器中所使用的上述方程,可用来确定运算放大器的性能指标,以便达到给定 SNR 或 SNDR 的要求。

例 4.11

在 10 位,100 MS/s 的流水线转换器中,参考电压为±1V,其结构是:每级 1.5 位的共 9 级,最后 1 级为 1 位。请利用式(4.42)来描述该转换器中采样保持电路和余量产生器的速度限制。研究运算放大器的转换速率(压摆率)和有限带宽对输出频谱、SNR 和 SFDR 的影响,并确定带宽和压摆率的值,以便能达到 SNR>59 dB(超过 9.5 位)和 SFDR>70 dB 的要求。

解

文件 Ex4_11(图 4.45)中的流水线模型使用了前面研究过的每级 1.5 位的修改版本:加入了输入和输出之间的延迟,并包括了式(4.42)的行为描述。数字校正通过对延迟和级间增益的计算来产生量化输出。文件 Ex4_11_launch.m 可以定义 S&H 电路和流水线各级的静态和动态参数。从第 3 级至第 9 级的规格是相同的,但用户可以改变编码并验证流水线最后各级的限制。

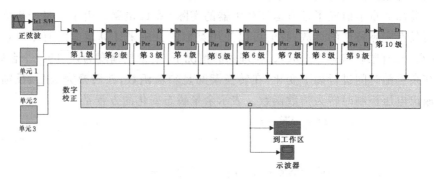

图 4.45　流水线的功能模块图

模拟器可以分别估算 S&H 电路、第 1、第 2 级和流水线其余各级的限制,如图 4.46 所示,画出了它们的 SNR 和 SNDR 与运放转换速率的关系。时钟频率为 100 MHz,且 τ 为 0.26 ns。

由于反馈系数为 β 的运算放大器,其时间常数为 $\tau=1/(2\beta f_{\mathrm{T}})$,则对应所使用的值 $\beta f_{\mathrm{T}}=600$ MHz。图 4.46 的结果显示,对于转换速率大于 250 V/ms 的 S&H 电路(当电路的其余部分保持理想的情况下),SNR 和 SFDR 的要求是能得到满足的。对特别考虑的第 1 级或第 2 级,该转换速率的要求并没有那么苛刻,而对第 3 级的要求约为 200 V/ms。

显然,当共同考虑运算放大器的各种限制时,性能必须比图 4.46 给出的更好。而且,βf_{T} 越小,要求的转换速率越高。采用一组变化参数的模拟可以保证最优的设计。例如,下表的参数所产生的频谱如图 4.47 所示。图中所使用的数

196

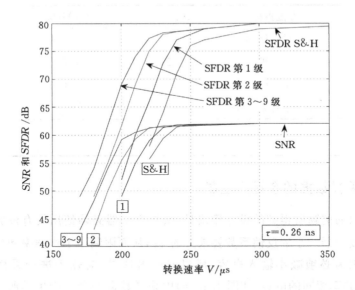

图 4.46　SNR 和 SFDR 相对运放转换速率的关系。稳定时间为 5 ns

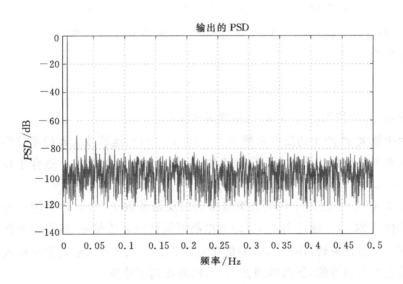

图 4.47　按表中设计参数得到的数字输出的频谱

值是对转换速率与 βf_{T} 的比例进行折衷后确定的,因为增大的转换速率就可以放宽对运算放大器 f_{T} 的要求。所得到的结果是:$SNR = 60.7$ dB;$SFDR = 70.9$ dB。

性能指标	$SR(\text{V/ms})$	$\beta f_{\text{T}}(\text{MHz})$
采样与保持	300	600
第 1 级	270	500
第 2 级	270	400
第 3 级到第 9 级	250	350

4.8.4　采样数据的余量产生器

从前面的例题所得到的设计建议是,余量产生器必须使用具有最大反馈系数的运算放大器。小的反馈系数要求大的 f_{T},从而限制了工作频率和(或)增加了功耗。因为必须减小输入电容,所以好的做法是,对输入进行采样和实现 DAC 功能共享相同的电容,如图 4.48(a)中采样数据的余量产生器所示。该电路的工作原理如下:在采样相位 $\varPhi_{\text{S}}$ 期间,N 个相等的单位电容器阵列对输入信号进行采样,并在余量产生相位 $\varPhi_{\text{R}}$ 每个单位电容在 ADC 的控制下向反馈电容 C_{U} 注入电荷,电荷量为 $C_{\text{u}}(V_{\text{in}} - V_{\text{DAC}}(i))$。被积分到反馈电容的电荷所产生的输出电压为

$$V_{\text{res}} = NV_{\text{in}} - \sum_{1}^{N} V_{\text{DAC}}(i) \qquad (4.43)$$

其中 $V_{\text{DAC}}(i)$ 的控制码是 ADC 的温度码的输出。

由于放大 2^n 产生的反馈系数等于 $\beta = 1/(2^n + 1)$,运算放大器的单位增益频率必须随本级位数的增加而指数地增加。因此,每级超过 3 位不适合于高转换率的 ADC。

图 4.48(a)中使用 1 位的方案将得到的反馈系数 $\beta = 1/3$(因为增益为 2 的输入元件是 $2C_{\text{U}}$)。通过图 4.48(b)的电路可得到更好的结果,这是两个采样电容中有一个进行翻转(flip around)的余量产生器。因为在 $\varPhi_{\text{R}}$ 相期间输入电容和反馈电容是相等的,所以得到 $\beta = 1/2$,因而提高了速度。

在 $\varPhi_{\text{S}}$ 期间两个单位电容都用于采样,而其中一个在余量产生期间是翻转的。由于已充电的电容 $C_{\text{U}}(2)$ 接受另一个电容 $C_{\text{U}}(1)$ 的电荷,电压 $V_{\text{res}}*$ 是两部分电荷相加并被放大 V_{DAC} 的 $-C_{\text{U}}(1)/C_{\text{U}}(2)$ 倍。额定值相等的两个采样电容得到输入电压 2 倍的放大;然而,由于增益 $-C_{\text{U}}(1)/C_{\text{U}}(2)$ 为 -1,必须使参考电压加倍。

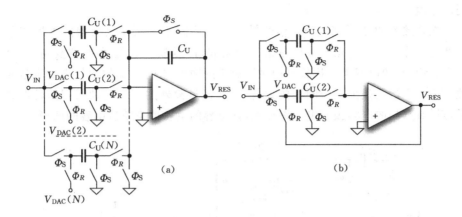

图 4.48　(a)采样数据的 n 位余量产生器($N=2^n$);(b)翻转式 1 位余量产生器

4.9　其他结构

前几节研究的奈奎斯特速率架构,只是目前使用的各种结构的一部分。所讨论的算法可以采用不同的解决方案来实现,也还有许多其他可能的概念性设计方法。许多实现方法在以前很受欢迎,因为它们适合分立地实现或对于当时可用的工艺是适当的。其中一些方法最终成为过时并不再使用,因为这些方法不便于集成。然而,这些方法中的某些在未来可能被重新使用以满足特殊的要求,或者以新电路的解决方案来实现。

读者必须意识到以上的叙述,作为已经研究过的各种结构的补充,本节将讨论另外的三种 ADC 技术,以便强调获得特定性能的其他方法。

4.9.1　循环(或算法)转换器

每级 1 位的流水线通过对每级输出的余量进行转换确定输出数字位。循环(或算法)的方法则通过以下方式得到结果:以顺序方式不断地反复地只使用一个单元执行流水线中一级的操作。因此,算法转换器需要 $n+1$ 个时钟周期来确定 n 位。

流水线中一级的关键操作是为得到余量所做的乘 2 操作和为确定下一位而对结果的采样。图 4.49 的电路在闭环反馈回路中使用两个运放(实际上,由于电路中使用了电容,甚至 OTA 也都能胜任)来得到这个结果。转换从采样相位 Φ_S 开始,该相位被用来对开关电容输入结构进行预充电,并充电至输入电压。此外,还对围绕运放反馈的单位电容、电容 C 和 $2C$ 进行复位清零。这使电路对失调不敏感,因为在清零期间这些电容被预充电到失调电压或两个失调电压之间的差值。

在紧接着的 $\varPhi_1$ 周期,输入信号被注入到回路中。同相放大器的配置和单位增益的作用如下。输入电压在第一个运放(即运放 1)的输出端被复制,并存储在标记(3)的电容上。比较器通过运放 1 的输出与 $V_{REF}/2$ 的比较来确定最高位。第二个运放是另一个同相放大器,它在经过额外的半个时钟周期的延迟之后,对标记(4)的电容预充电。请注意,该电容的电容值是单位电容的两倍。

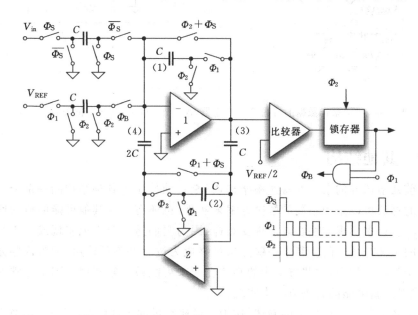

图 4.49   循环转换器的电路图

在下一个 $\varPhi_1$ 期间,标记(4)电容的电荷会生成输入信号乘 2 的信号。与此同时,在 $\varPhi_B$ 有效的条件下,第二个输入结构会把电荷 CV_{REF} 注入到 OTA1 反相端的结点,在 OTA1 输出端的电压变为

$$V_{O1} = 2V_{in} - V_{REF} = 2\left(V_{in} - \frac{V_{REF}}{2}\right) \tag{4.44}$$

该电压与每级 1 位流水线中第一级的余量是相同的。

下一个循环以相同的方式工作并可确定下一位,这种过程继续进行,直到所有的位均被确定为止。

4.9.2   积分转换器

允许非常缓慢的转换速率的应用,例如数字万用表、面板式仪表,适合于采用积分转换结构,该结构能提供高分辨率、良好的噪声性能和低功耗。

201
~
203

积分 ADC 的最简单的形式是单斜率(single-slop)结构。该结构把对输入信号的积分值与某个参考电平进行比较,并测量出积分器输出达到该参考电平所需要的时间。这种方法使用时间作为中间量,相当于幅度到时间的转换器与时间到数字的转换器的级联。幅度到时间的转换器的精确度要求稳定而精确的参考电压,而且,绝对精度和绝对温度系数取决于时间常数的绝对值;而时间常数的精度由电阻和电容来决定,即使采用外部元件也不可能超过 0.1%。此外,电阻和电容的温度系数和电压系数直接影响转换器的温度系数和线性度。

双斜率(dual-slop)积分结构,通过对输入电压积分固定的时钟周期(2^n)数部分地克服了上述的限制。然后,它对参考电压进行"反积分"(de-integrate),并对时钟周期 k 进行计数,直到输出过零。由于上升和下降的斜坡的峰值幅度都是相等的,我们有

$$V_{\text{in}} \frac{2^n T_{\text{ck}}}{\tau} = V_{\text{ref}} \frac{k \cdot T_{\text{ck}}}{\tau} \qquad (4.45)$$

主要特点

积分转换器是缓慢的,因为它需要的时钟周期数等于、甚至两倍于量化步的数目。然而,简单的方法能很容易地达到 14 位或 14 位以上。

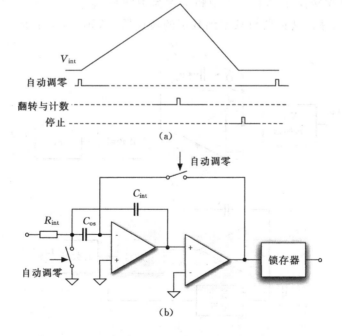

图 4.50　(a)双斜率 ADC 的波形;(b)失调抵消方法 *

注意,只要 τ 在转换期间不变(相对于转换周期的时间,温度的影响是非常缓慢的),k 给出的结果与 τ 值无关。由于式(4.45)给出了 $V_{in} = k \cdot V_{ref}/2^n$,$k$ 的值就是数字转换的结果。

图 4.50(a)显示了该结构的典型波形。转换周期开始时,对积分电容进行复位、对失调电压进行自动调零。接着,对输入进行积分,积分时间持续 2^n 个时钟周期。然后,以负值的参考电压取代输入电压,积分器生成的逻辑信号则反转了原积分方向,并开始计数来测量"反积分"的时钟周期。当积分器输出电压达到零时,计数器停止计数,电路停止工作直到第 2^n 个倒计数周期结束。

由于失调是一个重要的限制,有必要采用一种有效的消除方法,就像图4.50(b)所示的。在自动调零阶段,由运放和比较器的预放大器所组成的环路处于单位增益的结构,使总的失调电压存储在电容 C_{os} 上备用。积分电容器 C_{int} 的电压被预充电到运放的失调($V_{os,amp}$)与预放大器失调($V_{os,pre}$)之间的差值,以便抵消因运放增益 A_0 的有限值所产生的余量项 $V_{os,amp}/A_0$。高分辨率转换器(如 4 位数或更多)可使用外部电容和电阻,以确保高线性度并保证有效地消除失调。

4.9.3 电压-频率转换器

电压频率转换器(VFC)使用频率作为中间量,它是以下两种转换器的级联:幅度到频率的转换器与频率到数字的转换器。VFC 基本上是一个振荡器,

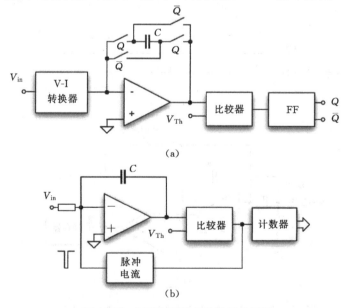

(a)

(b)

图 4.51 典型电压频率转换器的框图

其振荡频率与控制电压成正比。VFC 通过对频率的测量来提供 A/D 转换。

　　压控振荡器的设计方法很多,但在 A/D 转换中的关键特性是能得到的高线性度。一个好的解决办法是采用电流控制多谐振荡器。实际上,该振荡器在电流的控制下产生频率,因此在其输入端需要从电压到电流的转换器。如图 4.51(a)所示,电流对电容器进行放电直到电容两端电压达到一定的阈值,之后该电容器两极板翻转,重复这种循环。VFC 的主要特点是单调性、小面积、低功耗和可达到 14 位的线性度,同时具备相当的稳定性。限制 VFC 性能的因素是阈值的精度以及 V-I 转换器和电容器的线性度。

　　VFC 的另一个可能实现方法如图 4.51(b)所示的电荷平衡结构。它通过电容对输入电压进行积分,当输出电压达到某一阈值时,一个精确的充电脉冲从电容器上移走固定的电荷量,因而积分器产生三角波形的输出。这种方法在电流脉冲精度要求方面是非常苛刻的,但很准确,因为它能达到 16～18 位的线性度。

习题

204

4.1　重做例题 4.2,但使用多晶硅互连,其方块电阻是 $20\Omega/\square$、寄生电容 $0.7fF/mm^2$,该互连长度为 100mm。

4.2　比较器必须能够检测出 5 mV 精度的输入信号。其中,锁存器正反馈环路的寄生电容为 0.1 pF,预放大器增益为 100。确定正反馈环路的跨导,以确保在采样频率为 400 MHz 时亚稳态误差概率等于 0.001。

4.3　8 位闪速 ADC 中产生参考电压的电阻分压器由 8 段电阻排列成蛇形,其中每个线性段由 32 个单元组成。在 y 和 x 两个方向上的电阻值受梯度 0.1% 的影响。确定 INL,并对满刻度输入的正弦波估算谐波失真。

4.4　请确定预放大器中 MOS 晶体管的尺寸,其差分对管的偏置电流为 300mA,过驱动电压为 300mV。当失调主要来自工艺参数 $A_{VT}=1.6$ mV·μm 的控制项时,失调的标准偏差必须为 1 mV。

4.5　对于工作在 2 MHz 的自动调零比较器,请估算在 2kHz 处 $1/f$ 噪声的正弦分量的衰减。解题时假定在失调的输入是振幅为 1 的正常正弦波。

4.6　重做例题 4.5,但假定开关上有限的导通电阻值是 5Ω。如果两个相等的电阻把两个参考电压连接到中点,请估算电阻分压器性能的改进。

4.7　预放大器的输入差分对的过驱动电压是 360 mV,该放大器的输出负载为 0.2 pF。当预放大器工作在 1 GHz 时要求增益等于 6,请估算所需的偏置电流。

4.8　假设品质因数是功耗,对 10 位的两步转换器确定位数的最佳划分。该转换器工作在 200 MHz,电压 $V_{ref}=2V$。比较器的功耗由 $P_{comp}=0.3+10/\Delta$ 205 (mW)确定,其中 Δ 是在比较器输入所要求的分辨率。放大倍数为 $2^{N_{MSB}}$ 的余量产生器的功率是 $2+1.2 \cdot 2^{N_{MSB}}$ (mW)。

4.9 对于(5+5)位的转换器重做例题 4.6。要求最大的分辨率损失为 0.5 位,SFDR 必须大于 70 dB。

4.10 (与 4.9 题重复)

4.11 用行为语言描述 3 位折叠转换器的非线性响应,并确定满刻度正弦波输入时的输出频谱。将结果和 3 位余量产生器的输入-输出特性进行比较。

4.12 假设,图 4.19(4 位)中实际折叠响应可以近似为抛物线与直线段的连接:抛物线的两端点均与直线段进行连接并具有连续的导数,抛物线连接点长度为折叠段长度的 10%。展开这个响应(Unfold the response)并使用该结果来估算半满刻度正弦波的输出频谱。

4.13 预放大器的输入输出的转换功能可以通过下式建模:$V_{out}=2/\pi \arctan(V_{in}/0.1)$。如果要通过插值得到 6 位闪速转换,请确定预放大器的最少个数。

4.14 一个 4 位折叠转换器的响应在每个折叠段的 $20\% \sim 80\%$ 部分是线性的,折线连接的部分是正弦波的一部分。请确定的 1/8,1/4 和 1/2 的插值曲线,并估算过零点可能出现的误差。

4.15 使用例题 4.7 中的插值网络,通过 100 个模拟结果的平均来估算 INL 的改善。使用的插值电阻分别等于 2 R_{out} 和 1/2 R_{out}。

4.16 重做例题 4.9,分别研究比较器中时间抖动和随机噪声的影响,以及 DAC 的随机误差和系统误差。

4.17 如果闪速转换器使用 6 个比较器,其比较阈值均匀分布在整个动态范围内,请确定余量产生器的输入-输出特性。假设该余量被 5 位闪速转换器转换,而且系统使用了数字校正,得到的数位是多少?

4.18 重做例题 4.10,但在余量产生器含有增益误差。假设前三级的增益分别为 2.1,1.96,2.07。在输入端使用线性斜坡,确定输出的模拟等效值。画出误差对输入幅度的函数关系。

4.19 把例题 4.10 中的流水线的级数扩展到 6 级,而且最后一级的转换采用 4 位闪速转换。如果流水线最后一级的增益等于(2+2/27),请画出输入-输出特性。尝试不同的增益误差并解释相应的结果。

4.20 使用例题 4.11 中的级模型,采用 k 级流水线、后接(10k)位闪速转换的结构来得到 10 位。流水线工作频率为 100 MHz。估计余量产生器功耗的经验方程是 $P=(SR+f_T/\beta)/10$ mW,而一个比较器的功耗是 2 mW。沿着流水线各级权衡性能要求,以便使 SFDR 超过 70 dB。请确定使功耗最小的 k 值。

参考文献

书和专著

P. Allen and D. R. Holberg: *CMOS Analog Circuit Design*. Oxford University Press, New York, Oxford, 2002.

M. Gustavsson, J. J. Wikner, and N. N. Tan: *CMOS Data Converters for Communications*. Kluwer Academic Press, Boston, Dordrecht, London, 2000.

期刊和会议论文

一般性问题

H. R. Kaupp: *Waveform degradation in VLSI interconnections*, IEEE Journal of Solid-State Circuits, vol. 24, 1150–1153, 1989.

M. J. McNutt, S. LeMarquis, and J. L. Dunkley: *Systematic capacitance matching errors and corrective layout procedures*, IEEE Journal of Solid-State Circuits, vol. 29, pp. 611–616, 1994.

C. L. Portmann and T. H. Y. Meng: *Power-efficient metastability error reduction in CMOS flash A/D converters*, IEEE Journal of Solid-State Circuits, vol. 31, pp. 1132–1140, 1996.

闪速转换器

J. G. Peterson: *A monolithic video A/D converter*, IEEE Journal of Solid-State Circuits, vol. 14, pp. 932–937, 1979.

A. G. F. Dingwall and V. Zazzu: *An 8-MHz CMOS subranging 8-bit A/D converter*, IEEE Journal of Solid-State Circuits, vol. 20, pp. 1138–1143, 1985.

Geelen, G.: *A 6 b 1.1 GSample/s CMOS A/D converter*, 2001 IEEE International Solid-State Circuits Conference, pp. 128–129, 2001, Digest of Technical Papers. ISSCC. 2001.

M. Choi and A. A. Abidi: *A 6-b 1.3-Gsample/s A/D converter in 0.35-μ m CMOS*, IEEE Journal of Solid-State Circuits, vol. 36, pp. 1847–1858, 2001.

R. J. Van De Plassche and R. E. J. Van Der Grift: *A high-speed 7 bit A/D converter*, IEEE Journal of Solid-State Circuits, vol. 14, pp. 938–943, 1979.

C. Moreland, F. Murden, M. Elliott, J. Young, M. Hensley, and R. Stop: *A 14-bit 100-Msample/s subranging ADC*, IEEE Journal of Solid-State Circuits, vol. 35, pp. 1791–1798, 2000.

J. Mulder, C. M. Ward, C. Lin, D. Kruse, J. R. Westra, M. Lugthart, E. Arslan, R. J. van de Plassche, K. Bult, and F. M. L. van der Goes: *A 21-mW 8-b 125-MSample/s ADC in 0.09-mm^2 0.13-μ CMOS*, IEEE Journal of Solid-State Circuits, vol. 39, pp. 2116–2125, 2004.

折叠转换器

H. Kimura, A. Matsuzawa, T. Nakamura, and S. Sawada: *A 10-b 300-MHz interpolated-parallel A/D converter*, IEEE Journal of Solid-State Circuits, vol. 28, pp. 438–446, 1993.

B. Nauta and A. G. W. Venes: *A 70-MS/s 110-mW 8-b CMOS folding and interpolating A/D converter*, IEEE Journal of Solid-State Circuits, vol. 30, pp. 1302–1308, 1995.

P. Vorenkamp and R. Roovers: *A 12-b, 60-MSample/s cascaded folding and interpolating ADC*, IEEE Journal of Solid-State Circuits, vol. 32, pp. 1876–1886, 1997.

M. P. Flynn and B. Sheahan: *A 400-Msample/s, 6-b CMOS folding and interpolating ADC*, IEEE Journal of Solid-State Circuits, vol. 33, pp. 1932–1938, 1998.

208 R. Taft, C. Menkus, M. R. Tursi, O. Hidri, and V. Pons: *A 1.8V1.6 GS/s 8 b self-calibrating folding ADC with 7.26 ENOB at Nyquist frequency*, ISSCC Dig. Tech. Papers, pp. 252–253, 2004.

时间交错转换器

W. C. Black Jr. and D. A. Hodges: *Time interleaved converter arrays*, IEEE Journal of Solid-State Circuits, vol. 15, pp. 1022–1029, 1980.

A. Petraglia and S.K. Mitra: *Analysis of mismatch effects among A/D converters in a time-interleaved waveform digitizer*, IEEE Transactions on Instrumentation and Measurement, vol. 40, pp. 831–835, 1991.

R. Khoini-Poorfard, R. B. Lim, and D. A. Johns: *Time-interleaved oversampling A/D converters: theory and practice*, IEEE Transaction on Circ. and Systems, II, pp. 634–635, 1997.

S. Limotyrakis, S. D. Kulchycki, D. K. Su, and B. A. Wooley: *A 150-MS/s 8-b 71-mW CMOS time-interleaved ADC*, IEEE Journal of Solid-State Circuits, vol. 40, pp. 1057–1067, 2005.

逐次逼近转换器

K. Bacrania: *A 12-bit successive-approximation-type ADC with digital error correction*, IEEE Journal of Solid-State Circuits, vol. 21, pp. 1016–1025, 1986.

Gardino and F. Maloberti: *High Resolution Rail-To-Rail ADC in CMOS Digital Technology*, IEEE Proc. ISCAS 99, pp. II-339/II-342, 1999.

G. Promitzer: *12-bit Low-power fully differential switched capacitor noncalibrating successive approximation ADC with 1 MS/s*, IEEE Journal of Solid-State Circuits, vol. 36, pp. 1138–1143, 2001.

N. Verma and A. P. Chandrakasan: *A 25 μW 100kS/s ADC for Wireless Micro-Sensor Applications*, IEEE Intern. Solid State Circ. Conf., Vol. 49, pp. 222–223, 2006.

流水线转换器

S. H. Lewis and P. R. Gray: *A pipelined 5-Msample/s 9-bit analog-to-digital converter*, IEEE Journal of Solid-State Circuits, vol. 22, pp. 954–961, 1987.

K. Nagaraj, H. S. Fetterman, J. Anidjar, S. H. Lewis, and R. G. Renninger: *A 250-mW, 8-b, 52-Msamples/s parallel-pipelined A/D converter with reduced number of amplifiers*, IEEE Journal of Solid-State Circuits, vol. 32, pp. 312–320, 1997.

I. Mehr and L. Singer: *A 55-mW, 10-bit, 40-Msample/s Nyquist-rate CMOS ADC*, IEEE Journal of Solid-State Circuits, vol. 35, pp. 318–325, March 2000.

B. Min, P. Kim, F. W. Bowman III, D. M. Boisvert, and A. J. Aude: *A 69-mW 10-bit 80-MSample/s pipelined CMOS ADC*, IEEE Journal of Solid-State Circuits, vol. 38, pp. 2031–2039, 2003

其它转换器

P. Li, M. J. Chin, P. R. Gray, and R. Castello: *A ratio-independent algorithmic analog-to-digital conversion technique*, IEEE Journal of Solid-State Circuits, vol. 19, pp. 828–836, 1984

第 5 章

数据转换器电路

本书假设读者已经熟悉基本电路模块的特点与设计方法,比如 OTA、运算放大器和比较器等,因此本章的重点是研究数据转换的专用电路。首先研究采样-保持电路,实现工艺可以是双极型也可以是 CMOS 型;然后研究时钟自举电路,用于低电压时提升 MOS 管的导通性能;接下来研究电流输入和电压输入的折叠系统中的电路技术;由于各种结构中都要用到电压-电流转换,我们也复习一些常用的电压-电流转换方法;最后,出于数据转换器的控制需要,我们还将研究交叠时钟与非交叠时钟的产生方法。

5.1 采样-保持电路

第 1 章中定义的采样-保持功能是通过对两个阶段的控制来实现的,一个阶段是对输入信号进行采样,另一个阶段对采样信号进行保持,保持阶段时在输出端可以得到输入信号。有些情况下,采样阶段也输出信号,这样的电路称为"跟踪保持"电路。

最简单的采样-保持方案如图 5.1 所示:开关闭合时,电容 C_S 充电到输入 电压,开关断开后,保持电容的上极板悬空,就保持住了采样电压。图中的输入缓冲器用于减小输入负载,输出缓冲器防止保持电容上电荷的泄漏,输出缓冲器还以电压的方式提供结果。需注意的是真正的采样发生在开关断开的瞬间,将那个时刻的输入量"冻结"在采样电容上。图 5.1 是个单端结构,但在需要差分A/D转换的应用时,可以用"伪差分"的方式实现。

CMOS 工艺和双极工艺都可以实现图 5.1 的基本方案,在双极工艺实现中,我们将研究"二极管桥"和"开关射极跟随器";而在 CMOS 工艺实现中,我们将考虑基于两级放大器的架构和翻转式采样-保持电路。

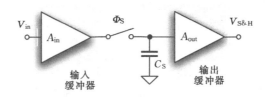

图 5.1 采样-保持原理框图

5.2 二极管桥式采样-保持电路

采样-保持电路最早的应用可以追溯到几十年以前,当时,示波器中采用欠采样的方法显示快速重复信号的波形,图 5.2 就是所用的二极管桥式采样-保持电路,它的电流开关由一对双极晶体管 Q_H 和 Q_S 组成。当采样控制信号为高电平时,电流 I_1(通常与 I_2 相等)流入二极管桥,此时所有的二极管都处于导通状态,A 点比输入电压低一个二极管导通压降,B 点比输入电压高一个二极管导通压降。由于二极管桥的结构对称,D_2 和 D_4 上的压降近似相等,使得采样电容 C_S 上的电压等于输入电压。

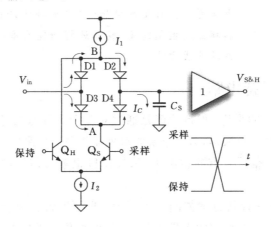

图 5.2 二极管桥式采样-保持电路

当 Q_S 断开时,Q_H 的控制信号变高,强制 I_1 流进 Q_H,二极管桥中的电流为零,D_2 和 D_4 处于反偏状态,存储采样信号的电容 C_S 与输入端隔离开,而采样信号通过低阻输出的单位增益缓冲器在输出端重现出来。值得注意的是:采样阶段 C_S 上的电压跟踪输入电压,因此这个电路实际上是个跟踪保持-电路(T&H)。

电流源 I_1 与 I_2 的任何失配都将影响电路的正常工作,如果 $I_1 > I_2$,其差值 $I_1 - I_2$ 会在采样阶段流进输入结点,导致电流流进输入信号源中;而在保持阶段,这个差值电流会使得产生 I_1 的晶体管进入三极管区,抬高 B 点的电压,当结点 B 的电压比输入电压高一个 V_D 时,二极管 D_1 和 D_2 都会导通,扰乱存储的信号。为了避免这种风

桥电路中的二极管

二极管的速度决定了二极管桥式采样-保持电路的速度,肖特基二极管可以使该电路的速度非常快,适用于中等分辨率、数 GHz 的采样。

险,应使 $I_1 < I_2$,以确保 Q_S 关断时结点 B 的电压被拉低,保证 D_1 和 D_2 反偏状态。尽管这种失配会导致采样阶段有漏电流通过输入信号源,但保持阶段将不受影响。

5.2.1 二极管桥的缺点

二极管桥式采样-保持电路的精度受一些非理想因素的限制,主要有:

- **孔径失真(Aperture distortion)**:是指在开关断开时,由输入信号的斜率带来的误差。输入电压变化时,流过电容 C_S 的电流为

$$I_C = C_S \cdot \frac{\mathrm{d}V_{in}}{\mathrm{d}t} \tag{5.1}$$

这个电流由输入端提供,通过导通的二极管时被分解为近似相等两部分,输入信号斜率为正时流过 D_1 和 D_4 的电流小于其余两个二极管的电流,使二极管桥的电流不再完全对称,这种不对称会造成开关瞬间的一种非线性误差。

- **保持态基底电平(Hold Pedestal)**:二极管从导通态向关断态转换时,由来自二极管的注入电荷给定。由于耗尽区的电荷量是非线性的,电荷注入 C_S 导致所存储电压的非线性误差。

- **跟踪态失真(Track-mode Distortion)**:输入缓冲器通过二极管桥对 C_S 充电,缓冲器的非线性(输出)阻抗会导致跟踪态的失真,这个非线性电压损失正比于输入电压的变化斜率,因此失真量随输入频率的增加而增加。

- **保持态馈通(Hold feed-through)**:保持状态时,输入和输出之间寄生的耦合电容会造成保持态馈通。二极管截止后,等效于寄生电容,将 A 点和 B 点与保持电容连接起来。图 5.3(a)所示的等效电路用来分析保持状态时的馈通,馈通影响可以用小的去耦电阻 R_A、R_B 或小的寄生电容进行消除。

212

5.2.2 改进的二极管桥

上述最后一个限制可以用图 5.3(b)中比较复杂的电路来解决,保持状态时,该电路能够很好地对 A 点和 B 点进行控制,也可以改善保持态基底电平。

跟踪阶段时由于 D_2 和 D_4 上的导通压降,增加的两个二极管(D_A 和 D_B)由于反偏而不工作。保持阶段时,新增的电流 I_X 会使 D_A 和 D_B 导通,A 点的电压被钳制在比输出高一个 V_D,而 B 点的电压被钳制在比输出低一个 V_D。

可以看到:D_2 和 D_4 上的固定反向偏压可以使保持态基底电平恒定,$V_A = V_H + V_D$ 和 $V_B = V_H - V_D$ 使 D_1 和 D_3 保持截止,所以保持阶段时 V_{in} 允许的变化量小于 $\pm V_D$。另外,A 点和 B 点由低输出电阻的缓冲器进行偏置,二极管的阻抗 $1/g_m$ 的存在使图 5.3(a)中 R_A 和 R_B 表示的阻值减小,从而使保持状态时输入与存储电容之间的去耦效果得到改善。

213

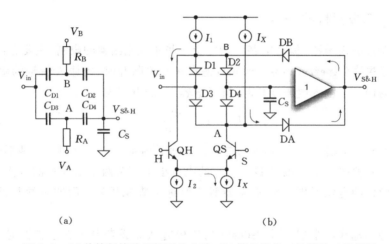

(a)   (b)

图 5.3 (a)估算保持阶段馈通的电路;(b)带有钳位二极管的二极管桥

5.3 开关射极跟随器

二极管桥中采用二极管将输入电平分别上移和下移一个二极管压降(约 0.7V),再加上上端和下端的电流源所需的工作电压(对于双极电路也是约为 0.7V),双极型二极管桥需要的电源电压等于输入电压范围再加上至少 2.8V。

图 5.4(a)所示为一种可以使电源电压减少 0.7V 的简单方法,它去掉了顶端的二极管,流过 D_1 的电流由输入端提供,这个电路是有用的,但输入电流中的直流成分不适用于许多应用场合。另一种更加合适的方案如图 5.4(b)所示,将 D_1 换成一个双极晶体管,从而使输入电流减小至 I_1/β(其中 β 是晶体管的电

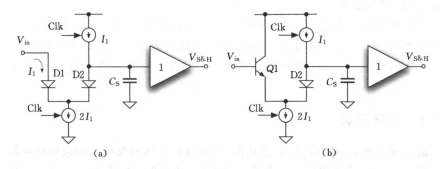

图 5.4　(a)简化的二极管桥;(b)用双极晶体管(BJT)减小输入电流

流增益)。

　　这个电路的缺点是电路中的两个电流源需要同步关断以防止毛刺电流注入到 C_S,但是,互补晶体管构成的电流源进行同步开关是很困难的,需用一种不依赖于时钟相位而可以自同步的方法,这种方法就是开关射极跟随器,如图 5.5 所示。输入缓冲器通过 R_b 来为晶体管 Q_E 提供基极偏置,采样阶段时 Q_E 以射极跟随器方式工作。相位

214

观察

　　基于三极管或二极管的开关,采样结束时必须同时关断所有流进采样电容的电流,如果充电电流 1mA,采样电容 1pF,则 1ps 的延迟会产生 1mV 的失调。

信号 Φ_S 和 Φ_H 在跟踪阶段分别为高和低,而在保持阶段正好相反,分别为低和高。假设两个相位信号的变化是同步的,电流 I_{bias} 在 R_b 上产生一个压降,把 V_B 拉低 $R_b I_{bias}$。由于 Q_E 的射极电压由保持电容维持着,所以 Q_E 的 V_{BE} 被反向偏

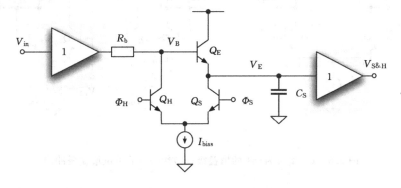

图 5.5　开关射极跟随器的基本电路图

置而与 Q_S 同步截止。

注意观察可以知道，C_S 电压和输出电压是输入电压电平下移后的复制，严格讲不是真正的采样-保持信号，这个偏差可以用电平上移的方法进行补偿，但对于高速的应用场合，这种补偿通常是不需要的，因为其中的直流分量无关紧要。

5.3.1 电路实现

输入缓冲器必须是线性的、高速的、且能够在采样和保持之间来回快速的切换。图 5.6(a)所示电路采用了全差分放大器，增益为－1，由于使用了相同的电阻值和相同的双极晶体管发射极面积，补偿了 V_{BE} 的非线性。单位增益的设计使得电路速度非常快，但由于采用的是反相输出，其中一个输出端的直流电平可能会接近输入电平，使 V_{CB} 很小。截止状态时两个输出端都被拉低，其中一个 V_{CB} 可能会进入正向偏置，导致基极到集电极的二极管正向导通，从输入端抽取电流，减慢了下一次从截止态到导通态的切换速度。

为了避免这个问题，可以采用图 5.6(b)的电路，用两个伪差分结构的简单缓冲器，每个缓冲器都是一个带有二极管电平上移功能的射极跟随器，用于补偿输入管的电平下移。当输出电流大于 $I_{bias}/2$ 导致输出结点被拉低时，Q_3 和 Q_4 就会关断，因此电路能够快速切换回跟踪状态。但 f_T 频率相同时，图 5.6(b)中电路消耗的电流是图 5.6(a)的两倍。

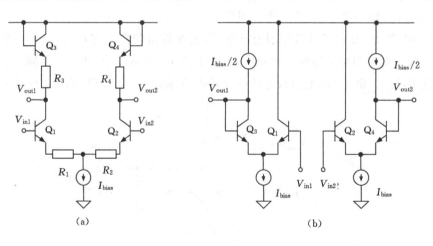

图 5.6 (a)增益为－1 的增益级；(b)伪差分的单位增益缓冲器

图 5.5 中，Q_E 的基极-发射极结电容会引起一个保持态基底电平，其幅度取决于保持阶段 Q_E 基极-发射极的反向偏置电压。如果不对电压 V_B 进行专门的

控制就会使 Q_E 反向偏置,引起不可预测的保持态基底电平。图 5.7 中采用了 216
钳位器件 Q_C,其基极电压是保持态输出电压的复制,在保持阶段时使 Q_E 反向
偏置在恒定电压下,大小为二极管的导通压降。跟踪阶段时 Q_C 截止,不影响电
路正常工作。

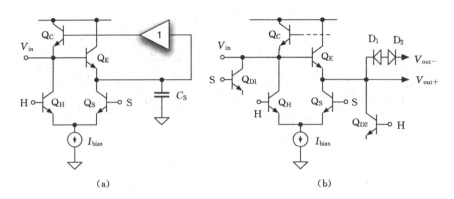

图 5.7　(a)采用辅助缓冲器的输入摆幅钳位电路;(b)减小保持态基底电平的电路

基底电平误差的另一个来源是来自 Q_S 基极-集电极寄生电容的电荷注入,
该误差可以由来自虚拟晶体管 Q_{D1} 和 Q_{D2} 的等量注入电荷进行补偿,Q_{D1} 和 Q_{D2}
由互补的信号进行控制,如图 5.6(b)所示。最后,背靠背的二极管 D_1 和 D_2 连
接在两个差分输出端之间,可以与 Q_E 的非线性基极-发射极电容相匹配。

5.3.2　双极型互补采样-保持电路

当 npn 和 pnp 晶体管的 f_T 相近时,就可以将图 5.6(b)的 npn 管电路换成
其互补的 pnp 管电路,如图 5.8(a)所示。pnp 射极跟随器取代了原来用二极管
连接的 npn 管,实现电平上移一个 V_D 的功能。

单位增益缓冲器也可以设计成推
挽结构,如图 5.8(b)所示。这个电路
采用两个输入缓冲器(其中一个输入管
为 npn,另一个为 pnp),缓冲器输出级
连在一起组成推挽级,各个晶体管采用
相同的发射极面积,并且 $I_1 = I_2$,使得
输出级偏置电流等于 I_1。瞬态时,一

217

> **评述**
>
> 互补双极型采样-保持电路
> 需要 f_T 相近的 npn 和 pnp 器
> 件,许多工艺都做不到。

个输出管的电流减小,另一个输出管的 V_{BE} 增加,从而可为负载提供电流(AB 类
方式工作)。当一个输出管截止时,另一个晶体输出管的所有电流都流过输出结

点（B类方式工作）。

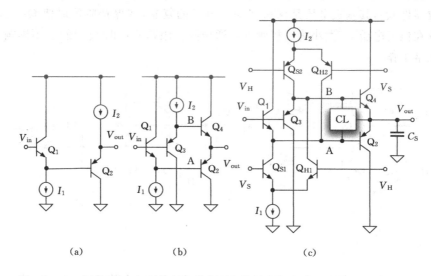

图 5.8　(a)采用互补双极晶体管的单位增益缓冲器；(b)双极晶体管构成的推挽
式单位增益缓冲器；(c)互补双极晶体管构成的采样-保持电路

图 5.8(b)中，如果结点 A 和结点 B 的电压突然分别被拉高和拉低，推挽缓冲器就成为互补开关缓冲器。图5.8(c)中增加了两对差动开关（Q_{S1}-Q_{H1} 和 Q_{S2}-Q_{H2}）来实现这个功能，这两对开关用于分别将 I_1 和 I_2 从 Q_1 和 Q_2 的发射极转向到结点 B 和结点 A。

保持阶段，CL 模块将 A 点和 B 点分别钳位在合适的电平上，比输出高或者低，而且也提供电流 I_{B1} 和 I_{B2}。但在采样阶段，这个模块就如同图 5.7(a)中的 Q_C 一样，不对电路起作用。

5.4　双极型采样-保持电路的特点

采用双极晶体管的采样-保持电路速度快、线性度好，但由于截止状态时需要保持 pn 结反偏，所以动态范围受到限制。

例如，考虑用图 5.6(b)中的缓冲器电路驱动图 5.7(a)的差分结构的电路时，在保持状态，截止条件由图 5.6(b)中二极管连接的晶体管 Q_3（或者 Q_4）反偏保证，考虑到 Q_3 发射极跟随输入电压（Q_1 的跟随器作用），可以得到在 $nT<t<nT+T/2$ 时间段内输入电压摆幅应满足：

$$V_{in}(nT) - V_D < V_{in}(t) < V_{in}(nT) + V_D \tag{5.2}$$

其中 nT 为进行保持动作的时刻，$T/2$ 为保持的周期。

在 $T/2$ 周期内,满刻度正弦波(工作在奈奎斯特频率)的最大变化量为 $V_{ref}/2$,所以最大的输入幅度不能超过 $2V_D$,图 5.8(c)中的钳位模块决定输入动态范围,等于 V_D 加上由钳位模块决定的 A 点或者 B 点的电平移位值。

采样-保持电路的非线性主要取决于 V_{BE} 随发射极电流的非线性变化

$$V_{BE} \approx V_{BE0} + V_T \ln \frac{I_E}{I_{bias}} \tag{5.3}$$

其中 V_{BE0} 是 $I_E = I_{bias}$ 时的基极-发射极电压。

因为发射极电流等于偏置电流加上流入 C_S 的电流

$$I_E = I_{bias} + C_S \frac{dV_{in}}{dt} \tag{5.4}$$

采用伪差分结构,差分输出电压为

$$V_{out+} = V_{in+} - V_{BE0} - V_T \ln \frac{I_{bias} + C_S \dfrac{dV_{in}}{dt}}{I_{bias}} \tag{5.5}$$

$$V_{out-} = V_{in-} - V_{BE0} - V_T \ln \frac{I_{bias} - C_S \dfrac{dV_{in}}{dt}}{I_{bias}} \tag{5.6}$$

产生的差分误差为

$$\delta V_{out,d} = V_T \ln \left[\frac{I_{bias} + C_S \dfrac{dV_{in}}{dt}}{I_{bias} - C_S \dfrac{dV_{in}}{dt}} \right] \tag{5.7}$$

当输入为正弦波 $V_{in} = A\sin(\omega_{in} t)$ 时,得

$$\delta V_{out,d} = V_T \ln \left[\frac{I_{bias} + A\omega_{in} C_S \cos(\omega_{in} t)}{I_{bias} - A\omega_{in} C_S \cos(\omega_{in} t)} \right] \tag{5.8}$$

该误差函数是奇函数,所以仅存在奇次失真项,其大小正比于输入频率、采样电容值和输入幅度。为了减小误差,偏置电流应当远大于采样电容中的电流。例如,当用一个 4pF 的电容对一个 200MHz、幅度为 1V 的正弦波采样时,采样电流会达到 5mA,对于 $SFDR>100dB$ 的要求,至少需要 $I_{bias}=8I_C$(下面例子中将会证实),故偏置电流应为 40mA。

219

例 5.1

一个射极跟随器的偏置电流为 5mA,驱动一个 2pF 的采样电容。估算当输入为 100MHz,最大幅度为 1V 的正弦波时的输出频谱,确定当偏置电流为电容峰值电流的 2 到 10 倍时的 SFDR,并验证输入正弦波幅度减小时 SFDR 也随之减小。

解

Ex5_1.m 中的程序用来计算由式(5.7)所描述的失真,序列的长度并不重要,这是因为没有量化,并且也不可能有量化的噪声能够掩盖失真谐波,输入 19 个(周期)正弦波的 2^{10} 个样本序列就足够了。

在给定输入频率下,2pF 电容中的峰值电流约为 1.25mA,恰为偏置电流的四分之一。从输出电压的频谱可以看出,像预期的那样,仅存在奇次失真:三次谐波低于输入信号,为 -82.8dB,5 次谐波更低,为 -123dB。因此 SFDR 主要由三次谐波决定。

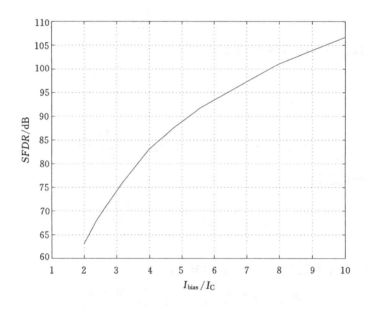

图 5.9 SFDR 与归一化偏置电流的关系

220　　图 5.9 绘出了偏置电流与 SFDR 的函数曲线,当 $I_{\text{bias}} = 8I_C$ 时,SFDR 超过 100dB。SFDR 也随着输入幅度的减小而改善:对于 $I_{\text{bias}} = 5\text{mA}$ 的情况,A = 0.5V 时 SFDR 为 95dB,A = 0.25V 时 SFDR 为 107dB。

图 5.8(b)和(c)中推挽缓冲器的线性度由输出级晶体管 Q_2 和 Q_4 的线性度决定,这是因为输入射极跟随器的动态电流和 Q_2 和 Q_4 的动态电流相比可以忽略,后者的动态电流等于输出级动态电流除以 β。

由于 Q_2 和 Q_4 的电流为

$$I_{Q2} = I_{\text{bias}} - C_S \frac{\mathrm{d}V_{\text{in}}}{\mathrm{d}t}; \quad I_{Q4} = I_{\text{bias}} + C_S \frac{\mathrm{d}V_{\text{in}}}{\mathrm{d}t} \tag{5.9}$$

所以单端误差由与式(5.7)类似的公式给出,而差分误差是单端误差的两倍。相应的,差分推挽缓冲器的谐波失真比 A 类差分射极跟随器差 6dB。

噪声是射极跟随器采样-保持电路的另一个重要特性,该电路的噪声取决于输入晶体管和电流源,在高频时 $1/f$ 噪声项是不相关的,所以双极晶体管的输入参考噪声可以简化为

$$v_{n,\text{in}}^2 = \frac{2}{3}\frac{4kT}{g_m} + 4kTr_{bb'} \tag{5.10}$$

其中 g_m 是跨导,$r_{bb'}$ 是基极与有效基极之间的电阻。

射极跟随器中电流源的噪声可以用随机电流源表示,其频谱反比于输出电阻 R_0,为 $i_{n,0}^2 = 4kT/R_0$。总之,图 5.10(a)中的单端电路是射极跟随器的大信号模型,对于小信号分析,电路如图 5.10(b)所示,它是图 5.10(c)电路的戴维南等效

$$v_{n,\text{eq}}^2 = \gamma\frac{4kT}{g_m} = \frac{2}{3}\frac{4kT}{g_m} + 4kTr_{bb'} + \frac{4kT}{R_0 g_m^2} \tag{5.11}$$

其中 γ 是过量噪声因子,它以电阻 $1/g_m$ 的噪声谱为参考来估算的。当 $r_{bb'}=0$ 且电流源为理想电流源时,可得到理论上的最小值。

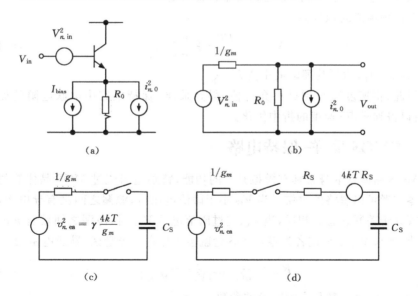

图 5.10　研究射极跟随器噪声的等效电路

用电容 C_S 对 $v_{n,\text{eq}}^2$ 的采样决定了 C_S 上的噪声电压,在奈奎斯特区间,C_S 上的噪声总功率类似于已经研究的那样,为

$$V_{n,C_S}^2 = \frac{\gamma k T}{C_S} \qquad (5.12)$$

上式表明过量噪声因子 g 使噪声值相对于期望值 kT/C 放大了,这个结果再次表明 $1/g_m$ 并不重要,因为它同时增大了噪声和 RC 滤波网络的时间常数,在第一章中已经介绍过这两种影响会相互抵消。

许多情况下,采样网络的速度非常高或者被刻意做得很高,比如,假设 I_{bias} 为 5mA,$C_S = 2pF$,因为 $1/g_m = 5\Omega$,所以采样网络的时间常数为 10ps。这种情况下,可在采样电容上串联电阻,降低速度来换取噪声的降低,如图5.10(d)所示。射极跟随器和串联电阻的噪声谱是二次叠加的,而电路时间常数的增加取决于 R_S 和 $1/g_m$ 的增加。这个

折表

虽然采样-保持电路中的串联电阻会降低速度,但是也能降低由基极电阻 $r_{bb'}$ 和电流源产生的附加噪声,这使得噪声能量能够接近理论极限值 kT/C。

222 结果表明采样电容上的总噪声功率也是白噪声,等于 $V_{n,C_S}^2 + 4kTR_S$,它是被时间常数为 $(R_S + 1/g_m)C_S$ 的低通滤波器滤波的结果,这个

有色噪声谱的积分为

$$V_{n,C_S}^2 = \frac{kT}{C_S} \cdot \frac{\gamma + g_m R_S}{1 + g_m R_S} \qquad (5.13)$$

当 $g_m R_S \gg 1$ 时,达到其理论最小值 kT/C_S。

因此,将速度减小到最小允许值,得到采样-保持电路中串联电阻的极限值,可以得到噪声-速度的折中优化。

5.5 CMOS 采样-保持电路

MOS 晶体管本身就具有模拟开关的功能,特别是当流过 MOS 晶体管的电流为零或者可以忽略的时候。当 V_{GS} 小于阈值电压时,源漏之间没有导电沟道,晶体管处于关断状态。相反,当 V_{GS} 超过阈值电压 V_{TH} 时,源漏之间就有导电沟道形成,如果 V_{DS} 很小或者为零,MOS 管就会工作在三极管区,导通电阻为

$$R_{on} = \frac{L}{\mu C_{ox} W (V_{GS} - V_{TH})} \qquad (5.14)$$

其中 μC_{ox},W 和 L 都是大家熟悉的参数。

导通电阻必须使 $R_{on} C_S$ 网络的时间常数远小于采样电容允许的充电时间。根据精度要求的不同,时间常数取值为采样时间的七到十分之一或者更小,因此高频应用中 MOS 开关管的宽长比可能会相当大。

式 5.14 表明导通电阻随过驱动电压的减小而增加,当 $V_{GS} - V_{TH} = 0$ 时导

通电阻无穷大。因此,如果开关电压可以保证过驱动电压是常数(或保持在合适范围内)时,就可以用单个晶体管作为开关,如图 5.11(a)所示;但当 V_{GS} 在大范围内变化时,应如图 5.11(b)所示,由一对 n 沟道晶体管和 p 沟道晶体管来构成开关。

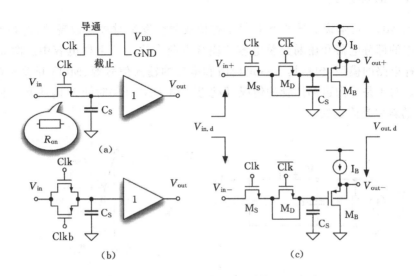

图 5.11　(a)单晶体管 MOS 开关;(b)互补晶体管 CMOS 开关;(c)源跟随器做输出缓冲器的简单无源伪差分采样-保持电路

互补元件的导通电阻由两个器件并联在一起决定。随着沟道电压的变化,一个管子的电导按比例增大,另一个管子的电导按比例减小,如果 PMOS 的宽长比是 NMOS 的宽长比的 μ_n/μ_p 倍,则总电导可以在比较宽的工作范围内保持不变。

用 MOS 开关对采样电容进行充电是实现采样-保持(或者更好的是实现跟踪保持)最简单的方法,然后存储电荷由具有高输入阻抗的输出缓冲器保存。

高速应用中输出缓冲器通常采用简单的源随器,其输入管的源端和衬底连在一起以消除体效应。图 5.11(c)中的伪差分结构就可用来对差分信号进行采样。

虚拟晶体管 M_D 用来补偿 M_S 开关的电荷注入,其源漏端短接在一起,用主开关控制信号的互补延迟信号控制。当 M_D 导通时,形成导电沟道,沟道中的电荷,与 M_S 注入的电荷近似相等,补偿了 M_S 断开时的电荷注入。

图 5.11(c)的电路采用一个简单的源随器做输出缓冲器,可以使速度最快,但分辨率不高,因为 MOS 源随器的线性度远不如双极射极跟随器。我们已经

看到,采用较大电流后射极跟随器的谐波分量能够低至－100dB,而相同电流条件下亚微米工艺 CMOS 源跟随器的速度虽然能够达到数 GHz 范围,但谐波分量在－70dB 左右,所以分辨率仅能达到 7～9 位。

5.5.1 时钟馈通

当 MOS 晶体管从导通态向截止态切换时会发生时钟馈通现象,这是因为沟道中的部分电荷和栅漏交叠电容的耦合电荷会注入到采样电容中。图 5.12 是采样电路的模型,包括具有一定内阻和电容的输入信号源、MOS 开关和存储电容。对于是 n 沟道晶体管的情况,假设其栅电压在开关时间 δt 内从 $V_{G,on}$ 降至 $V_{G,off}$ 的斜率是固定的。

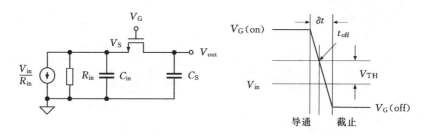

图 5.12　研究时钟馈通的电路和时钟样式

开关由导通态到截止态切换时,导通电阻增加,直到 t_{off} 时导通电阻无穷大,此时 $V_{GS}-V_{TH}=0$。同时沟道中的电荷 Q_{ch} 注入到源端和漏端,沟道中电荷消失,Q_{ch} 为

$$Q_{ch} = (WL)C_{ox}(V_{G,on} - V_{TH}) \qquad (5.15)$$

其中 W 和 L 是栅的有效尺寸,C_{ox} 是栅氧化层单位面积电容,V_{TH} 是阈值电压。

Q_{ch} 注入到采样电容的多少取决于 MOS 管参数、时钟变化斜率 $\alpha = \Delta V_G/\delta t$ 和开关管两端的边界条件。

通过一个简化模型将沟道和栅极用分布式 RC 网络描述,可以研究电荷注入效应,其结果是开关参数 B 的函数,B 由下式给出

$$B = V_{ov}\sqrt{\frac{\mu C_{ox}W/L}{|\alpha|C_S}} \qquad (5.16)$$

当开关两端看到的阻抗有明显差异时,数值求解得到的 B 如图 5.13 所示,注入到采样电容上的电荷比例是 B 和 C_S/C_{in} 比值的函数。当 B 值较小时注入电荷为沟道电荷的一半,而当 B 值较大时(伴随着很长的下降时间),注入到采样电容上的电荷比例趋于稳定,与 C_S/C_{in} 成比例关系。

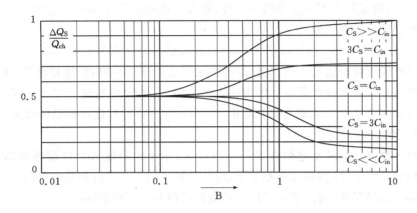

图 5.13　注入到源端的电荷比例与 B 的关系曲线

对于下降时间很长或很短的情况结果都很简单,但对于介于二者之间的区域估算就比较困难。因此,为了有效地运用下面描述的补偿方法,应使电路工作在可预测的区间内,典型情况是使下降时间很快,注入的电荷等于沟道电荷的一半。

例 5.2

一个跟踪-保持电路采用 n 沟道晶体管开关,$W/L = 9\mu/0.18\mu$,采样电容 0.6pF,开关过驱动电压 0.8V,栅极电容 $1.2\text{fF}/\mu^2$,估算 $B = 0.3$ 时钟馈通引起的失调。

解

通过 $C_\text{G} = WLC_\text{ox}$ 计算可得栅电容为 1.94fF,由于过驱动电压为 0.8V,所以沟道电荷为 1.56fC,根据 B 的值可知有一半的沟道电荷注入到 C_S 上,因此产生的失调为

$$V_\text{OS} = \frac{1}{2}\frac{C_\text{G}}{C_\text{S}}V_\text{ov} = 0.64\text{mV} \tag{5.17}$$

它小于过驱动电压的 0.1%

计算过程没有考虑栅漏交叠电容的影响,对于采用最小沟道长度的器件,交叠电容的影响大约为沟道贡献量的 $10\% \sim 20\%$。

5.5.2　时钟馈通补偿

时钟馈通是个需要考虑的问题,因为存储电容上的电荷用于表示信号的大

小,注入电荷是其中不可忽略的一部分,更为严重的是这种影响是加在沟道上的输入电压的非线性函数。

如图 5.11(b)所示,可以增加"虚拟"开关管 M_D 注入大小相等极性相反的电荷来补偿时钟馈通的影响,"虚拟"的开关管是个非线性电容,能够匹配 M_S 沟道电荷与电压的非线性关系。因为注入电荷是 M_S 沟道电荷的一部分,所以 M_D 的尺寸必须小于 M_S(近似为 M_S 尺寸的一半),这种不对称使得补偿的效果仅能达到约 70%～80%。

另一种方法是基于电荷注入的差分平衡,用于差分输入的数模转换器中。由于信号是差分的,共模部分不重要,对差分输入的两端进行相同的电荷注入只会引起共模量变化,而全差分工作会抑制掉这种共模变化的影响。

举例来说,图 5.14(a)中有两个开关对 C_S 进行复位,如果两个开关的尺寸和栅极控制信号都是相同的,那么它们截止时注入到两个虚拟地的电荷就相等。这个结构是对称的,精度取决于器件的匹配性,这种补偿的有效性可以达到 80%～90%。

有时不进行时钟馈通的补偿,而是确保注入电荷固定不变也是可以的,这将产生一个固定失调,在任何不关注直流分量的应用场合都是可以接受的。固定的电荷注入需要相同的开关条件,意味着需要相同的沟道电荷和沟道电压,这个要求可以由如图 5.14(b)所示的电路得到:A 点在地和虚拟地之间切换,因为注入到虚拟地的电荷取决于

> **切记**
>
> 时钟馈通补偿的效果取决于工作条件的对称性和元件匹配的程度,预期能够得到的最佳补偿效果大约是 90%,误差最好是一个与信号无关的直流偏差量。

S_3 截止时注入到 A 点的电荷,这就有必要在每个时钟周期确保相同的边界条件。控制信号要避免电容两侧的开关同时动作,如图 5.14(c)所示,$\Phi_{1,d}$ 是时钟 Φ_1 微小延迟后的时钟信号,使得断开 S_3 之后再断开 S_1。因为连接到地的电容极板决定了实际的采样,所以这种方法常称为下极板采样。

5.5.3 两级 OTA 构成的跟踪-保持(T&H)电路

这种 CMOS 跟踪-保持电路是将两级 OTA 接成单位增益结构来跟踪输入的变化,第 1 级的输出就等于输入除以第 2 级的增益,此外,由于稳定性问题需要在第二级的输入和输出之间接入一个电容,这个补偿电容同样会存储输入信号,它可以在反馈回路开路时保持信号。

图 5.15(a)是个单位增益结构的两级运算跨导放大器,图 5.15(b)在图5.15

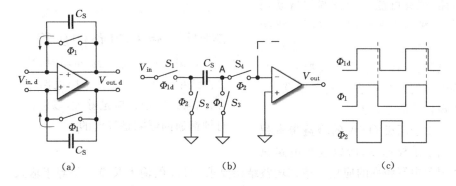

图 5.14　(a)全差分结构的时钟馈通补偿;(b)下极板采样;(c)时钟相位

(a)所示的两级电路之间加入了一个开关来控制环路的断开,另外补偿电容的名字改为 C_S 以凸显它的两个作用:其一是在跟踪阶段作为频率补偿电容,其二是在保持阶段作为采样电容。

可以看到:第 1 级差分结构的增益为 A_1,第 2 级单端结构的增益为 A_2,跟踪阶段结束时输出电压为

$$V_{out}(nT) = \frac{[V_{in}(nT) + V_{OS}]A_1 A_2}{1 + A_1 A_2}; \quad V_1(nT) = \frac{V_{out}(nT)}{A_2} \quad (5.18)$$

上式表明:增益很大时,输出电压为输入信号加上输入参考失调电压的跟踪电压,此外,采样电容上的电荷说明了第 2 级放大器的有限增益。

228

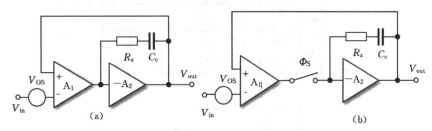

图 5.15　(a)米勒补偿的两级 OTA;(b)两级 OTA 构成的跟踪-保持电路

当开关断开时,C_S 上的电荷保持住了由于时钟馈通影响而发生改变的信号,其电压为

$$V_{out}(nT + T/2) = \frac{[V_{in}(nT) + V_{OS}]A_1 A_2}{1 + A_1 A_2} - Q_{ck} C_S \quad (5.19)$$

由于开关上的电压几乎不变($-V_{in}/A_2$),因此沟道电荷几乎与输入信号无关,使得时钟馈通影响仅表现为一个失调。而且,由于保持阶段时并不使用第 1 级

电路,就有可能进行失调的自动调零:一种自调零电路是将第1级接为单位增益结构,将失调电压存储在电容上,在下个采样周期到来时将带有失调的电容与输入串联,以实现自动调零。

由于两级 OTA 的增益带宽积限制了采样速度,所以这个电路只

该跟踪-保持电路的应用

当需要使用输入缓冲器时,这种两级的 OTA 跟踪-保持电路很方便,第二级增益应足够大,以保证时钟馈通的影响是恒定的。

适用于中等频率的应用。单位增益结构要求 OTA 的输入共模电平等于输入摆幅。由于在采样阶段就可以在输出端得到输入电压,所以该电路是一种跟踪-保持电路。

5.5.4　CMOS 采样-保持(S&H)电路中虚拟地的使用

虚地概念的使用可使输入共模电平的要求不再需要到达输入信号那样宽的范围。

图 5.16(a)是另一种具有这种优点的电路,增益为 −1 的全差分放大器在开

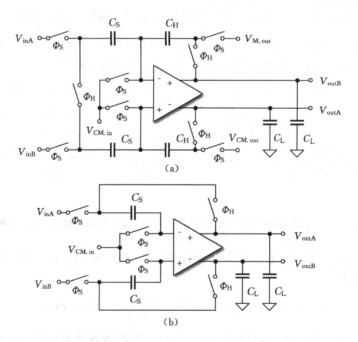

图 5.16　(a)电荷转移型采样-保持电路;(b)翻转型采样-保持电路

关控制下实现采样-保持,这就是所谓的电荷转移型 S&H 电路。在采样阶段 Φ_{S},C_{S} 被预充电至输入电平,保持电容 C_{H} 预充电到输入共模与输出共模的差值。在保持阶段,将 C_{S} 上的电荷都转移到保持电容 C_{H} 上,这样就实现了失调电压的抵消,并将共模输出进行了平移。

OTA 输入和输出的共模量可以不同,这使得设计更为灵活,让我们可以使用类似套筒式共源共栅的结构。由于在 Φ_{H} 相位时 C_{S} 的左边被连在一起,所以这种结构可以抑制输入中任何的共模分量。

当 $C_{\mathrm{S}}=C_{\mathrm{H}}$ 时为单位增益,如果需要,可以采用不同的电容比例实现信号的放大或者缩小。

还有一种效果更好的方法如图 5.16(b)所示,仅使用一对差分电容 C_{S} 就可 230
以实现 Φ_{S} 相位的信号采样和 Φ_{H} 相位时的信号保持。电路的工作过程可以看作电容右端连线的翻转,所以这种电路称为"翻转架构"。

图 5.16(b)中的电路增益只能为 1,且不能设置不同的输入共模电平与输出共模电平,但与电荷转移型架构相比,这个电路更节约功耗,这是因为它的反馈系数为 1(忽略寄生电容),而电荷转移结构的 β 为 $1/(1+G)$(例如:当 $G=1$ 时,$\beta=0.5$),翻转架构中更加有利的 β 取值使得在相同采样频率下开环增益带宽积更小,从而可以降低功耗,或者使采样速率更高。

图 5.16 中的两个电路在采样阶段都没有使用运放,而是采用无源方式进行采样,因此,采样阶段运放处于开环状态,输出电压会接近正电源或负电源,这就需要一段很长的时间恢复到正常工作状态。这种不利因素可以通过在采样阶段将两个差分输出端短接一起连并接到一个共模电平上来消除。

5.5.5　噪声分析

电荷转移型和翻转型的电路噪声都可以用图 5.17 的等效电路进行分析,每个开关的导通电阻被建模为一个电阻 R_{on} 和热噪声源 $v_n^2=4kTR_{\mathrm{on}}$,运放的输入

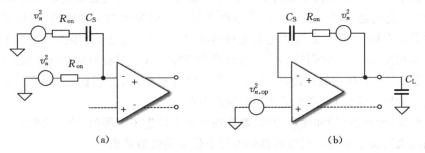

(a)　　　　　　　　　　　　　(b)

图 5.17　翻转型采样-保持电路的噪声等效电路(a)采样阶段;(b)保持阶段

参考噪声用串联在运放一个输入端的噪声源表示。

采样数据中的噪声是在保持阶段测量的,可以采用与分析 kT/C 噪声相同的方法进行研究:每个噪声源经过一个低通网络进行滤波,在每个电容两端引起有色噪声。当开关断开时,电容上采集到具有一定噪声谱的噪声,其能量等于有色噪声谱从零到无穷的积分。采样阶段产生的噪声功率被传递到输出端(可能经过一个传输函数滤波),当二者不相关时进行平方叠加,当二者相关时进行线性叠加。

如图 5.17(a)所示,翻转型架构中采样阶段的噪声模型为:两个噪声源通过两个导通电阻给电容 C_S 充电。由于噪声谱和导通电阻都加倍了,所以低通拐点频率的降低抵消了热噪声的增加,得到 kT/C_S。在保持阶段,如图 5.17(b)电路模型所示,电路处在单位增益状态,在输出端引起的噪声和采样量(采样阶段产生)一起,在保持阶段结束时被电容 C_L 采集。

虚地使得输出噪声与噪声源 $v_n^2 = 4kTR_{on}$ 相等,一直持续到运放有限的单位增益频率 f_T 时开始下降,根据白噪声的谱密度函数 $4kTR_{on}$ 可以得到有色噪声谱密度为

$$v_{out}^2 = \frac{4kTR_{on}}{1+(\omega/\omega_T)^2} \tag{5.20}$$

将上式对频率从零到无穷进行积分,结果为 $kTR_{on}\omega_T$。

由于采用了单位增益的结构,恰好运放噪声的带限也是 f_T,因此当假设 $v_{n,op}^2 = 4kT\gamma/g_m$,$\omega_T = g_m/C_L$ 时,C_L 两端在采样和保持两个阶段由开关引起的采样噪声加上运放产生的噪声,可得

$$V_{n,flip}^2 = \frac{kT}{C_S} + g_m R_{on} \frac{kT}{C_L} + \frac{\gamma kT}{C_L} \tag{5.21}$$

因为采样时常数 $R_{on}C_S$ 一般小于 $1/\omega_T$,并且 $g_m R_{on}/C_L \ll 1/C_S$,所以上式中的第二项可以忽略。

由于电荷转移结构中采用了两个电容,所以噪声的研究稍微复杂一些,假设 $C_S = C_H$,充电通过两个或三个开关串联进行。我们先考虑采样阶段,可以看到采样阶段存储在 C_S 上的噪声电荷在保持阶段注入到 C_H 上,如果两个电容上的电荷是相关的,那么它们的影响必然会线性叠加。这个观察结果结合叠加定理,表明图 5.18(a)中的噪声源(3)对输出噪声没有贡献,因为它在 C_S 和 C_H(左边和右边的网络相同)上产生了相同的噪声电荷。

然而,噪声源(1)和噪声源(2)都会在电容上产生了不等的电荷,它们共同作用的结果取决于从输入到电容器端的两个传输函数的差值

$$H_{eq}(s) = H_{C_S}(s) - H_{C_H}(s) = \frac{1}{1 + 3sR_{on}C_S}; \quad C_S = C_H \qquad (5.22)$$

232

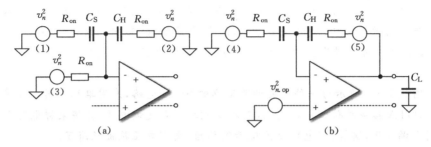

图 5.18　电荷转移型采样-保持电路的噪声等效电路(a)采样阶段；(b)保持阶段

这表明,复合滤波优于对应的无源滤波,无源滤波中 C_S 和 C_H 的采样噪声因此都为 $2kT/(3C_S)$。

对保持阶段的分析,需要考虑图 5.18(b)中噪声源(4)、噪声源(5)和运放噪声的贡献。可以看到噪声源(4)被放大了 -1 倍,带宽限制为 βf_T。同时,由于 C_H 构成反馈环路,虚地电压几乎为零,所以噪声源(5)在带宽频率 bf_T 内被无衰减的传递到输出。这两个开关产生了两个白噪声,但更小的反馈因子可保证更加有效的滤波。

最后的噪声贡献是,在有限的带宽 βf_T 以内,反馈网络将 $v_{n,op}$ 放大两倍,也就是将噪声谱 $v_{n,op}^2$ 放大四倍。

将采样和保持阶段的噪声平方叠加可以得到采样数据的噪声表达式,假设运放噪声谱为 $v_{n,op}^2 = 4kT\gamma/g_m$,$\omega_T = g_m/C_L$,当 $\beta=1/2$ 时这个表达式可以写为

$$V_{n,ch_T}^2 = \frac{2kT}{3C_S} + g_m R_{on} \frac{kT}{C_L} + \frac{2\gamma kT}{C_L} \qquad (5.23)$$

233

式中的前两项几乎与式(5.21)中的对应项相等,但最后一项等于翻转型架构中对应项的两倍,因此当运放噪声占主导地位时,电荷转移型架构的噪声会更高。

这个结果表明,电荷转移架构中采样-保持电路的噪声表现略差于翻转型架构的噪声表现,特别是当运放的噪声因子 γ 比较大时。相同设计条件下,这两种情况相差大约 3dB。

直观结论

采样-保持电路的噪声功率反比于所用的电容值(采样电容和负载电容),关系为 kT/C,噪声特性不好的运放会显著降低整个电路的噪声性能。

例 5.3

　　一个翻转型采样-保持电路,将采样电容预充电到输入减去失调电压来降低对失调的敏感程度,画出电路结构,进行噪声分析,其中采样电容为 1pF,R_{on}＝10Ω,OTA 的模型为 g_m＝12mA/V,γ＝2,负载电容 C_L＝2pF。

解

　　图 5.19(a)所示为一种对失调不敏感的 S&H 电路,采用单端方案。在采样阶段,OTA 接成单位增益结构,从而在同相端得到失调电压,并将采样电容预充电到失调电压,这样,将电路接为反馈结构后,失调电压就被抵消了。

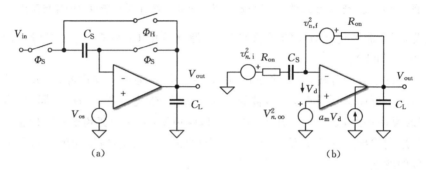

(a)　　　　　　　　　　　　　　　　(b)

图 5.19　(a)对失调不敏感的翻转型采样-保持电路;(b)采样阶段的噪声模型

234　　　这个电路的噪声表现不同于翻转型结构,在 Φ_S 阶段,右边开关不仅采样到失调电压,而且还有运放的噪声。由小信号等效电路图 5.19(b)可以得到

$$v_{out} = v_{n,i} + v_{n,f} + v_{n,C_S}(1 + 2sR_{on}C_S)$$

$$v_d = v_{n,op} - v_{out} + v_{n,f} + v_{n,C_S}sR_{on}C_S$$

$$g_m v_d = v_{out} \cdot sC_L + v_{n,C_S}sC_S$$

其中 v_{n,C_S} 是采样电容上的噪声电压,$v_{n,in}$ 和 $v_{n,f}$ 分别是输入和反馈开关的热噪声。

　　联立以上等式可以得

$$v_{n,C_S} = \frac{v_{n,i}(g_m + sC_L) + v_{n,f}sC_L - v_{n,op}g_m}{g_m + s\{C_L + C_S(1 + g_mR_{on})\} + 2s^2C_LC_SR_{on}}$$

表明采样电容上的电压由三个噪声源经过不同的噪声传输函数适当整形后组合而成,这些传输函数有两个极点,对于热噪声源,有一个零点。

　　由于上面的三个噪声源是不相关的,所以电容 C_S 上的噪声谱等于各个噪声源贡献的平方和

$$v_{n,C_S}^2 = v_{n,i}^2 H_{n,i}^2(f) + v_{n,f}^2 H_{n,f}^2(f) + v_{n,op}^2 H_{n,op}^2(f) \tag{5.24}$$

根据给出的设计参数得到噪声传输函数的幅值曲线如图 5.20 所示,并与 $R_{on}C_S$ 低通滤波器的传输函数 $H_{n,ref}=1/(1+sR_{on}C_S)$ 幅值曲线进行了比较。图中可以看出:第二个极点近似位于角频率 $1/R_{on}C_S$,第一个极点频率约为第二个极点频率的十分之一,所有的传输函数都比低通滤波曲线具有更好的衰减特性,尤其是 $H_{n,op}$。

利用文件 Ex5_2 可以画出曲线、计算四个噪声经过传输函数后平方的积分近似值,将频率对 $1/(2\pi R_{on}C_S)$ 归一化,$H_{n,i}^2,H_{n,f}^2,H_{n,op}^2$ 和 $H_{n,ref}^2$ 的值分别为 $0.51,0.45,0.05,1.564$(接近预期值 $\pi/2$),将这些数值代入到式(5.24)中可得

$$v_{n,C_S}^2 = \frac{4kTR_{on}}{2\pi R_{on}C_S}(0.51+0.45) + \frac{4kT\gamma}{g_m 2\pi R_{on}C_S}0.05 = 1.14\frac{kT}{C_S}$$

这个值略高于翻转型采样-保持电路在采样阶段内的 kT/C_S 噪声,这是因为一方面运放的噪声会使总噪声增大,另一方面较小的反馈系数使滤波效果更好。

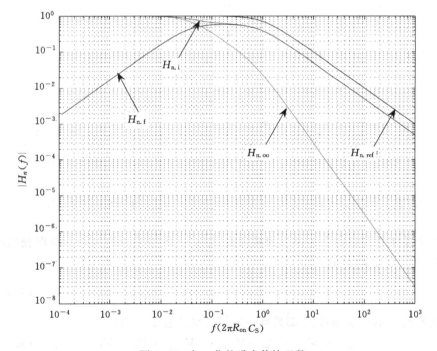

图 5.20　归一化的噪声传输函数

5.6 低电源电压下的 CMOS 开关

CMOS 器件尺寸可等比例缩小的特点带来了许多好处,尺寸缩小后,提高了速度、减小了寄生电容、从而也减小了偏置电流,但是栅氧化层厚度也被减小了,导致电源电压越来越低,最终使得模拟电路的主要功能模块的实现,尤其是CMOS 开关的实现变得很困难。

我们已知一对互补晶体管开关中,一个晶体管导通电阻的增加可以通过另一个晶体管导通电阻的减小来补偿。图 5.21 中,两个开关都处于导通状态,因

236

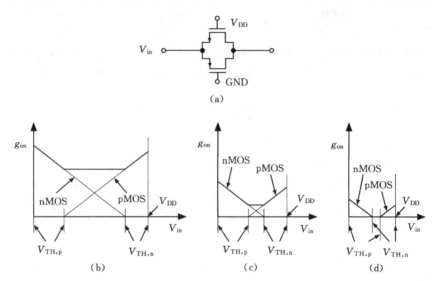

图 5.21 (a)互补开关(b)、(c)和(d)电源电压等比例缩小后的导通电导

为两个晶体管的驱动电压都达到最大值:即 nMOS 栅电压为 V_{DD},pMOS 栅电压为 GND。开关的总电导为

$$G_{\text{on. n}} = \mu_n C_{\text{ox}} \left(\frac{W}{L}\right)_n V_{\text{ov. n}} + \mu_p C_{\text{ox}} \left(\frac{W}{L}\right)_p V_{\text{ov. p}} \qquad (5.25)$$

上式假设 nMOS 和 pMOS 都具有一定的过驱动电压,其中

$$V_{\text{ov. n}} = V_{DD} - V_{\text{in}} - V_{\text{TH. n}}; \quad V_{\text{ov. p}} = V_{\text{in}} - V_{\text{TH. p}} \qquad (5.26)$$

如果 $V_{\text{in}} < V_{\text{TH. p}}$,则 pMOS 的电导为 0;如果 $V_{\text{in}} > V_{DD} - V_{\text{TH. n}}$,则 nMOS 开关截止。

当输入电压能够使得两个晶体管都导通并且满足条件

$$\mu_n \left(\frac{W}{L}\right)_n = \mu_p \left(\frac{W}{L}\right)_p \qquad (5.27)$$

时,电导与输入电压无关,等于

$$G_{\text{on, sw}} = \mu_n C_{\text{ox}} \left(\frac{W}{L}\right)_n (V_{\text{DD}} - V_{\text{TH. n}} - V_{\text{TH. p}}) \tag{5.28}$$

因此,对于一种给定的工艺,宽长比满足式(5.27)条件下,最小导通电导随 237 着电源电压的降低而减小。更进一步说,图 5.21(b)和(c)所示的电导恒定区间所对应的输入电压范围也就减小了。当电源电压为 $V_{\text{TH,n}} + V_{\text{TH,p}}$ 时,互补开关的电导为 0,从这个电压开始的更低电源电压,进入开关无法导通的沟道电压区间。

采用低阈值器件可以缓解这一问题,但是阈值降低后漏电流会增加,因此必须在模拟电路和数字电路的需求之间进行合适的折衷,阈值电压难免需要适度地降低。或许可以采用具有多阈值器件的工艺,但这种工艺很少,并且很昂贵。

另一种解决方案是使用两个电源电压:一个用于模拟部分,另一个用于数字部分,根据应用进行选择,薄氧化层用于数字器件,厚氧化层用于高压器件。但是,这种方案也会导致成本的增加,需要增加工艺步骤和昂贵的掩膜板。

采用电路方法可以在某种程度上避免低电源电压下开关闭合的困难,例如,图 5.22 是一个翻转型采样–保持电路,其中 OTA 的输入端是接近于地的低电平,这个直流低电平为开关 S_b 的驱动提供了适当的电压范围。对于连接在 OTA 输出端的开关,采用开关运放技术(如图所示),在分别接近于 V_{DD} 和地的结点断开 OTA 的第二级,使输出结点成为高阻态,因此不需要用开关断开 OTA,C_s 的左极板就可以与输入端相连接。图 5.22 结构中唯一有苛刻要求的器件是输入开关 S_{in},它的沟道电压范围必须等于输入信号的变化范围。

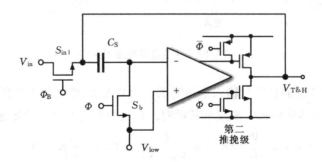

图 5.22 具有低输入共模电压和开关 OTA 的翻转型跟踪–保持电路 *

5.6.1 开关自举电路

238

利用电荷泵可以得到比电源电压 V_{DD} 还要高的电压,但它是 V_{DD} 电压的倍数,不宜作为钟控 MOS 开关的控制电压。原因是虽然当输入信号接近于电源电压时,驱动电压是合适的,但当输入信号接近于 0 时,栅源电压会过大。实际中,栅源电压过高导致器件失效的机理有多种:深亚微米工艺中使用短沟道器件时,所谓的"热电子"或"热空穴"效应会使阈值电压持续降低;强电场会降低栅氧的击穿电压,增大局部遂穿电流,从而导致栅氧寿命缩短。

鉴于上述情况,有必要研究开关自举电路。这种电路可以确保栅极电压总是低于工艺限定值,其原理如图 5.23 所示。M_S 的栅源电压在导通阶段用一个充电电容来保持。而在截止阶段 Φ_{OFF},开关 S_{OFF} 将 M_S 栅端接地,同时开关 S_1 和 S_2 将自举电容 C_B 充电到电源电压;在 Φ_{ON} 阶段时,开关 S_3 和 S_4 把 C_B 连接到 M_S 的栅源两端,从而得到自举的栅压。

实际上,由于寄生电容 C_P 会消耗电荷,M_S 的栅极电压达不到 $V_{in}+V_{DD}$,而是

$$V_{GS} = (V_{in} + V_{DD}) \frac{C_B}{C_B + C_p} \tag{5.29}$$

因此栅源电压等于

$$V_{GS.Ms} = V_{DD} \frac{C_B}{C_B + C_P} - V_{in} \frac{C_P}{C_B + C_P} \tag{5.30}$$

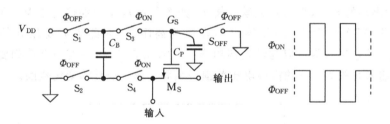

图 5.23　开关自举原理图

这个电压小于 V_{DD} 而且还与输入电压有关。可以通过增大自举电容、减小连接到 G_S 点所有晶体管的尺寸来减小其影响。在这种影响下,M_S 的导通电导为

$$G_{on} = \mu_n C_{ox} \left(\frac{W}{L}\right) Ms \left(V_{DD} \frac{C_B}{C_B + C_P} - V_{in} \frac{C_P}{C_B + C_P} - V_{TH.n}\right) \tag{5.31}$$

可以看到上面所讲的自举效果减弱了,导通电阻受到输入电压的轻微影响。

图 5.23 描述的自举原理在电路实现中应能保证开关管合适的驱动电压,避免任何沟道-衬底二极管的正向偏置,并为漏端承受大电压摆幅的器件提供适当的保护,因此必须满足下列条件:

■　S_1 必须能够接通和断开 V_{DD}。

- 导通阶段开关 S_3 必须能承受自举电压。
- 开关 S_4 必须和主开关工作在相同条件下。
- S_{OFF} 的摆幅必须能够从自举电压达到 0。

图 5.24 是一种具体的开关自举电路,图中标出了实现五个开关的晶体管。开关 S_1 是 n 沟道晶体管,它的栅控制信号需要高于 V_{DD} 电压,因此采用了一个倍压器。倍压器由两部分构成,一部分是一对交叉耦合的 MOS 管 M_{d1} 和 M_{d2},另一部分是由 Φ_{OFF} 及其反相信号驱动的电荷泵电容器 C_1 和 C_2。电荷泵在 Φ_{ON} 阶段把 M_1 的栅极偏置到 V_{DD},在 Φ_{OFF} 阶段就提升到 $2V_{DD}$,这样自举电容就被充电到 V_{DD}(因为此时 S_2 也导通了)。

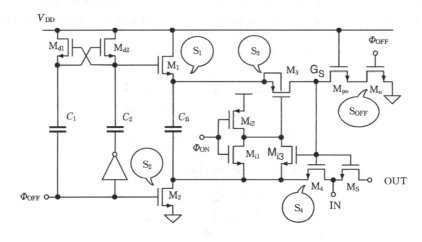

图 5.24　开关自举的电路实现(译者注:此图反相器应接 C_1 下端)

开关 S_3 采用 p 沟道晶体管 M_3 实现。M_{i1} 和 M_{i2} 构成的反相器在 Φ_{ON} 阶段 240
输出到 C_B 的下极板电压,驱动 M_3 的栅极。有时,如果开关 S_4 把 M_{i1} 的源端电压抬高到超过反相器控制信号,这时晶体管 M_{i3} 取代反相器来驱动 M_3 的栅极。

结点 G_S 的电压自举后有两个结果:一是使得 S_4 和 M_S 都导通,二是使得 M_O(该晶体管实现 S_{OFF})漏极电压升高。在 Φ_{ON} 阶段,M_{PO} 为 M_O 在漏极出现高电压时提供保护,使得自举电压分散在 M_{PO} 和 M_O 两个器件上。

可以看到,M_3 源极与阱的连接方式消除了任何可能发生的闩锁,而且,S_1 使用 n 沟道晶体管实现时需要一个倍压器,这个问题比使用 p 沟道开关出现的问题容易解决。如果使用 p 沟道开关,则 p 沟道器件的偏置需要在一个阶段使用 V_{DD},而在另一个阶段使用自举电压。

图 5.23 电路的输入电压不能超过 V_{DD},这是因为 M_{i3} 导通后将输入电压送到 M_{i2} 的漏端,考虑到 M_{i2} 的阱连接 V_{DD},漏端电压过高时会使阱漏间的二极管

正向导通。因此,如果输入电压比 V_{DD} 高,则需要更加复杂的自举电路。

5.7 折叠放大器

折叠放大器的输入既可以是电流,也可以是电压。理想情况下,输出是一组线段的组合,这些线段的斜率正负交替,但斜率的绝对值相等。折叠放大器既可以用双极工艺实现,也可以用 MOS 工艺实现。这里我们研究的两种电路,都可以用这两种工艺实现,一种为电流输入,另一种为电压输入。

5.7.1 电流折叠

图 5.25 给出了用双极晶体管和用 MOS 晶体管实现的两种功能相同的电流折叠电路。第一个电路采用 4 个分段,第二个电路采用 8 个分段,每个分段电

241

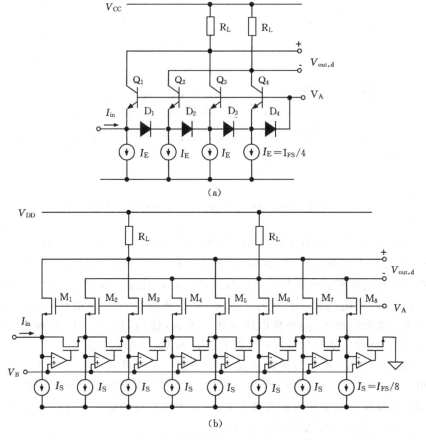

图 5.25 (a)BJT 型电流折叠放大器;(b)MOS 型电流折叠放大器

路相同,使用大小为满刻度电流 1/4 或 1/8 的电流源。如果输入电流为 0,则每个单元的跟随器晶体管中流过的电流都是 I_E(或 I_S),流过两个负载电阻 R_L 的电流相等,从而产生的电阻压降相同,输出差分电压为 0。

小于 I_E(或 I_S)的输入电流使流过 Q_1(或 M_1)的电流就减小了,结果使流过左侧负载电阻的电流减小了,输出的差分电压为

$$V_{out.d} = R_L I_{in} \tag{5.32}$$

当输入电流大于 I_E 时,流过 Q_1 的电流为 0,Q_1 发射极电压(一般情况下比 V_A 低一个二极管压降)升高到使二极管 D_1 导通,把电流 $I_{in} - I_E$ 传递到下一个单元。传递过去的电流减小了 Q_2 的电流,从而减小了流过右侧电阻 R_L 的电流,增大了反相输出端的电压。这时输出的差分电压为

$$V_{out.d} = R_L I_E - R_L(I_{in} - I_E) = -R_L I_{in} \tag{5.33}$$

这是个线性的电压,斜率为负。随着输入电流的增加,差分输出持续减小,直到输入电流超过 $2I_E$ 时,I_{Q2} 成为 0,二极管 D_2 导通,电流($I_{in} - 2I_E$)传递到第三个单元,再一次使得流过左侧负载电阻的电流减小,开始第三个分段,依次类推。

可以看到:每激活一个单元,输入电压就要升高一个二极管压降,因此,能够使用的单元数目受到输入电流产生器动态电压范围的限制。

图 5.25(b)中 MOS 结构折叠放大器工作原理类似于双极型结构,但是它采用比较器来控制电流向右边单元传递,这使得从一个分段向另一个分段的过渡比只是简单地使用二极管连接的 MOS 管更有效。比较器检测到源端电压上升后就使 MOS 开关导通,比较器的阈值电压 V_B 应略高于 $V_A - V_{TH,n}$。

使用比较器增加了电路的复杂性和功耗,但传递器件两端的压降可以很低(即使采用简单的结构),输入信号源的电压摆幅可以减小,从而可以使用更多的分段。

5.7.2 电压折叠

电压折叠器的各个分段可由差分对响应中的线性部分构成,对于双极型电路,线性部分区间大约是 $2V_T$,而对于 MOS 电路,这个值大约是两倍的过驱动电压。由于这两个区间都相对较小,往往有必要通过采用增益衰减措施来增加线性范围。对于 MOS 结构来说,采用图 5.26(a)中的电阻 R_D 可将线性区域扩大 $2I_S R_D$,这是因为当差分输入大约为 $\pm(I_S R_D + V_{ov})$ 时,差分对完全失去平衡。图 5.26(b)给出了一个单元电路产生的输出电压摆幅,输入跨越参考电压,差分输出变化量为 $2I_S R_L$。

整个折叠结构使用若干个单元并联工作,它们的输出端交替地连接到两个负载电阻 R_L 上。V_{R_1} 附近的第一个响应和 V_{R_2} 附近的响应一起构成第一次折叠,

242

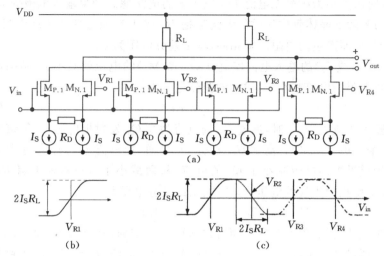

图 5.26　(a)MOS 电压折叠;(b)单个单元的响应;(c)整个电路的响应
(原图中有三段曲线为红、蓝、绿色,现分别以点划线、虚线等区别之——出版者注)

243 第二个和第三个单元一起构成第二次折叠,依次类推,整体结果如图 5.26(c)所示。曲线中圆形的部分取决于单个分段电路响应中饱和状态的"锐利程度"和参考电压的高低。

　　由于输出摆幅为 $\pm I_S R_L$,为了用 $R_L = 1\text{k}\Omega$ 得到 1V 的输出,需要 $I_S = 1\text{mA}$。负载电阻和有效输出电容带来的极点决定了输入信号的带宽,如果 $R_L = 1\text{k}\Omega$、$C_P = 1\text{pF}$,则极点频率为 159MHz。对于高速应用来说,可能需要使用小电阻,带来的不利影响是功耗会增加。

　　输出的共模电压取决于所使用的单元数目 K,流过每个负载电阻的平均电流是 $K I_S$,所以共模输出为 $V_{DD} - K R_L I_S$。可以通过对两个 R_L 注入适当的共模电流来把输出共模电平设置在合适的位置上。

5.8　电压-电流转换器

　　数据转换器中常用的电学量是电压,但有些情况下在电流域中处理信号更加方便,为此,有必要用电压-电流转换器(V-I)来实现两种电量间的转换。实际上,一个工作在三极管区的 MOS 晶体管就是一个简单的电压电流转换器,在一些权宜情况下也相当线性。对于分辨率很低的场合,使用工作在饱和区的单个 MOS 就可以了。但是这种电路工作范围几百 mV,线性度不会超过 60dB,所以对于中高分辨率的 V-I 转换要相对复杂的方案。

　　图 5.27(a)是一个单端 V-I 转换器,它把输入电压复制到电阻的两端,从而

获得一个与输入电压成正比的电流：$I_{out} = V_{in}/R$。这个电路的精度取决于运放的失调和输入参考噪声，而且，由于电流镜的输出阻抗影响镜像比例的精度，因此往往需要采用共源共栅结构。

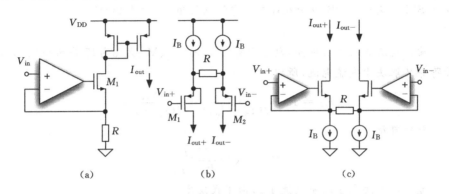

图 5.27 电压电流转换器原理图

图 5.27(a)中采用运放的好处是它可以消除栅源电压 V_{GS1} 漂移的影响，其实这样的漂移对于全差分结构来说并不严重，并且全差分结构还可以部分抵消 V_{GS} 的非线性。因此图 5.27(a)的结构可以简化为图 5.27(b)，它使用了两个 pMOS 源跟随器，其衬底都接源端以消除体效应，跨接在两个源端的电阻决定电流的大小

$$I_{out\pm} \approx I_B \pm \frac{V_{in+} - V_{in-}}{R} \tag{5.34}$$

当然，这个电流与输入共模电平无关。

该方法中精度的限制因素来自于有限的（小信号和大信号）跨导，电阻串联影响 V-I 转换器的跨导增益。因此，为了限制误差，差分对管的跨导应小于电阻的电导。因为电阻值决定跨导增益，所以根据 SFDR 的要求，可能需要采用大的偏置电流来最小化跨导的非线性影响（尽管全差分工作有部分补偿作用）。

有些情况下，不是增加射极跟随器的电流，而是使用功耗相等甚至更低的两个专门的 OTA，来有效地减小跨导，效果更好，如图 5.27(c)所示。因为 OTA 的增益可以减小体效应的影响，所以这种结构中可以使用 n 沟道晶体管。

V/I 跨导增益的绝对精度取决于所用电阻的绝对精度、温度系数和电压系数。由于集成电路中电阻的绝对值会随工艺变化 $\pm 15\%$，因此精密应用中需要进行片上修正或者校准，或采用片外元件。另一种系统误差取决于 MOS 管阈值电压的失配，根据以前的研究结果，它反比于栅极面积的平方根，可达几 mV。

245 **例 5.4**

图 5.27(b)中 V-I 转换器的输入电压范围 $\pm 0.5\text{V}$,偏置电流 $I_B = 1\text{mA}$。为了使 SFDR 大于 85dB 和 95dB,求所需的电阻值($V_{ov} = 400\text{mV}$)。

解

输出电流取决于总电阻,总电阻等于 R 与 M_1、M_2 大信号跨导的串联,大信号跨导又取决于直流电流,所以

$$R_T = R + \frac{V_{ov}}{2(I_B + I_{out})} + \frac{V_{ov}}{2(I_B - I_{out})}$$

整理可得

$$R_T = R + \frac{V_{ov} I_B}{I_B^2 - I_{out}^2}$$

差分输入决定了输出电流 I_{out},由下式决定

$$\Delta V_{in} = R I_{out} + \frac{V_{ov} I_B I_{out}}{I_B^2 - I_{out}^2}$$

这是一个非线性的电压-电流关系,求解可以得到 $I_{out} = f(V_{in})$。

更简便的方法是不用求解非线性方程 $\Delta V_{in} = g(I_{out})$,而是利用 MATLAB 文件 Ex5_3 进行拟合,确定它的多项式系数。因为是奇响应,所以仅存在奇次项系数,其幅值逐渐减小。例如,$R = 10\text{k}\Omega$,可得

$$k_2 = -5.95 \times 10^{-18}; \quad k_3 = -3.78 \times 10^{-4};$$
$$k_4 = -4.02 \times 10^{-18}; \quad k_5 = -1.55 \times 10^{-6};$$
$$k_6 = -7.83 \times 10^{-20}; \quad k_7 = -4.92 \times 10^{-8}.$$

如果输入电压是频率为 f_{in}、幅值为 A_{in} 的正弦波,则三次谐波(决定 SFDR)的幅值为 $k_3 A_{in}/4$,对于 85dB 或者 95dB 的 SFDR 分别需要失真系数 k_3 小于 2.25×10^{-4} 和 7.11×10^{-5}。通过 R 的不同取值进行仿真,满足上述要求的电阻值分别为 $R = 12.5\text{k}\Omega$ 和 $R = 18.5\text{k}\Omega$。

246 图 5.29 中的结构结合了 5.27(b)中的无源结构和图 5.27(c)中的结构,该电路结构把 M_1 和 M_2 的源端与衬底连在一起避免体效应的影响,使用局部反馈来保持流过输入管的电流恒定,从而保持输入晶体管的 V_{GS} 恒定。

输入晶体管既是源跟随器的输入器件,也是增益级的输入器件。I_{M1}(或 I_{M2})与 I_B 的差值乘以结点 A(和 B)的阻抗就可以得到 M_3(和 M_4)栅极的反馈电压。假设 M_7 和 M_8 的电流恒定,环路使 $-\Delta I_{M3}$ 和 ΔI_{M4} 来提供电阻中的电流变化量,它们被 M_5 和 M_6 镜像后进行电流输出。

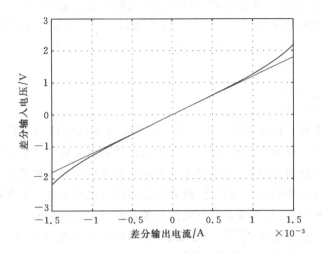

图 5.28　$R=2\text{k}\Omega$ 的电流电压关系

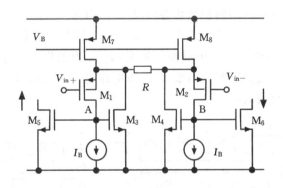

图 5.29　改进的 V-I 转换器（使用恒定电流、M_1 和 M_2 源衬短接）

反馈环路是共源级和共栅级的级联，增益为

$$A_{\text{loop}}=-g_{M_3}\frac{R/2}{1+g_{M_1}R/2}g_{M_1}R_{\text{out},A} \tag{5.35}$$

其中 $R_{\text{out},A}$ 是 M_1 漏端的电阻。

如果 R 约为 $1/g_{M_1}$ 的两倍，$g_{M_1}R_{\text{out},A}$ 在 $30\sim40\text{dB}$ 范围内，则 A_{loop} 所改善的线性度对于很多应用来说已经足够，这是在速度和电路复杂度之间一种良好的折中。

有些设计中，这个电路还需要一些适当的频率补偿来保证局部环路的稳定性。此外，M_3 和 M_4 的偏置需要一定的功耗，典型情况下这些晶体管中的电流为 I_B。相比于图 5.27(b)的电路，该电路的功耗会增加了一倍，但远小于使用两个完整运放的功耗,当然运放可以带来速度和线性度方面的益处。

输出电流的精度除了受电阻值和输入管阈值电压失配的影响外,也受电流镜不精确的影响。电流镜的镜像比例取决于 μC_{cx} 因子的精确度、宽长比的精度以及阈值电压的失配程度。

5.9 时钟产生

数据转换器工作需要从一个主时钟产生许多不同相位的时钟,这些逻辑信号通过对开关的控制实现转化算法、模拟结构的重新配置或者数据传输的控制。时钟的相位可能需要延迟、相互交叠或者不交叠来保证具体的需要,这些需要包括不同状态间转换时反馈的保持,或者避免存储在电容上的电荷泄漏。另外,模拟信号被采样前,必须避免数字逻辑的开关动作引起瞬态毛刺。

产生的时钟基本形式可以是非交叠的、也可以是交叠的,增加一个反相器就可以实现一种形式到另一种形式的转换。图 5.30(a)中采用一个交叉耦合的触发器从单一相位的时钟产生两个互补相位的时钟,图 5.30(a)采用或非门,标出了相位图中虚线所示时刻的初始状态(1 或 0)。当输入变高时,上面的或非门输出变化,但是在输出 Φ_1 变低以前有三个反相器的延迟。接着,下面的或非门的两个输入都成为 0,再经过三个反相器延迟,Φ_2 变为逻辑 1。这样,就产生了 3 个反相器延迟的非交叠时间。如果需要,该电路也可以使用 5 个(或更多个)反相器链来增加非交叠时间。

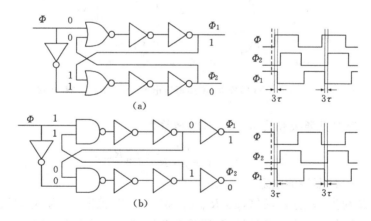

图 5.30 产生两相不交叠时钟的逻辑电路

图 5.30(b)的结构以类似的方式工作,但是使用与非门来获得交叠相位,然后在输出端增加两个反相器转换为不交叠时钟。

习题

5.1 二极管桥式采样-保持电路中的二极管使得 C_S 的充电电流均匀的流过上半桥和下半桥,对于 0.5V 的正弦波输入,求图 5.2 中结点 A 和 B 的电压变化。

5.2 一个二极管桥关断时的下降时间为 2ps,当输入为频率 600MHz、峰值 1V 的正弦波时,估算孔径失真导致的误差。

5.3 为图 5.8 中的电路设计一个钳位模块,输入信号的摆幅为 ±1V。

5.4 图 5.8(a) 中,晶体管的 β 等于 40,输出驱动 2pF 的电容,估算输入为幅度 ±1V 的正弦波、$I_2 = 2mA$ 时的 SFDR。

5.5 重复例 5.1 的运算,采样电容采用 1-2-4-8 pF,输入为频率 160 MHz、峰值振幅 1V 的正弦波。

5.6 一个开关射极跟随器的偏置电流为 5mA,过量增益因子(excess gain factor)$\gamma = 8$,100MS/s 工作时采样电容为 2pF,精度的期望值要求采样-保持电路的带宽至少为采样率的 6 倍,请进行噪声性能的优化。

5.7 对图 5.11 中的伪差分 MOS 采样-保持电路进行晶体管级仿真,偏置电流 0.5mA,Spice 模型采用读者可得到的最快模型,对于 8 位的精度,确定最大的采样速率和 MOS 开关与虚拟器件的合适尺寸。

5.8 利用 Spice 仿真,确定图 5.16 中所有可能的噪声输入到输出的传输函数,运放采用增益和带宽有限的行为级模型。

5.9 重复例 5.2,电容取 4pF,$R_{on} = 25\Omega$,OTA 模型中 $g_m = 12mA/V$,$\gamma = 8$,$C_L = 4pF$。

5.10 使用任何可以得到的 MOS 模型,用 SPICE 来估算最小尺寸互补开关的导通电阻。V_{DD} 取值分别为 n 沟道器件阈值电压的 3 倍、2 倍和 1 倍。

5.11 在晶体管级仿真图 5.24 的时钟自举电路。使用任何可以得到的 CMOS 工艺 SPICE 模型,不需要设计倍压器,只需要采用一个合适的信号产生器即可。

5.12 在晶体管级模拟一个 4 段的 MOS 电压折叠放大器。使用任何可以得到的 CMOS 工艺 Spice 模型,总变化范围是 1V,$I_S = 200\mu A$,源极负反馈电阻为 $1k\Omega$。

5.13 使用任何可以得到的 CMOS Spice 模型来模拟图 5.27(b) 中电压-电流转换器的线性度。其中 $W/L = 50$,$I_B = 1mA$,$R = 10\ k\Omega$,输入正弦波的振幅为 1V。

5.14 使用 Spice 设计图 5.29 中的电压-电流转换器,输入信号的范围 ±1V,带宽 50MHz,要求 SFDR 达到 80dB。

参考文献

书和专著

R. Gregorian and G. C. Temes: *Analog MOS Integrated Circuits for Signal Processing*, John Wiley & Sons, Inc., 1986.

D. A. Johns and K. Martin: *Analog Integrated Circuit Design.* John Wiley & Sons, New York, 1997.

F. Maloberti: *Analog Design for CMOS-VLSI Systems.* Kluwer Academic Press, Boston, Dordrecht, London, 2001.

P. R. Gray, P. J. Hurst, S. H. Lewis, and R. G. Mayer: *Analysis and Design of Analog Integrated Circuits.* John Wiley & Sons, New York, 2001.

P. E. Allen and D. R. Holberg: *CMOS Analog Circuit Design.* Oxford University Press, New York, Oxford, 2002.

期刊和会议论文

采样保持电路

K. Poulton, J. J. Corcoran and T. Hornak: *A 1-GHz 6-bit ADC System*, IEEE Journal of Solid-state Circuits, vol. 22, pp. 962–970, 1987.

P. Vorenkamp and J. Verdaasdonk: *Fully Bipolar, 120-Msample/s 10-b Track-and-Hold Circuit*, IEEE Journal of Solid-state Circuits, vol. 27, pp. 988–992, 1992.

F. Murden and R. Gosser: *12b 50MSample/s two-stage A/D converter*, 1995 IEEE International Solid-State Circuits Conference, pp. 287–279, ISSCC. 1995.

C. Fiocchi, U. Gatti, and F. Maloberti: *A 10 b 250 MHz BiCMOS track and hold*, IEEE International Solid-State Circuits Conference, pp. 144–145, ISSCC. 1997.

C. Moreland, F. Murden, M. Elliot, J. Young, M. Hensley, and R. Stop: *A 14-bit 100-Msample/s Subranging ADC*, IEEE Journal of Solid-state Circuits, vol. 35, pp. 1791–1798, 2000.

P. J. Lim and B. A. Wooley: *A High-Speed Sample-and-Hold Technique Using a Miller Hold Capacitance*, IEEE Journal of Solid-state Circuits, vol. 26, pp. 643–651, 1991.

U. Gatti, F. Maloberti, and G. Palmisano: *An accurate CMOS sample-and-hold circuit*, IEEE Journal of Solid-State Circuits, vol. 28, 120–122, 1992.

CMOS 开关和电容器

B. J. Siew and C. Hu: *Switched Induced Error Voltage on a Swithced Capacitor*, IEEE Journal of Solid-state Circuits, vol. 19, pp. 519–525, 1984.

W. B. Wilson, et al.: *Measurement and Modeling of Charge Feedthrough in N-Channel MOS AnalogSwitches*, IEEE J. Solid-StateCircuits, vol. SC-20, pp. 1206–1213, 1985.

G. Wegmann, E. A. Vittoz, and F. Rahali: *Charge Injection in Analog MOS Switches*, IEEE Journal of Solid-State Circuits, vol. 22, 1091–1097, 1987.

C. Eichenberger and W. Guggernbuhl: *Charge Injection in Analog CMOS Switches*, IEE Proceedings-G , vol. 138, pp. 155–159, 1991.

F. Maloberti, F. Francesconi, P. Malcovati, and O. J. A. P. Nys: *Design Considerations on Low-Voltage Low-Power Data Converters*, IEEE Transactions on Circuits and Systems-I: Fundamental Theory and Applications, vol. 42, no. 11, pp. 853–863, 1995.

A. Baschirotto and R. Castello: *A 1-V 1.8-MHz CMOS switched-opamp SC filter with rail-to-rail output swing*, IEEE J. Solid-State Circuits, vol. 32, no. 12, pp. 1979–1986, 1997. 252

J. R. Naylor and M. A. Shill: *Bootstrapped FET Sampling Switch*, United States Patent 5,172,019, December, 15, 1992.

A. M. Abo and P. R. Gray: *A 1.5-V, 10-bit, 14.3-MS/s CMOS pipeline analog-to-digital converter*, IEEE J. Solid State Circuits, vol. 34, pp. 599–606, 1999.

D. Aksin, M. Al-Shyoukh, and F. Maloberti: *Switch Bootstrapping for Precise Sampling Beyond Supply Voltage*, IEEE J. Solid State Circuits, vol. 41, pp. 1938–1943, 2006.

折叠和 V-I 转换器

B. D. Smith: *An unusual electronic analog-digital conversion method*, IRE Transaction on Instrumentations, vol. 5, pp. 155–160, 1956.

A. Abel and K. Kurtz: *Fast ADC*, IEEE Transaction Nuclear Sciences, vol. NS-22, pp. 446–451, 1975.

M. P. Flynn and B. Sheahan: *A 400-Msample/s, 6-b CMOS folding and interpolating ADC*, IEEE Journal of Solid-State Circuits, vol. 33, pp. 1932–1938, 1998.

B. Fotouhi: *All-MOS voltage-to-current converter*, IEEE Journal of Solid-State Circuits, vol. 36, pp. 147–151, 2001.

R. R. Torrance, T. R. Viswanathan, and J. V. Hanson: *CMOS voltage to current transducers*, IEEE Transaction on Circuits and Systems, vol. CAS-32, pp. 1097–1104, 1985.

J. J. F. Rijns: *CMOS low distortion high-frequency variable-gain amplifier*, IEEE J. Solid-State Circuits, vol. 31, pp. 1029–1035, 1996.

第 6 章

过采样和低阶 $\Sigma\Delta$ 调制器

过采样转换器最初应用于音频频段以及需要高分辨率的应用场合,目前已经在视频和中等分辨率的系统中得到广泛应用。正如我们即将要学到的那样,这种技术利用噪声整形和过采样来实现速度与精度的最优折衷。本章复习过采样方法的基本原理,并讨论一阶和二阶结构,为下一章学习高阶 $\Sigma\Delta$ 结构、连续时间方案和 $\Sigma\Delta$ DAC 打下基础。

6.1 概述

过采样的主要优势是信号带宽仅为奈奎斯特频率的一小部分,从而可以采用数字技术消除所关心频带以外的较大部分频带的量化噪声。在 A/D 转换后采用一个理想数字滤波器滤除从 f_B 到 $f_S/2$ 之间的噪声,可显著地将量化噪声功率降低为原来的 $f_S/(2f_B)$,即

$$V_{n,B}^2 = \frac{\Delta^2}{12} \cdot \frac{2f_B}{f_S} = \frac{V_{ref}^2}{12 \times 2^{2n}} \cdot \frac{1}{OSR} \tag{6.1}$$

式中,V_{ref} 为参考电压,n 为量化器的位数。

从有效位数的定义可知,过采样率 OSR 可潜在地将位数从 n 提高到

$$ENOB = n + 0.5\log_2(OSR) \tag{6.2}$$

可见,当过采样率每提高 4 倍,可潜在地将转换器的分辨率提高 1 位。这个优点并不是很重要,因为,例如要增加 5 位分辨率,必须使 OSR=1024。然而,如果使用过采样来降低抗混叠滤波的性能指标,增加位数附带的好处显然是有益的。

还可以通过噪声整形来增加过采样的好处,但只适用于模拟域。过采样在数字域并不适用,这是因为,采用与信号带宽相适应的最低采样率就能够有效地存储和传输数据。此外,由于数字电路的功耗与时钟频率成正比,使用大的过采样意味着浪费功率。由于存在以上的缺点,通常需要使用一个合适的抽取滤波器来降低过采样之后的数字过采样信号的采样率。

抽取率为 k 表示每 k 点抽取一个采样点,相当于前文所述的降采样。降采样后,频率基准缩小为原来的 $1/k$,原始奈奎斯特区域中的高频分量将会折叠到降采样之后的奈奎斯特频率内从而引起混叠。然而,由于增加有效位数需要用一个滤波器滤除高频区的量化噪声,因此这个用来保证过采样率好处的滤波器同时也可以作为抽取所需的抗混叠滤波器。

图 6.1 表示了过采样信号处理过程以及每个步骤之后的得到频谱。频谱④表示频率上限远小于 f_N 的采样后的模拟信号频谱;频谱②表明量化噪声主要位于 f_B 以外(量化噪声扩展到整个奈奎斯特区间);频谱③示了用数字滤波器抑制 Δf_R 部分噪声来提高信噪比(SNR)的效果。注意,该滤波器位于抽取器之前,且必须与 ADC 工作在相同频率($f_S = 2f_N$)。经抽取滤波后得到的频谱④仍保持相同的噪声频谱,但是占据的奈奎斯特区间更小。

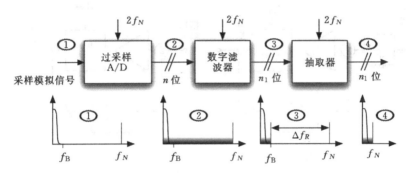

图 6.1　带外噪声抑制和过采样信号的抽取

6.1.1　Δ 和 $\Sigma\Delta$ 调制

历史上,过采样并不是用于将量化噪声延伸到宽频范围,而是为了提高脉冲编码调制(PCM)传输的有效性。这种方案的关键是使用高采样率来传输连续样本之间的变化(Δ),而非实际的采样值。图 6.2(a)表示了 Δ 调制器的框图。图中,信号与其估计值的差用 1 位 ADC 或多位 ADC 来量化,其中输入的估计值是由 DAC 将数字输出转换成模拟信号,再进行积分得到的。

使用 1 位量化时,这种方法称为 D 调制;如果是多位转换,则称为差分脉冲编码调制。图 6.2(b)所示为 1 位量化情况下的输入和输出。可以看出,为了能够跟踪输入信号,必须保证采样频率和 DAC 量化步长足够大。

由于直流输入信号不能在 Δ 调制器的输出端产生有效的信息,所以该电路表现为高通响应特性。将图 6.2(a)中积分器移到如图 6.3(a)所示的位置并在输入端增加微分模块,可以得到一个等效系统。对该系统(图 6.3(a))最自然的

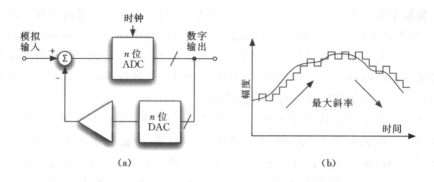

图 6.2　(a)Δ调制器或差分脉冲编码调制；(b)Δ调制的输入和输出

256

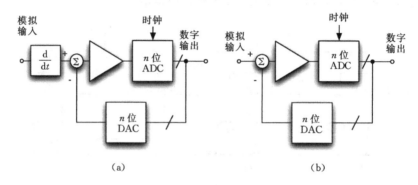

图 6.3　(a)Δ调制器的等效框图；(b)ΣΔ调制器

改进是去掉输入端的微分模块，得到图 6.3(b)所示的结构。该方案与 Δ 调制器的差别是积分器对误差进行积分，而不是对信号的估计值积分。这样，调制器的响应就从高通变为低通。由于图 6.3(b)所示的结构是对差值(Δ)进行积分(Σ)，所以称该调制器为 ΣΔ 调制器。更具体地说，由于在整个环路中只使用了一个积分器，所以该结构为一阶 ΣΔ 调制器。

ΣΔ 方法的一个重要特性是对噪声频谱的整形(这一点将在下一节详述)，这将极大地增强在模数转换器中使用过采样带来的优势。所以，对于脉冲编码调制有效传输的初步研究产生了一类新的并且目前已经得到广泛应用的数据转换器。

6.2　噪声整形

如果能够降低信号频带内的噪声频谱，过采样法将更加有效。这可能是以增加带外部分的噪声为代价，从而将量化噪声的白色频谱变成整形的频谱。高频区的噪声变大并不会带来问题,因为 ADC 后的数字滤波器(图 6.4)可以消除这些噪声。

如图 6.5 所示,在反馈环路中引入量化器可以产生期望的带内噪声减小,也叫噪声整形。

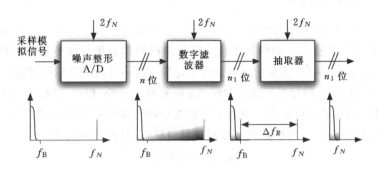

图 6.4　带外噪声抑制和噪声整形后信号的抽取

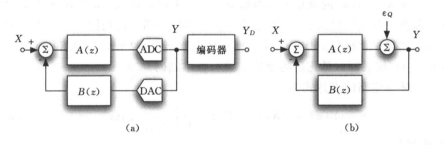

(a)　　　　　　　　　　　　(b)

图 6.5　反馈环路中引入量化器以实现噪声整形

该结构的采样数据输入在处理模块 $A(z)$ 之后被转换为数字信号。为了使环路闭合,必须将转换后的数字信号转换为模拟形式,由 DAC 完成。减法器之前还使用了另一个处理模块 $B(z)$。在图 6.5(b)所示的线性模型中,量化误差用附加的噪声 ε_Q 来表示,该误差作为电路的第二个输入。

观察这个框图结构,可得

$$[X - Y \cdot B(z)]A(z) + \varepsilon_Q = Y \tag{6.3}$$

解得

$$Y = \frac{X \cdot A(z)}{1 + A(z)B(z)} + \frac{\varepsilon_Q}{1 + A(z)B(z)} \tag{6.4}$$

上式表明,信号和量化噪声分别通过了两个不同的传递函数

$$Y = X \cdot S(z) + \varepsilon_Q \cdot N(z) \tag{6.5}$$

其中,$S(z)$ 为信号传递函数,$N(z)$ 为噪声传递函数。为了实现低通数据转换器

并保证有益的噪声整形,$S(z)$ 应该为低通,而 $N(z)$ 应该为高通。

由于往往并不使用处理模块 $B(z)$(即 $B(z)=1$),所以 $A(z)$ 必须具有积分器的形式才能获得所需的响应。

258 6.3 一阶调制器

图 6.3(b)所示的结构图对模拟输入与 DAC 输出的差值进行积分,产生 ADC 的采样数据输入。调制器的输入可以是已经具有采样保持形式的信号,否则就必须在数据转换之前使用一个采样保持器。前一种情况我们得到的是采样数据 $\Sigma\Delta$ 调制器,后一种相当于连续时间 $\Sigma\Delta$ 调制器。此外,根据 ADC 和 DAC 的位数不同,$\Sigma\Delta$ 调制器又可分为一位 $\Sigma\Delta$(简称 $\Sigma\Delta$)调制器和多位 $\Sigma\Delta$ 调制器。

图 6.6(a)表示了采样数据 $\Sigma\Delta$ 调制器的框图,其传递函数为

$$H(z) = \frac{z^{-1}}{1 - z^{-1}} \tag{6.6}$$

实现对模拟采样数据的积分。

由于 n 位 ADC 的量化等效为增加了一个量化误差 ϵ_Q,而 DAC 只是将数字输出转换成量化的模拟信号,因此图 6.6(a)中的框图可以用图 6.6(b)所示模拟结构来建模。该模拟结构是一个线性采样电路,包括两个输入(X 和 ϵ_Q)和一个输出(Y)。编码器对量化后的变量 Y 进行数字编码。

描述该电路的表达式为

$$Y(z) = \{X(z) - Y(z)\} \frac{z^{-1}}{1 - z^{-1}} + \epsilon_Q(z) \tag{6.7}$$

整理,可得

$$Y(z) = X(z) \cdot z^{-1} + \epsilon_Q(z)(1 - z^{-1}) \tag{6.8}$$

注意到,信号只是延迟了一个时钟周期,而噪声则通过了 $(1 - z^{-1})$ 的传递函数。这表明,调制器对信号和量化噪声进行了不同的处理。概括来说,信号通过了信号传递函数 $STF(z)$,而量化噪声通过了噪声传递函数 $NTF(z)$,即

$$Y(z) = X \times STF(z) + \epsilon_Q(z) \times NTF(z) \tag{6.9}$$

对噪声传递函数在单位圆上求解,可明显看出一阶 $\Sigma\Delta$ 调制器的噪声传递函数具有高通特性。因为,在单位圆上,用 $e^{j\omega T}$ 代替 z,可得

$$NTF(\omega) = 1 - e^{-j\omega T} = 2je^{-j\omega T/2} \frac{e^{j\omega T/2} - e^{-j\omega T/2}}{2j}$$

$$NTF(\omega) = 2je^{-j\omega T/2} \sin(\omega T/2) \tag{6.10}$$

该结果表明,量化噪声的白色功率谱被放大为原来的 4 倍,但是也被"$\sin^2(\omega T/2)$"进行了整形,整形结果对频谱的低频分量产生了显著的衰减。

259 如果数字滤波器能够滤除信号频带以外的全部噪声,那么最终的噪声电压

平方是整形后的频谱从 0 到 f_B 的积分,即

$$V_n^2 = v_{n,Q}^2 \int_0^{f_B} 4 \cdot \sin^2(\pi f T) \mathrm{d}f \approx v_{n,Q}^2 \frac{4\pi^2}{3} f_B^3 T^2 \qquad (6.11)$$

以上结果的计算采用了近似式 $\sin(x) \approx x$,该近似在 $\omega_B T/2 \ll p/2$ 时是成立的。

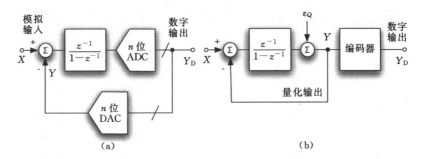

图 6.6 (a)采样数据型一阶 ΣΔ 调制器;(b)图(a)的线性模型

由于 $V_{n,Q}^2 = v_{n,Q}^2 f_S/2$,且 $T = 1/f_S$,则式(6.11)可重新表示为

$$V_n^2 = V_{n,Q}^2 \frac{\pi^2}{3} \left[\frac{f_B}{f_S/2} \right]^3 = V_{n,Q}^2 \frac{\pi^2}{3} \cdot OSR^{-3} \qquad (6.12)$$

如果 ADC 采用 k 个阈值,那么 DAC 在参考电压范围 $0 \sim V_{ref}$ 内产生 $(k+1)$ 个电平,即

$$V_{DAC}(i) = i \frac{V_{ref}}{k}; \quad i = 0, \cdots, k \qquad (6.13)$$

ADC 和 DAC 级联,相当于一个量化间隔为 $\Delta = V_{ref}/k$,位数为 $n_Q = \log_2(k+1)$ 的量化器。另外,量化噪声和满幅度正弦波的功率分别为

$$V_{n,Q}^2 = \frac{V_{ref}^2}{k^2 \cdot 12}; \quad V_{sine}^2 = \frac{V_{ref}^2}{8} \qquad (6.14)$$

从而,一阶 ΣΔ 调制器的最大信噪比(SNR)为

$$SNR_{\Sigma\Delta,1} = \frac{12}{8} \cdot k^2 \cdot \frac{3}{\pi^2} \cdot OSR^3 \qquad (6.15)$$

设 $n' = \log_2 k$,式(6.15)可以用 dB 表示为

$$SNR_{\Sigma\Delta,1} \big|_{dB} = 6.02 \cdot n' + 1.78 - 5.17 + 9.03\log_2(OSR) \qquad (6.16)$$

式中,第一项表示由多电平量化获得的信噪比提高,5.17dB(即 $\pi^2/3$ 的 dB 值) 是为了保证过采样率每翻一番信噪比提高 9.03dB 所需付出的固定代价。因此,采样频率每翻一番,有效位数 ENOB 增加 1.5 位。

表 6.1 总结了使用多电平量化器时信噪比的改善。注意到当 ADC 的阈值数超过 6~8 时,增加的位数 n' 几乎等于 n_Q。

260

由于 ADC 输出是二进制的,输入到数字滤波器的位数是对 $\log_2(k+1)+1$ 取整的结果。因此,用 4 个阈值的量化器(得到 2 位)时,在数字滤波器的输入级需要 3 位的数字处理。

表 6.1　多电平量化器对信噪比的改善

ADC 阈值	DAC 电平数	n_Q	n' 增加位数	ΔSNB(dB)
1	2	1	0	0
2	3		1	6.02
3	4	2	1.58	9.54
4	5		2	12.04
5	6		2.32	13.97
6	7		2.58	15.56
7	8	3	2.81	16.84
8	9		3	18.03
15	16	4	3.91	23.52

例 6.1

对一个 3 位量化且 $V_{FS}=1V$ 的一阶 $\Sigma\Delta$ 调制器的特性进行仿真,分别采用正弦波和直流输入信号。分析不同输入时输出位流的频谱,并测量奈奎斯特频率下的噪声电平。

解

文件"Ex6_1.m"和"Ex6_1_Launch"用于研究图 6.7 所示的一阶 $\Sigma\Delta$ 调制器。输入由正弦波和直流加权合成,权系数分别为"Ksine"和"Kdc"(也可置为零)。调制器的输出送到工作区,并取一定数量的样本进行 FFT 运算。函数"plot_spectrum"采用加窗法进行 FFT 运算,将结果相对峰值为 1V 的正弦波功率进行归一化。

当输入信号为正弦波时,仿真结果显示所期望的噪声整形在直流处有一个零点。结果在图 6.8 中给出,图中给出了输入为 0.85V,即功率为 $0.36V^2$(-1.4dB)的正弦波时输出信号的频谱。

$\Delta=1/8\ V$ 的 3 位量化器的量化噪声功率为 $\Delta^2/12=0.0013\ V^2$,对包含 16384 点的序列进行 FFT 运算,结果得到 8196 个频窗,每个频窗的噪声功率为 $1.6\times10^{-7}V^2$。由于奈奎斯特频率处的噪声传递函数(NTF)将噪声放大为原来

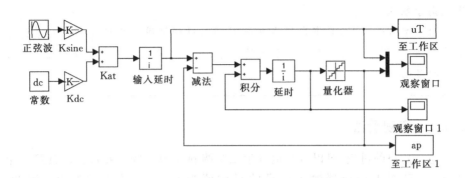

图 6.7 一阶 $\Sigma\Delta$ 调制器的行为级模型

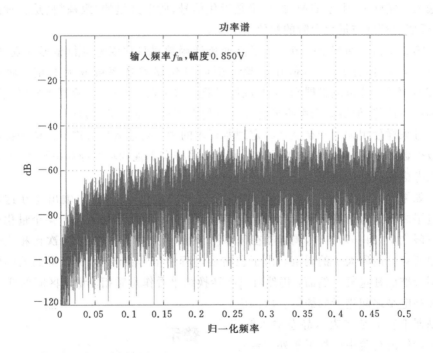

图 6.8 在 131 个正弦周期内对输出位流进行 16384 点 *FFT* 运算的结果

的 2 倍(功率放大为 4 倍),奈奎斯特频率附近频率窗口的期望的功率为 $6.4\times$ 262
$10^{-7}V^2$,比峰值为 1V 的正弦波的功率$(1/2V^2)$低 65dB。尽管图 6.8 所示的频
谱噪声功率很高,奈奎斯特频率附近的噪声电平在 -60 到 -70dB 的范围内。

在不同频率、不同位数和不同振幅的条件下仿真,偶尔会得到一些频谱的整
形效果不如图 6.8。如果位数减少,则预期的基底噪声会增加,同时谐波分量将

明显高于基底噪声。

输入直流信号时,只有在某些电压下可以对频谱进行良好整形。对于许多临界电压,频谱中包含一些幅值很大的频率分量,并且在这些频率分量之间存在一定的整形。

6.3.1 直观看法

通过简单的讨论,可以直观地理解 $\Sigma\Delta$ 调制器的一些重要特征。其第一个特点是,只有当积分器输入信号的平均值为 0 时,其输出才有界。因此,图 6.6(a) 中输入与 DAC 输出差值的均值必须为零,这意味着 DAC 输出必须跟踪输入。实际上,由于 DAC 的输出是量化信号,所以这里的"跟踪"只是一种近似,近似的精度与量化台阶的幅值成反比。

第二个讨论回想上一节中关于高通传递函数对量化误差进行整形的发现:量化噪声在直流处为 0,但在全频范围内量化误差功率被放大 2 倍。将式 (6.22) 中的积分范围扩展到 $f_S/2$ 就可以验证这一点。因此,一阶调制器恶化了全局噪声性能,但所幸噪声整形将大部分的噪声功率推到了高频处。

过采样使用远大于奈奎斯特定理所要求的频率对输入信号进行采样来提高有效位数。所以,可以把结果看成是由大量采样点实现的巧妙的动态平均,并且不太考虑高频处的情况。

如果输入幅度介于 n 位 DAC 中两个连续的量化电平之间,输出将在这两个电平之间进行切换,使其平均输出与输入相等。例如,当输入位于某个量化区间下限之上 $(21/67)\Delta$ 时,调制器在每 67 个时钟周期中平均输出 21 次比相应的下限所对应的码大 1 的码值。由于在转换过程中信号会改变,所以得到的码序列不会准确地重复。然而,仍然可以将转换结果看作是对相应量化区间的低电平和高电平之间进行的插值。所以说,调制器事实上是在表示静态输入输出转换特性的台阶中增加了额外的台阶,如图 6.9(a) 所示。

假设非线性误差使 DAC 中相邻的大的步长幅度发生变化。根据前文的直观理解,图 6.9(a) 中通过过采样得到的插值台阶也会发生相应的变化,如图 6.9(b) 所示。这样,分辨率得到

警示

$\Sigma\Delta$ 调制器中的反馈并没有降低 DAC 的线性度要求。记住:这种方法大大地减少了 DAC 的电平数,但没有降低其精确度要求。

了提高,但线性度并没有改善。此外,由于增加过采样率会减小量化步长,所以,

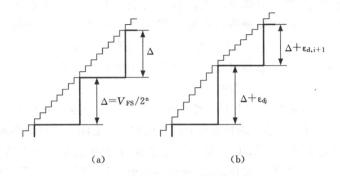

图 6.9 (a)表示有效位数增加的台阶曲线；(b)在(a)的基础上
增加了 DNL 对 DAC 的影响

如果要保持 INL 小于 1LSB 就应该提高 n 位 DAC 的线性度。

最后需要注意的,涉及到与 ADC 和 DAC 的线性度和噪声性能指标参数。ADC 产生的数字信号具有这样的特点:任何影响其性能的限制因素,也就是误差和阈值电压的噪声,都被反馈环路减弱了。事实上,ADC 的误差必须等效到积分器的输入端再进一步等效到调制器的输入端。这两步操作使得误差要除以积分器的传递函数。由于积分器在低频段(感兴趣的区域)有很大的增益(零频处为无穷大),信号频带内的误差被极大地衰减了。而 DAC 并不具有这种优点,因为其误差和输入信号一起输入到了调制器的输入端。

6.3.2 1 位量化的使用

前面一小节仅给出了直观的考虑,即 ΣΔ 调制器中最重要的模块是 DAC,因为整形和反馈都无助于降低其误差。因此,为了得到所需的 ENOB,必须保证 DAC 具有足够好的线性度。由于 ΣΔ 转换器的精度目标通常是 14 位或者更高,而设计如此高线性度的 DAC 很困难,通常成为调制器设计的瓶颈。我们将在下一章学习解决线性度问题从而实现多位 ΣΔ 调制器的一些专门技术。尽管如此,DAC 的高线性度要求仍然是一个严峻的设计难题。

通过下面的基本观察可以得出一种克服线性度难题的简单方法:连接多点的线通常是折线,但是只连接两点的线一定是直线。因此,如果 DAC 的输入输出特性只包含两个电压,就不存在线性度问题了。为了实现双电平 DAC,需要采用一个 1 位 ADC(例如一个比较器)和两个为 DAC 分别产生 0 和 V_{ref}(或者 $-V_{ref}$ 和 $+V_{ref}$)的电平发生器。

尽管这种方案用不精确的技术很好地满足了数据转换器设计中的常见要

求,但仍存在问题,原因有如下两点。第一,量化步长要与整个动态范围一样大,这样由于转换器只能依靠噪声整形来达到分辨率要求,所以过采样率必须非常大。第二,量化误差可以建模为白噪声的条件是存在大量量化台阶,但该条件在这里并不满足。这就会使得量化误差的功率可能集中在某个频率处,产生一个噪声频率分量,位于信号频带内。

图 6.10(a)所示为 1 位 $\Sigma\Delta$ 调制器的电路图。积分器采用了开关电容结构,Φ_1 有效时,电容 C_1 对输入进行采样;Φ_2 有效时,C_1 上注入的电荷与输入电压和 DAC 输出之差成比例。ADC 只是一个比较器,其输出通常可认为是 ± 1。DAC 由两个受比较器控制的开关构成,将输出连接到 $+V_{\text{ref}}$ 或 $-V_{\text{ref}}$。反馈电容 C_2 标称上 C_1 相等,以获得开关电容积分器所需的单位增益。

265

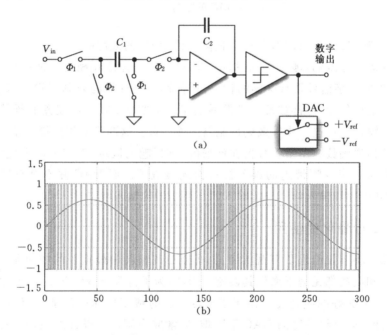

图 6.10 (a)一阶 1 位 $\Sigma\Delta$ 调制器;(b)调制器输入和 1 位的输出位流

图 6.10(b)所示为 $\Sigma\Delta$ 调制器输出的 ± 1 位流和相应的幅度为 0.634V 的正弦波输入。当输入接近最大值时,输出主要是 $+1$;当输入接近最小值时,输出主要是 -1;同样,当输入接近 0 时,输出 $+1$ 和 -1 的个数接近相等。由输出位流图可见,尽管与输入完全不同,但位流的平均值跟随输入变化。此外,从一个电平快速变化到其互补电平,会产生前文所说的高频杂波。

6.4　二阶调制器

对于一阶 $\Sigma\Delta$ 调制器,采样频率提高一倍,位数可以增加 1.5 位。这个结果很有趣,然而,为了用 1 位 ADC 实现高分辨率,必须用相当大的过采样率。此外,根据例题 6.1 中的计算机仿真结果,在某些情况下,输出频谱整形效果很差,并且可能会产生落入信号频带内的大的噪声分量。

在环路中使用两个积分器可以获得更好的性能,从而形成二阶调制器,其示意图如图 6.11(a)所示。由于在反馈环路中使用两个积分器会导致不稳定,所以必须用图 6.11(a)中虚线所示的两种选项之一对其中一个积分器进行清零处理。一种方法得到传统的近似积分器,另一种是采用了更长的路径并将量化器包括在局部清零回路中。通过对第二个积分器的分析,可以给出这两种方法的差别。对于短路径环路,有

$$R = \frac{P-R}{s\tau} \rightarrow Y = R + \varepsilon_Q = \frac{P}{1+s\tau} + \varepsilon_Q \tag{6.17}$$

由长路径环路可得

266

$$\frac{P-Y}{s\tau} = Y - \varepsilon_Q \rightarrow Y = \frac{P}{1+s\tau} + \frac{s\tau\varepsilon_Q}{1+s\tau} \tag{6.18}$$

可以看到,在两种情况中 P 都经过一个低通传递函数,但是量化误差的处理过程并不相同。短路径没有改变 ε_Q,而第二种路径在 $s=0$ 处有一个零点并且在角频率 $1/\tau$ 处有一个极点。由于第一积分器将会在原点处引入另一个零点,所以第一种形式的清零处理只获得一个零点,而包括量化器在内的清零处理在 $s=0$ 处有两个零点。

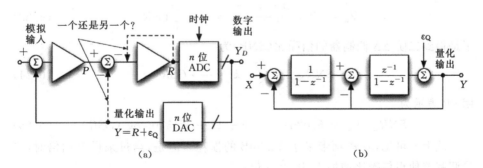

图 6.11　(a)连续时间 $\Sigma\Delta$ 调制器示意图;(b)一种可能的采样数据框图

图 6.11(b)所示的采样数据框图采用了第二种清零处理,并且包括两个积分器,其中一个积分器包括一个延时单元。很快我们将发现,这样选择会得到最

优的信号传递函数。

通过观察电路,我们可以得到以下等式:

$$\left\{\left[X(z)-Y(z)\right]\frac{1}{1-z^{-1}}-Y(z)\right\}\frac{z^{-1}}{1-z^{-1}}+\varepsilon_Q(z)=Y(z) \quad (6.19)$$

整理后,得

$$Y(z)=X(z)z^{-1}+\varepsilon_Q(z)(1-z^{-1})^2 \quad (6.20)$$

上式表明信号传递函数仅仅是一个延时,而噪声传递函数则为$(1-z^{-1})^2$,即一阶 $\Sigma\Delta$ 调制器噪声传递函数的平方。

通过观察可知,信号传递函数仅是一个延时的原因是由于 $Y(z)(-2z^{-1}+z^{-2})$ 项被 $(1-z^{-1})^2$ 与 $Y(z)$ 的乘积中的相应项抵消了。这个结果超越了要求的目标,因为能在信号频带内的获得平坦响应(增益为 1)就足够了。如果积分器存在增益误差,则生成项就不能正好抵消 $Y(z)(-2z^{-1}+z^{-2})$ 项,从而在信号传递函数和噪声传递函数中都引入寄生的分母。对于小的增益误差,这种影响是可以忽略的。

在单位圆上计算噪声传递函数 NTF,得

$$NTF(\omega)=(1-e^{-j\omega T})^2=-4e^{-j\omega T}\{\sin(\omega T/2)\}^2 \quad (6.21)$$

再次假设数字滤波器可以完全去除信号频带以外的噪声,剩下在频率区间 $0-f_B$ 内的噪声功率为

$$V_n^2=v_{n,Q}^2\int_0^{f_B}16\cdot\sin^4(\pi fT)\mathrm{d}f\simeq v_{n,Q}^2\frac{16\pi^4}{5}f_B^5T^4 \quad (6.22)$$

式中再次使用了近似式 $\sin(x)\approx x$,在 $\omega_B T/2\ll\pi/2$ 的情况下该近似是成立的。此外,由于 $V_{n,Q}^2=v_{n,Q}^2f_S/2$ 以及 $T=1/f_S$,噪声功率变成

$$V_n^2=V_{n,Q}^2\frac{\pi^4}{5}\left[\frac{f_B}{f_S/2}\right]^5=V_{n,Q}^2\frac{\pi^4}{5}OSR^{-5} \quad (6.23)$$

于是得到二阶 $\Sigma\Delta$ 调制器的信噪比(SNR)为

$$SNR_{\Sigma\Delta_2}=\frac{12}{8}\cdot k^2\cdot\frac{5}{\pi^4}\cdot OSR^5 \quad (6.24)$$

用 dB 表示为

$$SNR_{\Sigma\Delta_2}\big|_{dB}=6.02n'+1.78-12.9+15.05\log_2(OSR) \quad (6.25)$$

从上式可见,$5/\pi^4$ 项带来了 12.9dB 的损耗。但是,当过采样率加倍时,二阶调制器使得信噪比增加 15dB(2.5 位)。

6.5 电路设计问题

任何 $\Sigma\Delta$ 调制器的设计(包括即将学习的高阶和级联结构)要求有系统级和电路级的的许多设计知识。本节学习采用实际的基本模块电路带来的各种局限

和相应的解决方法。下一节将讨论与系统结构设计相关的一些问题。

应用基本电路模块时的最主要限制包括以下几个方面：

- 运算放大器(或 OTA)的失调。
- 有限的运算放大器增益。
- 有限的运算放大器带宽。
- 有限的运算放大器压摆率。
- ADC 的非理想特性。
- DAC 的非理想特性。

6.5.1 失调

268

积分器中运放的失调可以描述成一个等效到输入端的参考电压发生器。第一积分器的失调将叠加到输入信号中,并在数字输出端产生一个等量的失调量。

第二积分器的失调需要除以第一个积分器的传递函数再等效到调制器的输入端,在采样数据系统中,第一个积分器的传递函数为 $(1-z^{-1})/k$(k 是积分器的增益,并且忽略掉可能存在的延时)。由于失调是一个直流信号,所以高通传递函数可消除第二个积分器失调的影响。

与第一个积分器失调类似,DAC 的失调叠加到输入端,会在数字输出端产生一个等量的失调。相反地,ADC 的失调需要除以一个或多个积分器的传递函数来等效到积分器的输入端,因此它不影响调制器的直流特性。这一点是很有利的,因为它使 ADC 判别电平的设置更灵活,从而可以将 ADC 的判别电平设置为更方便的电压值。

6.5.2 运算放大器有限增益

运放的有限增益减小了积分器的直流响应,使其从无穷大降低至运放的增益值。图 6.12 所示的结构给出了调制器中积分器的一种典型的实现方式,分析该结构,可得

$$C_2 V_{out}(nT + T)\left(1 + \frac{1}{A_0}\right) = C_2 V_{out}(nT)\left(1 + \frac{1}{A_0}\right) +$$

$$C_1\left[V_1(nT) - V_2(nT + T) - \frac{V_{out}(nT)}{A_0}\right] \quad (6.26)$$

该等式在 z 域中可表示为

$$V_{out}(z - 1)\left(1 + \frac{1}{A_0}\right) = \frac{C_1}{C_2}\left[V_1 - zV_2 - \frac{zV_{out}}{A_0}\right] \quad (6.27)$$

269

整理后,得

$$\frac{V_{out}}{V_1 - z^{-1}V_2} = \frac{C_1}{C_2}\left[\frac{A_0}{A_0 + 1 + C_1/C_2}\right]\frac{z^{-1}}{1 - \frac{(1+A_0)C_2}{C_1 + C_2 + A_0 C_2}z^{-1}} \tag{6.28}$$

上式表明增益误差为 $A_0/(1+A_0)$，极点位置由 $z=1$ 变化到单位圆内的一点 $Z_p = (1+A_0)/(1+A_0+C_1/C_2)$。

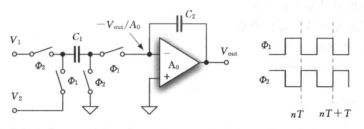

图 6.12　采用有限增益运算放大器的开关电容积分器

增益误差只对信号传递函数有很小的影响，然而极点位置变化会导致 NTF 的零点位置产生相同的移动。对于一个二阶调制器，可导致

$$NFT \approx (1 - z_{p1} \cdot z^{-1})(1 - z_{p2} \cdot z^{-1}) \tag{6.29}$$

其中 z_{p1} 和 z_{p2} 分别表示由第一个和第二个积分器引起的位移。

在直流（$z=1$）时，NTF 不为零而是等于 $(1-z_{p1})(1-z_{p2})$。如果两个增益相等，都为 A_0，且所用的电容也相等，则 NTF 可表示为

$$NTF = \left(1 - z^{-1}\frac{A_0 + 1}{A_0 + 2}\right)^2 \tag{6.30}$$

图 6.13 给出了三种不同直流增益的结果，表明有限增益只在低于某个转角频率 f_c 时影响噪声整形。如果信号带宽大于 f_c，那么信号频带内的噪声功率对图中的平坦区域依赖程度很小，因为频谱积分结果主要由接近带宽上限处的频率区域决定。

转角频率表示为

$$e^{s_p T} = \frac{A_0 + 1}{A_0 + 2} \tag{6.31}$$

它在 s 平面实轴上的位置为

$$f_c = \frac{f_s}{2\pi}\ln\left(1 - \frac{1}{A_0 + 2}\right) \approx \frac{f_s}{2\pi(A_0 + 2)} \tag{6.32}$$

如果 f_B 远大于 f_c，则有限增益不会影响信噪比（SNR）。因此，增益和过采样率的设置必须满足以下条件：

$$\pi(A_0 + 2) \gg OSR \tag{6.33}$$

对于中等过采样率的调制器，上式对运算放大器增益的要求是非常宽松的。

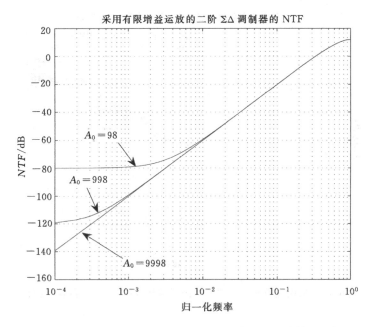

图 6.13 采用三个不同有限增益运放的二阶调制器的噪声传递函数(NTF)

例 6.2

一个二阶、1 位的 ΣΔ 调制器采用增益为 40dB 的运放。在输入为 -10dB_{FS} 的正弦波条件下,绘出信噪比(SNR)与采样率(OSR)之间的函数关系。假定输出位流通过一个理想低通数字滤波器,该滤波器能够滤除所关心频带之外的所有噪声。

解

Simulink 描述文件 Ex6_2.mdl 和 Ex6_2Launch.m 文件建立了 ΣΔ 调制器的模型。该模型采用的第一个积分器带有延迟,第二个积分器不带延迟。决定式(6.28)所示积分器响应的有限增益导致了增益误差和延迟误差,这些误差可由两个适当的函数来解释。

Ex6_2Launch.m 文件运行了两次仿真,并在同一个图中给出了两次仿真得到的频谱(图 6.14),其中一次仿真采用的增益为 100,另一次采用的增益为 100k。奈奎斯特频率为 1MHz,获得的转角频率大约为 3kHz,结果与式(6.32)十分吻合。

式(6.33)的条件可以通过在不同的 OSR 下估算 SNR 来验证,结果在图 6.13 中给出。注意到式(6.33)要求 OSR 值远远小于 320,在 OSR 为 50 时,40dB

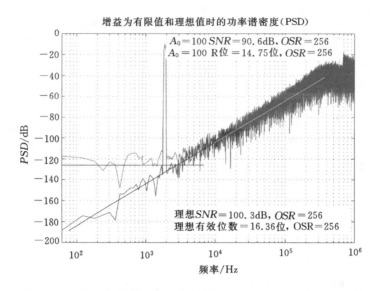

图 6.14 采用理想增益运放和有限增益运放($A_0=100$)的输出频谱

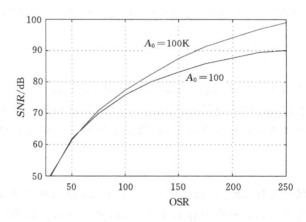

图 6.15 采用不同采样率(OSR)和运算放大器增益得到的 SNR

增益获得的信噪比与理想增益时的信噪比没有差异。相反,在 $OSR=250$ 时,SNR 下降了大约 10dB。

6.5.3 运放的有限带宽

众所周知,传递函数的极点决定了运算放大器所需的带宽和相位裕度。第一主极点将产生 20dB/dec 的滚降,直到增益低于 0dB 时为止。另外的极点(称为非主极点)应出现在 0dB 交点之后,并且会对相位裕度产生影响。

若非主极点的影响可忽略,对于较大的有限增益 A_0,积分器的阶跃响应为指数形式,为

$$V_{\text{out}}(t+nT) = V_{\text{out}}(nT) + V_{\text{step}} U(nT)(1-e^{-t\beta/\tau_d}) \tag{6.34}$$

式中 β 为反馈系数。对于输入电容为 C_1,反馈电容为 C_2 的开关电容积分器,$\beta = C_2/(C_1+C_2)$。

由于积分相仅持续 $T_S/2$,所以输出不能达到其最终值,这样会产生一个误差

$$\varepsilon_b = V_{\text{step}} e^{-T_S\beta/(2\tau_d)} \tag{6.35}$$

该误差与输入信号成正比。

因此,由于运算放大器的有限带宽,积分器呈现出一个增益误差,该误差相当于积分器中无源元件所引起的时间常数误差。由于在开关电容电路实现中,增益误差远小于 1%,小于 0.1% 的建立误差通常是可以接受的。

由于有限带宽和无源元件引起的增益误差会对调制器响应产生的影响轻微。应用图 6.16 所示的积分器,并使增益为 $(1-\varepsilon_{b,1})$ 和 $(1-\varepsilon_{b,2})$,可以得到如下结果:

$$V_{\text{out}}(z) = \frac{V_{\text{in}} z^{-1}(1-\varepsilon_{b,1})(1-\varepsilon_{b,2}) + \varepsilon_Q (1-z^{-1})^2}{1 - z^{-1}(\varepsilon_{b,1}+2\varepsilon_{b,2}-\varepsilon_{b,1}\varepsilon_{b,2}) + z^{-2}\varepsilon_{b,2}} \tag{6.36}$$

上式表明 STF 和 NTF 中出现了寄生极点,并且信号传递函数中出现了增益误差。由于寄生极点通常位于高频处,所以它们不会改变信号频带内的特性。

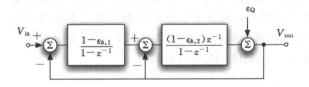

图 6.16 使用有限带宽运算放大器的二阶调制器框图

6.5.4 有限的运算放大器压摆率

有限压摆率与有限带宽同时存在可能会显著地限制调制器的性能。开关电容电路注入的电荷会产生一个转换周期,很明显,该周期必须小于 $T_S/2$。在转换周期之后剩余的时间内,调制器以指数形式建立,可能不能完成建立过程。

由于开关电容放大器中运放的有限压摆率和有限带宽已经在第 3 章讨论过,本节无须再重复分析。仅需回忆的是描述瞬态特性的一系列方程是非线性

的,并且长的转换周期将会减少余下的以指数形式实现建立的时间。因此,由于误差变成了输入的非线性函数,所以不能在 z 域对误差进行估计,而必须采用时域仿真来进行计算。

利用第 3 章所描述的模型,可以在不进行完整瞬态分析的情况下计算出电荷注入阶段结束时刻的误差。事实上,一个等于 $-V_{in}$ 的输入信号应在输出端产生一个 $\Delta V_{out} = V_{in} C_1 / C_2$ 的理想输出阶跃。相反,一个实际运放的转换时间为

$$t_{slew} = \frac{\Delta V_{out}}{SR} - \tau \qquad (6.37)$$

在 t_{slew} 时刻,输出电压与终值的差值为

$$\Delta V = SR \cdot \tau \qquad (6.38)$$

在余下的电荷注入时间段($T/2 - t_{slew}$)中,输出以指数形式变化。在 $T/2$ 时刻,输出电压误差等于

$$\varepsilon_{SR} = \Delta V e^{-(T/2 - t_{slew})/\tau} \qquad (6.39)$$

在行为级的仿真器或者在行为级语言描述中应用以上一系列方程,能够加快对有限带宽与有限压摆率相结合情况的分析。

由于误差必然会叠加到积分器的输出,所以会被从注入点到输出的噪声传递函数整形。正因为如此,二阶 $\Sigma\Delta$ 调制器中第一个积分器的误差比第二个积分器的误差更严重。可以利用这一特点在优化功耗时确定运算放大器的速度指标。

例 6.3

通过计算机模拟来确定 1 位、二阶 $\Sigma\Delta$ 调制器中运算放大器所要求的最低压摆率,调制器采用增益分别为 1/2 和 2 的两个延迟积分器级联。研究压摆率和有限带宽对输出频谱的综合影响(采用 100MHz 的等效带宽)。取 ±1V 的参考电压,并且使 $f_s = 50$MHz,$V_{in} = -6$dB$_{FS}$。

解

Matlab 文件 Ex6_3 中所用的积分器是用基于式(6.37)(6.38)和(6.39)的行为模型来描述的。该模型除定义了压摆率和等效带宽($B_{EQ} = b f_T$)之外,还用了参数 $\alpha = 1 - 1/A_0$,和输出电压的限幅特性(hard saturation of the output voltage)。

采用理想参数进行的初步仿真确定了使第一个和第二个积分器的最大输出变化量分别为 0.749V 和 3.21V 时的输入信号幅度。在带宽非常大的情况下,指数形式的建立过程可以忽略,因此压摆率必须至少为

$$SR_1 > \frac{\Delta V_{out,1}}{T/2} = 74.9\text{V}/\mu\text{s}; \quad SR_2 > \frac{\Delta V_{out,2}}{T/2} = 321\text{V}/\mu\text{s}$$

理想情况下,在 $OSR=64$ 且 $f_{in}=140\text{kHz}$ 时,得到的 $SNR=72\text{dB}$。在 $SR_2=325\text{V}/\mu\text{s}$ 和 $SR_1=78\text{V}/\mu\text{s}$ 时,SNR 并未显著改变。使用 $SR_1=74\text{V}/\mu\text{s}$ 时,也几乎不影响 SNR,但饱和电压的降低产生了三次和五次谐波失真分量,如图 6.17 所示。

　　由于受到带宽和压摆率的综合限制,很明显需要对计算得到的最小压摆率留出一些余量。如果第二个积分器为理想积分器,第一个积分器取 $SR=150\text{V}/\mu\text{s}$ 和 $B_{EQ}=100\text{MHz}$ 时,产生的三次分量为 -80dB_{FS}。当第一个积分器的这两个参数加倍时,三阶分量下降到 -111dB_{FS}。通过仿真可以验证,由于整形的效果较好,第二个积分器性能降低对 SNR 和失真产生的影响很小。如果第一积分器采用理想器件,而第二积分器取 $SR=250\text{V}/\mu\text{s}$ 和 $B_{EQ}=100\text{MHz}$ 时,SNR 降低了几个 dB,但频谱中并没有出现谐波和杂波分量。这也就证明了第二个积分器带来的限制没有第一积分器那么重要。

　　读者可以利用由 Ex6_6Launch 控制的文件 Ex6_6 来对这些限制因素进行更为深入的研究。

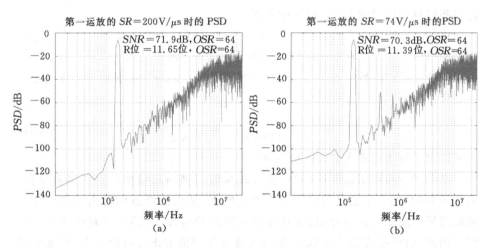

图 6.17　(a)在带宽极大,且 $SR_2=325\text{V}/\mu\text{s}$,$SR_1=78\text{V}/\mu\text{s}$ 时的 PSD;

(b)与(a)情况相同,但 $SR_1=74\text{V}/\mu\text{s}$ *

6.5.5　ADC 的非理想特性

　　实际 ADC 有限的静态和动态特性降低了调制器的性能。然而,由于 ADC 输出的信号是其输入信号的数字形式加上量化误差和 ADC 误差,即

$$ADC_{out} = V_{in,ADC} + \varepsilon_Q + \varepsilon_{ADC} \tag{6.40}$$

然后,$\Sigma\Delta$ 调制器的整形作用在 ε_Q 和 ε_{ADC} 的叠加上。因此,如果 $\varepsilon_{ADC} < \varepsilon_Q$,则 ADC 限制就不会影响电路性能。

该条件要求 DNL 和 INL 低于 1LSB,是很容易满足的。这是因为 ADC 的阈值电平数量很少并且动态范围很大:采用几十 mV 的 LSB,可以很容易地设计出高达数百 MHz 的 ADC。

6.5.6 DAC 的非理想特性

我们已经知道,DAC 的误差并不会被 NTF 整形,反而是叠加到调制器的输入端并通过 STF 被传递到输出端。严格的线性度要求使得采用 1 位量化器更有利,否则必须通过精心的设计以保证 INL 满足总体精度要求。

在采样数据 $\Sigma\Delta$ 调制器中所用的 DAC 采用开关电容方案且可能包含输入信号的注入。在一些情况下,电容可被拆分为多个部分以实现多位 DAC。这种方案及其误差的数字校正方法很快就会讨论到,并且还会在另一章中再次出现。这里我们只需要考虑 kT/C 噪声的限制。

正如之前所学习到的,对于任何通过开关采样的电容 C,kT/C 即是对电容两端的白色频谱电压在奈奎斯特区间积分的结果。噪声的数据转换过程以及用来滤除带外噪声的数字滤波器抑制了白噪声谱的一部分。剩余部分必须满足以下条件

$$v_{n,kT/C}^2 = \frac{kT}{OSR \cdot C_{in}} < \frac{V_{ref}^2}{8 \times 2^{2n}} \tag{6.41}$$

上式决定了可用的输入电容的最小值。

高阶调制器利用额外的 DAC 来实现从输出到内部模拟结点的多重反馈。增加的 DAC 注入了额外的噪声和误差。然而,从内部结点到输出的高通传递函数降低了误差的低频分量,并且在存在噪声的情况下,还可以对频谱进行整形。因此,由于这些额外的 DAC 的线性度和噪声的要求没有输入 DAC 那么严格,所以可以缩小这些 DAC 采用的电容值。

6.6 结构设计问题

$\Sigma\Delta$ 结构的设计,除了要满足所需的功能外,还需要优化运放(或 OTA)输出端的电压摆幅,正确分析和控制噪声,并且要保证输出频谱无谐波分量。

6.6.1 积分器的动态范围

积分器的输出摆幅依赖于信号幅度和量化噪声。因此,运算放大器和量化

器的动态范围可能需要大于参考电压,以同时容纳信号和噪声的处理。

当积分器输出超过了运放(或 OTA)的动态范围时,信号将会被箝位到一个饱和电平,从而导致反馈控制失效。产生这一现象的原因是由于运放的反相输入端不再紧跟同相输入端变化,并且可以自由地上升或下降,导致输入信号的不完整传输。

我们可以采用图 6.18(a)的开关电容模型来研究这种影响,该模型能够在输出电压试图超过极限值时,将输出锁定到饱和电压 $\pm V_{\text{sat}}$。C_1 在 Φ_2 期间充电至输入电压,在下一个相位时连接到虚地。假设左端电压以固定的速率下降到0,接着,运放和反馈回路保持控制使电容右端为虚地,直到运放的输出电压到达其饱和极限。达到极限值时,限幅发生器开始起作用,使输出电压保持不变。如果输入电容仍然充电到 Q_{res},虚地开始移动,且当 C_1 左端变为 0 时,部分电荷 $Q_{\text{res}}C_2/(C_1+C_2)$,转移到 C_2,将部分电荷 $Q_{\text{res}}C_1(C_1+C_2)$ 留在输入电容中。输入参考电压误差为   277

$$\varepsilon_{\text{S}} = \frac{Q_{\text{res}}}{C_1+C_2} \qquad (6.42)^*$$

由于这一误差一方面取决于每次电荷注入前输出电压与其中一个饱和极限的接近程度,另一方面还取决于输入信号的极性与幅度,所以包含噪声的输入和输出使得饱和误差几乎不可能预测。因此,该误差可用一个等效到输入端的噪声源来建模,该噪声源的幅度正比于饱和现象发生的概率。

即使是量化器的输入信号超过极限也会出现问题。如果快闪式 ADC 的输入信号高于或低于 ADC 的最高或最低阈值,且差值大于 $\pm\Delta/2$,则第一级和末级 ADC 的输出就不能正确地对输入信号进行量化。这一误差类似于运放的输出饱和产生的误差,将会被叠加到量化误差中。即使是量化器超范围产生的误差看起来也像一个随机变量,并且可用一个噪声 $\varepsilon_{\text{s,Q}}$ 来建模。

综上所述,两个运放的输出饱和以及量化器的输入超限导致了三个噪声项,从而限制了二阶调制器的性能,如图 6.18 *(b)所示。由第一个运放的输出饱和所产生的误差 $\varepsilon_{\text{s,1}}$ 被叠加到输入信号中,并且通过与信号传递函数 z^{-1} 相乘传递到输出端。$\varepsilon_{\text{s,Q}}$ 与量化噪声 ε_{Q} 在相同的输入点注入,并通过噪声传递函数整形。而 $\varepsilon_{\text{s,2}}$ 注入到第二积分器的输入端,被一个一阶的高通传递函数整形(通过简单的计算可以证明这一点)。因此,再考虑到量化误差,可得

$$Y = Xz^{-1} + \varepsilon_{\text{s,1}}z^{-1} + \varepsilon_{\text{s,2}}(1-z^{-1}) + (\varepsilon_{\text{Q}}+\varepsilon_{\text{s,Q}})(1-z^{-1})^2 \quad (6.43)$$

注意到四个噪声源并不相关,因此信号带宽内的噪声功率就是它们的平方   278
和。各功率谱通过相应传递函数的平方,再从 0 到 f_{B} 积分,即为各噪声源贡献的功率。假设 $\varepsilon_{\text{s,1}}^2$,$\varepsilon_{\text{s,2}}^2$ 和 $\varepsilon_{\text{s,1}}^2$ 的功率谱为白色谱,则结果为

$$V_n^2 = \frac{V_{n,1}^2}{OSR} + V_{n,2}^2 \frac{\pi^2}{3 \times OSR^3} + \left[V_{n,Q}^2 + \frac{\Delta^2}{12}\right]\frac{\pi^4}{5 \times OSR^5} \qquad (6.44)$$

其中 $V_{n,1}^2 = \varepsilon_{s,1}^2 f_B$，$V_{n,2}^2 = \varepsilon_{s,2}^2 f_B$ 且 $V_{n,Q}^2 = \varepsilon_{s,Q}^2 f_B$。

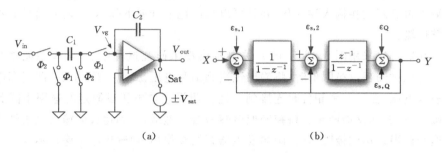

图 6.18　(a)运放存在饱和特性时的开关电容积分器；(b)包含饱和效应的二阶调制器模型

式(6.44)说明，对饱和特性进行建模的各个噪声源对输出的影响大不相同。例如，在 OSR＝64 的情况下，$V_{s,2}^2$ 的噪声功率被降低了 64 倍，$V_{s,1}^2$ 降低了 79 682 倍，$V_{s,Q}^2$ 降低了多达 5.51×10^7 倍。因此，关键限制来源于第一积分器的饱和特性，第二积分器的饱和特性次之。量化器输入超范围产生的影响仅在误差与 Δ 相当时才比较重要。

为了避免出现限幅现象，必须确保积分器中使用的运放具有足够大的动态范围。换句话说，给定的运放输出范围决定了积分器的最大摆幅，进一步确定了最大可用的参考电压。

例 6.4

确定图 6.18(b)所示的结构中第一个和第二个积分器的输出电压。在不同输入振幅和 $V_{Ref} = \pm 1V$ 的条件下，分别使用 1 位和 3 位的量化器。估计调制器的精度，并确定由于运放和量化器的限幅造成的损失。

解

文件 Ex6_4 和 Ex6_4launch 是研究这个例子的基础。可利用文件中的标志位分别分析输出电压不受限制和具有饱和特性的两种情况。此外，文件中还采用第二个标志位来实现 1 位与多位量化的切换。

1 位量化器较大的量化误差导致了大的输出摆幅，如图 6.19 所示。图中给出了输入幅度为 $-6dB_{FS}$ 时第一和第二个积分器的输出波形。信号和噪声结合在一起，使得第一和第二个积分器的峰值分别为 2.18V 和 3.96V，第一积分器的峰值超过了参考电压的 2 倍，第二积分器的峰值几乎达到参考电压的 4 倍。在输入电平较低时，输出摆幅会略微降低。但是，在输入电平非常低时，输出表现为一系列重复的尖峰序列,呈现出类似于噪声的特性,这说明存在噪声时量化误差的建模不准确。

因为大信号影响了调制器的正常工作,SNR 并未达到式(6.25)所预测的最大值。然而,在输入幅度等于 $-10\,\mathrm{dB_{FS}}$,且 $OSR=64$ 时,SNR 为 67.6 dB,接近于式(6.25)所预测的 69.2 dB。

$-10\,\mathrm{dB_{FS}}$ 的输入正弦波使得第一个积分器输出摆幅等于 1.91V,第二个积分器的摆幅高达 3.1V。图 6.20 表示了饱和特性对功率谱密度的影响。图中的频谱分别对应于理想状态以及三种不同饱和状态下的频谱。理想情况下,噪声功率谱按照所期望的 40 dB/dec 的速率增加。第一个积分器的输出限幅至 1.85V 时,频谱中产生了噪声底为 -100 dB 的额外的白噪声,将 SNR 限制到 64.4 dB。第二个积分器的输出电压限幅至 2.5V 同样导致了额外的噪声,但其频谱受到一阶整形,如图中低频处的 20 dB/dec 的斜率所示。该限制因素引起的 SNR 损失可以忽略(67.5 dB),同时产生了明显的三阶分量。两个积分器均饱和的情况下,频谱完全由白噪声项决定,然而噪声基底上升,SNR 下降到 60.2 dB。

文件 Ex6_4launch 还测量了总量化误差的功率。使用理想积分器和 $-10\,\mathrm{dB_{FS}}$ 输入时的量化噪声比期望的 $\Delta^2/12$ 高出 39%。这个额外的噪声是由于量化器**超限**(输出超范围)引起的:很明显,其效果是使噪声增加了 1.32 dB。

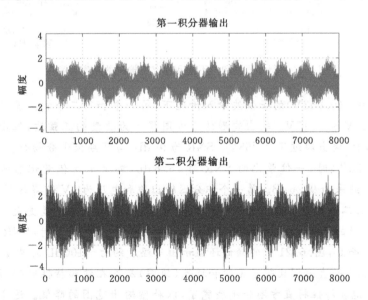

图 6.19　输入振幅为 $-6\,\mathrm{dB_{FS}}$ 时 $\Sigma\Delta$ 调制器第一和第二个积分器的输出波形

采用 7 阈值的 ADC 对多电平调制器进行了分析,结果汇总在图 6.21 中。

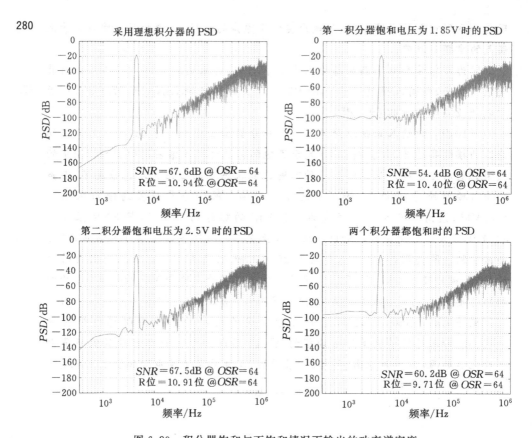

图 6.20　积分器饱和与不饱和情况下输出的功率谱密度

在$-2.4\,\mathrm{dB_{FS}}(0.758\mathrm{V})$的正弦波输入情况下,第一个和第二个积分器的幅度分别为 $1.037\mathrm{V}$ 和 $1.17\mathrm{V}$。输出波形的直方图显示为典型的正弦波,但由于量化噪声的影响,输出超过了 $0.758\mathrm{V}$。SNR 为 $94\,\mathrm{dB}$,与预期值十分吻合。即:在输入为 $-2.4\,\mathrm{dB_{FS}}$ 时,一位量化的 SNR 为 $76.8\,\mathrm{dB}$,加上 7 阈值量化器所保证的 $16.84\,\mathrm{dB}$,结果为 $93.6\,\mathrm{dB}$。第一个积分器输出饱和电压为 $1\mathrm{V}$ 使得 SNR 降低至 $79.1\,\mathrm{dB}$;第二个积分器输出为同样的饱和电压时,会使限幅误差更大。但是由于一阶整形的作用,SNR 为 $79.4\,\mathrm{dB}$。在两个积分器都饱和时,SNR 降低至 $77.3\,\mathrm{dB}$。而且,图.6.21 中的频谱还显示出了幅度约为 $-100\,\mathrm{dB}$ 的谐波分量。

图 6.21 的直方图比较了无饱和特性(顶图)及存在饱和特性时(底图)的输出波形。饱和特性将直方图分布展宽了,以补偿输出范围的降低。这个作用同时还降低了输出与输入正弦波的相关性。

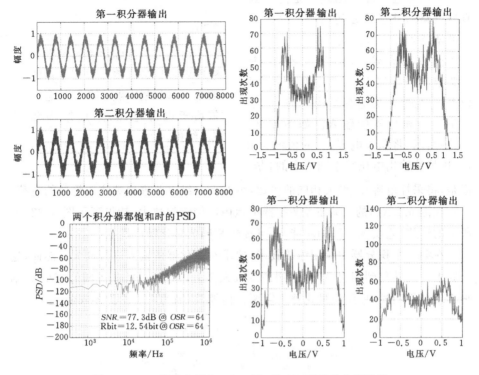

图 6.21　7 一级量化器和 $-2.4\,dB_{FS}$ 输入正弦波的仿真结果

6.6.2　动态范围优化

我们已经知道,保证调制器的信噪比并避免谐波失真的关键是必须在运算放大器或者跨导运算放大器(OTAs)中采用合适的动态范围。最关键的是第一个积分器,因为其饱和误差不会被任何传递函数整形。然而,正如前面的例子所证实的那样,第二个积分器和量化器的饱和也会限制调制器的性能。因此,必须仔细估算所期望的电压摆幅并将它们限制在一定的电压范围内。一方面,摆幅不能太高以引起饱和;但是,另一方面也不能低到与电子噪声相当的程度。

有源滤波器的设计也面临正确控制积分器输出摆幅的问题,因为它们的最大幅度必须保持在运算放大器所确定的限制范围内。解决的方案是按一定比例适当衰减(或放大)积分器的输入,通过在下一级的输入端进行反过来进行放大(或衰减)来补偿。因为衰减和放大相互抵消,所以滤波器的响应没有变化。然而,运算放大器的输出摆幅得到了优化。

对信号进行缩放的缺点是注入到衰减电路和补偿级之间的噪声会以较低的增益等效到输入端。

例如，假设需要减小图6.22(a)中开关电容积分器 $V_{\text{out},1}$ 的摆幅，同时假设 $V_{\text{out},1}$ 经过开关电容结构中的 C_3 作为第二个积分器的输入。如图6.22(b)中所示，将积分电容 C_2 的值增大 β 倍，这将使输出电压减小到原来的 $1/\beta$。

> **牢记**
>
> 由于运放的输出动态范围必须能够适应最大输入时积分器的摆幅，所以最大可用的参考电压依赖于电源电压、运放结构和 $\Sigma\Delta$ 结构。

但是，将采样电容 C_3 增大相同的倍数，可在下一级电路虚地端注入等量的电荷。

在图6.22(c)的二阶 $\Sigma\Delta$ 调制器中运用比例缩放技术，就得到了图6.22(d)所示的结构，它实现相同的功能，并且提供相同的量化噪声性能。

在第二个积分器中应用缩放技术，要求对量化器的输入进行放大。然而，这个要求可以转化到闪速ADC采用的预放大器上，通过将ADC各阈值缩小 β_2 倍来实现。很明显，单阈值量化器不需要任何缩放，因为它只检测零阈值。

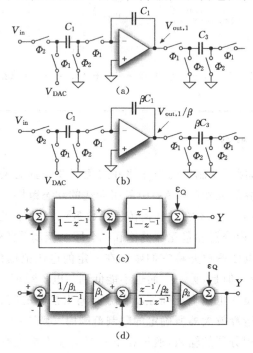

图 6.22 运用缩放降低积分器的摆幅

　　注意到图 6.18(b)结构中的第一个积分器没有延迟,而第二个积分器模块有一个延迟单元。图 6.23 的结构给出了采样数据型二阶 $\Sigma\Delta$ 调制器一种可能的实现形式,它包括两个延迟积分器,其中第一和第二个积分器的增益分别为 A 和 B。这种结构提供了一个额外的时钟周期用于反馈环路的实现,除了这个优点外,它还可以使用适当的增益以实现合理的信号和噪声传递函数,同时还使第一个积分器的输出得到了缩放。

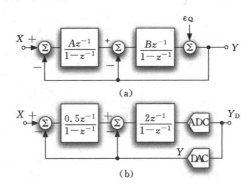

图 6.23　(a)带延迟积分器的二阶 $\Sigma\Delta$ 调制器框图;(b)最优化增益

　　描述该电路的方程为

$$\left[(X-Y)\frac{Az^{-1}}{1-z^{-1}}-Y\right]\frac{Bz^{-1}}{1-z^{-1}}+\varepsilon_{Q}=Y \tag{6.45}$$

整理,得

$$Y=\frac{X\cdot ABz^{-2}+\varepsilon_{Q}(1-z^{-1})^2}{1-(2-B)z^{-1}+(1-B+AB)z^{-2}} \tag{6.46}$$

　　如果 $AB=1$,则信号的增益为 1;并且,使 $B=2$ 可抵消分母中的 z^{-1} 和 z^{-2} 项。由此,选择 $A=1/2,B=2$(图 6.23(b)),可得

$$Y=Xz^{-2}+\varepsilon_{Q}(1-z^{-1})^2 \tag{6.47}$$

上式是最优选择的结果,与已经学习过的二阶调制器具有相同的传递函数,唯一不同的是它的输入传递函数有一个额外的延迟。

　　因为图 6.23(b)结构中第一个积分器的增益为 $1/2$,所以其输出摆幅也相应地减小;而第二个积分器增益为 2,补偿了第一个积分器的衰减。此外,从 DAC 到第二个积分器输入的路径实现了所需要的局部反馈。

例 6.5

　　用计算机仿真确定图 6.23 所示的调制器中两个积分器输出电压的直方图。采用二电平量化(一个阈值),$OSR=64$,$V_{in}=-10\mathrm{dB_{FS}}$,$A=1/2$,$B$ 的值取:2 和

1/2 两个值。

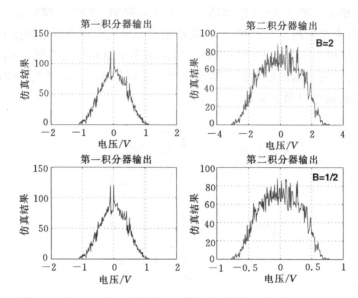

图 6.24　$B=2$ 和 $B=1/2$ 的积分器输出电压直方图

285　**解**

本例采用了描述文件 Ex6_5 和执行文件 Ex6_5Launch,这两个文件是从上一个例题所用的文件修改得到的。仿真显示,正如所预期的那样,缩放的作用使得第一积分器的输出摆幅被缩小了大约 2 倍。相对于一个无延迟的积分器与一个有延迟的积分器的级联结构的摆幅(为 3.1V),第二个积分器的摆幅基本没有变化。如图 6.24 所示,缩放因子 B 从 2 变成 1/2,仅仅使第二积分器的动态范围缩小了 4 倍,而没有影响其它的性能。

本例不仅简单地验证了的预期结果,还提供给读者用于研究积分器饱和现象以及分析单阈值和多阈值量化器之间区别的文件。

采用前馈路径是一种减小多阈值结构中运算放大器动态范围的有效途径。在介绍前馈的使用方法之前,让我们再研究一下图 6.23(b)的调制器,其响应为 $Y=Xz^{-2}+\varepsilon_{\mathrm{Q}}(1-z^{-1})^{2}$。第一个积分器的输出 P 可表示为

$$P=\frac{(X-Y)z^{-1}}{2(1-z^{-1})}=X\frac{z^{-1}(1+z^{-1})}{2}+\frac{\varepsilon_{\mathrm{Q}}z^{-1}(1-z^{-1})}{2} \qquad (6.48)$$

采用多电平量化器的情况下,P 点的幅度由式(6.48)的第一项决定。事实上,第二项等于量化误差衰减 2 倍之后再通过一个高通滤波器的结果,其值最多等于 Δ。

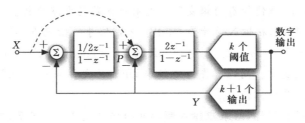

图 6.25　带前馈路径的二阶调制器

图 6.25 的结构中用虚线表示的前馈路径将图 6.23(b)变化为图 6.25 所示的结构。将这个附加的支路等效到输入端,相当于 $2X(1-z^{-1})/z^{-1}$。因此,输出变为

$$Y = X[z^{-2} + 2 \cdot z^{-1}(1-z^{-1})] + \varepsilon_Q(1-z^{-1})^2 \qquad (6.49)$$

用上式估算第一个积分器的输出,得

$$P = \frac{(X-Y)z^{-1}}{2(1-z^{-1})} = X\frac{z^{-1}(1-z^{-1})}{2} + \frac{\varepsilon_Q z^{-1}(1-z^{-1})}{2} \qquad (6.50)$$

将上式与式(6.48)比较,可以看出 X 的贡献被显著地衰减了:X 通过传递函数为$(1-z^{-1})$的高通滤波器,在信号频带内对 X 信号产生了很大的衰减。

注意到,这个额外的支路将信号传递函数从简单的两倍延迟改变为

$$STF = z^{-2} + 2(1-z^{-1}) \qquad (6.51)$$

然而,所加的高通项是可以忽略的,在必要的情况下,还可以在数字域对其进行补偿。

在图 6.11(b)的调制器中使用前馈支路,得到的结果与没有因子 2 时的式(6.48)和(6.51)相似。

前馈支路在减小运放摆幅方面的好处可以用下面的直观观察进行解释。由于第二模块是一个积分器,如果它的输入平均值为 0,则它的输出是有界的。而又由于第二积分器的输入由 $-Y$,P 和 X 这三项组成,所以必须保证$-Y+P+X \approx 0$。我们现在还记得,输出信号跟随输入信号变化,两者的误差在量化误差的量级。因此,条件 $P \approx Y-X$ 表明 P 的大小也是在量化误差的量级,并且,在多位量化的情况下,P 的幅度将会非常小。

例 6.6

用计算机仿真验证图 6.25 结构中应用附加分支所带来的影响。绘制第一个积分器输出信号的直方图,并且解释所得到的结果。

解

文件 Ex6_6 和 Ex6_6Launch 指导本题的求解。本题的仿真通过使用标志

位"Feedforwardk"来使能有前馈支路和无前馈支路的电路分析。采用具有7个比较器的闪速ADC,在输入信号为−3dB$_{FS}$正弦信号的情况下,第一个积分器的输出幅度从0.84V降到0.14V。在OSR为64时,SNR等于93dB,几乎没有因为前馈路径发生变化。用计算在给定频率DFT的文件sinusx来估算频率为输入频率的输出分量的幅值。

正如所期望的那样,结果中输入频率处的幅度大于1。然而,在接近带宽上限的频率处($f_S/128.3$),对输入信号的放大相当小,仅为0.02dB。

287

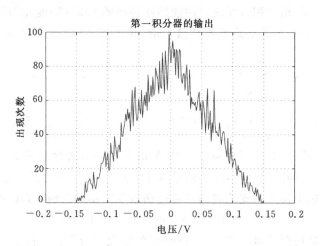

图6.26 第一个积分器的输出信号直方图

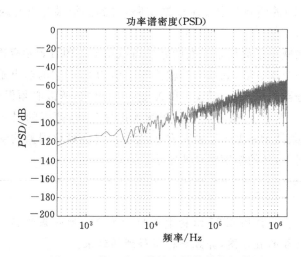

图6.27 第一个运算放大器的输出频谱图

第一个积分器输出的直方图看起来像一个三角形,如图 6.26 所示。该结果 288 与正弦信号的直方图有很大差别。这一方面说明正弦输入的幅度非常小(如图 6.27 的频谱图);另一方面,也验证了式(6.50)的结果,该式预见了对量化误差的一阶整形。

对这个现象,我们还记得 ε_Q 的概率分布函数是 $-\Delta/2$ 到 $\Delta/2$ 的均匀分布。因此,使 x 为对 ε_Q 连续两次采样的差值的概率,等于第一次采样值大于 $-\Delta/2$ $+x$ 的概率;相反,连续两次采样之差为 $-x$ 的概率则为第二个采样大于 $-\Delta/2$ $+x$ 的概率。结果等于一个在 $\pm\Delta/2$ 处为 0 的三角形。

6.6.3 数据采样电路的实现

开关电容(SC)技术是采样数据型 ΣΔ 调制器电路实现的基础。我们知道,用不交叠时钟相位控制的开关和电容,可以设计出调制器结构所要求的有延迟或无延迟的积分器。信号相减可以由两个 SC 结构得到,其中一个为反相,另一个为同相。或者,只要能使反相与同相项之间具有半个时钟周期的延时,信号相减也可以用单个 SC 结构来实现。

图 6.28(a)是图 6.23(b)所示结构的一种可能的实现形式。在 Φ_1 相位开始时,两个积分器都向虚地端注入采样电荷。在 Φ_2 相位开始以实现采样之前,运算放大器利用以 Φ_1 定义的半个时钟周期使输出达到建立。电容的比率决定了所需要的增益,分别是 1/2 和 2。

这两个输入结构在 Φ_2 期间通过用输入信号或第一积分器的输出信号进行 289 预充电,得到输入与 DAC 反馈信号的差,因此得到一个同相的运算。相反地,从 DAC 得到的信号实现了反相积分。

从这个架构可预见,从输出端到第二积分器输入端的环路具有一个时钟周期的延迟,而另一个环路上具有两个时钟周期的延迟。通过观察这个结构,可以很容易地验证所获得的延迟与结构是匹配的。

图 6.28(b)所示的电路实现了图 6.11(b)中的结构,该电路使得从 DAC 到输入端环路的延迟减少了一个时钟周期。DAC 的输出注入到第一个积分器产生了一个信号,该信号立即被第二积分器输入端上部的 SC 结构采样,并被注入到第二个积分器。第二个 SC 结构用来注入 DAC 的信号。

ADC 的锁存器在 Φ_2 时钟的上升沿开始作用,该上升沿结束了整个 Φ_2 的半周期,进入 ADC 的数字转换,并且做好在下一个 Φ_1 相位提供其输出的准备。

该电路一个的限制(由结构引起的)在于,在 Φ_1 相位期间,两个运算放大器级联,使得整体阶跃响应等于两个运算放大器响应的卷积。这使得电路速度降

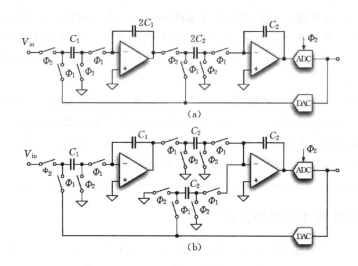

图 6.28 (a)图 6.23(b)结构的电路实现;(b)图 6.11(b)解决方案的电路实现

低,限制了可用的时钟频率,或者要求消耗更大的功率来提高电路的工作速度。相比之下,该电路两个积分器的反馈因子都是 1/2,而图 6.28(a)结构的反馈因子等于 2/3 和 1/3,因此需要采用具有不同增益带宽积的运算放大器。

6.6.4 噪声分析

任何 $\Sigma\Delta$ 结构的噪声都是由电容的开关以及运算放大器的噪声引起的。总噪声的计算方法与之前计算翻转式 S&H 结构噪声的方法相似。也就是,由于这个结构在采样相和注入相有不同的配置,所以必须要分别确定两种情况下形成的各个子电路网络,计算在所考虑相位的最后时刻,相应子电路网络中的噪声源在各电容上产生的噪声电荷,并估算它们的颜色谱;然后,接下来的连续采样决定了折叠到基带的、几乎为白色的噪声频谱。

由于传递函数有电容电荷到输出端的项,所以电容上的噪声电荷采样对输出电压也有贡献。为了进行噪声的计算,必须将噪声谱乘以传递函数的平方,并将结果在信号频带内进行积分。将所有积分进行叠加即可得到总的噪声功率。

290   上述方法可以用于研究图 6.29 所示电路的噪声。这是一个单端的二阶 $\Sigma\Delta$ 调制器,它的反馈环路上有两个增益分别为 0.5 和 2 的延迟积分器。图中包括了同时闭合的开关对的导通电阻以及运算放大器的输入等效噪声源,其中运放的噪声只考虑白色频谱部分

$$v_{n,A1}^2 = \gamma_{A1} \frac{4kT}{g_{m,A1}}; \quad v_{n,A2}^2 = \gamma_{A2} \frac{4kT}{g_{m,A2}} \tag{6.52}$$

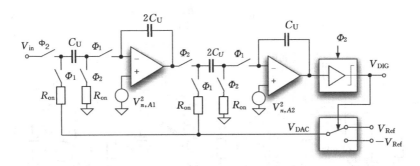

图 6.29　1 位二阶 $\Sigma\Delta$ 调节器电路图

在 ϕ_2 期间,输入电容 C_U 通过 R_{on} 对输入电压采样,R_{on} 的热噪声为 $v_{n,R}^2 = 4kTR$。从第 1 章中知道,低通滤波器 $R_{on}C_U$ 给噪声电荷的频谱加了"颜色",折叠使得采样到的噪声功率为 kT/C_U。

第一个积分器的输出通过两个开关对第二级的输入电容 $2C_U$ 充电。如图 6.30(a)中的噪声等效电路所示,由于第一个 OTA 的连接为单位增益结构(由于积分电容建立起的反馈),所以采用图中下面部分所示的等效噪声模型。显然,$g_{m,A1}$ 是 A_1 的跨导增益。

噪声频谱 $v_{n,A1}^2$ 被两极点网络的平方模块滤波,使得 $2C_U$ 上的有色噪声由下式给出

$$H_{A1,in2} = \frac{v_{n,C_{in2}}}{v_{n,A1}} = \frac{1}{1 + s(\tau_0 + \tau_0 2C_U/C_L + \tau_R) + s^2 \tau_0 \tau_R} \tag{6.53}$$

其中,$\tau_0 = C_L/g_m$,$\tau_R = 2C_U R_{on}$。

如果 $2C_U/C_L < 1$,噪声传递函数的极点就由 τ_0 和 τ_R 决定,其中运算放大器的 f_T,($f_T = 1/\tau_0$——译者注)是其中频率低的一个。由于第二个极点的影响几乎可以忽略,所以 $v_{n,A1}^2 = \gamma_{A1} 4kT/g_m$ 引起的噪声功率为

$$V_{n,A1,in2} = \gamma_{A1} \frac{kT}{C_L} \tag{6.54}$$

如果 $2C_U/C_L > 1$,第一个极点向略低一点的频率移动,并改善了噪声整形效果。然而,在实际中,改善不会超过 1dB。

图 6.30(a)底部电路中的噪声频谱 $v_{n,R}^2$ 被具有两个极点和一个零点的传递函数所滤波,该传递函数可表示为

$$H_{R,in2} = \frac{1 + s\tau_0}{1 + s(\tau_0 + \tau_0 2C_U/C_L + \tau_R) + s^2 \tau_0 \tau_R} \tag{6.55}$$

如果 $2C_U/C_L < 1$,零点几乎抵消了第一个极点,时间常数 $\tau_R = R_{on}C_U$ 决定了噪声传递函数。噪声功率变成

$$V_{n,R,\text{in}2} = \frac{kT}{2C_U} \qquad (6.56)$$

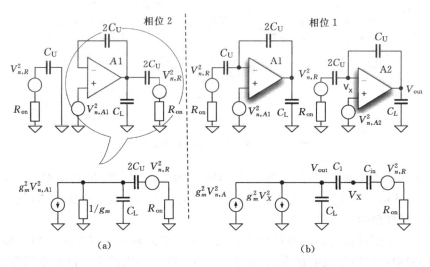

图 6.30 (a)Φ_2 期间的噪声模型；(b)Φ_1 期间的噪声模型

相反,如果 $2C_U/C_L > 1$,则两个极点被分开,使得图 6.31 中的一条幅度曲线依次出现了 20dB/dec 滚降区域、平坦区域以及第二个 20dB/dec 滚降区域,该曲线是在 $f_T = 200\text{MHz}$,$C_L = 1\text{pF}$,$2C_U = 0.5\text{pF}$,以及 $R_{on} = 100\Omega$ 的条件下得到的。该图还给出了 OTA 和 $2C_S R_{on}$ 的单极点网络的响应。注意到第二个极点的作用可以略微改善电路的噪声性能,然而在实际中,改善的范围为 $1\sim2\text{dB}$。

对 ϕ_1 相位期间噪声的研究方法与上述相同,并且使用了图 6.30(b)中的等效电路,描述该电路的方程如下:

$$v_x = \frac{v_{\text{out}}\left(R_{\text{on}} + \dfrac{1}{sC_{\text{in}}}\right) + v_{n,R}\dfrac{1}{sC_f}}{R_{\text{on}} + \dfrac{1}{sC_f} + \dfrac{1}{sC_{\text{in}}}} \qquad (6.57)$$

$$g_m(v_{n,A} - v_x) = v_{\text{out}}sC_L + (v_{\text{out}} - v_x)sC_f \qquad (6.58)$$

$$v_{C_{\text{in}}} = \frac{C_L(v_x - v_{\text{out}})}{C_{\text{in}}} \qquad (6.59)$$

分析第一级或第二级时,必须采用正确的输入电容和反馈电容。

通过求解式(6.57)、(6.58)和(6.59),得

$$v_{C_{\text{in}}} = \frac{C_L}{C_f}\frac{-v_{n,A} + (1 + s\tau_0)v_{n,R}}{1 + (\tau_0/\beta + \tau_0 C_{\text{in}}/C_L + \tau_R)s + \tau_0\tau_R s^2} \qquad (6.60)$$

其中,$\tau_0 = C_L/g_m$,$\tau_R = C_{\text{in}}R_{\text{on}}$,$\beta = C_{\text{in}}/(C_{\text{in}} + C_f)$。

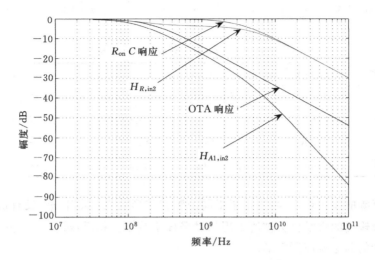

图 6.31　第二积分器输入电容的输入参考噪声函数

式(6.60)表明,即使是在 Φ_1 期间,运放的噪声源也被一个两极点的传递函数所滤除,而导通电阻上的热噪声源被一个具有两个极点和一个零点传递函数所整形。

因此,单极点系统,运放产生的噪声为 $\gamma_A kT/C_L$,导通电阻产生的噪声为 kT/C_{in}。另外,在实际电路中,额外的极点和可能存在的零点将会提高噪声滤波性能,并且使得噪声功率降低大约 $1\sim 2\mathrm{dB}$。

第二个积分器的输出在 Φ_2 的上升沿被量化器采样,贡献了两个噪声项:一项由第二个运算放大器产生,另一个则是由于在 ADC 电容 C_{ADC} 上进行的采样引起的。

以上的精确研究对于理解通过观察电路所获得的近似表达式的极限是很有帮助的。对于图 6.29 的调制器,获得噪声项列在表 6.2 中。

由于表中各列的噪声功率在奈奎斯特区间内均匀分布,所以噪声可以由三个白噪声源描述,如图 6.32 中所示,用在两个积分器输入端和量化器输入端

$$v_{n,1}^2 = 2T_S\left[2\,\frac{kT}{C_U} + \gamma_{A1}kT/C_L\right]$$

$$v_{n,2}^2 = 2T_S\left[\frac{kT}{C_U} + \gamma_{A1}kT/C_L + \gamma_{A2}kT/C_L\right] \qquad (6.61)$$

$$v_{n,3}^2 = 2T_S\left[\frac{2kT}{C_{ADC}} + \gamma_{A2}kT/C_L\right]$$

平方叠加后得到输出频谱为

$$v_{n,\text{out}}^2 = v_{n,1}^2 \mid z^{-2} \mid^2 + v_{n,2}^2 \mid 2z^{-1}(1-z^{-1}) \mid^2 + v_{n,3}^2 \mid (1-z^{-1})^2 \mid^2$$

$$(6.62)$$

表 6.2　二阶 $\Sigma\Delta$ 调制器的噪声功率项

相位	噪声源	$v_{n1}^2[\text{V}^2]$	$v_{n2}^2[\text{V}^2]$	$v_{n3}^2[\text{V}^2]$
Φ_2	$4kTR_{\text{on}}$	kT/C_{U}	$kT/(2C_{\text{U}})$	kT/C_{ADC}
Φ_2	$\gamma_{Ai}4kT/g_{\text{m}}$	—	$\gamma_{A1}kT/C_{\text{L}}$	$\gamma_{A2}kT/C_{\text{L}}$
Φ_1	$4kTR_{\text{on}}$	kT/C_{U}	$kT/(2C_{\text{U}})$	—
Φ_1	$\gamma_{Ai}4kT/g_{\text{m}}$	$\gamma_{A1}kT/C_{\text{L}}$	$\gamma_{A2}kT/C_{\text{L}}$	—

294　　　噪声源的注入点不同,决定了不同的频谱整形效果。由于 $v_{n,1}^2$ 没有被整形,所以其对输出的贡献仅会被所采用的过采样率减小。相反,$v_{n,2}^2$ 和 $v_{n,3}^2$ 分别被一阶和二阶的高通响应所整形。

6.6.5　量化误差与抖动(dither)

过采样和噪声整形带来的优势使得在调制器中可以使用数量较少的量化电平。许多 $\Sigma\Delta$ 的设计甚至使用二值量化来避免实现高线性度 DAC 所带来的困难。然而,使用少量的量化间隔直接与第 1 章中的近似假设相违背,该假设表明如果把量化误差建模为噪声,则要求量化器要有大量的量化间隔数。由于这一点还没有得到严格地证明,所以需要研究该假设可能隐含的意义。

例如,假设一阶、1 位 $\Sigma\Delta$ 量化器的输入是一个直流信号,如果输入的幅值是 $\Delta n/m$,其中:Δ 是量化间隔,n 和 m 是整数,且 $n<m$,则量化器输出是包含 n 个 1 的序列,并且每 m 个时钟周期重复一次。量化误差也是一个重复序列,如图 6.33 所示,图中的序列对应于 $V_{\text{in}}=23/27$,$V_{\text{ref}}=\pm1$ 的情况。该重复序列的

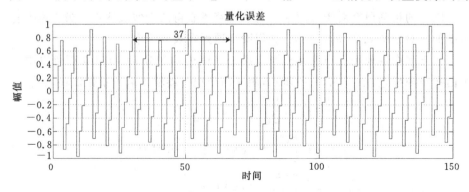

图 6.33　一阶 $\Sigma\Delta$ 量化器的量化误差,$V_{in}=23/27$,$V_{ref}=\pm1$

输出频谱在 f_S/m 以及其整数倍频处产生了杂波分量。这种类型的谱线通常被称为空闲信道分量或模式噪声。

采用不同的输入幅值,并且使用更高阶的量化器将会使情况得到改善。特别是输入电压与参考电压之比为无理数,或者像通常情况一样,使输入信号为正弦波或者带限信号的情况下,改善更明显。然而,即使在信号变化频繁(busy)的情况下,信号频带内出现杂波分量的风险仍然存在,尤其是在采用低阶结构和 1 位量化时。

频谱中出现杂波意味着量化误差的功率集中在一些特定的频率处,而不是遍布在奈奎斯特区间内。高通噪声传递函数最终会减小信号带宽内杂波分量的幅度。然而,这种情形仍然是有问题的,因为大的量化噪声功率会引起大的杂波分量,这些分量虽然受到衰减,但仍然与较小的输入正弦波分量相当。

在幅度小的正弦波受到噪声破坏的情况下,虽然可以通过减小测量滤波器的带宽来使其再现(正如采用长 FFT 序列时的情况)。然而,相反的是,杂波分量并不会随着带通滤波器的带宽减小而消失,并且通常会覆盖与其频率相同或者临近频率处的小的正弦分量。

频谱中的杂波分量表明了状态变量空间中存在极限环。相反的是,噪声会在状态变量空间中产生无序路径。因此,为了使频率中仅出现噪声,并且去掉杂波分量,必须打乱任何可能出现的极限环,使其呈现无序特性。相应地,由于极限环是由于相关特性引起的,而输入信号的特性没有破坏这种相关性,所以必须采用一个辅助的,能够破除极限环的输入信号。这种方法被称为抖动(dither),这个辅助信号就是抖动信号。

很明显,抖动信号必须只对去除杂波分量起作用,而不改变信号。实现这个信号有两种可能的方法:第一是注入一个频率处在信号频带之外的正弦波或方波。用于滤除带外噪声的滤波器即可消除抖动信号的影响。抖动信号的幅值必须尽可能低,因为其幅值减少了输入动态范围。

第二种方法是采用与噪声相似的信号,这种信号不会降低信噪比。实现抖动信号的噪声源可以是电子器件的热噪声。如果该噪声达不到要求,就需要特别注入一个随机信号,该信号能够被整形,以减少其在信号频带内的负作用。

通常情况下,该抖动信号为一个双极性信号 $\pm V_{dith}$,其幅值为常数,符号

牢记

采用多位量化器或者抖动技术以扰乱 ΣΔ 调制器中产生杂波分量的固定特性,尤其是在输入信号中包含显著直流分量的情况下,更需如此。

受一个伪随机比特流发生器控制。图 6.34 所示的结构中给出了两个可能的注入点:调制器的输入结点或位于量化器之前的结点。对于前一种情况,抖动信号的传递函数与输入信号相同,所以在产生 $\pm V_{\text{dith}}$ 的模拟信号形式之前,需要将伪随机码流通过传递函数为 $(1-z^{-1})^p$ 的滤波器来对抖动信号的频谱进行适当的整形;对于后一种情况,用于量化噪声整形的传递函数同样也改变了在量化器之前注入的抖动信号的频谱。由于伪随机高斯分布的抖动信号的功率贡献为 $V_{\text{dith}}^2/12$,所以只需要选择抖动信号的幅值,使得 $V_{\text{dith}}<\Delta$。

296

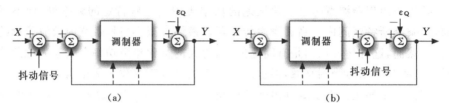

图 6.34 (a)在调制器输入端注入抖动信号;(b)采用与输入信号整形等效的抖动信号

6.6.6 1 位和多位量化器

到目前为止,我们还没有很详细地考虑运用 1 位或多位量化器的优点和缺点,只概述了 1 位转换器从本质上确保了线性响应,而多位方法使得精度明显提高。本节给出合理地选择量化电平数目需要考虑的设计因素。

用 1 位 $\Sigma\Delta$ 调制器获得高信噪比需要使用高的过采样率或者高阶结构,而高阶结构会增加稳定结构的设计难度。由于运算放大器(或跨导放大器)的带宽必须高于时钟频率,所以工艺的速度限制,或者是功耗预算方面的限制使得高信噪比的 1 位调制器解决方案只适用于音频频段或仪器方面的应用。

因为运算放大器的输出摆幅很大,所以 1 位调制器可用的基准电压只是电源电压很小一部分。假设运算放大器输出动态范围是 αV_{DD},一个 -6dB_{FS} 的正弦波使得第一个积分器输出端的最大摆幅为 $\pm\beta_{\text{swing}}V_{\text{ref}}$。使运算放大器达到饱和极限时的基准电压为

$$|V_{\text{ref}}|<\frac{\alpha V_{\text{DD}}}{2\beta_{\text{swing}}} \tag{6.63}$$

297　　　对于低电源电压,α 可以是 0.7,β_{swing} 大约为 2,得到的 $V_{\text{ref}}=\pm0.175V_{\text{DD}}$。如果电源电压是 1.8V,则基准电压低至 ±0.3V。由于 kT/C 噪声和运算放大器热噪声方面的限制($\gamma kT/C$,对第一级尤其关键),如此低的参考电压是存在问题的。因此,1 位量化器通常只适合应用于中、高电源电压场合。

运算放大器的压摆率和增益带宽积必须保证积分器能够精确地实现建立。

第一个积分器的输入是输入模拟信号与 DAC 输出信号之差。正如我们所知道的,DAC 输出值与其输入信号的接近程度取决于 DAC 的精度和输入信号的带宽。由于我们可以合理地假设最大差值为 2Δ,则对于 1 位量化器($\Delta = V_{ref}$),第一个积分器输入的最大幅值变为 $2V_{ref}$(该值与前面的仿真结果正好对应)。因此,在 $T_s/2$ 注入阶段的 γ 倍时间(γ 小于 1)内,在输入级过驱动的情况下使得输出电压达到接近其终值(运放从该值开始以指数形式实现建立)需要的压摆率为

$$SR = \frac{2G(V_{ref} - V_{ov})}{\gamma T_s/2} \tag{6.64}$$

其中,G 是积分器的增益。

与之相应的运算放大器输出电流,包括负载电容 C_L 所需的电流,可以表示为

$$I_{out} = \frac{2V_{ref}(C_{in} + C_L)}{\gamma T_s/2} \tag{6.65}$$

如果时钟频率为 20 MHz,$V_{ref} = 1$V,则当 $\gamma = 0.1$ 时,要求的压摆率为 400V/ms;当 $(C_{in} + C_L) = 2$pF 时,需要的 I_{out} 为 0.8mA。由于采用多位量化使积分器输入信号减小了一个约等于量化电平数的因子,所以以上计算的结果将会减小相同的倍数。

采用多电平量化器提高了等效位数,但是使 ADC 消耗了额外的功率。然而,对于二阶调制器,要使精度增加 2.5 位,需要使用双倍的时钟频率。因此,功耗的优化需要在增加运算放大器速度与在量化器中增加比较器数量之间进行权衡。作为经验法则,可以认为,在相同的时钟频率下比较器的功耗大约为跨导运算放大器功耗的 1/20。

还需要注意的是,增加比较器数量意味着在抽取滤波器的第一级需要进行多位数字信号处理,而且还需要为数字校准或元件的匹配增加额外的数字逻辑电路,从而导致复杂度增加。考虑以上所有因素,使得在实际中通常采用 3～15 个比较器的多位 ΣΔ 调制器。

即使多位调制器的模拟电路部分比 1 位调制器的更加复杂。多位 DAC 可以采用之前研究的多种结构中的一种,但是通常电容型的 MDAC 是首选方案。而且,通常对于两位结构,采用相同的电容阵列作为 MDAC 来实现减法和 DAC 功能,如图 6.35 所示。输入电容 C_1 被分成四个相等的部分。在 Φ_1 期间,C_1 被充电至输入信号电平;Φ_2 期间,C_1 在温度码 $t_1, \cdots, t_4$ 的控制下,被连接到 $+V_{ref}$ 或 $-V_{ref}$。

用同一个电容阵列同时实现输入信号注入和 DAC 功能(也可以用于 1 位的结构)是有益的,因为跨导放大器的反馈因子是采用单个电容时的一半。然而,

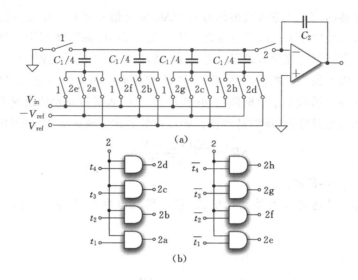

图 6.35　(a)对输入与 DAC 信号差进行运算的积分器；
(b)获得 DAC 控制相位的逻辑网络

基准电压产生器需要输送的电荷是输入信号的非线性函数。如果 DAC 的控制方程为 $k(n)\approx V_{in}(n-1)/\Delta$，则有已经充电到 $V_{in}(n)$ 的 $k(n)$ 个电容被连接到了基准电压。因此

$$Q_{ref}(n) = k(n)\big[V_{ref} - V_{in}(n)\big] \tag{6.66}$$

运用 $k(n)$ 的表达式，得到一个 V_{in} 的二次项。因此，基准产生器的输出电阻必须很小，以避免在 DAC 响应中出现严重的失真。

299　习题

6.1　对于 8 位 ADC，在过采样率为 2^k 的情况下，估算其所增加的有效位数，$k=4,\cdots,12$。

6.2　在一阶 $\Sigma\Delta$ 调制器反馈环路中使用传递函数为 $1.2z^{-2}/(1-0.95z^{-1})$ 的模块，在信号带宽 $f_B\ll f_S$ 的情况下，确定量化噪声的功率。

6.3　重复例 6.1，但采用三角波和方波输入，画出输入信号和调制器输出的频谱，看结果是否符合。

6.4　在不同的 dc 输入幅度下，仿真带有 1 位量化器的一阶调制器，截取 2^{12} 个时钟周期的输出比特流，并解释得到的结果。

6.5　在采用非理想的 8 级量化器的情况下，重复上一个问题，采用 $5\%\delta$ 的随机误差，画出获取的输出值与 dc 输入幅度之间的函数关系图。

6.6 用行为级模型仿真图 6.11(b)所示的二阶调制器,观察两个积分器的输出信号,确定输出信号峰值与输入幅度及 1 位、2 位、3 位量化器的函数关系。

6.7 用带 1 位量化器的二阶调制器的行为级模型来确定不同输入幅度情况下的输出比特流。例如,使输入为满幅度的 3/12 或者其它分数。通过研究时域或频域的响应确定任何可能的极限环(cycles)。

6.8 利用之前例子中的框图,研究在 dc 输入信号上加入随机噪声带来的影响。采用输出频谱中展现杂波分量的一种情况。

6.9 估计一个五阶低通调制器的等效位数,该调制器采用带有三个比较器的量化器,且 OSR 为 20。为了确保稳定,调制器的 NTF 有三个极点位于 $z=0.8$ 以及 $z=0.6\pm\mathrm{j}0.7$ 的共轭位置处。

6.10 采用软饱和模型重复例 6.2,用在积分器之后级联函数 atan(x) 的方法来为软饱和建模,其中 x 是输入信号与饱和电平之间的比值。将得到的结果与同样的例子采用限幅特性所得到的结果进行比较。

300

6.11 运用例 6.2 的仿真设置,确定带有软饱和与不带软饱和的积分器输出直方图,并确定量化噪声的直方图。

6.12 图 6.11(b)的二阶 $\Sigma\Delta$ 调制器所用的积分器动态范围为 $\pm0.5V_{ref}$,输入信号范围为 $\pm0.5V_{ref}$。ADC 具有五个比较器。请按比例进行设计,并确定比较器的阈值。

6.13 运用前馈方法降低图 6.25 框图中第二积分器的摆幅。其中 ADC 中用到了三个比较器,并通过分享电容上的电荷实现可能的减法。画出运用开关电容方法设计的电路实现草图。

6.14 研究带有限幅特性的二阶调制器中输入失调对积分器响应的影响。分别考虑失调对第一积分器、第二积分器和量化器的影响。

6.15 假定两个放大器的增益不同,在此情况下重复例 6.5。画出两个增益在 30dB 到 60dB 范围内,SNR 损失与两个增益之间的函数关系,OSR 取为 64。

6.16 在 $\Sigma\Delta$ 结构的第一积分器无延迟的情况下,重复例 6.6。改变结构使第一积分器的输出缩小为原来的 1/3 倍,将得到的结果与例 6.6 进行比较。

301
参考文献

书和专著

J. Candy and G. Temes: *Oversampling Delta-Sigma Data Converters: Theory, Design and Simulation*, New York: IEEE Press, 1992.

S. R. Norsworthy, R. Schreier, and G. C. Temes: *Delta-Sigma Data Converters Theory, Design, and Simulation*, New York, NY: IEEE Press, 1997.

R. Schreier, and G. C. Temes: *Understanding Delta-Sigma Data Converters*, New York, NY: J. Wiley & Sons, NJ, 2005.

期刊和会议论文

Δ 和 $\Sigma\Delta$

F. De Jager: *Delta modulation, a method of PCM transmission using the 1-unit code*, Philips Research Rep., no. 7, pp. 442–466, 1952.

J. B. O'Neal and R. W. Stroh: *Differential PCM for speech and data signals*, IEEE Trans. on Communications, vol. COMM-20, pp. 900–912, 1972.

J. C. Candy and O. J. Benjamin: *The Structure of Quantization Noise from Sigma-Delta Modulation*, IEEE Trans. Communications, vol. COM-29, pp. 1316–1323, 1981.

J. C. Candy: *A Use of Double Integration in Sigma Delta Modulation*, IEEE Trans. on Communications, vol. COM-33, pp. 249–258, 1985.

R. Koch, B. Heise, F. Eckbauer, E. Engelhardt, J. A. Fisher, and F. Parzefall: *A 12-bit sigma-delta analog-to-digital converter with a 15-MHz clock rate*, IEEE Journal of Solid-State Circuits, vol. 21, pp. 1003–1010, 1986.

S. H. Ardalan and J. J. Paulos: *An analysis of nonlinear behavior in delta – sigma modulators*, IEEE Trans. Circuit Syst., vol. CAS-34, pp. 593–603, 1987.

S. R. Norsworthy, I. G. Post, and H. S. Fetterman: *A 14-bit 80-kHz sigma-delta A/D converter: Modeling, design and performance evaluation*, IEEE Journal of Solid-State Circuits, vol. 24, pp. 256–266, 1989.

R. M. Gray, W. Chou, and P. W. Wong: *Quantization Noise in Single-Loop Sigma-Delta Modulation with Sinusoidal Inputs*, IEEE Trans. Communications, vol. COM-37, pp. 956–968, 1989.

R. M. Gray: *Spectral Analysis of Quantization Noise in a Single-Loop Sigma-Delta Modulator with dc Input*, IEEE Trans. Communications, vol. COM-37, pp. 588–599, 1989.

B. P. Brandt, D. E. Wingard, and B. A. Wooley: *Second-order sigma-delta modulation for digital-audio signal acquisition*, IEEE Journal of Solid-State Circuits, vol. 26, pp. 618–627, 1991.

动态范围优化

B. E. Boser and B. A. Wooley: *The design of sigma-delta modulation analog-to-digital converters*, IEEE Journal of Solid-State Circuits, vol. 23, pp. 1298–1308, 1988.

J. Silva, U. Moon, J. Steensgaard, and G. Temes: *Wideband low-distortion delta-sigma ADC topology*, Electron. Lett., vol. 37, pp. 737–738, 2001.

A. A. Hamoui and K. W. Martin: *High-order multibit modulators and pseudo data-weighted-averaging in low-oversampling $\Sigma\Delta$ ADC's for broadband applications*, IEEE Transaction on Circuits Syst. I, vol. 51, pp. 72–85, 2004.

K. Nam, S. Lee, D. K. Su, and B. A. Wooley: *A low-voltage low-power sigma-delta modulator for broadband analog-to-digital conversion*, IEEE Journal of Solid-State Circuits, vol. 40, pp. 1855–1864, 2005.

302

电路实现

L. Schuchman: *Dither signals and their effect on quantization noise*, IEEE Trans. Communications Tech., vol. COMM-12, pp. 162–165, 1964.

K. Nagaraj, T. R. Viswanathan, K. Singhal, and J. Vlach: *Switched-capacitor circuits with reduced sensitivity to amplifier gain*, IEEE Trans. Circuit Syst., vol. CAS-34, pp. 571–574, 1987.

L. Le Toumelin, P. Carbou, Y. Leduc, P. Guignon, J. Oredsson, and A. Lindberg: *A 5-V CMOS line controller with 16-b audio converters*, IEEE Journal of Solid-State Circuits, vol. 27, pp. 332–342, 1992.

P. J. Hurst, R. A. Levinson, and D. J. Block: *A switched-capacitor delta-sigma modulator with reduced sensitivity to op-amp gain*, IEEE Journal of Solid-State Circuits, vol. 28, pp. 691–696, 1993.

J. W. Fattaruso, S. Kiriaki, M. de Wit, and G. Warwar: *Self-calibration techniques for a second-order multibit sigma-delta modulator*, IEEE Journal of Solid-State Circuits, vol. 28, pp. 1216–1223, 1993.

P. Ju, K. Suyama, P. F. Ferguson Jr., and W. Lee: *A 22-kHz multibit switched-capacitor sigma-delta D/A converter with 92 dB dynamic range*, IEEE Journal of Solid-State Circuits, vol. 30, pp. 1316–1325, 1995.

V. Peluso, M. S. J. Steyaert, and W. Sansen: *A 1.5-V-100-μW $\Sigma\Delta$ modulator with 12-b dynamic range using the switched-opamp technique*, IEEE Journal of Solid-State Circuits, vol. 32, pp. 943–952, July 1997.

W. Wey and Y. Huang: *A CMOS delta-sigma true RMS converter*, IEEE Journal of Solid-State Circuits, vol. 35, pp. 248–257, 2000.

第 7 章

高阶 $\Sigma\Delta$ ADC、连续时间 $\Sigma\Delta$ ADC 和 $\Sigma\Delta$ DAC

在学习了过采样的基本原理和低阶 $\Sigma\Delta$ 结构之后，本章将分析采用一位以及多位量化器的高阶调制器。除了单级结构之外，我们还将讨论通常被称为 MASH 结构的级联方案。紧接着，我们将讨论与已经学过的采样数据 $\Sigma\Delta$ 相对应的连续时间 $\Sigma\Delta$ 调制器。最后，我们将讨论带通实现形式，并简要介绍 $\Sigma\Delta$ DAC。

数字滤波器是系统结构中必不可少的一部分，即便如此，我们也只是将其视为一个黑箱，而不探究其设计细节。

7.1 信噪比(SNR)增强技术

前一章中，我们学习了用多个量化台阶来增大 $\Sigma\Delta$ 调制器的信噪比。然而，内部 DAC 中单位元器件的总数可能会存在一个极限值。这是因为，采用多个 DAC 电平后，用于增加线性度的各种技术的成本会变得很大，或者有效性会变差。这一点是本节中将要讨论的 SNR 增强技术的基础，该技术可以用于任何种类的 $\Sigma\Delta$ 调制器。

信噪比增强技术利用了这样一个事实，即 $\Sigma\Delta$ 调制器的线性度不依赖于 ADC 的精度，而取决于 DAC 的线性度。因此，我们的目标是在 ADC 中采用多个台阶来获得高的信噪比，但是要将 DAC 的分辨率降到只有 2 个电平(或者降到数字匹配技术能够处理的一个小的数值)。

考虑图 7.1(a)所示的电路，该电路示意性地采用了一个 n 位 ADC 和一个 m 位 DAC。实际上，将精度从 n 降到 m，是简单地将长的数字字截短，并将 $n\sim m$ 个低有效位去掉来实现的。对整个数字字及其截短后的结果进行适当的处理即可得到数字输出。图 7.1(b)所示的线性模型采用两个量化误差 $\varepsilon_{Q,n}$ 和 $\varepsilon_{Q,m}$ 来

表示 n 位量化和 m 位量化。描述电路的方程组为

$$Y_1 = X \cdot STF + \varepsilon_{Q,m} \cdot NTF \tag{7.1}$$

$$Y_2 = Y_1 - \varepsilon_{Q,m} + \varepsilon_{Q,n} \tag{7.2}$$

消去 $\varepsilon_{Q,n}$ 后,得

$$Y_2 \cdot NTF + Y_1(1 - NTF) = X \cdot STF + \varepsilon_{Q,n} \cdot NTF \tag{7.3}$$

上式表明,合理选择 Y_1 和 Y_2 的组合,可以得到信号与 $\varepsilon_{Q,n}$ 的噪声整形结果相加,而不是与 $\varepsilon_{Q,m}$ 的噪声整形结果相加。因此,尽管 DAC 只有 2^m 个台阶,信噪比却相当于 n 位量化的结果。

以上方法依赖于对由模拟电路决定的 NTF 的准确预估。如果用 NTF' 表示实际传递函数,则 NTF' 与式(7.3)中所用的理想 NTF 的表达式之间可能的失配,将会产生 $\varepsilon_{Q,m}$ 的残余部分($NTF - NTF'$),影响输出。为了使这个误差低于 NTF,非常有必要保证实际 NTF 与理想 NTF 之间的失配低于 $2^{-(n-m)}$。

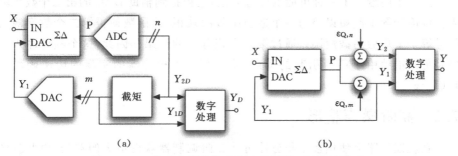

图 7.1 (a)信噪比增强技术的示意框图;(b)线性模型

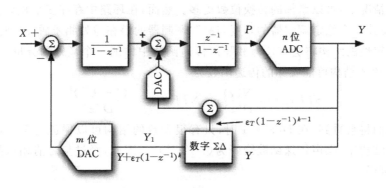

图 7.2 用数字 $\Sigma\Delta$ 和误差消除技术提高 SNR

除了仅仅采用截短方法以外,还可能使用更加精妙的方法将位数从 n 减到 m。图 7.2 表示了在二阶调制器中可能采用的一种技术。这种方法在 ADC 和

DAC 之间用了一个数字 $\Sigma\Delta$ 调制器,它的输入为主输出信号 Y,输出为

$$Y_1 = Y + \varepsilon_T (1 - z^{-1})^k \tag{7.4}$$

其中,ε_T 表示位数从 n 位截短到 m 位引起的量化误差。

由于 $Y = P + \varepsilon_{Q,n}$,所以反馈到 $\Sigma\Delta$ 调制器输入端的信号为

$$Y_1 = P + \varepsilon_{Q,n} + \varepsilon_{Q,m}(1 - z^{-1})^k \tag{7.5}$$

该信号即是 n 位调制器的量化误差再加上一个额外的噪声项 $\varepsilon_{Q,m}(1-z^{-1})^k$,其中量化误差将接着被 NTF 进行噪声整形,而额外的噪声项对输出的作用还将被 STF 改变。调制器的输出变为

$$Y_2 = X \cdot STF + \varepsilon_{Q,n} \cdot NTF + \varepsilon_{Q,m} \cdot STF \cdot (1 - z^{-1})^k \tag{7.6}$$

注意到,如果 k 大于调制器的阶数,则 $\varepsilon_{Q,m}$ 引起的贡献可以忽略。此外,该方案避免了式(7.3)所要求的处理过程,该处理过程的主要缺点是需要增加数字输出的字长,因而将增加抽取之前用来抑制噪声的数字滤波器的复杂度。

图 7.2 还给出了一种可能的改进方法,它包括到辅助 DAC 的第二个数字输入。该信号等于截短误差与一个适当函数的乘积,该函数使得第二个数字输入信号等于整形后的截短误差通过第一个积分器的结果。因此,这个额外注入的信号可以抵消由于截短引起的噪声,使得第一个积分器的实际的传递函数为 $1/(1-z^{-1})$。

306 7.2 高阶噪声整形

在反馈环路上使用多个积分器可使二阶调制器获得更大的益处,由此就产生了高阶结构。高阶结构对量化噪声的整形更加有效,使得在采样频率每增加一倍的情况下,可以增加的转换位数更多。然而,在环路中存在多个积分器的情况下,设计一个稳定调制器的难度与高阶调制器的潜在益处相矛盾。通常,能够保证稳定性的结构将会在信号和噪声传递函数中增加一个额外的分母。因此,一个 L 阶的结构可能实际的传递函数为

$$STF(z) = \frac{N(z)}{D(z)}; \quad NTF(z) = \frac{(1-z^{-1})^L}{D(z)} \tag{7.7}$$

我们将会看到,在 $D(z)=1$ 时,只有很少数的结构可以保证稳定性,不过,在那些结构中,噪声传递函数恰好为 $(1-z^{-1})^L$。因此,经过与之前相似的计算之后,可得

$$V_n^2 = V_{n,Q}^2 \frac{\pi^{2L}}{2L+1} \left[\frac{f_B}{f_s/2} \right]^{2L+1} = V_{n,Q}^2 \frac{\pi^{2L}}{2L+1} OSR^{-(2L+1)} \tag{7.8}$$

307 进一步可得 SNR 为

$$SNR_{\Sigma\Delta,L} = \frac{12}{8}k^2 \cdot \frac{2L+1}{\pi^{2L}} \cdot OSR^{(2L+1)} \tag{7.9}$$

转换为 dB,得

$$SNR_{\Sigma\Delta,L} = (1.78 + 6.02n') - 10 \cdot \log\frac{\pi^{2L}}{2L+1} + 3.01(2L+1)\log_2(OSR)$$

$$(7.10)$$

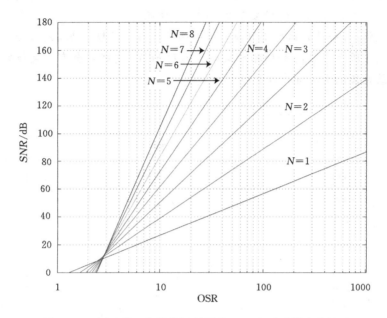

图 7.3　不同阶数 1 位量化调制器的 SNR 与过采样率的关系

图 7.3 绘出了式(7.10)表示的 1 位量化的调制器阶数为 1～8 时的结果。可以看到,在高阶情况下,过采样的优势是非常大的。例如,对于六阶调制器,过采样率仅为 16 就可以得到 $SNR = 100\text{dB}$。然而,这个结果并没有考虑 $D(z)$。为了保证稳定性,$D(z)$ 的零点必须置于单位圆内。此外,零点的频率通常非常接近信号频段。在信号频段内 $D(z)$ 的估计值是一个小的数字,使得噪声整形效果降低。下面的例子给出了在有和没有分母的情况下的计算结果。

例 7.1

一个高阶 ΣΔ 调制器的信号和噪声传递函数包含两个极点,分别位于频域中的 $f_{p1} = -4f_B$ 和 $f_{p2} = -8f_B$ 处。分子 $N(z)$ 使得 STF 在低于 $2f_B$ 时是平坦的(增益为 1)大于频率 $2f_B$ 后,STF 的响应由分母 $D(z)$ 控制。确定 $z = 1$ 时,$D(z)$ 对 NTF 的影响,OSR 等于 64。

解

由于频率 f_B 为 $f_S/128 = 1/(128 \cdot T_S)$,所以两个极点分别位于 $f_{p1} =$

$-1/(32 \cdot T_S)$ 和 $f_{p2} = -1/(16 \cdot T_S)$。从 s 域到 z 域的映射决定了两个极点在 z 平面上的位置,即

$$z_{p1} = e^{-\pi/16} = 0.822, \quad z_{p2} = e^{-\pi/8} - 0.675 \tag{7.11}$$

得到的分母为 $D(z) = (1 - 0.822z^{-1})(1 - 0.675z^{-1})$。当 $z=1$ 时,得到 $D(1) = 0.05785$,其倒数为 17.28,对应于 24.8dB 的损耗。

在低频下,分母的作用使得噪声传递函数上移。高频下的损耗可能会减小,正如图 7.4 所示,$0.1f_S$ 处的损耗减小了不到 3dB。这将不会有太大帮助,因为上移的最大值发生在所关心的频带内。

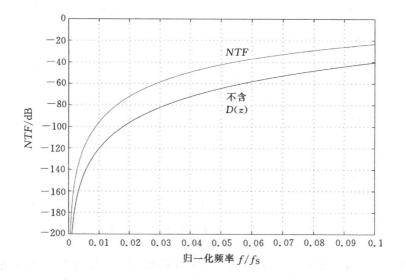

图 7.4　噪声传递函数及其分母 * 的贡献

7.2.1　单级结构

显然,在 $\Sigma\Delta$ 结构中采用多个积分器可得到高阶噪声传递函数,但是同时会对设计稳定的结构带来特定的挑战。即使是在线性反馈网络中已经仔细研究过的著名的稳定性判据,在 $\Sigma\Delta$ 调制器中也不再是确定的稳定性判定条件。当把量化器嵌入环路时,可能会使原本稳定的线性结构变得不稳定,特别是采用较少位数的量化器时。产生这个问题的原因是量化带来的非线性可能会引起不稳定,因此必须采用比线性系统的稳定性判据(即 $\Delta = 0$)更严格的稳定性判定条件。

在进行更详细的稳定性分析之前,让我们首先考虑一种最常用的可以获得

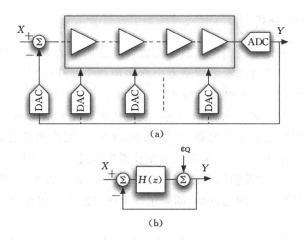

图 7.5　(a)高阶调制器示意图;(b)单一反馈支路方案

高阶噪声整形的调制器结构。图 7.5(a)表示了这类调制器的通用结构,它具有单个或多个反馈支路,无前馈支路。主反馈支路保证了量化后的输出跟随输入。其他反馈支路可用来调节信号传递函数并控制稳定性。将图 7.5(a)中的内部反馈转移到输入端,可以把图 7.5(a)的结构变换成图 7.5(b)所示的线性模型,这是个包含整个量化器在内的单一反馈结构。其信号和噪声传递函数为

$$STF = \frac{H(z)}{1+H(z)}; \quad NTF = \frac{1}{1+H(z)} \tag{7.12}$$

其中,在信号带宽内 STF 应该是平坦的,增益为 0dB,而 NTF 在信号带宽内产生了多个零点。

假设 $H(z)$ 为

$$H(z) = \frac{P(z)}{Q(z)} \tag{7.13}$$

则 STF 和 NTF 化为

$$STF = \frac{P(z)}{P(z)+Q(z)}; \quad NTF = \frac{Q(z)}{P(z)+Q(z)} \tag{7.14}$$

单一反馈结构的电路实现从滤波器的拓扑结构(可以是连续时间形式或采样数据形式)开始,然后对其进行修改以在适当的位置插入 ADC,再完成包含一个或多个 DAC 的反馈路径。在众多滤波器结构中,ΣΔ 通常采用带权重的加权反馈积分器链结构和分布式反馈的积分器链结构。在接下来大体地研究了稳定性之后,我们将很快研究这些解决方案。

7.2.2 稳定性分析

对稳定性的研究可以确定调制器参数设置方面的约束,还可以确定采用的最小量化位数。由于最严重的情况发生在采用两个量化电平时,因此我们将对这种情况进行研究。研究结果即可推广到多位量化的情况。

采用噪声模型可将图 7.6(a)中的结构近似地转化为图 7.6(b)所示的模型。如果在比较器之前增加了放大器,如图 7.6(c)所示,则模型的近似所带来的局限是很明显的。由于 ADC 仅采用一个比较器检测过零点,因此增益 k 将不会改变结果。与之相反,增益模块 k 改变了图 7.6(d)所示的线性模型,因此改变了其传递函数。从稳定性理论可知,如果包括 k 在内的环路增益设置不合适,系统将不稳定。

用传统的根轨迹技术可以确定线性模型变为不稳定时的 k 值。系统不稳定的临界点 $\tilde{k}$ 发生在信号传递函数的极点恰好移动到单位圆外时。因此,如果量化器的"增益"大于临界增益 $\tilde{k}$,则调制器中不受限制的结点将经历较大的且不可控的瞬态响应。这可能会导致量化器的输出在多个时钟周期内始终处于二值电平中的一个,或者会产生包含长串"1"和"0"的低频振荡,该振荡引起的低频分量很可能落入信号带宽之内。

问题的关键在于给量化器增益下一个有意义的定义。由于仅有两级电平代表量化器的输出,因此可以假定:如果输入振幅的绝对值小于 V_{ref},则量化器对输入进行了"放大";如果输入振幅的绝对值大于 V_{ref},则量化器对输入进行了"衰减"。这个观点可以通过准确的统计进行定量分析,通过这种统计分析可以得到量化器的增益,其值使得输入和输出信号的一个适当函数的方差最小。在这里不对这个定量的定义所基于的理论进行研究,因为就当前的范围来说,直观分析就足够了。

可以观察到,由于二值量化器的输出等于它的输入 V_x 加上噪声 N,因此增益 k 可以用来粗略地衡量 $(V_x + N)/V_x$ 的值。在 V_x 接近 0 时,该比值将变得非常大。假设为了保证稳定性,将 V_x 的均方值限制在 $\pm V_{ref}$ 范围内,则所期望的 k 的均值将大于 1。因此对于加入一个量化器来实现的调制器中所使用的滤波器,在稳定性分析时,必须在滤波器中引入一个假想的,并且大于 1 的环路增益 k。在确定了用来实现稳定的高阶调制器的滤波器之后,通过时域仿真来对调制器的各个参数进行验证是非常有价值的。这些参数应保证稳定工作的范围足够大,以适应调制器结构中有源和无源器件的非理想特性在最坏情况下所引起的变化。

研究多电平量化器的稳定性同样也是非常必要的,原因有两个:第一,DAC

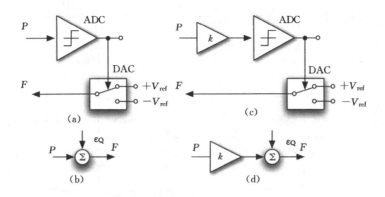

图 7.6　(a)1 位量化器；(b)1 位量化器的线性模型；(c)增加一个假想
增益后的 1 位量化器；(d)图(c)中电路的线性模型

的削波特性除了可能会引起 SNR 降低外，还可能产生非线性项，从而引发不稳定。第二，有限个量化器电平数会引起一个类似于 2 个电平情况时的假想增益。"增益"的估算将再次成为研究的基础。

量化器的最小动态范围通常由行为级仿真确定，在给定量化步长和最大输入幅度的情况下，动态范围反过来决定了量化器所需的最少量化电平数。在采用理想量化器以及输入信号为满幅度的情况下进行第一次仿真，可确定所需的量化电平数 N_{max}。通常，得出的量化电平数会超过 $2^N = V_{ref}/\Delta$，并

> **警告**
>
> 要研究高阶调制器的稳定性，必须在不同的幅度和不同的正弦输入信号频率下进行大量的时域仿真。

且，在某些情况下，超出部分可能与 2^N 相当。多出来的量化电平数最大程度地保证了稳定性和满幅度工作。然而，可以通过牺牲一定的 SNR 来减少量化电平数。事实上，量化器的削波将使量化电平数减少，直到通过仿真达到稳定的临界点。

7.2.3　加权反馈求和

图 7.7 给出的结构中包含了一个由带有延迟或不带延迟的积分器组成的采样数据积分器链，它们的输出以不同的权重相加，得到量化器的输入信号并产生反馈信号 Y。注意到，由于每个环路中必须存在至少一个延迟，因此 $k_1 > 0$。p 阶结构的传递函数 $H_p(z)$ 为

$$H_p(z) = \frac{z^{-k_1}}{1-z^{-1}}a_1 + \frac{z^{-(k_1+k_2)}}{(1-z^{-1})^2}a_2 + \cdots + \frac{z^{-\sum_1^p k_i}}{(1-z^{-1})^p}a_p \qquad (7.15)$$

将该式代入式(7.12)可得到信号和噪声传递函数。

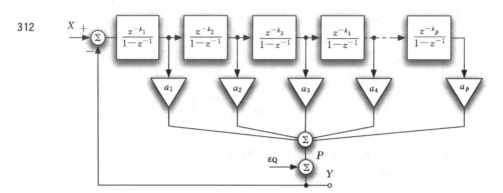

312

图 7.7　带加权反馈求和的积分器链构成的调制器

　　注意到,该结构提供了一定数量的自由度,设计者可以利用这一点实现所需的传递函数,以保证稳定性并优化积分器的动态范围。将 $H(z)$ 重新表示为

$$H_p(z) = \frac{P(z)}{(1-z^{-1})^p} \qquad (7.16)$$

其中,$P(z)$ 为

$$P(z) = \alpha_1 z^{-1} + \alpha_2 z^{-2} + \cdots + \alpha_p z^{-p} = \sum_1^p \alpha_i z^{-i} \qquad (7.17)$$

从以上两式可得

$$STF = \frac{\sum_1^p \alpha_i z^{-i}}{\sum_1^p \alpha_i z^{-i} + (1-z^{-1})^p}$$

$$\qquad (7.18)$$

$$NTF = \frac{(1-z^{-1})^p}{\sum_1^p \alpha_i z^{-i} + (1-z^{-1})^p}$$

我们还记得,STF 和 NTF 的分母多项式 $D(Z)$ 的根确定了 STF 和 NTF 的极点,$D(z)$ 为

$$D(z) = \sum_1^p \alpha_i z^{-i} + (1-z^{-1})^p = 1 + \beta_1 z^{-1} + \beta_2 z^{-2} + \cdots + \beta_p z^{-p}$$

$$(7.19)*$$

而且,为了保证稳定性,要求极点在单位圆内。因此

$$D(z) = \prod_1^p (1 - z_i z^{-1}) \qquad |z_i| < 1 \qquad (7.20)$$

假定 $D(z)$ 在信号带宽内几乎等于 $D(1)$，可得到

$$NTF = \frac{NTF_{id}}{\prod_1^p (1-z_i)} = \frac{NTF_{id}}{K_p} \tag{7.21}$$

为确保稳定性所要求的极点使得极点增益因子 $K_p < 1$。它的影响是，与由理想噪声传递函数 $(1-z^{-1})^p$ 所决定的、预期的 SNR 相比，SNR 减小了

$$SNR \Big|_{dB} = SNR_{ideal} \Big|_{dB} - 20\log_{10} K_p \tag{7.22}$$

例 7.2

利用 Simulink 研究一个带加权反馈求和的三阶调制器。确定该结构中所采用的权重，其中所有积分器都带有延迟。估算为保证电路正常工作所需的比较器数量和 ADC 动态范围。

解

利用式 (7.15) 确定 $P(z)$ 的表达式，再将其代入式 (7.19)，得到信号和噪声传递函数的分母为

$$1 + (a_1 - 3)z^{-1} + (a_2 - 2a_1 + 3)z^{-2} + (a_1 - a_2 + a_3 - 1)z^{-3}$$

当 $a_1 = 3, a_2 = 3, a_3 = 1$ 时，该式的值为 1。

使用文件 Ex7_2 和 Ex7_2Launch 作为研究该例题的基础。采用单个比较器以及两电平 DAC 会使得调制器会不稳定，该现象可通过将标志位 MultiBit 设为 0 来验证。相比之下，采用量化输出中无任何削波现象的多电平量化器时（量化输出可能会超出动态范围），可以获得所期望的噪声整形效果，使 SNR 的值随量化台阶的减小而增加。

注意到，所用比较器的数量应大于覆盖 $\pm V_{ref}$ 范围所需的数量，这是因为最后一级积分器的输出摆幅可能会超过 $\pm V_{ref}$ 的范围。因此，为了避免出现饱和现象，需要在 ADC 中采用额外的比较器，并在 DAC 中采用更多的量化电平数。例如，在采用 $-3dB_{FS}$ 的正弦输入信号时，如果 ADC 采用的量化电平间隔为 $\Delta = 0.25V$，则量化器输入处的摆幅在 $\pm 1.5V_{ref}$ 之间。相应地，DAC 的输出采用 12 个电平，如图 7.8 所示：8 个电平覆盖 ± 1 的范围，分别还有两个电平在高于和低于动态范围的极限时使用。

可以验证，如果 $\Delta = 0.5V$，在 $OSR = 64$ 的情况下，SNR 将从 120dB 左右下降 6dB，但是所需的量化电平数仅降低到 10。这是因为量化器的输入动态范围将变成略大于 $\pm 2V_{ref}$。

量化器输出信号的限幅会导致不稳定。例如，在 $\Delta = 0.25V$ 时，必须采用至少 10 个量化电平以确保电路的正常工作，因为较少的量化电平数会导致理想积

分器的输出值无限地增大。

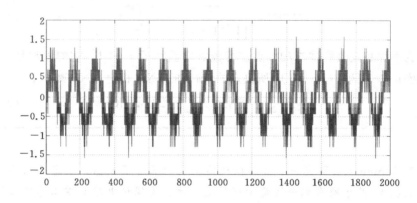

图 7.8　DAC 在 -3dB_{FS} 正弦输入以及 $\pm 1V_{\text{ref}}$ 时的输出电压

7.2.4　具有局部反馈的调制器

如果 NTF 的零点全部位于 $z=1$ 处,则低频下的噪声衰减将非常显著,在 OSR 较大时,即可获得最佳的噪声整形。然而,在信号带宽相对较大的情况下,并不需要对固定位置的噪声进行很大的衰减,但是必须在整个带宽内具有低的噪声电平,因为在这种情况下重要的是整个信号带宽内频谱的积分,而不是有限频率区间内的噪声电平值。此外,对于零点全在 $z=1$ 的高阶调制器,因为其幅度谱随 f^{2L} 增加,所以噪声功率主要集中在信号带宽 f_{B} 边沿附近的区域。

采用 z 平面圆上的复共轭零点,可以以降低 $z=1$ 处噪声整形效果为代价,在这些零点附近获得较低的噪声。因此,对于给定的 SNR 来说,适当地将一对零点从 $z=1$ 处移动到单位圆上的共轭点,将增加可用的频率范围。图 7.9(a) 对一个三阶调制器的 NTF 进行了比较,一种情况下零点全部位于 $z=1$ 处,另一种情况下只有一个零点位于 $z=1$ 处,另外两个零点位于复共轭点 $\pm j0.022\,f_N$ 处。如果过采样率为 50(即 $f_{\text{B}}=0.02f_N$),则第一种情况下的噪声功率比采用复共轭零点的第二种情况高。因为在相同的 SNR 下,第二种情况能使带宽达到 $f_{\text{B}}=0.026f_N$。这一结果可由图 7.9(b) 中所给出的 NTF 平方的积分曲线证实。在低频下,位于 $z=1$ 的多个零点使调制器得到了非常好的噪声整形。但是对于 $0.02f_N$ 附近的频带,复共轭零点的解决方案效果则更好。对于中等以及更高的 SNR,这些零点在 NTF 中产生了一段平坦的区域,扩展了有用带宽。

利用局部负反馈可获得复共轭零点,如图 7.10 所示,其中的五阶调制器在

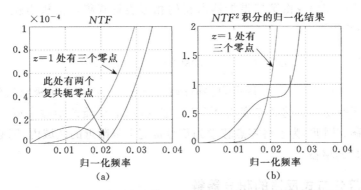

图 7.9 (a)调制器的三个零点均位于 $z=1$ 处时的 NTF 以及一个零点在 $z=1$ 处且另两个零点为共轭零点时的 NTF；(b)归一化功率与信号带宽的关系(译者注:原图中的文字误将零点写为极点)

积分器对 2-3 和 4-5 上分别采用了增益为 g_1 和 g_2 负反馈。第一对积分器反馈环路的传递函数为

$$\left[X_1(z) - g_1 Y_1(z)\right] \frac{z^{-1}}{(1-z^{-1})^2} = Y_1(z) \tag{7.23}$$

可得

$$\frac{Y_1}{X_1} = \frac{z^{-1}}{1-(2-g_1)z^{-1}+z^{-2}} \tag{7.24}$$

对于第二个谐振回路,我们可以写出类似的等式来分析 z 域响应,得到与式(7.24)相似的结果。

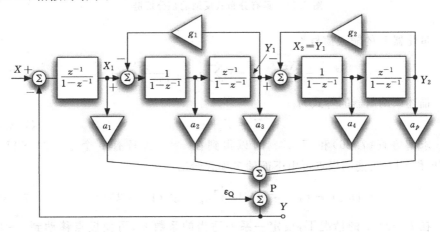

图 7.10 采用局部负反馈来产生复共轭零点的调制器

由等式(7.24)或由第二谐振器所得的相似表达式得出的极点位于单位圆上,其角频率为

$$\omega_{1p} = \pm \frac{1}{T_s}\arccos(1 - \frac{g_1}{2}) \simeq \frac{\sqrt{g_1}}{T_s} \tag{7.25}$$

316 上式成立的条件为 $g_1 \ll 1$。因此,局部反馈增益 g_1 或 g_2 决定了极点的位置。

由于环路滤波器的极点变为 NTF 的零点,局部反馈的增益实际上决定了零点的位移。因此,为了将零点移动到信号带宽上限附近的区域内,则必须采用 $g_i \simeq 1/OSR$ 的增益。

7.2.5 带分布式反馈的积分器链

具有多路反馈的高阶结构是我们已学过的具有两个反馈支路的二阶调制器的普遍形式,其反馈从数字输出端分别接回所用的两个积分器的输入端。

图 7.11 所示的结构采用了一系列带有延迟的积分器的级联,这些延迟积分器的输入等于前级积分器的输出信号减去量化器输出放大(或衰减)后的信号。

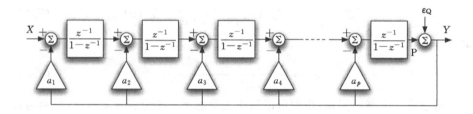

图 7.11 具有分布式反馈的积分器链

量化器 P 的输入信号为

$$P = \frac{Xz^{-p}}{(1-z^{-1})^p} - Y\sum_{1}^{p} a_{p-i+1}\frac{z^{-i}}{(1-z^{-1})^i} \tag{7.26}$$

描述该调制器的等式为

$$Y = P + \varepsilon_Q \tag{7.27}$$

求解方程(7.26)和(7.27),可以得到在 $z=1$ 处具有 p 个零点的 NTF。NTF 和 STF 可能的极点可由下面的多项式给出

317

$$D(z) = (1-z^{-1})^p + \sum a_{p-i+1}z^{-i}(1-z^{-1})^{p-i} \tag{7.28}$$

在 $D(z)=1$ 的情况下,设定一系列适当的系数 a_i,可使极点移动到 $z=0$ 处,因此得到一个等于 z^{-p} 的 STF,和一个 p 阶高通噪声整形函数 $(1-z^{-1})^p$。

注意到,一般积分器的输入总是由两项相减得到,

$$V_{\text{in},i} = V_{\text{out},i-1} - a_i V_{\text{out}} \qquad (7.29)$$

其中 V_{out} 为 Y 转换得到的模拟信号,其值限制在 $\pm V_{\text{ref}}$ 的范围之内。由于积分器在低频处的输入值必须非常小(dc 处为 0),则 $V_{\text{out},i-1}$ 非常接近 $a_i V_{\text{out}}$。因此,忽略噪声的贡献后,第 $i-1$ 个积分器的最大输出幅度为参考电压的 a_i 倍。虽然该输出值通常较高(因为反馈因子可能大于 1),但可利用按比例缩小的方法来调节积分器的动态范围。正如所学过的,将积分器的增益缩小之后再进行相适应的放大将不会改变信号和噪声传递函数,但是可以优化运放的动态范围。

对任一设计进行比例缩放的最佳方法是在不同频率下,采用最大的输入幅度进行大量的仿真,从而确定内部结点的电压摆幅与频率的函数关系。在知道了最大和最小摆幅后,就可以选择出最优的比例因子。正如所知道的,最优比例因子必须使运放的输出摆幅小于饱和极限,并且在非常低的输入幅度下使得运放输出的最小值大于热噪声。

7.2.6 级联 $\Sigma\Delta$ 调制器

由前面的研究可以大体看出,阶数高于 2 阶的结构存在稳定性问题,特别是在采用 1 位量化器,或者更一般地说,在量化间隔数较小的情况下。此外,为了保证稳定性所需的 NTF 的极点通常会削弱噪声整形的效果。实现这些高阶结构的另一种可选解决方案是对多个低阶调制器进行级联。正如我们将看到的那样,级联方案能够在不引入稳定性问题的情况下获得高阶噪声整形效果。

级联结构的基本思想(又称 MASH,**m**ulti-stage noise **s**haping)多级噪声整形与流水线结构的原理相似。在流水线结构中,每一级除了输出数字结果外,还输出一个由下一级处理的余量电压。MASH 结构与流水线结构相同,其中的 $\Sigma\Delta$ 调制器除了提供数字输出外,还输出一个量化噪声作为后级的输入,如图 7.12 所示。数字结果的合成不像传统流水线结构那样简单,为了消除量化误差的贡献,这里的合成方法变得更为复杂。

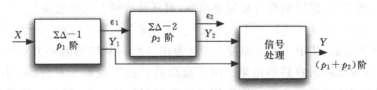

图 7.12　多级噪声整形结构

假设图 7.12 所示的两级结构中采用的 $\Sigma\Delta$ 为 p_1 和 p_2 阶($NTF_1 = (1-z^{-1})^{p_1}$,$NTF_2 = (1-z^{-1})^{p_2}$);此外,两级的 STF 分别等于 z^{-r1},z^{-r2}。因此

$$Y_1 = X \cdot STF_1 + \varepsilon_{Q1} NTF_1 = Xz^{-r_1} + \varepsilon_{Q1}(1 - z^{-1})^{p_1} \tag{7.30}$$

$$Y_2 = \varepsilon_{Q1} \cdot STF_2 + \varepsilon_{Q2} NTF_2 = \varepsilon_{Q1} z^{-r_2} + \varepsilon_{Q2}(1 - z^{-1})^{p_2} \tag{7.31}$$

通过在数字域中按照下式进行处理,可消掉 ε_{Q1}

$$Y_{\text{out}} = Y_1 STF_2 - Y_2 NTF_1 \tag{7.32}$$

利用给出的信号和噪声传递函数,可得,

$$Y_{\text{out}} = Y_1 z^{-r_2} - Y_2(1 - z^{-1})^{p_1} = Xz^{-(r_1 + r_2)} - \varepsilon_{Q2}(1 - z^{-1})^{p_1 + p_2} \tag{7.33}$$

该结果表明 STF 仅为一个延迟,而噪声为第二个调制器的量化误差 ε_{Q2} 被阶数为 $(p_1 + p_2)$ 的 NTF 所整形的结果。

结果与 ε_{Q1} 无关,这是因为数字处理使得第一个调制器的 NTF 与式(7.33)中的乘积项 $(1 - z^{-1})^{p_1}$ 精确匹配,抵消了 ε_{Q1} 的影响。然而,可能存在的运放非理想特性以及元件的不匹配将使得实际的 NTF 与所期望的理想方程不同,导致 ε_{Q1} 没有被完全抵消。剩余的噪声为

$$\varepsilon_{n,\text{out}} = (NTF_{\text{real}} - NTF_{\text{ideal}})\varepsilon_{Q1} \tag{7.34}$$

假设 $\Sigma\Delta_1$ 为一阶结构,并且非理想因素将噪声传递函数的零点从 $z=1$ 移动到 $1 - \delta_I$。NTF 将变为 $[1 - (1 - \delta_I)z^{-1}]$,使得剩余噪声为

$$\varepsilon_{n,\text{out},1} = \delta_I z^{-1} \varepsilon_{Q1} \tag{7.35}$$

其频谱是白噪声谱,并且只会因自采样而降低。因此,如果 ε_{Q1} 经 δ_I^2 项衰减后的带内功率比 ε_{Q2} 经 $(p_1 + p_2)$ 阶整形后的噪声功率小,则 SNR 不会变差。如果 $\Sigma\Delta_1$ 和 $\Sigma\Delta_2$ 的位数相等,那么它们的量化噪声的功率谱谱也相等,因此有

$$\frac{\delta_I^2}{OSR} < \frac{\pi^{2L}}{(2L + 1)} \frac{1}{OSR^{2L+1}}; \quad L = p_1 + p_2 \tag{7.36}$$

由于运放的有限增益使得极点的位移 δ_I 等于 $1/A_0$,所以式(7.36)成为运放增益需要满足的必要条件。

现在来考虑在 MASH 的第一个单元中使用二阶 $\Sigma\Delta$,并且其运放的限制使得积分器的全部极点产生了相等的位移 δ_I。由于实际的 NTF 变成了 $[1 - (1 - \delta_I)z^{-1}]^2$,所以 ε_{Q1} 的影响没有被完全消除,而只是按照下式被衰减

$$(1 - z^{-1})^2 - [1 - (1 - \delta_I)z^{-1}]^2 = \delta_I^2 z^{-2} + 2\delta_I z^{-1}(1 - z^{-1}) \tag{7.37}$$

衰减由两项组成,其中一项的幅度为 δ_I^2(为相应的一阶结构的平方),另一项为 $2\delta_I$ 通过一阶整形函数后的结果。由于衰减后的值明显低于对应的一阶结构,因此在 MASH 的第一个单元中采用二阶调制器更适宜(二阶是不引起稳定性问题的最大阶数)。

另一个可能存在的缺点是量化误差的不准确性。由于 ε_{Q1} 是 ADC$_1$ 的输入模拟信号与它经过 DAC 转换之后得到的模拟量之差,则 DAC 和减法器都会导致量化误差不准确。由于 DAC 非线性所引起的误差可通过数字技术校正,所

以我们不考虑 DAC 的非线性。只考虑 DAC 的增益误差 δ_D 和减法器的增益误差 δ_s，这两个因素导致不准确的量化误差，表示为 ε'_{Q1}：

$$\varepsilon'_{Q,1} = [(1-\delta_D)Y_1 - P_1](1-\delta_s) \tag{7.38}$$

经过简单的数学处理，并忽略 $\delta_D\delta_s$ 后，上式可化为

$$\varepsilon'_{Q,1} = \varepsilon_{Q,1} + \varepsilon_{Q,1}\delta_s + Y_1\delta_D(1+\delta_s) \tag{7.39}$$

将 ε'_{Q1} 代入式(7.30)和(7.31)*，会在输出中引入额外的误差。$\varepsilon_{Q,1}$ 项将会被抵消。与第一级 ΣΔ 的 NTF 相乘，将实现对 $\varepsilon_{Q,1}\delta_s$ 的整形。此外，我们还记得 $Y_1 = X \cdot STF_1 + \varepsilon_{Q,1} \cdot NTF_1$，所以式(7.39)中的最后一项将使 $X\delta_D$ 被 NTF_1 整形，而 $\varepsilon_{Q1}\delta_D$ 被 NTF_1 的平方所整形。由于 STF 产生的延迟与这里的分析无关，所以将其忽略。因而，由 DAC 和减法器的增益误差将会引起如下的结果：

$$\varepsilon_{out} \simeq X(\delta_D NTF_1) + \varepsilon_{Q,1}(\delta_s NTF_1 + \delta_D NTF_1^2) \tag{7.40}$$

由上式可以看出，减法器的增益误差 δ_s 比 DAC 的增益误差重要。此外，由于第一个调制器的 NTF 会对误差整形，因而再次表明将第一级选择为二阶形式是适宜的。

MASH 结构可以扩展到多级级联的情况。采用适当的数字信号处理可以抵消除最后一级之外的所有量化噪声，使得输出噪声谱为最后一级的量化噪声谱被整形的结果，整形的阶数等于所有级的阶数之和。这个结果是很有意义的，然而正如前面所研究的，无论是模拟 NTF 与其数字估计的失配，或者是 DAC 量化的增益误差，都会限制 MASH 结构的这个优势。因此，考虑到实际存在的限制，三级是在 MASH 结构中能够很好使用的最大的级数。

所采用的调制器的阶数决定了 MASH 的结构类型。例如，我们在 MASH 中可以采用 1-1-1MASH，它代表三个一阶调制器级联的结构。或采用 2-2-1 * MASH，表示两个二阶和一个一阶的调制器级联。实际很少采用四个调制器级联的结构。整形效果与数字滤波器复杂度之间的折衷，使得总阶数通常在 3 到 6 之间。

注意

ΣΔ 调制器的级联依赖于准确地理解噪声传递函数，并精确地产生量化噪声以将它们抵消。错误的估计将极大地减少能达到的 SNR！

三级结构 MASH 的分析所用的方法类似于分析两级结构时所采用的方法。我们通过图 7.13 所示的结构来进行研究，图中给出了一个 2-1-1 MASH 的结构图。二阶调制器采用的第一个积分器没有延迟，第二个积分器带有延迟；用模拟减法器来获得量化误差。

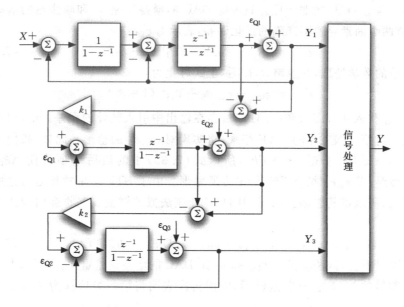

图 7.13 2-1-1MASH $\Sigma\Delta$ 调制器结构图

三个输出为

$$Y_1 = Xz^{-1} + \varepsilon_{Q,1}(1-z^{-1})^2$$
$$Y_2 = \varepsilon_1 z^{-1} + \varepsilon_{Q,2}(1-z^{-1}) \qquad (7.41)$$
$$Y_3 = \varepsilon_2 z^{-1} + \varepsilon_{Q,3}(1-z^{-1})$$

上式要求接下来的信号处理能够消去第一个和第二个量化噪声。实现这一要求的信号处理表达式为

$$Y = Y_1 z^{-2} - Y_2 z^{-1}(1-z^{-1})^2 + Y_3(1-z^{-1})^3 \qquad (7.42)$$

可以容易地证明,上面的等式消除了 ε_{Q1} 和 ε_{Q2} 的贡献(正是我们所需要的),从而得到

$$Y = Xz^{-3} + \varepsilon_{Q,3}(1-z^{-1})^4 \qquad (7.43)$$

上式产生了对第三个量化噪声的四阶噪声整形,四阶即为所用的阶数 $2+1+1$ 之和。

同样地,第一个和第二个量化误差的抵消依赖于模拟的噪声传递函数与式 (7.42)中所用的估算结果是否相等,任何可能的失配都将造成噪声泄漏。

7.2.7 MASH 的动态范围

运算放大器的动态范围以及量化误差的幅值是设计调制器的关键问题,特别是对于采用 1 位量化器的调制器。第一个问题发生在这样的情况下:运算放大器在一定的输出范围内具有较大的增益,在接近动态范围边界时增益却降低了。当调制器目标是获得非常高的 SNR 时,运算放大器的增益应该非高,因为必须要保证积分器的极点从理想的 $z=1$ 的位置产生的位移最小。然而运算放大器较大的输出摆幅将使其从高增益工作区进入低增益区,并导致非线性。谐波失真的程度依赖于运放增益的变化程度。在中等 SNR 的情况下可能是无关紧要的,但对于高分辨率调制器则是一个严重的问题。通常用计算机仿真来研究这个问题。行为级的研究可能采用式(6.28)描述的积分器来进行时域仿真。然而,由于运放的有限增益并不是一个常数,必须在每个时钟周期都进行更新,这使得仿真变得更加复杂,并且要求更长的计算时间。

另一个可能的问题发生在后面几级 ΣΔ 调制器输入出现过大幅度的情况下。在采用正负极性参考信号 $\pm V_{ref}$ 和 $-6dB_{FS}$ 的正弦输入信号情况下,对于一阶调制器会产生一个接近 $\pm V_{ref}$ 的量化误差,而对于二阶调制器,量化误差大于 $\pm 2.5 V_{ref}$,如图 7.14 所示。

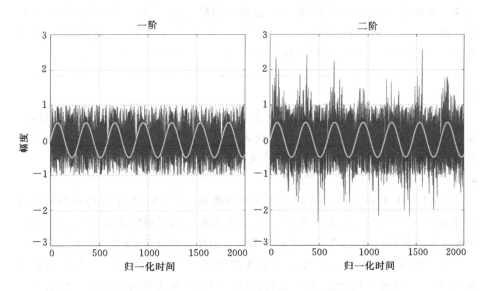

图 7.14　一阶和二阶 1 位调制器的输入信号以及量化误差

将调制器的输入正好限制在 $\pm V_{ref}$ 范围内是可能的,但要求调制器至少具有 2 位或 3 位的量化,这又反过来要求用在反馈环路中的 DAC 以及用于产生量化误差的 DAC 具有非常高的线性度。正如我们所知道的,反馈环路中 DAC 的误差会产生未被整形的噪声,而对于用来产生量化误差的 DAC,其误差会造成噪声无法完全被抵消。这两个限制因素都要求使用数字方法来保证极好的线性度,如即将研究的 DEM 技术。

注意到,只要输入信号的高频项为低频分量留下足够的空间,级联 $\Sigma\Delta$ 允许输入信号的瞬时值非常接近或者超过参考信号。实际上,因为高频分量可能的不准确性会在数字域被过滤掉,所以真正需要的是级联调制器对量化噪声位于信号带宽内的那一部分进行正确的转换。当被转换的信号幅度不是非常接近满幅度极限时,可满足上述条件。因此,只要输入略微低于 0dB_{FS},MASH 就不会失去其有效性。

高精度 MASH

对于高精度的 MASH,通常建议采用多位调制器来限制运放的动态范围,并降低需要抵消的量化误差的幅值。必须通过修整(trimming)或对元件进行动态匹配来提高 DAC 的线性度。

减小所处理的量化噪声幅度的一种显而易见的方法是,对第二和第三级调制器的输入信号进行衰减,如图 7.13 所示。该方法是可行的,但不是非常容易实现。实际上,在 0dB_{FS} 处 SNR 可以达到它的最大值,但峰值会变化,因为在信号处理模块中必须对 Y_2 放大 $1/k_1$ 倍,对 Y_2 放大 $1/(k_1k_2)$ 倍。这使得 SNR 损失了 $20\log_{10}(k_1k_2)$ 分贝,同时也使其有用范围扩大了几乎相同的倍数。

例 7.3

通过计算机仿真研究图 7.13 中 2-1-1 MASH 结构的 1 位调制器的特性。在不同的工作条件下,确定信噪比与输入振幅的函数关系曲线。估算积分器中所用运放的有限增益和可能的限幅造成的影响。

解

从 Matlab 文件 Ex7_3 可得到该例中所要的 2-1-1 MASH 结构的行为级模型,Ex7_3 文件的执行由文件 Ex7_3Launch 控制。该模型可实现以下选项:设定四个运算放大器的增益;设定运算放大器输出的硬饱和条件;设定两个比例因子。

在比例因子为 1 和 0.5 的条件下进行仿真,可以得到如图 7.15 所示的结果,其输入范围为 -140dB_{FS} 到 -1dB_{FS},(采用 Launch 文件的版本 a 来给出这些曲线)。在过采样率为 64 的情况下,SNR 的峰值在 120dB 左右,而过零点大约在所期望的 -143dB 处(该点标志了动态范围)。利用比例因子可以将 SNR 的峰值移动到更高的输入幅值处,但由于有效性变差,曲线会下移 12dB。

在不同的设计参数值下进行仿真,可让使用者理解调制器的限制条件。例如,图 7.16 对理想频谱与第一个运放存在有限增益和饱和特性时的频谱进行了比较。正如所期望的那样,输出饱和特性引起了等效到输入端的白噪声,而有限增益产生了一阶整形的噪声项。

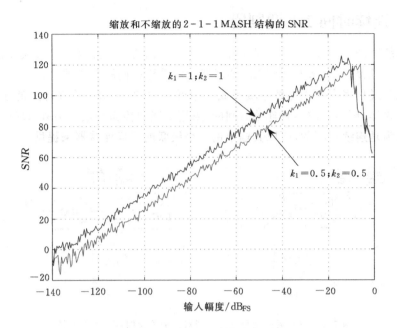

图 7.15 采用理想积分器时 SNR 随输入幅度的变化曲线

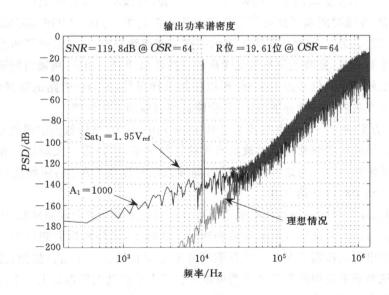

图 7.16 第一个调制器的第一个积分器具有有限增益及饱和特性时的输出频谱

7.3 连续时间 ΣΔ 调制器

连续时间(CT)调制器将连续时间与采样数据的分界点移动到反馈环路中,如图 7.17 所示。离散时间的 ΣΔ 调制器假定采样在调制器之前已经完成,使得整个处理过程完全在采样数据域完成。相反,连续时间调制器在环路滤波器之后进行采样,环路滤波器是连续时间的,采用 s 域的传递函数。另外,DAC 的输出被认为是连续时间的,所以其输出由一个级联的采样保持器来提供。

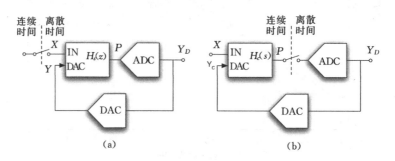

图 7.17 (a)采样数据 ΣΔ 调制器;(b)连续时间 ΣΔ 调制器

因为采样数据调制器需要使用 MOS 开关,所以不方便在纯双极工艺中实现。然而,连续时间调制器可以被集成在任意工艺中,包括 CMOS、BiCMOS 和纯双极工艺。另外,因为 CT 调制器的采样器在环路当中,所以采样器的非理想特性将会被衰减,衰减效果与量化噪声的衰减效果相同。相反,离散时间调制器在环路之外对输入信号进行采样,所以任何采样保持(S&H)电路的非理想性,包括输入开关的非线性导通电阻,都会降低调制器的工作性能。

CT 方案的另一个优点与转换速率(slew-rate)有关:采样数据型调制器中积分器输入端的阶跃跳变需要运放具有大的转换速率,这是因为反馈信号和输入信号都是阶跃函数。与之相反,连续时间输入信号以及 DAC 的阶跃变化的影响分布于整个时钟周期 T 中。

并且,连续时间调制器的电源电压可以比相应的采样数据调制器低,因为它不需要高电压来完全地开启采样数据通路。实际上,采样数据调制器中所用到的运放的电源电压需要至少三个过驱动电压再加上 $V_{TH,n} + V_{TH,p}$;然而,连续时间模拟调制器中使用的跨导放大器可以只在两个过驱动电压再加上一个阈值电压的电源电压下工作。

正如即将看到的那样,CT 方案最主要的问题是有限的线性度(这也是绝大部分调制器实现电路的特征),所以上述的优点使得 CT 方案合适于大信号带宽和低功耗的应用。

前面已经提到过,数-模反馈通路中用到的 DAC 的输出是连续时间的,所以,在采样数据调制器中,DAC 使得采样电荷在开关电容积分器中被积分,因此,CT 方案中的 DAC 必须提供一个连续的电流(或者一个电压再通过电阻转换成电流)注入到电容中,从而实现积分功能。

我们知道,为了产生电流或电压,DAC 有多种可能的实现形式。这里的关键(也是难点)在于,获得一个好的连续时间的输出,就像上一章中讲的那样,这个输出需要一个采样保持电路和一个重建滤波器。

因为重建滤波器只是使得采样保持电路的输出变得平滑,所以它的功能严格来说并不重要,并且通常可在结构中将其省略。相反,采样保持电路是连续时间工作的基本模块,任何影响它的误差都将限制调制器的整体性能。

7.3.1　采样保持电路的局限性

保持时间控制相位的抖动,以及所产生波形一定的上升和下降时间限制了采样保持电路的线性度。首先,我们将通过图 7.18(a)来分析第一个限制因素,该图代表了一个典型 DAC 保持的输出和第 i 个时钟周期相应的误差 $\varepsilon_{j,i}$。

327

在图 7.18(a)中,假设由于时钟抖动,第一个 0→1 跳变将在预期的时刻之前发生,因此产生了一个幅值为 V_{ref} 持续时长为 $\delta t_{j,1}$ 的正的误差脉冲。而下一个 1→0 跳变所产生的误差脉冲的时长为 $\delta t_{j,2}$,并产生一个负的脉冲误差,以此类推。所以,在每一次 0→1 或者 1→0 跳变时,具有随机时长 $\delta t_{j,i}$ 的正的或负的脉冲代表了抖动误差。如果 DAC 的输出采用正负极性的参考信号 $\pm V_{\text{ref}}$,那么脉冲幅度为 $2V_{\text{ref}}$。

假设一个给定的输入使得 0→1 或 1→0 的跳变发生的百分率为 α_{tr},时钟抖动服从高斯分布,方差为 σ_{ji}^2,那么噪声功率为

$$P_{n,\text{DAC},j} = 4V_{\text{ref}}^2 \alpha_{tr} \frac{\sigma_{ji}^2}{8T_{\text{S}}^2} \tag{7.44}$$

因为在信号带宽内的噪声功率必须小于整形后的量化噪声功率,所以对于过采样率为 OSR 的 L 阶调制器,必须满足

$$\frac{\sigma_{ji}^2}{T_{\text{S}}^2} < \frac{\pi^{2L}}{6\alpha_{tr}(2L+1)} \cdot OSR^{-2L} \tag{7.45}$$

在高分辨率情况下,这是一个非常苛刻的要求。

例如,假设 $f_{\text{S}} = 40\text{MHz}$,$\alpha = 0.25$,$L = 4$,$OSR = 32$,应用式(7.25)会得到 $\delta_{ji} < 0.63\text{ps}$ 的条件,这是一个非常低的数值。

图 7.18(b)表示了一个 DAC 的输出信号,其具有一定的上升或下降时间,

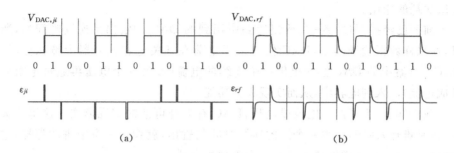

图 7.18 (a)有时钟抖动时 DAC 的输出信号及其误差；
(b)具有一定上升和下降时间的波形及其误差

328 并且带宽有限。误差为一系列与数据位的变化相同步的脉冲,并且误差与数据
位的变化具有相同的符号。如果上升时间与下降时间相等,则正、负误差脉冲的
形状和面积相同,符号相反。但是在非对称响应的情况下,正、负误差脉冲的形
状和面积不同。

这两种可能的情况将在输出频谱上产生完全不同的效果。对于前一种情况,考虑用连续的两个"1"来控制 DAC。生成的信号将是一个脉冲,其持续时间为 $2T_S$,且具有有限的上升和下降沿。我们可以假设,在输出波形的正中间有两个幅值相等但方向相反的误差脉冲,对应于一个假想的 1→0 的转换再叠加上一个假想的 0→1 转换。因此,我们可以假设,DAC 在输入数据的控制下产生了一个非矩形脉冲。在

> **关键限制**
>
> 在 CT DAC 的设计中,时钟抖动以及 DAC 非对称的上升和下降响应是最重要的考虑因素。利用 RTZ DAC(归零 DAC)给 ADC 工作留出时间,可解决后一个限制,但是时钟抖动依然是一个很关键的问题。

这种情况下,有限的上升和下降时间等效于一个 DAC 后面级联的理想采样保
持器之后的低通滤波器产生的效果。

相反地,如果 1→0 跳变产生的脉冲误差与 0→1 跳变产生的脉冲误差有差
异,则在任何情况下都必须考虑波形的不匹配。例如,发生一次 1→0 跳变会引
起额外的噪声,该噪声正比于下降时间与上升时间之差,且与时钟的抖动引起的
噪声相似。

反馈信号的延迟会引起另外一个限制。该延迟是由于量化器有一定的时间
响应造成的。延迟导致 NTF 发生改变,从而引起 CT 调制器信噪比的改变。解
决这个问题的一种可能的方案是采用归零 DAC(RTZ-DAC),这种 DAC 的输出

在每一个时钟周期开始时先被置为 0,这同样也是解决 DAC 响应中上升和下降时间失配问题的一种方法。因为使用 RTZ-DAC 可以获得相等数量的上升和下降瞬态过程,所以非对称响应引起的误差是固定的。另外,RTZ DAC 的工作特性为量化留出了一定的时间,从而可消除任何额外的延迟效应。

7.3.2　连续时间调制器的实现

有多种不同的方法可以实现 CT 积分器。最简单的一种是基于运放或 OTA 的有源 RC 电路。另一种可能的实现方法具有可调节性,它采用等效电阻受栅电压控制的 MOS 晶体管。通过适当的电路设计技术实现电路的线性化。还有一些其他方式利用跨导器来实现 g_mC 结构。

上述方法的不同组合可以得到如下的设计方案:
- 采用全 RC 积分器来实现低电压的低通调制器。
- 采用具有在线调节功能的 MOSFET-C 积分器。
- 采用带电流舵 DAC 的 g_mC 积分器,用于音频带宽的低功耗、中等阶数的调制器。
- 混合使用 RC 和 g_mC 积分器:第一级采用 RC 结构、剩下的其它级采用 g_mC 结构,这种组合使得调制器结构适合于高分辨率的音频应用。
- 对于非常低功耗的应用,采用基于电流镜的积分器。

上述的组合方式限定 CT 技术主要适合于低电压、低功耗的应用。事实上,对于高分辨率要求,由于跨导器的线性度不够,所以有必要至少在环路滤波器的第一级中使用 RC 积分器。

使积分器的时间常数与时钟频率成比例是一个重要的设计要求。要满足这个条件可能是存在问题的,因为片上集成的电容、电阻或跨导器的绝对精度、电压系数和温度系数很差,并且完全不相关。在开关电容结构中,情况有所不同,积分器的时间常数依赖于电容的匹配程度和时钟频率。因此,为了高的线性度,可能需要进行电阻的片上修整或者使用片外元件。

本小节中余下的内容将介绍一些可能用到的结构,首先从简单的 RC 有源积分器开始,这种结构已经在基础电路书中很好地研究过。图 7.19 是一个由伪全差分运放和 MOS 晶体管实现的 MOSFET-C 积分器,其中 MOS 晶体管代替了传统 RC 结构中的电阻。为四个 MOS 管栅极提供偏置的电压被用来控制等效电阻的阻值,从而可以调节积分器的时间常数。

对等效电阻的控制通常是使用调节电路以在线的方式来实现的,该调节电路包含一个匹配积分器,其时间常数锁定到一个精确控制的时间:通常是系统时钟或者它的分频时钟。用可调节的锁相环来控制用在调节电路以及 CT 结构中

积分器的栅电压 V_{C1} 或 V_{C2}。

图 7.19 中的电路采用工作在线性区的晶体管以及交叉耦合结构,其实现的电阻线性度适合于中等 SFDR 要求。所用的运放或 OTA 限制了积分器的工作频率,但是由于其转换速率的指标要求较低,所以其功耗一般低于相应的开关电容积分器的功耗。关于这种积分器的工作原理的更多细节可在专门的著作中找到。

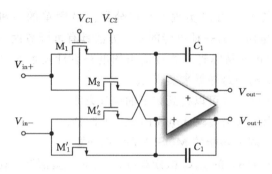

图 7.19　MOS-C 积分器

我们现在来考虑 MOS 跨导器,它的设计利用了 MOS 差动对中差动电压与差动电流之间几乎线性的关系,或者利用了 MOS 晶体管工作在线性区时几乎线性的电流电压关系。在利用第一种线性关系的情况下,可得到一个可调节的跨导增益,该增益与电流的平方根成正比(对于工作在饱和区的晶体管)。然而,由于 MOS 差分对 V-I 特性的线性范围小于过驱动电压的两倍,所以应用图 7.20(a)所示的源极负反馈电路将线性范围扩大约 $R_S I_B$ 是值得的。跨导增益同

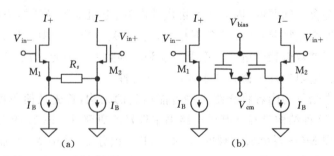

图 7.20　(a)带源级负反馈的差分跨导器;(b)用线性区的 MOS 管实现源级负反馈

时依赖于差分对的跨导和负反馈电阻

$$G_m = \frac{g_m}{2 + R_S g_m}; \quad g_m = \sqrt{2\mu C_{\text{cx}} \frac{W}{L} I_B} \tag{7.46}$$

以上结果表明了线性度和调节能力之间的折衷。这是因为,要增加线性度,就必须得到相对较大的 g_mR_S 乘积;而要通过改变偏置电流来控制 G_m 的值(如式(7.46)所示),则需要较小的 g_mR_S 乘积。

由于集成电阻的线性度通常都小于电容,所以用基于电阻的跨导器实现的 CT 调制器的 SFDR 通常低于相对应的 SC 调制器,除非 CT 调制器采用薄膜电阻或片外电阻,这样不仅可以获得低的电压系数,还可以通过修整阻值实现可调节性。采用工作在线性区的 MOS 管可以获得相同的特性,如图 7.20(b)所示,但是很明显,这种结构线性度较差。两个背靠背连接的晶体管的栅极电压和共模电压的选取可以调节等效电阻的阻值。

图 7.21(a)的结构采用了工作在线性区中的晶体管。其中,由放大器建立起来的反馈用来控制 M_1 的漏极电压,V_d 的选取值使得晶体管保持在线性区工作。该结构得到的结果是一个压控电阻,其电流由下式给出:

$$I_{out\pm} = I_{out,q} \pm \mu C_{cx}\frac{W}{L}V_dV_{in} \tag{7.47}$$

其中,输入差动电压是相对于确定静态电流 $I_{out,q}$ 的共模电压值 V_{cm} 的。对跨导的调节可以简单地通过调节 V_d 来实现,调节 V_d 也改变了静态电流的值。

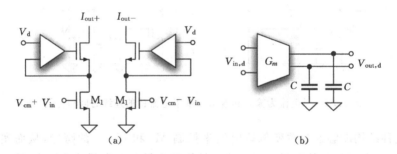

图 7.21　基于线性区 MOS 管的跨导器;(b)采用跨导器实现 g_mC 积分器

如果晶体管始终保持在线性区,则这种结构的响应几乎是线性的。为了满足这个条件,就需要使用较小的 V_d 和较大的共模电压,这些条件使得 G_m 的绝对值较小,并且对漏极电压的噪声十分敏感。

图 7.21(b)表示了用差动跨导器实现 g_mC 积分器的电路。跨导器的输出电流(与输入电压成比例)被电容积分,得到输出电压。注意到,所得的电压结果与接收电流的电容成正比。因此,电路的响应同时受到电容上极板寄生参数的控制,寄生参数的线性度可能会影响电压的精度。如果电路不使用虚地,则这种无反馈的结构保证了相对高速的工作特性。

图 7.22 中的电路是一个能够实现非常低电压和功耗的全差动电流模积分

器。其功能的实现得益于两个交叉耦合的电流镜,它们具有相等的晶体管尺寸和相等的偏置电流。产生 I_{out-} 的左边电流镜的输入为 I_{in+} 加上 I_{out+} 的复制。对称地,右边电流镜的输入是 I_{in-} 再加上 I_{out-} 的复制,它产生了 I_{out+}。注入到二极管连接的晶体管 M_1(或 M_3)(其跨导为 g_m,电容为 C)的电流产生的镜像电流的倍乘因子为

$$H_I(s) = \frac{1}{1 + sC/g_m} \tag{7.48}$$

因此,差分电流 $I_{d,in} = I_{in+} - I_{in-}$ 与 $I_{d,out} = I_{out+} - I_{out-}$ 之间的关系为

$$(I_{d,in} + I_{d,out})H_I(s) = -I_{d,out} \tag{7.49}$$

将式(7.48)带入,得

$$I_{d,out} = \frac{-I_{d,in}}{sC/g_m} \tag{7.50}$$

上式即为所要求的连续时间积分,其时间常数为 C/g_m。

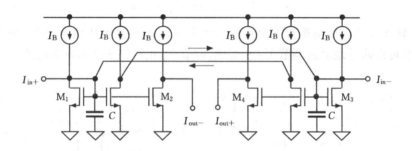

图 7.22 以电流为输入和输出的基于电流镜的连续时间积分器

333

这种结构能够通过改变偏置电流来控制 M_1 和 M_3 * 的跨导,从而实现调节。此外,在非常低的功耗下采用这种结构将会导致非常低的线性度,这是因为当信号电流是偏置电流中不可忽略的一部分时,跨导的变化将会很显著。

7.3.3 根据等价的采样数据调制器设计连续时间调制器

CT 结构的设计要比相应的采样数据结构严格的多,这是由于 CT 结构中连续时间信号处理与采样数据信号处理之间的分界点处在环路滤波器内部。解决方案也依赖于 DAC 产生波形的类型。正如前面提到的,DAC 产生的波形可以在整个时钟周期中保持不变(不归零 DAC,NRTZ),也可以在时钟周期中的给定位置回到零点(归零 DAC,RTZ)。

连续时间调制器设计通常是将一个已设计好的,能实现预期性能的采样数据型调制器作为原型来进行的。因此,设计任务变成了对具有相同或者相近噪

声传递函数的对应连续时间结构的确定。

假设图 7.23(a)所示的线性离散时间模型的环路传递函数为 $H_S(z)$。由于与之相应的连续时间结构(如图 7.23(b))还包括 DAC 的响应,所以其 s 域的环路传递函数为

$$G_c = H_c(s) \cdot H_{DAC}(s) \tag{7.51}$$

要使采样数据调制器与连续时间调制器等价,要求

$$H_S(z) = Z\{H_c(s) \cdot H_{DAC}(s)\} \tag{7.52}$$

忽略速度的限制以及 ADC-DAC 转换过程可能存在的延迟,则量化器的冲击响应是一个持续时间为 τ 的矩形(τ 可以只是 T_S 的一部分,也可以是整个 T_S,

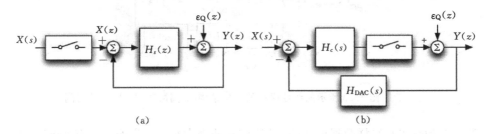

图 7.23　(a)采样数据 ΣΔ 调制器的线性模型;(b)连续时间 ΣΔ 调制器的线性模型

取决于 DAC 采用的是 RTZ 还是 NRTZ 格式)。该矩形的拉普拉斯变换是

334

$$H_{DAC}(s) = \frac{1 - e^{-s\tau}}{s} \tag{7.53}$$

代入式(7.52)中,可以得到如下的等价表达式:

$$H_S(z) = \mathscr{Z}\{G_c(s)\} = (1 - z^{-\tau/T_S})\mathscr{Z}\{\frac{H_c(s)}{s}\} \tag{7.54}$$

当使用 NRTZ 型 DAC 时,上式中的 $(1 - z^{-\tau/T_S})$ 变为 $(1 - z^{-1})$。

上式或者是更加通用的关系式(7.52)所表示的等价关系,决定了连续时间调制器的响应 $H_c(s)$。因为调制器在时域工作,所以式(7.52)的必须重新表示为

$$\mathscr{Z}^{-1}[H_S(z)] = \mathscr{L}^{-1}\{H_c(s) \cdot H_{DAC}(s)\} \tag{7.55}$$

注意到,由于要进行时域卷积,所以使用式(7.55)需要复杂的数学计算。应用 MATLAB 优化函数简化了从采样数据调制器向连续时间调制器的转换。若需更详细地学习从式(7.55)计算 $H_c(s)$ 的方法,读者可以参考本章末尾给出的参考文献。

现在我们来研究,在考虑连续时间信号处理与采样数据信号处理相混合的情况下,如何利用与采样数据调制器的关系估计信号和噪声传递函数。事实上,

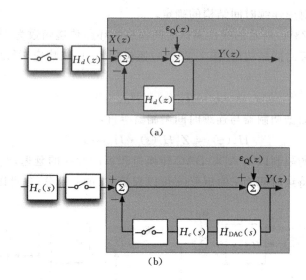

图 7.24　图 7.23 所示的线性模型的等价结构(a)离散时间;(b)连续时间

　　调制器的输出是采样数据形式的,但是信号处理中很大一部分是连续时间形式
335　的。为了进行这方面的研究,我们将把图 7.23 所示的单环调制器转换为图7.24
(a)和图 7.24(b)所示的结构,这种转换是通过将 $H_d(z)$ 和 $H_c(z)$ 模块移动到环
路的下方,并在输入端采用一个相同的模块进行补偿来实现的。很明显,转换之
后的结果与图 7.23 产生的结果是等价的。此外,由于用于处理量化误差的灰色
线框部分是采样数据形式的,所以它们适于用在采样数据域中计算噪声传递
函数。

　　很明显,图 7.24(a)所示结构的 NTF 正是采样数据调制器的 NTF

$$NTF_d = \frac{1}{1 + H_d(z)} \tag{7.56}$$

而连续时间电路的 NTF 由网络的 $\mathscr{L}$ 变换决定的,在 s 域中,该网络的响应是
$H_c(s)$ 网络与 $H_{DAC}(s)$ 采样保持电路的级联

$$H_{CT}^*(z) = \mathscr{Z}\{\mathscr{L}^{-1}[H_c(s)H_{DAC}(s)]\} \tag{7.57}$$

　　由此,可得

$$NTF_c = \frac{1}{1 + H_{CT}^*(z)} \tag{7.58}$$

　　由于以上设计方法的目标是获得与图 7.24 所示模块等价的电路,所以连续
时间的 NTF 与离散时间 NTF 趋于相等。

　　对由图 7.24(a)电路得出的 s 域的结果进行 $z \to e^{sT}$ 映射,即可估计出 STF。

由此得到的结果近似为

$$STF_c(s) = \frac{H_c(s)}{1 + H_d(e^{sT})} \qquad (7.59)$$

7.4　带通 ΣΔ 调制器

如果环路滤波器在中心频率为 f_0 的给定带宽内有很高的增益,那么量化噪声将在这个频带内被强烈地衰减,假定调制器之后的数字滤波器可以抑制 f_0 附近给定频带之外的噪声,则我们可以得到一个带通转换器。图 7.25 给出了带通调制器的示意框图和预期的信号和噪声传递函数。

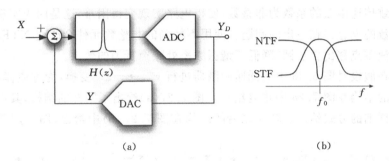

图 7.25　(a)通带调制器的示意框图;(b)典型的 STF 和 NTF

得到带通 ΣΔ 调制器的一种直接的方法是使用谐振器使环路传递函数 $H(z)$ 的极点从 $z=1$ 移到 z 平面单位圆上的共轭复数位置上,极点位置的选择应使环路传输在所需的频率处提供无限大的环路增益。由于

$$STF = \frac{H(z)}{1 + H(z)}; \quad NTF = \frac{1}{1 + H(z)} \qquad (7.60)$$

所以在 $H(z)$ 为无限大的谐振频率处,NTF 为 0,STF 为 1。在远离谐振频率处,$H(z)$ 的模值变得很小(可能小于 1),从而造成对带外输入分量的衰减和对量化噪声的放大。

带通调制器的设计通常从一个低通原型开始,然后通过适当的映射将低通原型转换为带通调制器。这个低通原型可以是简单的一阶或二阶调制器,也可以是级联结构或任意的单环高阶结构。在 $z_{bp} = \pm e^{j\Omega_0}$ 点的周围,通过以下的映射将低通响应转换为带通。

$$z^{-1} \rightarrow \frac{z^{-1}\cos\Omega_0 - z^{-2}}{1 - z^{-1}\cos\Omega_0} \qquad (7.61)$$

例如,如果 $\Omega_0 = \pm\pi/2$,则 $z_{bp} = \pm j$ 或者 $f_{bp} = f_s/4$,即为奈奎斯特频率的一半。对应的映射为 $z^{-1} \rightarrow -z^{-2}$,这一转换并不难实现。零点位置的另一个好的

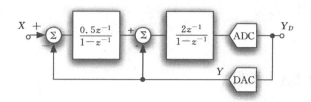

图 7.26　用于 LP→BP 转换的基本二阶调制器

选择是在 $\Omega_0 = \pm 2\pi/3$ 处,这使得 $1-z^{-1}$ 变为 $1+z^{-1}+z^{-2}$。该映射以及前一个映射都可以相对简单地采用单位电容来实现。相比之下,对低通原型的一般映射会导致传递函数的系数为非整数,使得电路实现变得困难,这是因为实现精确的非整数的电容存在一定的问题。使用不精确的非整数元件会改变 NTF,并且可能会使零点移出单位圆,降低了谐振频率处噪声抵消的效果。

现在假设对图 6.23 中的低通调制器进行 $z^{-1} \to -z^{-2}$ 变换,为方便读者,该调制器的结构在图 7.26 中重复给出。图 7.27(a)给出了同样的结构,其中积分器以更详细的方式给出。转换之后的结构在图 7.27(b)中给出,图中用双倍延

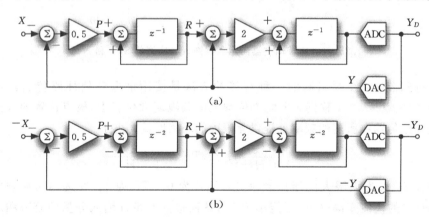

图 7.27　(a)二阶 $\Sigma\Delta$ 调制器的框图;(b)用 $z^{-1} \to -z^{-2}$ 转换得到对应的四阶带通 $\Sigma\Delta$ 调制器

迟和减法器替换了单延迟和加法器,从而实现 $z^{-1} \to -z^{-2}$ 的变换。描述变换之后的积分器的方程为

$$(P-R)z^{-2} = R \quad \to \quad R = \frac{Pz^{-2}}{1+z^{-2}} \tag{7.62}$$

满足了 $z^{-1} \to -z^{-2}$ 变换的要求。

338　　　前向通路中的负号被移到了第一个模块的输入端以及第二个模块的输出端。因为两个负号相互抵消,所以注入到第一个积分器的反馈信号的符号没有

变化,而注入到第二个模块的反馈信号变为正的。对输入和输出进行反相来补偿这两个影响。

图 7.27 所示结构的电路实现面临两个关键问题。第一是在处理模块中用减代替了加:加号代表了累加,可以简单地用采样数据积分器来实现。与之相反,减号要求输出信号在进入模拟累加器(如图 7.28(a))之前,先对其进行反相。一种方便的解决方案是每两个时钟周期对输入和输出进行反相,如图 7.28(b)所示。在全差分 SC 积分器中,±1 调制的实现是很简单的,因为通过切换输入和输出的差动连接就足以获得所要求的调制。

描述电路的时域方程为

$$
\begin{aligned}
R'(n+1) &= P(n-1) + R'(n-1) \\
R'(n+2) &= P(n) + R'(n) \\
R'(n+3) &= P(n+1) + R'(n+1) \\
R'(n+4) &= P(n+2) + R'(n+2)
\end{aligned}
\tag{7.63}
$$

注意到,为了获得 R,即使是输出 R' 也是每两个时钟周期进行一次反相。因此有,

$$
\begin{aligned}
R(n-1) &= -R'(n-1); \quad R(n) = -R'(n); \\
R(n+1) &= R'(n+1); \quad R(n+2) = R'(n+2); \\
R(n+3) &= -R'(n+3); \quad R(n+4) = -R'(n+4);
\end{aligned}
\tag{7.64}
$$

代入式(7.62),得

$$
\begin{aligned}
R(n+1) &= P(n-1) - R(n-1) \\
R(n+2) &= P(n) - R(n) \\
R(n+3) &= P(n+1) - R(n+1) \\
R(n+4) &= P(n+2) - R(n+2)
\end{aligned}
\tag{7.65}
$$

上式表示了所需功能的时域实现形式。

第二个需要关心的设计问题是:用模拟延迟线还是用模拟存储器来得到 z^{-2} 的延迟。图 7.28(c)的框图使用了一个基于两路径结构的替代解决方案,两个路径以时间交织方式工作。位于上方的路径处理奇数次采样,而偶数次采样由下方的路径处理。

路径之间的切换是调制控制中零点所产生的结果。因此,一条路径只工作在奇数或者偶数周期。在实际中,电路的实现利用了其不活动周期,将电路的路径工作频率设为采样率的一半。这种实施方式减少了功率消耗,因为在 1/2 的时钟频率下,每一半电路的功耗大约降低到原来的 1/4。

路径之间可能存在的失调误差之间的失配决定了 $f_s/2$ 处产生的频谱分量,而增益失配会引起输入信号与 $f_s/2$ 的混频,这一点与时间交织的奈奎斯特结构

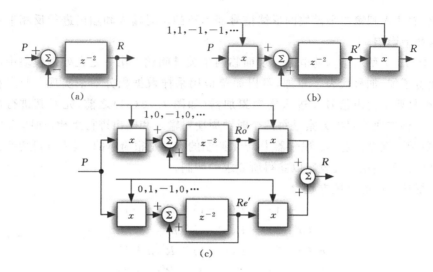

图 7.28　(a)带通调制器的基本模块;(b)采用两延迟积分器的实现形式;(c)用时
　　　　分的复用积分器实现两个延迟

中发生的情况相同。由于这是一个严重的问题(因为输入频带在 $f_\mathrm{s}/2$ 附近),所以必须仔细地控制各路径的失调和增益。

7.4.1　N 路径时间交织的结构

图 7.28(c)中采用的方法可以看作是 $\Sigma\Delta$ 转换器的时间交织实现方式。这种交织方案采用了两个或多个路径,也称做 N 路径 $\Sigma\Delta$ 调制器,是一种实现带通转换器的可行的解决方案。图 7.29 的电路图是一个 3 路径的时间交织 $\Sigma\Delta$ 调制器结构,每个路径的工作频率为 $f_\mathrm{s}/3$。由于每个路径的模拟输入是每三个输入采样中相应的一个,所以在 $\Sigma\Delta$ 处理之前,存在一个抽取率为 3 的抽取,该抽取将 $f_\mathrm{s}/3$ 处的信号折叠到 dc 处的信号频带。三个低通 $\Sigma\Delta$ 转换器对这三个抽取之后的信号进行转换,得到三个速率为 $f_\mathrm{s}/3$ 的码流。然后,这些数据流在输出多路选择器中合成,进而得到速率为 f_s 的码流。

实现带通响应所采用的技术与采样数据滤波器中所用的技术相同。N 路径滤波器由一组时间交织的低通滤波器阵列构成,每个滤波器的工作频率为 $1/\!/N$ 乘以主频,以此获得 $z^{-1} \rightarrow z^{-N}$ 的变换。如果低通滤波器在 $z_i = \rho_i \mathrm{e}^{\mathrm{j}\Phi_1}$ 处有零点或者极点,那么变换产生的极点或零点位于 $z^N = z_i$ 的 N 个解的位置

$$z_k = \sqrt[N]{\rho_i}\, \mathrm{e}^{(2\pi k + \varphi_i)/N} \quad k = 0, \cdots, (N-1) \tag{7.66}$$

这些解围绕单位圆均匀分布。如果开始的零点或极点位于单位圆上,即 $\rho_i = 1$,

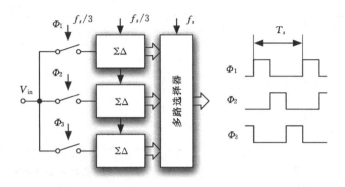

图 7.29　3 路径 ΣΔ 调制器实现 $z^{-1} \to z^3$ 转换

则这 N 个解也落在单位圆上。

对 N 条路径的 ΣΔ 调制器的研究比简单的 N 路径滤波器要复杂一些,原因是 ΣΔ 结构处理了两个信号:输入信号和量化噪声。因为信号传递函数恰好是一个延迟,所以经过 $z^{-1} \to z^{-N}$ 变换之后的信号响应也是一个延迟。此外,因为量化噪声是由量化器的量化特性在调制器内部产生的,所以系统对 N 个不相关的量化噪声进行处理。这些量化噪声由被 $z^{-1} \to z^{-N}$ 变换改变了的 NTF 所整形。

MUX 用于获得频率为 f_s 的输出码流。由于其内插率为 N,使得每个路径的噪声功率减小为原来的 $1/N$,所以 N 个不相关噪声项的总噪声功率等于单路径的噪声功率。因此,总的噪声谱是单路径的白噪声谱 $\Delta^2/6f_s$ 被整个 N 路径 ΣΔ 调制器的 NTF 整形的结果。

图 7.30 表示了对 $z=1$ 处有两个零点的 NTF 进行 $z^{-1} \to z^{-3}$ 变换产生的 NTF。得到的零点都在单位圆上,位置为

$$z_1 = 1; \quad z_{2,3} = -\frac{1}{2} \pm \mathrm{j}\frac{\sqrt{3}}{2} \tag{7.67}$$

位于 $f_s/3$ 和 $2f_s/3$ 处的两对新零点在 $z=-1/2\pm\mathrm{j}\sqrt{3}/2$ 附近增加了两个噪声整形区域,从而改变了 NTF,这两个区域位于单位圆上部和下部的对称位置。因此,$z^{-1} \to z^{-3}$ 的变换产生的调制器既可以是低通调制器,也可以是位于 $f_s/3 = 2f_N/3$ 处的带通调制器(如图 7.30(b)所示)。

位于所关心频带之外的零点在 NTF 中产生了额外项,其在所用频率 f_{in} 处的幅度为

$$k_i = |z_{in} - z_i|; \quad z_{in} = \mathrm{e}^{2\pi f_{in}T} \tag{7.68}$$

式中 z_{in} 对应于输入频率,并且,而我们的目标只需考虑所关心频带之外的 z_i。

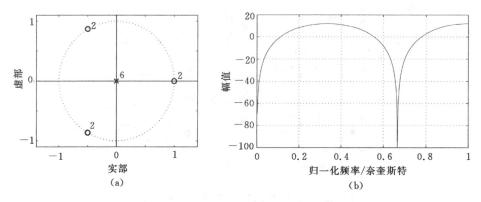

图 7.30 (a)$z^{-1} \rightarrow z^{-3}$ 变换得到一个从 $z=1$ 处复制的零点对；(b)转换后的 NTF

由于 k_i 是单位圆上两点之间的距离，其模值有可能大于 1(如图 7.30 所示发生的情况)，因此会导致总增益 $\prod_i k_i > 1$。这样会放大整形后的频谱，从而减弱噪声整形的效果。

运用 N 路径 $\Sigma\Delta$ 调制器对降低功耗是有益处的，原因是每条路径的时钟频率降低到原来的 $1/N$。于是，每条路径的功耗大约降低到原来的 $1/N^2$，所以整个 N 路径调制器消耗的总功率大约为工作在全速时钟的单路径调制器功耗的 $1/N$。

此前我们已经研究过，失调和增益失配以及相位未对准会恶化时间交织结构的性能。由于这些相同的限制因素也影响 N 路径 $\Sigma\Delta$ 调制器，所以这种方法只适合于中等分辨率以及系统指标中能够允许一些谐波失真的应用场合。

例 7.4

仿真由二阶 1 位调制器交织连接而成的三路径 $\Sigma\Delta$ 调制器。证明所关心频带之外的额外零点将会导致 SNR 降低，并且估计失调和增益失配以及时钟未对准产生的影响。

342
~
343

解

文件 Ex7_4 所描述的结构采用了二阶调制器，其中的第二个积分器带有延迟并且调制器采用 1 位量化。每三个采样周期中的一个周期内，控制相位为 "on"，从而分别使能三个积分器的输入信号。第二和第三个路径的控制相位由第一个路径的控制相位分别延迟一个和两个时钟周期后得到。然后，三条路径的输出由输出多路选择器进行合成。

所采用的程序通过操作电路图中的两个手动开关，将标准 $\Sigma\Delta$ 调制器的输出频谱与 3 路径 ΣΔ 调制器的输出频谱进行了对比。对于这个实验,输入信号的频率必须接近于零,以使标准低通 ΣΔ 调制器获得好的响应。

如图 7.30(a) 中的零点图所示,由于额外的零点与 $z=0$ 处的零点距离为 $\sqrt{3}$,所以额外的两对零点产生的总增益为 9。图 7.31 的频谱证明了这个结果:在低频处,3 路径的 ΣΔ 调制器的频谱大约比标准 ΣΔ 调制器高 19dB。此外,在 $OSR=50$ 的情况下,1 路径和 3 路径的调制器的 SNR 分别为 62.9dB 和 44.2dB。它们之间 18.7dB 的差异几乎等于预期的 19.1dB(对应于增益=9)。

对该调制器中各种限制因素的研究可以通过在其中一条路径中引入一个误差来进行:在第一条路径中考虑增益误差,在第二条路径中包括了可能存在的失调,在第三条路径中模拟可能存在的时钟未对准现象。时钟未对准现象可以通过使用让输入信号发生器的复制电路产生相移得到。三个控制参数可以由仿真启动文件指定,采用如下参数值:增益误差$=0.01$,失调$=10\text{mV}$,相位$=0.005\text{rad}$,得到图 7.32 的曲线。失调在 $f_\text{s}/3$ 处引起了一个频率分量,而其它误差则产生了输入信号的镜像信号。

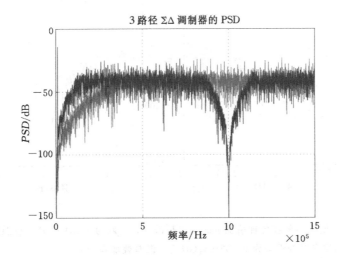

图 7.31　单一路径 ΣΔ 调制器和 3 路径 ΣΔ 调制器输出频谱的对比

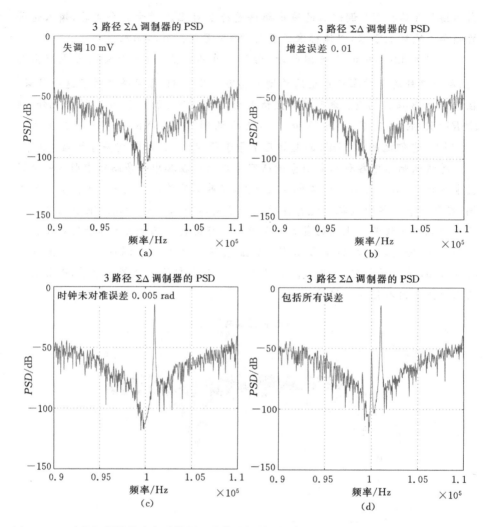

图 7.32　3 路径调制器的在各种情况下的输出频谱：(a)失调为 10mV；(b)增益误差为 0.01；
　　　　　(c)相位未对准误差为 0.005rad；(d)所有误差叠加在一起

7.4.2　NTF 的合成

　　失配引起的带内频率分量是限制 N 条路径 $\Sigma\Delta$ 调制器性能的一个因素。为了解决这个问题，这些分量必须被推到所关心频带之外的较远的频率处。这可以通过进行一个额外的 $\{z^{-1} \rightarrow -z^{-1}\}$ 转换来实现。但是，更好的解决办法是合成一个更适当的噪声传递函数，另外，该函数还应该避免产生不必要的额外零点。

注意到,正如高阶调制器中所需要的那样,用模块并联代替模块级联,则 N 路径调制器的 $z^{-1} \rightarrow z^{-N}$ 变换可以有效地增加 NTF 多项式的阶数。例如,k 阶 ΣΔ 调制器的噪声传递函数 $(1 \pm z^{-1})^k$,在 N 路径调制器中变成了 $(1 \pm z^{-N})^k$。因此,二阶调制器的 2 路径调制器的噪声传递函数为

$$NTF' = (1 - z^{-2})^2 = 1 - 2z^{-2} + z^{-4} \tag{7.69}$$

该式与四阶噪声传递函数具有一样的阶数,但是缺少了 $-4z^{-1}$,$8z^{-2}$ 和 $-4z^{-3}$ 这三项。四阶噪声传递函数为

$$NTF_4 = (1 - z^{-1})^4 = 1 - 4z^{-1} + 6z^{-2} - 4z^{-3} + z^{-4} \tag{7.70}$$

要合成预期的噪声传递函数就必须通过额外的交叉耦合支路来增加这些缺少的项。假设要从图 7.33(a) 的二阶 ΣΔ 调制器结构生成 NTF:$(1 + z^{-1} + z^{-2})$(该 NTF 具有带通响应,仅在 $z = -1/2 \pm j\sqrt{3}/2$ 处有零点),因为单路径采用了 $1/(1 + z^{-2})$,则 NTF 为 $(1 + z^{-2})$,缺少的项为 z^{-1}。

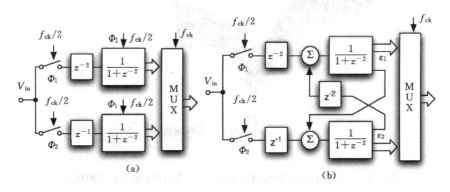

图 7.33 (a) 环路增益为 $1/(1 + z^{-2})$ 的 2 路径 ΣΔ 调制器;(b) 增加额外噪声项来获得带通 NTF$(1 + z^{-1} + z^{-2})$

通过观察可知,由于这两条路径间存在一个 z^{-1} 延迟的差异,所以可以取出其中一条路径的量化误差,在另一条具有 z^{-1} 延迟的路径上进行处理。因此,缺少的项可以由图 7.33(b) 的反馈支路生成,该支路将一条路径上的噪声注入到另一条具有适当延迟的路径。通过观察,可得

$$\begin{aligned} Y_e &= X_e z^{-2} + \varepsilon_1 (1 + z^{-2}) + \varepsilon_2 z^{-2} \\ Y_o &= X_o z^{-2} + \varepsilon_2 (1 + z^{-2}) + \varepsilon_1 \end{aligned} \tag{7.71}$$

将奇数和偶数输出合成后的结果为

$$Y = Y_e + Y_o z^{-1} = X z^{-1} + \frac{1}{2}(\varepsilon_1 + \varepsilon_2)(1 + z^{-1} + z^{-2}) \tag{7.72}$$

式中的 1/2 由两条路径的重建过程产生,信号重建使得两条路径的噪声功率减小一半。

由于任何失调上的失配引起的频率分量都在 $f_N/2$ 处,而谐振频率为 $2f_N/3$,因此失配引起的频率分量将被推至信号频带之外很远的位置。此外,增益失配或时钟未对准引起的镜像信号在 dc 和 $4f_N/3$ 处。图 7.34 表示了一个由三个 2 路径一阶调制器级联而成的 1-1-1 MASH 调制器的输出频谱。谐振频率为 40MHz,奈奎斯特频率位于 60MHz 处。失调分量位于 30MHz 处,其它失配项在 dc(在图中不可见,因为它们在噪声功率之下)和 80MHz 处。

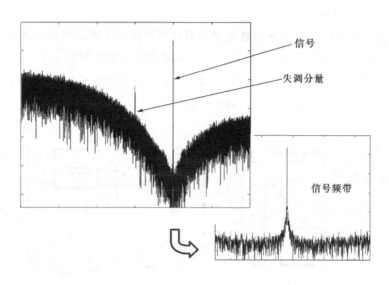

图 7.34 采用图 7.33 所示调制器的 1-1-1 MASH 输出信号的频谱

7.5 过采样 DAC

过采样 DAC 的工作原理与过采样 ADC 非常相似,因为它也是受益于用高采样频率增加精度,并且对于 ΣΔDAC 来说,也是运用噪声整形来提高信噪比。因此,之前对于过采样方法的研究,特别是对 ΣΔ 结构的研究,在模拟或者数字领域的应用都有效,因为该方法的目的是获得足够低的带内量化噪声。模拟过采样转换器和数字过采样转换器的区别在于,对于 A/D,过采样处理在模拟域进行,同时连续时间输入在某处被转换为采样数据形式;而对于 D/A,过采样处理在数字域进行,从而产生数字形式的结果,然后再由一个位数低一些的 D/A 和重建滤波器转换为连续时间的模拟信号。

图 7.35 给出了过采样 DAC 所需要的基本功能。第一个模块是一个内插

器,它将数字信号存储和传输所用的数据速率增加到更高的值:$2f_B \cdot OSR$。接下来的数字调制器减少了可能采用的温度计码表示的位数。温度计码接着用于控制重建滤波器之前的低分辨率 DAC。

内插器的设计是很关键的,因为它的指标必须考虑到 f_B 到 $f_S - f_B$ 之间较小的区间容限,该区间一般用于储存或传输数字数据。这个问题同样发生在奈奎斯特率 DAC 中,但是奈奎斯特率 DAC 的困难在于模拟重建滤波器的设计。在两种情况下,都必须采用高阶滤波器来抑制很近的镜像信号,而不能改变信号频带。数字内插器的设计作为 DSP 技术中一个的专门主题,不在这里进行研究,而将在下一章中简要地考虑。

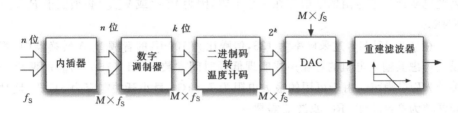

图 7.35　过采样 DAC 框图

调制器通常是一个 $\Sigma\Delta$ 数字结构,它具有相对较低阶数的环路滤波器,这是因为高阶整形引起的高频噪声放大对于重建滤波器来说是有问题的。二阶或三阶 $\Sigma\Delta$ DAC 所使用的位数取决于分辨率和时钟频率。在过采样率为 64 到 256 之间的情况下,一个 1 位调制器在数字音频频段要达到 100dB 的动态范围,要求时钟频率在 2.8MHz 到 11MHz 之间。在目前的 CMOS 工艺下,这是很容易实现的。更大的带宽以及 100dB 以上的动态范围将导致模拟部分时钟频率过高。因此,在给定频率处,最好的设计选择是采用多位 DAC,同时要求用于实现 DAC 的单元电路之间具有较好的匹配。

由于采用了过采样,所以重建滤波器并不复杂,但是它是数模转换必不可少的部分。这是因为,不仅需要滤除信号频带的镜像信号,而且也需要滤除数字信号处理过程中的近似而可能引起的高频噪声。重建滤波器可以合成到 DAC 电路中,或者用跨导器的低通特性单独实现(正如音频应用中的情况)。

7.5.1　1 位 DAC

使用 1 位数字调制器的 $\Sigma\Delta$ D/A 转换器必须采用 1 位的 DAC,其后级联着开关电容或者连续时间的模拟滤波器。对于非常高的分辨率,滤波器的噪声性能指标具有很大的挑战性,这是因为,对于所需的信噪比,信号频带内的总噪声

功率必须为 $P_{\max,\text{in}}/SNR$。例如,在信噪比为 110dB,并且满幅度电压为 2V(对应于 $P_{\max,\text{in}}=0.707\text{V}^2$)的情况下,重建滤波器引起的噪声电压必须低于 $2.24\mu\text{V}$。对于 20kHz 的带宽,该指标对应于 $15.84\text{nV}/\sqrt{\text{Hz}}$ 的噪声频谱。

由电阻或一对开关电容引起的噪声功率为

$$V_{n,R}^2 = 4kTRf_B, \quad V_{n,sc}^2 = \frac{2kT}{OSR \cdot C}; \tag{7.73}$$

我们还记得 $OSR=f_S/(2f_B)$,并且开关电容等效为一个电阻 $R_{eq}=1/(Cf_S)$,所以上式变为

$$V_{n,R}^2 = 4kTRf_B, \quad V_{n,sc}^2 = 4kTR_{eq}f_B \tag{7.74}$$

因此电阻或等效电阻的阻值存在一个上限,因为 $V_{n,R}^2$(或 $V_{n,sc}^2$)必须低于 $P_{\max,\text{in}}/SNR$。

在 $f_B=10\text{kHz}$,过采样率为 128,信噪比为 100dB 的音频 D/A 转换器中,假设只考虑其输入电阻的热噪声或实现低通时间常数 $\tau t=1/(16p \cdot f_B)$ 的两个开关的 kT/C 噪声。由于可用的最大电阻为 $7.5\text{k}\Omega$,最小开关电容为 51pF,且时间常数为 $2\mu\text{s}$,所以 RC 滤波器需要一个高达 266pF 的滤波电容。这会带来一些问题,因为大电容值会占用大的硅片面积(集成电容的单位电容值为 $4f\text{F}/\mu^2$)。相反地,电阻较小且容易在集成滤波器中实现。然而,由非相关误差或集成电阻和电容所造成的时间常数的不准确性需要频率具有更大的余量或者对器件值进行片上的修调。

> **特别注意**
>
> 重建滤波器贡献的噪声必须低于信号带宽内的量化噪声。对于高分辨率转换器,该限制条件需要采用大面积的电容。

图 7.36 中的连续时间输出级采用了 1 位 DAC,它产生的电压或者电流被送入单极点的有源滤波器。也还有采用一个或多个运放的变化形式,实现高阶模拟滤波。图 7.36(a)还采用了一个由 R_1C_1 组成的无源滤波器,该滤波器通过对时域响应进行平滑处理来抑制运放输入端的电压阶跃,还可以避免运放可能存在的任何非线性建立过程。然而,集成电阻的电压系数会引起谐波失真 *。因此,需要对这个问题进行研究,如果需要,必须采用外部元件或集成薄膜电阻,它们的电压系数很低。

图 7.36(b)中的结构将偏置电流 I_B 在伪差分单极点滤波器的两个输入之间进行切换。两个 $I_B/2$ 电流产生器产生的对称输出补偿了共模项。

图 7.36 结构存在的问题是它们对时钟抖动很敏感。这个问题已经在研究连续时间 $\Sigma\Delta$ 调制器中的 DAC 时讨论过了。这里的情况是相似的,因为时钟沿

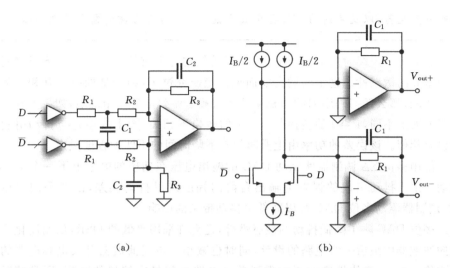

图 7.36　(a)连续时间 1 位 DAC 和滤波器;(b)差分连续时间 1 位电流 DAC 和滤波器

受到随机抖动的影响从而改变了电压或电流脉冲的面积。由于抖动所产生的噪声功率遍布于奈奎斯特区间,所以重建滤波器只滤除其中的一部分噪声功率。在信号带宽内由抖动引起的误差可以估算为

$$P_{n,ji} = V_{\text{ref}}^2 \alpha_{tr} \frac{\sigma_{ji}^2}{2 \cdot OSR \cdot T_{\text{S}}^2} \tag{7.75}$$

式中,α_{tr} 是 1→0 转换次数与 0→1 转换次数之间的比例。

式(7.75)表示的噪声功率必须低于 $P_{\max,\text{in}}/SNR$ 这一条件决定了所能允许的最大时钟抖动。

___

例 7.5

1 位 $\Sigma\Delta$ DAC 的参考电压为 $\pm 1\text{V}$,信号带宽为 22kHz,OSR 为 128。确定能够保证 $SNR=110\text{dB}$,且出现概率为 99.9% 的时钟抖动。假定 $\alpha_{tr}=0.25$。

解

由时钟频率 $f_{\text{S}}=2\times128\times22\text{ KHz}=5.63\text{MHz}$,可得到 $T_{\text{S}}=0.18\ \mu\text{s}$。

因为要求的抖动功率必须比满幅度正弦波功率低 110dB,并且抖动功率正比于输入功率,所以必须满足以下条件

$$\alpha_{tr} \frac{\sigma_{ji}^2}{4\times OSR \times T_{\text{S}}^2} = 10^{-11} \tag{7.76}$$

上式得到 $\sigma_{ji}<25.7\text{ps}$ 的要求。因为正态分布在 3.3σ 时的出现概率为 0.999,因此需要确保 $\sigma_{ji}<7.8\text{ps}$。所得到的数值并不是很容易实现,所以在选

择时钟产生器,以及片内的时钟再生成方案和时钟分布方案时需要特别小心。

影响 1 位连续时间 DAC 的另一个问题是它对生成信号的上升和下降时间之间差异的敏感性。这个问题在前面也已经研究过了,结论是如果上升和下降时间匹配,那么任何码序列的面积误差不依赖于序列本身。相反地,如果上升和下降的波形不同,1→0 的转换与 0→1 的转换不相关,产生的误差与抖动引起的误差相似。该误差的功率由上升时间与下降时间的不匹配程度决定。

使用多位 ΣΔ 调制器使驱动 DAC 的输出电压在期望的电平上下一个 LSB 波动。由于抖动引起的误差为输出台阶的幅度乘以抖动误差,因此采用多位 ΣΔ 调制器驱动多位 DAC 可以降低由抖动带来的影响。

多位 DAC 除了降低抖动的敏感性外,还允许采用更低的 OSR,从而简化了内插滤波器中最后一级电路的设计,同时也减小了重建滤波器开关电容电路的电容值。然而,高线性度的要求需要单元电路之间具有较好的匹配,通常情况下,集成电容、电阻或电流源难以达到这样的匹配性要求。因此,无论对任何 DAC 结构,都需要采用修调、数字校准或者动态元件匹配技术。这些数字辅助技术同时也用于多位 ΣΔ ADC 中 DAC 的设计,我们将在下一章中详细研究这些技术。

DAC 单元电路的控制信号在时序上的不同步,将会在单元控制信号产生的电压或电流脉冲之间造成延迟,从而产生毛刺信号。将这些脉冲进行合成可能会引起问题,特别是对于视频应用,这是因为它们会产生噪声和高频杂波分量。在逻辑控制电路中使用同步电路模块,再结合精心的版图设计(在版图中采用弯曲连线来使互联线长度相等,从而使路径延迟匹配)可以解决这个问题,。

很明显,过采样 DAC 需要一个与输入数据速率同步的高频时钟来驱动抽取滤波器和过采样的输出 DAC。在很多应用中,数字形式的数据来源是远程的,例如数字音频广播、有线电视机顶盒以及网络链路。在这些情况下,同步高频时钟必须从音频位流中进行提出和合成。该功能通常由用于时钟恢复的锁相环(PLL)来实现。在某些情况下,由于抖动不能满足要求,需要采用第二个锁相环和离散时间滤波器来保持信噪比。

7.5.2 双归零 DAC

DAC 所产生脉冲的上升时间与下降时间的失配可以用归零(RTZ)码来解决,这种码中的每一位在半个时钟周期内为 0。该方法在图 7.37 中进行了说明,其中 DAC 的输入端采用典型的一位序列输入。理想的不归零 DAC 的响应在码值转换时瞬间就从 0 切换到 V_{ref},实际上,用固定斜率 V_{ref}/τ_r 和 V_{ref}/τ_f 表示有限的上升和下降时间响应,则脉冲的形状是梯形的。因此,对于 p 个连续 1 的脉冲,其持续时间为 $pT+\tau_f$,面积为

$$A_{\mathrm{DAC}}(p) = V_{\mathrm{ref}}(pT + \frac{\tau_f - \tau_r}{2}) = V_{\mathrm{ref}} pT(1+\varepsilon_p) \tag{7.77}$$

上式反映出非线性相对误差等于 $(t_f - t_r)/(2pT)$。

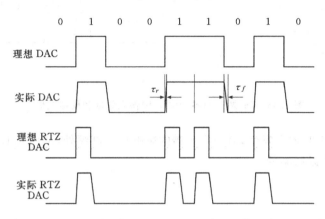

图 7.37　理想和实际情况下常规和 RTZ 控制的 DAC 电压

相反,归零码对于任何连续 1 序列都产生分立的脉冲。单个脉冲的面积更小,说明增益更低,但是不存在对符号的依赖。因此,正如所期望的,该方法克服了上升时间和下降时间失配引起的问题。然而,脉冲的面积依赖于两个抖动误差,一个在上升时间,另一个在下降时间。由于这两个抖动误差不相关,则与之关联的噪声电压增加了 3dB。可能存在的时钟未对准会引起增益误差,其影响通常是无关紧要的。

如果该 DAC 用于连续时间 A/D 调制器,电平转换次数的增加就不是问题。然而,当用 DAC 产生一个模拟输出时,增加的高频分量需要用更复杂的重建滤波器滤除。

这个问题的解决办法是采用图 7.38 中的双归零方案,它采用由归零码控制的两个归零 DAC,其中一个延迟 1/2 时钟周期。两个信号相加,在整个时钟周期内形成连续输出,得到的输出频谱与传统的不归零码的结果相等。

由于每个归零信号的频谱与码元无关,所以如果上升和下降时刻发生的毛刺所带来的影响可以忽略,则两个归零信号相叠加得到的频谱是干净的。事实上,两个归零码相加时会因为上升和下降时间不同而引起毛刺,从而产生白色频谱和高频分量。此外,如果下降沿与上升沿发生在同一时刻,那么时钟可能存在抖动不会影响双归零 DAC。实际上,上升和下降时间不同而引起的毛刺总是在

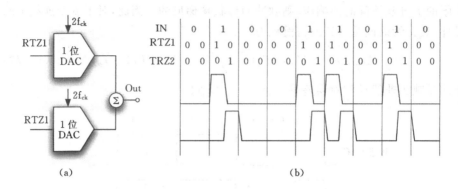

图 7.38　(a)两个归零 DAC；(b)输入数据和模拟波形

DAC 输入为 1 时才会发生,对输出频谱的影响位于高频处,从而对 DAC 工作造成的影响是可以忽略的。

353

习题

7.1　对采用图 7.1 的 SNR 增强方法的 $\Sigma\Delta$ 二阶调制器进行仿真。采用 $n=3$ 和二电平 DAC。估算 ADC 所需的电平数,确定出使用 40dB 增益运算放大器引起的信噪比衰减值。过采样率为 64。

7.2　对图 7.2 结构在没有误差抵消支路的情况下进行仿真。采用三阶数字 $\Sigma\Delta$,将主反馈环路中 DAC 的位数从 4 减小到 2。记住,数字 $\Sigma\Delta$ 必须具有零延迟。

7.3　在上一道题的结构中增加误差抵消支路。采用二阶 $\Sigma\Delta$ 调制器,并估算采用有限增益(60dB)运放的影响。

7.4　估算四阶 3 位 $\Sigma\Delta$ 调制器(NTF 中无极点)能达到的位数,其过采样率为 32。确定 NTF 中位于 $-3f_B$ 处的极点引起的损耗,该损耗随过采样率如何变化?

7.5　设计一个加权反馈求和结构的二阶调制器。其中两个积分器都带有延迟。确定反馈系数,使 $NTF=(1-z^{-1})^2$。用行为级的仿真器对该结构进行仿真,并验证其稳定性。

7.6　采用加权反馈求和结构设计一个三阶调制器。确定 NTF 和 STF 的零点和极点与所采用参数之间的函数关系。用增益为 k 的增益模块替代量化器,画出根轨迹图。

7.7　在例 7.2 设计的加权反馈求和结构的三阶调制器中进行缩放以优化积分器的动态范围。首先假设运算放大器摆幅与输入范围相等,然后再对运放摆幅等于输入范围两倍的情况重复进行优化。其中调制器采用 1 位结构。

7.8　设计一个由两个级联的延迟积分器和反馈路径构成的谐振器。所获得的共轭零点的相位必须为 $\pi/12$。

7.9　确定四阶低通调制器零点的最佳位置,以使 SNR 最大。假定 NTF 恰好是 $\Pi(z-z_i)$(没有分母)。采用的过采样率为 16。确定使用 5 电平 DAC 时的最优 SNR 值。 354

7.10　设计出能够实现上例所研究 NTF 的结构。采用图 7.10 的结构,但是忽略第一个积分器和第一个反馈支路 a_1。在 0 到 $0.1f_s$ 区间内画出 NTF 的曲线,以及 SNR 与输入幅度之间的函数关系曲线。

7.11　在例 7.3 中采用 2 位量化,其输出分别设置为限幅到 $\pm V_{ref}$ 和没有限幅。调制器之间的增益设为 1。在采用理想积分器以及由 75dB 增益的运放构成的积分器的情况下,分别画出 SNR 与输入幅度的关系曲线。过采样率为 32。

7.12　重复例 7.3,但是采用 2-2 MASH 结构。将结果与相应的 2-1-1 的结构进行比较,尝试找出这两种解决方案的优点和缺点。所有量化器均为 1 位结构。

7.13　设计一个过采样率为 32 的 2-1-1-1-1 MASH 结构。在采用理想运算放大器和有限增益为 60dB 的放大器的情况下,分别估算 SNR,将结果与相应的 2-1-1-1 和 2-1-1 结构进行比较。

7.14　为了估算连续时间 ΣΔ 调制器中 DAC 的上升时间与下降时间之间的差异带来的限制,考虑一个二阶采样数据结构,并且在主 DAC 的 0→1 以及 1→0 转换中加入不同的上升和下降时间。误差范围在 0.01 到 0.001 之间。

7.15　采用二阶 ΣΔ 调制器采样数据模型来研究时钟抖动对 CT 结构的影响。抖动由随机数描述,随机数以一个给定的方差来改变采样时间。区分 DAC 中注入到第一个或第二个求和结点的抖动。

7.16　对图 7.22 中基于电流镜并且以电流作为输入和输出的 CT 积分器进行晶体管的仿真。运用任意可用的晶体管模型,并且使 $W/L=20$。偏置电流设为 $10\mu A$,电容设为 0.2pF。

7.17　将二阶低通 ΣΔ 调制器转换为谐振频率在 $0.12f_s$ 处的带通调制器,设计出能够获得这个结果的结构。 355

7.18　仿真图 7.27(b)的结构,确定出在谐振频率附近 $\pm f_N$ 信号带宽内的 SNR。研究采用包含带宽和压摆率的实际运算放大器的影响。

7.19　重复例 7.4,但是增加了一个 $z \to -z$ 的变换。该变换将使 NTF 的零点

从 $z=1$ 处移到 $z=-1$ 处,实现了低通到高通的转换。验证该变换对于失调以及其它失配引起的杂波分量的影响。

7.20 用 Spice 仿真图 7.36(a)的电路。电源电压为 3.3V,DAC 的满幅度输出范围为 $\pm 1.5\text{V}$,时钟频率为 64MHz,过采样频率为 128,需要达到的 SNR 为 100dB,运算放大器输入参考噪声为 $12n\text{V}/\sqrt{\text{Hz}}$。设计出能够实现转角频率为 30 kHz 的的电路,并对有限增益和带宽的运算放大器进行建模。

7.21 一个过采样率为 128 的 $\Sigma\Delta$ DAC 由一个 1 位的二阶调制器,以及其后的不归零 DAC 组成。DAC 的上升时间为 $0.03T$,下降时间为 $0.043T$。用计算机进行行为级仿真以估算输出频谱。输入正弦信号的频率为奈奎斯特频率的 $1/11$,振幅为 -6dB_{FS}。

7.22 重复例 7.5,但是采用多位 DAC。估算 2 位、3 位和 4 位情况下的抖动的性能指标。

参考文献

书和专著

J. A. Cherry and W. M. Snelgrove: *Continuous-Time Delta-Sigma Modulators for High-Speed A/D Conversion: Theory, Practice and Fundamental Performance*, Kluwer Academic Publishers, Norwell, MA 2000.

A. Rodriguez-Vasquez, F. Medeiro, and E. Janssens: *CMOS Telecom Data Converters*, Kluwer Academic Publishers, Boston, Dordrecht, London, 2003.

期刊和会议论文

SNR 增强技术

T. Leslie and B. Singh: *An improved sigma-delta modulator architecture*, Proc. IEEE ICASSP, pp. 372–375, May 1990.

S. Kiaei, S. Abdennadher, G. C. Temes, and Y. Yang: *Adaptive digital correction for dual quantization ΣΔ modulators*, IEEE Int. Symp. on Circ. and Syst., vol. 2, pp. 1228–1230, 2003.

J. Yu and F. Maloberti: *A low-power multi-bit ΣΔ modulator in 90-nm digital CMOS without DEM*, IEEE Journal of Solid-State Circuits, vol. 40, pp. 2428–2436, 2005.

高阶调制器

Y. Matsuya, K. Uchimura, A. Iwata, and T. Kaneko: *A 17-bit oversampling D-to-A conversion technology using multistage noise shaping*, IEEE Journal of Solid-State Circuits, vol. 24, pp. 969–975, 1989.

B. P. D. Signore, D. A. Kerth, N. S. Sooch, and E. J. Swanson: *A monolithic 20-b delta-sigma A/D converter*, IEEE Journal of Solid-State Circuits, vol. 25, pp. 131–1317, 1990.

P. Ferguson Jr., A. Ganesan, R. Adams, S. Vincelette, R. Libert, A. Volpe, D. Andreas, A. Charpentier, and J. Dattorro: *An 18b 20KHz dual ΣΔ A/D converter*, IEEE International Solid-State Circuits Conference, vol. XXXIV, pp. 68–69, February 1991.

D. B. Ribner, R. D. Baertsch, S. L. Garverick, D. T. McGrath, J. E. Krisciunas, and T. Fujii: *A third-order multistage sigma-delta modulator with reduced sensitivity to nonidealities*, IEEE Journal of Solid-State Circuits, vol. 26, pp. 1764–1774, 1991.

T. Ritoniemi, E. Pajarre, S. Ingalsuo, T. Husu, V. Eerola, and T. Saramaki: *A stereo audio sigma-delta A/D-converter*, IEEE Journal of Solid-State Circuits, vol. 29, pp. 1514–1523, 1994.

L. A. Williams III and B. A. Wooley: *A third-order sigma-delta modulator with extended dynamic range*, IEEE Journal of Solid-State Circuits, vol. 29, pp. 193–202, 1994.

B.-S. Song: *A fourth-order bandpass delta-sigma modulator with reduced number of op amps*, IEEE Journal of Solid-State Circuits, vol. 30, pp. 1309–1315, 1995.

J. Grilo, I. Galton, K. Wang, and R. G. Montemayor: *A 12-mW ADC deltasigma modulator with 80 dB of dynamic range integrated in a single-chip Bluetooth transceiver*, IEEE Journal of Solid-State Circuits, vol. 37, pp. 271–278, 2002.

J. Morizio, M. Hoke, T. Kocak, C. Geddie, C. Hughes, J. Perry, S. Madhavapeddi, M. H. Hood, G. Lynch, H. Kondoh, T. Kumamoto, T. Okuda, H. Noda, M. Ishiwaki, T. Miki, and M. Nakaya: *14-bit 2.2-MS/s sigma-delta ADC's*, IEEE Journal of Solid-State Circuits, vol. 35, pp. 968–976, 2000.

L. J. Breems, R. Rutten, and G. Wetzker: *A cascaded continuous-time ΣΔ modulator with 67-dB dynamic range in 10-MHz bandwidth*, IEEE Journal of Solid-State Circuits, vol. 39, pp. 2152–2160, 2004.

357

V. P. Petkov and B. E. Boser: *A fourth-order ΣΔ interface for micromachined inertial sensors*, IEEE Journal of Solid-State Circuits, vol. 40, pp. 1602–1609, 2005.

J. M. de la Rosa, S. Escalera, B. Perez-Verdu, F. Medeiro, O. Guerra, R. del Rio, and A. Rodriguez-Vazquez: *A CMOS 110-dB at 40-kS/s programmable-gain chopper-stabilized third-order 2-1 cascade sigma-delta modulator for low-power high-linearity automotive sensor ASICs*, IEEE Journal of Solid-State Circuits, vol. 40, pp. 2246–2264, 2005.

连续时间调制器

J. A. Cherry and W. M. Snelgrove: *Excess loop delay in continuous-time deltasigma modulators*, IEEE Trans. Circuits and Systems-II, vol. 46, pp. 376–389, 1999.

J. A. Cherry and W. M. Snelgrove: *Clock jitter and quantizer metastability in continuous-time delta-sigma modulators*, IEEE Trans. Circuits and Systems-II, vol. 46, pp. 661–676, 1999.

J. A. E. P. van Engelen, R. J. van de Plassche, E. Stikvoort, and A.G. Venes: *A Sixth-Order Continuous-Time Bandpass Sigma-Delta Modulator for Digital Radio IF*. IEEE Journal of Solid-State Circuits, vol. 34 pp. 1753–1764, 1999.

R. H. M. van Veldhoven: *A triple-mode continuous-time ΣΔ modulator with switched-capacitor feedback DAC for a GSM-EDGE/CDMA2000/UMTS receiver*, IEEE Journal of Solid-State Circuits, vol. 38, pp. 2069–2076, 2003.

F. Gerfers, M. Ortmanns, and Y. Manoli: *A 1.5-V 12-bit power-efficient continuous-time third-order sigma-delta modulator*, IEEE Journal of Solid-State Circuits, vol. 38, pp. 1343–1352, August 2003.

S. Jan: *Base-band continuous-time ΣΔ Analog-to-Digital Conversion for ADSL applications*, Ph.D. Thesis, Texas A&M University, 2002.

H. Aboushady: *Design for reuse of current-mode continuous-time ΣΔ Analog-to-Digital Converters*, Ph.D. Thesis, University of Paris VI, 2003.

K. Philips, P. A. C. M. Nuijten, R. L. J. Roovers, A. H. M. van Roermund, F. M. Chavero, M. T. Pallares, and A. Torralba: *A continuous-time ΣΔ ADC with increased immunity to interferers*, IEEE Journal of Solid-State Circuits, vol. 39, pp. 2170–2178, 2004.

带通调制器

J. A. E. P. van Engelen, R. J. van de Plassche, E. Stikvoort, and A. G. Venes: *A sixth-order continuous-time bandpass sigma-delta modulator for digital radio IF*, IEEE Journal of Solid-State Circuits, vol. 34, pp. 1753–1764, 1999.

F. W. Singor and M. Snelgrove: *10.7MHz bandpass delta-sigma A/D modulators*, 1994 IEEE Custom Integrated Circuits Conference, pp. 163–166, 1994.

F. Francesconi, G. Caiulo, V. Liberali, and F. Maloberti: *A 30-mW 10.7-MHz pseudo-N-path sigma-delta band-pass modulator*, IEEE VLSI Symposium, Vol. 10, pp. 60–61, 1996.

Bang-Sup Song: *A fourth-order bandpass delta-sigma modulator with reduced numbers of op amps*, IEEE Journal of Solid-State Circuits, vol. 30, pp. 1309–1315, 1995.

R. Maurino and P. Mole: *A 200-MHz IF 11-bit fourth-order bandpass ΣΔ ADC in SiGe*, IEEE Journal of Solid-State Circuits, vol. 35, pp. 959–967, 2000.

T. O. Salo, S. J. Lindfors, T. M. Hollman, J. A. M. Jarvinen, and K. A. I. Halonen: *80-MHz bandpass sigma-delta modulators for multimode digital IF receivers*, IEEE Journal of Solid-State Circuits, vol. 38, pp. 464–474, 2003.

V. Colonna, G. Gandolfi, F. Stefani, and A. Baschirotto: *A 10.7-MHz self-calibrated switched-capacitor-based multibit second-order bandpass $\Sigma\Delta$ modulator with on-chip switched buffer*, IEEE Journal of Solid-State Circuits. vol. 39. pp. 1341–1346. 2004.

F. Ying and F. Maloberti: *A mirror image free two-path bandpass $\Sigma\Delta$ modulator with 72dB SNR and 86dB SFDR*, IEEE International Solid-State Circuits Conference, vol. XVII, pp. 84–85, 2004.

358

$\Sigma\Delta$ DAC

R. Adams and T. Kwan: *A stereo asynchronous digital sample-rate converter for digital audio*, IEEE Journal of Solid-State Circuits, vol. 29, pp. 481–488, 1994.

P. Ju, K. Suyama, P. F. Ferguson Jr., and Wai Lee: *A 22-kHz multibit switched-capacitor sigma-delta D/A converter with 92 dB dynamic range*, IEEE Journal of Solid-State Circuits, vol. 30, pp. 1316–1325, 1995.

T. Kwan, R. Adams, and R. Libert: *A stereo multibit $\Sigma\Delta$ DAC with asynchronous master-clock interface*, IEEE Journal of Solid-State Circuits, vol. 31, pp. 1881–1887, 1996.

S. Rabii and B. A. Wooley: *A 1.8-V digital-audio sigma-delta modulator in 0.8-μm CMOS*, IEEE Journal of Solid-State Circuits, vol. 32, pp. 783–796, 1997.

V. Peluso, P. Vancorenland, A. M. Marques, M. S. J. Steyaert, and W. Sansen: *A 900-mV low-power $\Sigma\Delta$ A/D converter with 77-dB dynamic range*, IEEE Journal of Solid-State Circuits, vol. 33, pp. 1887–1897, 1998.

I. Fujimori and T. Sugimoto: *A 1.5 V, 4.1 mW dual-channel audio delta-sigma D/A converter*, IEEE Journal of Solid-State Circuits, vol. 33, pp. 1863–1870, 1998.

R. Adams, K. Q. Nguyen, and K. Sweetland: *A 113-dB SNR oversampling DAC with segmented noise-shaped scrambling*, IEEE Journal of Solid-State Circuits, vol. 33, pp. 1871–1878, 1998.

M. Annovazzi, V. Colonna, G. Gandolfi, F. Stefani, and A. Baschirotto: *A low-power 98-dB multibit audio DAC in a standard 3.3-V 0.35-μm CMOS technology*, IEEE Journal of Solid-State Circuits, vol. 37, pp. 825–834, 2002.

第 8 章

数字增强技术

在数据转换器的实现中,严格的精确度和元件匹配确保了各种高要求的特性(feature)。因为集成的电容或者电阻的匹配精度和晶体管参数的精度仅在 0.1% 数量级,所以有必要使用数字技术校准这些值或者修正结果。因此,有很多方法可以显著地帮助数据转换器设计者增强转换器预期的性能。本章我们将研究误差测量的方法,以及在模拟域或者数字域考虑对误差进行校正(correction)或者校准(calibration)的方法。所用的方法可以是在线的(转换器连续工作的),或者是离线的,这需要有一个专门的误差测量或者校准操作周期。我们还研究通过元件动态平均来增强特定性能的校正技术。最后,值得注意的是,虽然这些方法适合于奈奎斯特方案,但它们对 $\Sigma\Delta$ 结构转换器会更有效。

8.1 简介

数字技术的快速发展激发了人们越来越多地使用数字技术通过对静态极限和可能的动态极限的校正或者校准来改进 ADC 或者 DAC 的设计。因为数字增强技术的使用减少了对需要特殊制造步骤、费用昂贵的工艺的需求,次要的好
处是在保持高的成品率、好的可靠性和长期稳定性的同时器件的成本降低了。的确,即使是相对复杂的算法,现代混合信号工艺的使用使得硅片面积可以有效地利用,所以数字处理的额外付出一般是可以承担得起的。

本章研究的方法可以分为以下几类:

- 元件的修正(trimming)。
- 前台校准(foreground calibration)。
- 后台校准(background calibration)。
- 动态匹配(dynamic matching)。

8.2　误差测量

　　数字辅助方法的基本点在误差的测量。精确的误差测量使得它们可以被校正,校正的方法有修正、误差存储后由后续的数字校正或者模拟校准。当决定误差如何进行数字表示时,技术上可以使用一个辅助 ADC 或者借用正常工作的同一个数据转换器,或者其中的一部分。

　　误差测量的一个典型的要求是估算期望数值相等的元件之间的差别。图 8.1 示意出了用于测量 C_1 和 C_2 之间差别的两相方案。在 Φ_S 相,电容 C_1 对电压 V_B 采样,C_2 和辅助电容 C_3 接地。在 Φ_e 相,切换 C_1 和 C_2 的角色,零输入的 DAC 输出在结点 A 产生的电压为

$$V_A = V_B \frac{C_2 - C_1}{C_1 + C_2 + C_3} \tag{8.1}$$

和失配成正比。注意到,DAC 和逻辑电路构成了一个逐次逼近的环路,通过 C_3 的作用可以使误差变为零。在 N 次逐次逼近循环周期(DAC 的位数)结束后,DAC 的电压为

$$V_A = \frac{V_B(C_2 - C_1) + (V_{DAC} + \varepsilon_Q)C_3}{C_1 + C_2 + C_3} \tag{8.2}$$

其中 ε_Q 小于辅助 D/A * 转换器的 LSB。

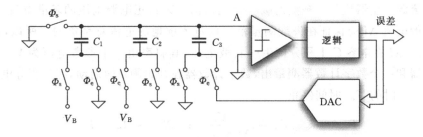

图 8.1　测量 C_1 和 C_2 之间失配的方法(译者注:原文图有误,本文将 V_{ref} 修正为 V_B)

　　如果 DAC 的参考基准和量化台阶分别为 $\pm V_{ref}$ 和 $\Delta = V_{ref}/2^{(N-1)}$,那么测量范围及其精度为

$$|(C_2 - C_1)|_{max} = \frac{V_{ref}}{V_B}C_3 ; \quad \Delta C_{mism} = \frac{\Delta}{V_B}C_3 \tag{8.3}$$

　　假设 $V_B \simeq V_{ref}$,C_3 的值必须大于期望的失配,DAC 的位数给出了测量的精度,而且以 C_3 的值为该 DAC 的满刻度。

　　电容 C_3 常常是 DAC 的内建的元件,被分割成二进制权重的元件或者单位大小的元件。逻辑电路切换 C_3 的一部分到 $\pm V_{ref}$ 或者其它中间值电压以获得正

比于误差的电荷的再分布。

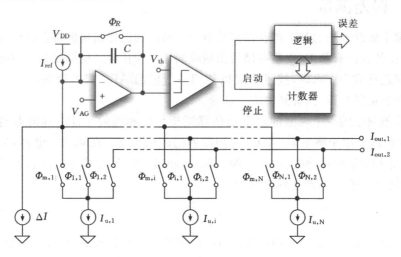

图 8.2　单位电流源误差测量的方法

362　　　基于电流的数据转换器系统要求使用另一种误差测量方法来估算基准电流和单位电流源之间的失配,例如,如图 8.2 所示,这些单位电流源构成了电流舵DAC。利用 $\Phi_{m,i}$ 依次选择单个电流源,并使其停止正常工作,而由额外的一个单位电流源产生器代替。被测的吸收电流抵消了来自正电源电压的基准电流,而额外的电流 ΔI 应保证在失配测量范围内进入虚地的电流总是负的。所以,I_{ref} $-I_{u,i}-\Delta I$ 在电容 C 上积分产生一斜坡电压,其斜率由一个参考电压为 V_{TH} 的比较器和一个数字计数器测量出,数字计数器在开始测量时启动,在当积分电压超过 V_{TH} 时的 T_{stop} 时间停止

$$T_{stop} = k_{meas} T_{ck} = \frac{CV_{th}}{\Delta I + \delta I_{u,i}}; \quad \delta I_{u,i} = I_{ref} - I_{u,i} \tag{8.4}$$

可以估算出 $\delta I_{u,i}$。

虽然该方法有许多可能的变化,但基本思想都是用一个额外的部件周期循环地替换阵列中的一个部件,从而使该部件可以在一个专门的电路中进行校准。误差的数字表示在每次测量后更新,用于性能的数字校正。

8.3　元件的修正(Trimming)

前面的方法,目的是得到误差的数字测量量,这些方法将在数字校正章节部分解释。相比之下,修正技术只是稍微改变一个或者多个元件的值以保证所需的模拟精度。修正技术被广泛应用在集成滤波器中,因为需要调整积分器的时

间常数或者其他参数以确保精确的频率响应。采用在钝化层上实现的金属薄膜电阻并用激光修正就可以在制造之后、封装之前调整电阻的值。同样的方法也可以用在数据转换器上,但这种方法价格昂贵并且没有考虑温度和老化效应。

修正的另一种方式是使用熔丝或者反熔丝,通过离散步长永久地断开或者接通连线来调整元件的值。并且,也可以采用 MOS 开关,其导通或者断开的状态保存在存储器中。当采用离散步长进行修正时,很显然需要使用小的元件阵列,也许是二进制权重,串联或者并联,根据适当的算法连接或者断开它们。

修正可以很容易地满足设计目标并适应所采用的算法。例如,考虑电容失配在流水线转换器中的影响,为此,我们可以分别计算输入和所有的单元产生的量化电压对最终余量电压的贡献。理想的转换器分别将输入和它的量化形式乘以所有级间增益的积,得到几乎相等的结果。任何级间增益的误差只是在输入项引起固定的增益误差,但是,更为严重的是,在量化项产生了非线性。所以,重要的是在从 DAC 到输出的通路上保证精确的增益。由于需要的精度沿着流水线逐渐降低,所以在产生前几个 MSB 的流水线级,上述要求特别严格。

363

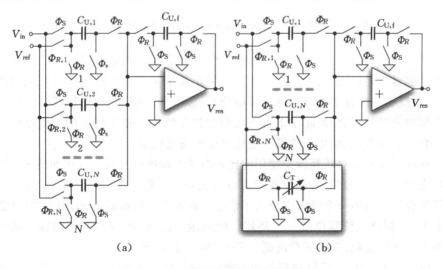

图 8.3　通过等价修正的电容器失配校正

假如,现有一流水线转换器的第一个单元有足够的位数 n,如图 8.3 所示,其余量电压由一个 M - DAC 电路产生,该 M - DAC 有 $N = 2^n$ 个单位电容,这些电容将电荷注入到单个单位反馈电容上,得到的标称增益为 N。考虑到所用到的电容的实际值,余量电压为

$$V_{res} = \frac{V_{in} \sum_{1}^{N} C_{U,i} - V_{Ref} \sum_{1}^{N} C_{U,i} b_i}{C_{U,f}} \tag{8.5}$$

其中 b_i 根据 DAC 的控制或是 1、或是 0。

假设 $C_{U,i} = C_{U,f}(1+\varepsilon_i)$,式(8.5)变成

$$V_{res} = V_{in}\left[N + \sum_1^N \varepsilon_i\right] - V_{DAC}\left[k + \sum_1^N \varepsilon_i b_i\right] \tag{8.6}$$

所以,输入信号上的固定的误差是可以容许的,然而第二项导致的误差与输出码有关,是不能超过一定极限的,常常需要校正。

364

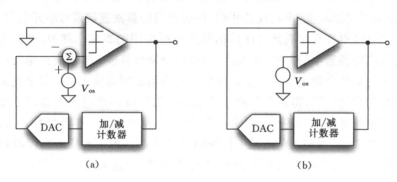

图 8.4 (a)比较器失调的数字修正;(b)失调的数字测量

图 8.3(b)给出了另一种可能的解决方法,代替直接修正元件。一个二进制权重的电容阵列形成调整元件,这些元件将正比于基准电压的负电荷注入到虚地(采用反相的配置也可以是注入正电荷)。额外注入的电荷可以消除式(8.6)第二项中的误差,从而消除了电容失配引起的非线性。数字校正的灵敏度取决于阵列的电容值,采用更低的基准电压可以提高灵敏度。

现在假设必须对转换器中使用的比较器的失调进行补偿。采用如图 8.4 所示的方法,用一个 DAC 和数字逻辑可以对失调进行调整和测量。第一个图,给出了比较器下面的一个输入引脚为了消除失调而需要转移的电平,由加/减计数器和 DAC 围绕比较器构成一个环路。经过很短时间,比较器下面的输入端就会在正负之间变化,其校正精度低于 DAC 的一个 LSB。

图 8.4(b)的电路可以得到失调的数字测量结果,并用于可能的数字存储和校准。该电路把用于失调数字修正的电路稍微改了一下,因为不需要用到消除失调的加法器电路。图 8.4 的两个电路都是低速的 ADC,用最少的额外元件就可以得到结果。

8.4 前台校准

元件的数字修正实际上是前台校准的一种特殊情况,这时转换器的正常工作被打断,在一个专门的校准周期内进行元件的修正和失配的测量。正是因为

这样的工作方式,所以该技术被称为前台校准。校准周期一般在上电或者转换
器不工作期间进行,但是任何误校准或者环境的突然改变,例如电源电压或者温 365
度变化,都会使得已经测量出的误差失效。因此,长时间工作的器件必须具有周
期性的、额外的校准周期。

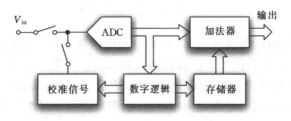

图 8.5　前台校准 ADC 的总体电路图

因为每个修正或者测量都需要一个或者多个时钟周期,所以整个元件集或
者参数集的校准需要相当多的时钟周期数。如果测量周期在上电后马上进行,
那么启动时间可能会持续几分之一秒钟。

图 8.5 给出了前台校准的 ADC 的总体示意图,而图 8.6 是前台校准 DAC
的示意图。对于 ADC,在测量周期内,输入信号被断开,ADC 加载的是一个适
当的校准信号,它可能是一个模拟的线性斜坡信号、正弦波信号或者伪白噪声信
号,由一个片上的低速而精确的 DAC 产生,DAC 的驱动是片上的数字信号。这
种情况下,由于信号是系统自己本身产生的,所以该方法被称为自校准。

各种类型的输入可以被用来得到
输入输出特性,然后得到 INL 误差。
在这里不详细讨论如何产生差分输入
以及是如何处理它们得到 INL 的,因
为下一章会专门研究测试步骤。现在
只需要知道,校准产生的 INL 被保存
在存储器中就够了。在失调测量完成
后,输入开关恢复 ADC 到正常工作状

> **注意**
>
> 　　校准项与数字转换结果的数
> 字加法可能产生相同位数的输出
> 数字字,或者位数增大的输出数
> 字字。

态,每个转换周期逻辑电路使用 ADC 的输出作为适当的地址访问存有校正量
的存储器。为了优化存储器大小,所存储的数据应该是最小字长的,显然字长取
决于工艺精度和期望的 A/D 线性度。正如插图中所概述的,测量精度要超过 366
ADC 的精度,产生的正确结果位数超过了 ADC。然而必须注意的是,这样不会
改善 SNR,但会有更好的线性度,从而得到更高的 SFDR。

通过数字信号处理进行校准所需要的误差的数字化测量,可以在元件层次、

模块层次或者整个转换器层次进行。校准参数保存在存储器中,但是与修正的情况不同,存储器中的内容使用频率很高,因为他们是数字处理器的输入。例如,如果需要校准两步法 ADC(two-step converter)的中间级的增益误差 ε_k,在每个时钟周期都使用失配数据进行计算

$$Y_{\text{out}} = \frac{Y_C 2^{n_c}(1+\varepsilon_k)+Y_F}{(1+\varepsilon_k)} \tag{8.7}$$

其中 Y_C 和 Y_F 分别是粗闪速 ADC 的输出和细闪速 ADC 的输出,n_c 是粗闪速 ADC 的位数。式(8.7)的处理涉及到乘法和除法。如果一旦增益测量完后,分母的倒数已经被估算出,或者如果系统可以容忍增益误差,通常就可以避免除法。不管怎样,因为这种处理结果很有意义,所以必须要仔细考虑数字修正与失配测量之间的折中,失配测量之后进行数字计算。

当误差测量是在转换器层次进行时,计算的要求就比较低。因为测量可以提供创建 INL 查找表所必须的所有信息,提供了其单调响应的保证。为此,每次 A/D 转换之后,校正逻辑必须正好加上保存的 INL 误差。另一种可能性是使用输入输出特性的查找表。存储器的大小应大于保存 INL 的个数,但不需要以转换器速度工作的加法器。

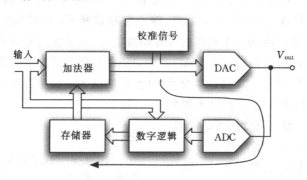

图 8.6 前台校准 DAC 的总体示意图

图 8.6 示意出了一个前台校准 DAC 的工作,使用标示出的路径上的模块进行响应的测量。此时正常输入被断开,使用适当的校准输入。一个板载的或者外部的高精度 ADC 提供静态数据,用于满足将 INL 或者输入输出响应保存到存储器中的要求。因为校准针对的是静态结果,所以转换器和输入信号可以非常慢,以至于允许片上的 ADC 进行模拟到数字的精确转换。

前台校准方法需要的专门的时间段,可以用电路冗余的方法避免要求专门的时间段。这使得当转换器的一部分进行误差失配校准时,冗余部分可以代替被校准部分构成完整的转换器。图 8.2 中所描述的对单位元件的校准只需要一

个额外的元件。这个概念可以用在流水线结构的相同的子级电路,或者用于我们马上要研究的时间交织结构的转换器。

8.5　后台校准

后台校准方法在转换器正常工作期间进行,通过额外的电路在所有时间里与转换器的功能同步进行。这使得误差测量隐藏在后台,且不妨碍正常的转换器工作。

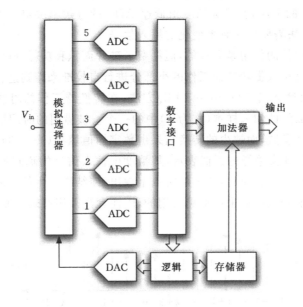

图 8.7　4 路时间交织 ADC 带有额外的一路用于后台校准

368

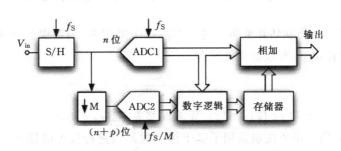

图 8.8　用低速高分辨率转换器进行校准

这些电路使用冗余的硬件,对暂时不用的系统部分进行后台校准。例如,图 8.7 所示的是由 5 个 ADC 构成的 4 路径的时间交织结构。4 个转换器完成需要的工作,而第 5 个转换器处在校准模式。输入选择器接收到两路模拟信号,一路是主输入,根据时间交织算法在各个路径中进行分配,而另一路是由被逻辑控制的 DAC 产生的测试输入信号。这其中第 2 个信号用于校准转换器。

数字接口将 4 个正常的输出送到加法器,根据存储器中的内容对其进行校正。被校准部分的输出被送到逻辑电路,周期性地更新其保存的 INL。

图 8.8 所示的技术采用了第二个低速高分辨率的 ADC 将输入数据的十分之一进行转换。数字逻辑将相同输入的两个转换结果相减,或许采用统计方法得到高速 ADC 的 INL,其最大精度由低速 ADC 的分辨率决定。为了得到很好的统计值,该方法需要依靠频繁变化的输入信号。

因为冗余硬件的使用是有效的,但耗费了硅片面积和功耗,所以其他的方法的目标是通过借用数据转换器工作的小部分进行自校准来得到这种功能。第一种方法,称为跳过并填充(skip and fill)方法,在转换器工作的时候用一个测试信号代替给定数量的输入样本(称为 p)中的一个。被借用的时间段进行测量和保存需要的转换参数,而缺少的转换结果由数字插值填补(图 8.9)。例如,使用 FIR 滤波器得到缺失采样的近似表示,其精度由输入信号的瞬间形状和 FIR 滤波器的抽头数目决定。而且,通过延时数字输出(使结果产生等待时间),使得在跳过的采样之前和之后的采样都是有用的,因而允许采用有效的非因果滤波器。

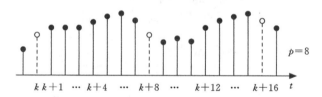

图 8.9 跳过的一个采样被测试用的输入代替,输出用插值实现

假设 $V_{ref}\varepsilon_{sk,i}$ 是在估算被跳过的样本时产生的误差,因为误差功率 $V_{ref}^2 \overline{\varepsilon_{sk}^2}/p$ 必须小于量化功率,所以必须保证有

$$\overline{\varepsilon_{sk}^2} < \frac{p}{12 \cdot 2^{2n}};\tag{8.8}$$

其中,对于 $p=16$ 和 12 位($n=12$),要求误差要小到 $\overline{\varepsilon_{sk}} < 0.03\%$。

图 8.10 所示的方法也采用了基于借用时间段进行校准的概念。为了得到需要的空位,转换速率高于采样速率。如图 8.10(a)所示,假设采样频率和转换频率关系为 $f_{conv}=7f_S/6$。因此,较低的采样频率使得在 6 个采样周期时间里容纳了 7 个转换,这样转换器在每 7 次转换后就有一次额外的时间段。在采样时间和转换时间之间的切换由如图 8.10 所示的队列电路管理。队列电路由一个

或者多个采样保持电路构成,用于保存采样瞬间和其转换时间之间的输入样本。
队列电路是这样管理的,例如,图 8.10(a)中的样本 1 一直被保持到转换时间 1,
下一个采样也一样,样本 2 被保持到转换时间 2,直到第 7 个样本时队列变空
了,该时间段可以用于校准。

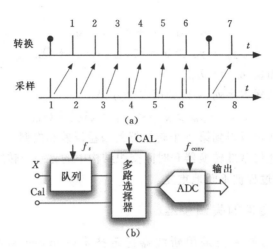

图 8.10   (a)基于队列的后台校准方案的时序规划;(b)可能的实现框图

实现队列的一个简单的方法是使用两个时间交织的采样保持电路,但是,单
元间的失配可能是成问题的。解决这个问题的方法是使用复杂的时钟电路,而
只用一个采样保持电路。

8.5.1   时间交织转换器中的增益和失调

我们知道,时间交织结构的转换器对通道之间的失调失配和增益失配都非
常敏感,因为这些失配会在通道频率(path frequency,即 f_s/N)处产生谐波,在
输入频率和通道频率混频所对应的频率处产生信号复制。所以,即使应用系统
能够容忍增益误差和失调误差,所用的转换器有好的线性度,也有必要校准得到
失调和增益的良好匹配。

如图 8.7 所示,只用一个额外的通路,加上合适的算法就可以得到结果。额
外的通路,作为一个基准,周期性地与时间交织转换器中的一个通路并行放置。
因为输入是相同的,所以输出之间的差给出了失配,如果只考虑失调和增益的误
差,则

$$y_{\text{ref}}(i) = x_{\text{in}}(i) + \varepsilon_{Q,r}(i)$$

$$y_p(i) = x_{\text{in}}(i)(1 + \delta_{G,i}) + O_{G,i} + \varepsilon_{Q,p}(i) *$$

$$y_p(i) - y_{\text{ref}}(i) = x_{\text{in}}(i)\delta_{G,i} + O_{G,i} + \varepsilon_{Q,p}(i) - \varepsilon_{Q,r}(i) \qquad (8.9)$$

其中,基准的增益和失调分别为 1 和 0,$\delta_{G,i}$ 和 $O_{G,i}$ 分别是第 i 个转换器的增益误差和失调。

在一个输入样本长序列(称为 M)上的平均,可以消除量化误差的贡献;因此

$$< y_{\text{ref}} >_M = < x_{\text{in}} >_M$$
$$< y_p - y_{\text{ref}} >_M = < x_{\text{in}} >_M \delta_{G,i} + O_{G,i} \qquad (8.10)$$

式中包含两个未知量,$\delta_{G,i}$ 和 $O_{G,i}$。

平均第二个长样本序列 N 得到第二个方程

$$< y_p - y_{\text{ref}} >_N = < x_{\text{in}} >_N \delta_{G,i} + O_{G,i} \qquad (8.11)*$$

与式(8.10)一起就可以得到第 p 个转换器的增益误差和失调。

通过周期性地将基准转换器和时间交织结构中的另一个转换器并联接在一起的方法,上述的过程被不断地重复。

371 8.5.2 无冗余硬件的失调校准

用在仪器上的放大器采用斩波器稳定技术(chopper stabilization technique)来消除失调。在放大器将信号频谱移到调制频率之前,先把输入信号乘以方波(± 1)(图 8.11(a))。放大器输出端的信号频谱包含了失调,而第二个同步调制又将信号频谱移回到原来的位置,并且将失调移到高频处。低通滤波器滤除高频分量而不影响信号频带。

同样的方法可以用于数据转换器,该转换器允许一些过采样,得到一个有用的频率区间(靠近奈奎斯特频率),信号频带在该区间可以被暂时移开。

另一种可能性是用频谱几乎是白噪声谱的伪随机 ± 1 序列对输入信号进行斩波调制(chopping)(图 8.11(b))。第二个斩波器的控制要与第一个相同但延时 ADC 延迟的时间。输入频谱被转换成一个扩展的白噪声谱,而第二个同步调制器重新生成了输入信号的 A/D 转换。失调被转换成白噪声,如果使用过采样,则在信号频带内的白噪声功率被进一步减小。当采用全差分信号的时候,任何形式的 ± 1 调制就更简单直接了,因为在采样保持电路之后它只需要将输入连接交叉耦合。

在 ADC 的输出端,因为围绕直流电压的信号只有很小的功率,因此有可能

372 通过滤波来估计失调(和 $1/f$ 噪声),即滤除来自数字输出中的噪声贡献,从而减小失调导致的本底噪声。

位流的频谱是该方法有效性的一个度量。因为位流中的多频信号与输入信号分量混合会产生等于失调的直流项,失调测量的精度是有限的。为此,该方法

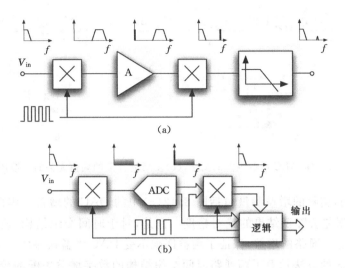

图 8.11 (a)斩波器稳定放大器的框图;(b)ADC 失调减小技术的改进使用

适合于位数不超过 10～12 位的时间交织转换器。

8.5.2.1 时间交织转换器中的增益校准

在时间交织转换器中,对于只有少量通道的结构使用额外的通道进行校准,代价是昂贵的。本小节讨论的方法在硬件上更有效率,但需要使用更复杂的数字信号处理。

考虑如图 8.12 所示架构,给输入信号加一测试信号 T,在 A/D 转换后减去相同的信号,但可能是经过延时的。对于单位 ADC 增益,相减操作去掉了增加的项,唯一的影响是转换器动态范围的减小,但这在 T 信号幅值小的情况下是一个可以接受的代价。相反,增益误差 δ_G 会把 T 的一部分留在输出,输出的表达式为

$$Y = X(1 + \delta_G) + T\delta_G + \varepsilon_Q \tag{8.12}$$

如图 8.12(a)所示,$T\delta_G$ 可以通过数字处理进行测量。Y 和 T 的数字乘法得到 $T^2\delta_G$,其中包含了一个等于 $<T^2>\delta_G$ 的直流项。如果 T 的平均值是零且 T 和 V_{in} 不相关,那么没有其他乘积项会有直流分量。数字乘法电路之后的 DSP 的作用基本上就是低通滤波,得到增益误差乘以 T 的均方值(square mean average)的结果。

直接获得正确的增益而不需要知道 T 的均方值也是可能的。如图 8.12(b)所示的电路是用在图 8.12(a)中的数字处理的改进,这里使用了第二个数字乘法器,用来调整反馈回的 Y' 的幅值,达到使 DSP 的输入信号平均为零的目的。

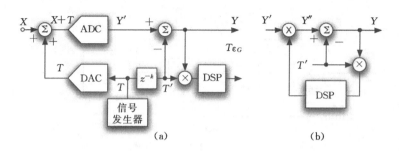

图 8.12　(a)ADC 增益误差的测量；(b)使测量与 T 的幅值无关的反馈环路

373　　　注意到,实际的增益测量包括图 8.12(a)中的 DAC 的增益。因此,可能的 DAC 增益误差会降低结果的绝对精度。但是,对于时间交织结构,使用相同的 DAC 校准各个通路的增益,保证了增益匹配不受 DAC 增益误差的影响。

　　图 8.13 的方法示意了两通路时间交织结构的数字增益失配的校准。第一个转换器的数字输出不变,而第二个通路乘上了增益校正因子。

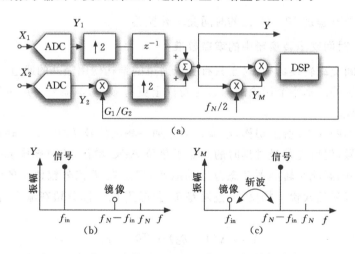

图 8.13　(a)增益校准方案；(b)增益失配导致的信号和镜像频率；
(c)斩波调制后信号频率和镜像频率交换
（译者注：原书图中的"$f_N - f_{in}$"误为"$f_{in} - f_N$"）

　　因为增益失配等价于输入信号乘上方波,所以输出频谱 Y 在 $f_N - f_{in}$ 处包含输入的镜像,如图 8.13(b)中所示的正弦波的结果。谐波的幅度为 $\delta_G A_{in}/2$。

　　数字处理使用了两个乘法器,一个用于在 $f_N/2$ 处调制 Y,另一个用于 Y 和其调制后的结果相乘。因为由 $f_N/2$ 进行的调制得到了 Y_M,把信号的频谱以

$f_N/2$ 为轴进行了反转,所以调制后的信号在杂散频率处有输入频率分量,反之亦然。因此,Y 被 Y_M 第二次调制产生一个直流分量,其幅值正比于输入信号幅值的平方和增益失配。

两个乘法器后面的 DSP 的任务是提取出直流信号,并以反馈的方式控制第二条通路中的增益校正乘法器,以便调整增益、直到直流信号为零。此时对应于两个通路完美的增益匹配。

8.6　动态匹配

374

动态匹配方法是另一种校准单位元件可能采用的方法、。该方法的目标是让各个元件的值在平均意义上都相等,而不是对各个值进行静态校正。与校正失配一样,动态匹配对消除如温漂和老化效应导致的变化也是有效的。

例如,考虑只有两个标称数值相等的、可以互换的元件 X_1 和 X_2 的情况,它们可以是代表第 2^{k+1} 位的元件,以及组成剩余的 k 位的全套元件加上一个单位的元件($1+1+2+4+\cdots+2^k$)。假设 $X_2=X_1(1+\delta)$,且 $X_1+X_2=1$,只用一个元件,可以得到

$$X_1 = \frac{1}{2+\delta} \quad \text{或者} \quad X_2 = \frac{1+\delta}{2+\delta} \tag{8.13}$$

取决于使用元件 X_1 还是 X_2 *。它们所得到的误差结果相等,符号相反

$$\varepsilon_{1,2} = \mp \frac{\delta}{2+\delta} \tag{8.14}$$

动态平均由随机位流控制使用一个或者另一个元件。相应的,由位流控制给出的频谱误差也随机地是正的或者是负的。这些误差的总功率大约为 $\delta^2/[(2+\delta)^2\times12]$,几乎均匀地分布在整个奈奎斯特区间。

该方法的一个可能的例子如图 8.14(a)电路所示,电流源 I_{ref} 被晶体管对 M_1-M_2 分割成两个相等的部分。负反馈电阻 R_1 和 R_2 通过对阈值电压失配造375成的可能限制进行衰减,改进了匹配。但是,因为电流分割器的精度也受电阻失配限制,因此在没有校准的情况下,该电路不适用于高分辨率转换器。否则,就要使用这里讨论的方法:两个元件的动态匹配。

电流分割电路上部的四个开关实现了动态匹配。它们使用与图 8.14(b)相似的随机信号 V_R。为了使输出电流 I_1 和 I_2 的平均值相等,要求 1 的个数要等于 0 的个数。

这个以两个元件作为示例的方法,可以扩展到多个元件,采用适当的算法使元件选取随机化,达到将失配误差转换成类似噪声项的目的。如果只使用了奈奎斯特频带的一部分,可能类似的噪声谱整形可以进一步减小失配的限制。

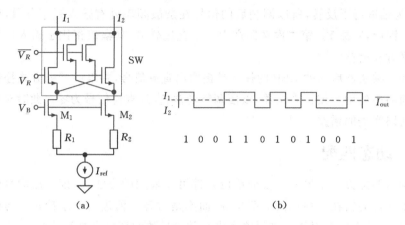

图 8.14   (a)电流分割和输出动态匹配;(b)位流控制和 I_1 电流

例 8.1

一个 7 位 DAC 中用的二进制权重要素是通过将基准电流不断除以 2 得到的。类似于图 8.14(a)中的电路对电流进行分割,但电阻的失配会导致其产生随机误差。确定输入为满刻度正弦波时的输出频谱,并设计一个随机交换两个分流路径的数字校正方案。因为该 7 位 DAC 的 LSB 是串联级的输入,那么要得到总的 10 位转换器,谐波分量必须低于 -60dB_{FS}。

解

动态元件匹配的核心部分是随机位流产生电路。图 8.15 是一个可能的产生电路,使用了 n 位延迟线并且在闭环中进行简单的处理。如果寄存器的初始

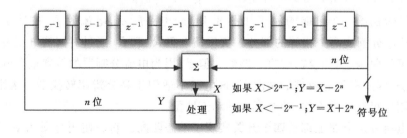

图 8.15   可能的随机位流产生电路

内容为伪随机数,那么输出数据的 MSB 就是电流分割电路的合适的控制位。文件 Ex8_1 及其启动程序(launcher)给出了该例题的行为模型。方差为 0.1 的一个随机数序列在电流分割电路中产生了误差(0.1 的方差是个很大的值,足以

看出其影响)。数字正弦波输出序列的各个数字位乘以相应权重的单元,然后相加,产生模拟输出。

有个标志位控制仿真时是否带有动态元件匹配,当标志位为"on"时,使用经过延时的输出位流控制各个电流分割电路。

图 8.16 显示,失配导致输出频谱上有很大的谐波。动态匹配后频谱明显变得光滑了,谐波消失了或者至少是远远低于 -60dB_{FS}。不过,谐波的能量转换成了噪声,图中可以看出本底噪声提高了。

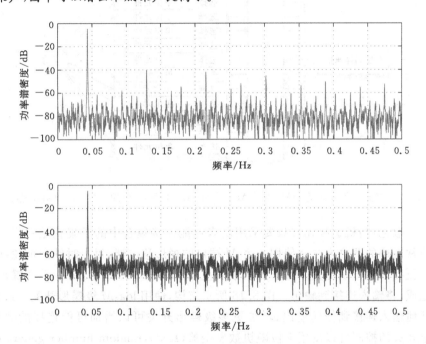

图 8.16　带有误差的输出频谱(上图)和所有分割系数动态校正后的输出频谱(下图)

8.6.1　蝶形随机化(Butterfly Randomization)

DAC 中所用的许多元件的动态匹配控制是对单位元件进行温度码方式选择,这是有问题的。一般数值相等的电阻、电容或者电流源,通常使用温度码输入的随机化选择后加起来,如图 8.17 所示。单位元件的选择由随机数发生器决定,随机数发生器接收的 M 条温度码输入线中有 N 个为 1,生成次序打乱的 M 个控制位,其中有 N 个 1,其他为零。

注意到打乱次序输出可能的的个数是 $M!$,即使 M 是个相对小的数字,这也是一个非常大的数字:$M=7$ 时为 5040,$M=8$ 时为 40320,当 $M=10$ 时这个数超过了三百六十万。这么大数字的连接很难进行编码,但得到一个真正随机的结果并不是必要的。真正必须的是,要避免相同或者类似的编码频繁重复,这会产生谐波而且不是一个类似噪声的频谱。

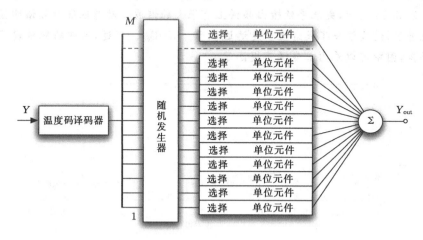

图 8.17　带温度码控制的 DAC 中的 M 个元件($M+1$ 级电流)的单位元件选择的随机化

　　一般地,随机选择元件只要采用所有可能连接集合中的子集就足够了。一个非常简单的解决方法是使用一个 M 端口的桶形移位器,每个时钟向前轮换一次。更有效的方法是使用蝶形随机数发生器,如图 8.18 所示,由一系列蝶形开关组成,将输入连接到输出。图 8.18 所示结构,使用 $\log_2 M$ 级蝶形开关,可以保证任何输入连接到任何输出;增加更多级蝶形开关可以增加可能连接的数目。蝶形开关的控制可以使用 k 位随机数发生器(RNG,random number generator)中的 $\log_2 M$ 位($k>\log_2 M$)实现。更简单的控制可以采用依次除 2 的时钟信号,这种方法被称为时钟化平均。

378

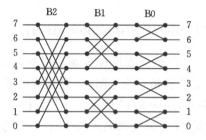

图 8.18　3 个控制位的 8 元件 3 级蝶形开关随机发生器

如果 M 个元件的值的集合是 $X_i, i=1, \cdots, M$，那么它们的平均值为

$$\overline{X} = \frac{1}{M} \sum_1^M X_i;$$ (8.15)

N 个随机选取的元件相加的和为

$$Y(N) = \sum_1^M d_i X_i$$ (8.16)

其中 d_i 是个标志位，其值或者是 1，或者是零，取决于 X_i 元件是否被选择。$Y(N)$ 的误差由下式给出

$$\varepsilon_Y(N) = \sum_1^M d_i \cdot X_i - N\overline{X} = \sum_1^M d_i \cdot X_i - \frac{N}{M} \sum_1^M X_i$$ (8.17)

假设 X_i 的值为

$$X_i = \overline{X} + \delta X_i$$ (8.18)

其中 δX_i 是一个方差为 $\overline{X}^2 \sigma_X^2$ 的随机变量。而且，如果 $i \neq j$ 时 δX_i 和 δX_j 是不相关的，那么误差的方差为

$$\sigma_y^2 = E\{[\varepsilon_Y(N)]^2\} = (N - \frac{N^2}{M}) \overline{X}^2 \sigma_X^2$$ (8.19)

与输入的幅值有关，对于第 0 个或者第 M 个元件其值为 0，且在 $N=M/2$ 时有最大值。

总之，元件的随机化等价于将空间上的失配转化成时间上的失配，假如随机数产生器能正确地工作，这就意味着将可以消除输出频谱中的各种谐波，付出的代价是噪声变大。的确，幅值相等、变化频繁的输入信号可能导致的平均失配噪声功率等于 $M\overline{X}^2 \sigma_X^2 / 6$。

因为输出的峰—峰值为 $M\overline{X}$，所以满刻度正弦波的功率为 $M^2\overline{X}^2/2$。因此，只由失配误差和过采样率 OSR 决定的 SNR 结果为

$$SNR = \frac{3M}{OSR^{-1}\sigma_X^2}$$ (8.20)*

若 $M=8, OSR=1$（奈奎斯特率转换器），$\delta=0.002$，则 SNR 为 65dB。如果 $OSR=32$，则 SNR 提高到 80dB。最重要的是蝶形开关随机化将元件失配有效地转化成噪声。由于蝶形开关

注意

对于任意输入波形和幅值，有效的动态匹配会把单位元件的失配转化成噪声。

级数 b 有限，时钟控制的平均化每 2^b 个时钟周期重复相同的随机图形将在 $f_S/2^b$ 处产生杂波，这对于小的输入正弦波分量，尤其成问题。伪随机数发生器的使用需要更多的硬件，但在消除杂波方面，特别对单位元件数量少的情况会更有效。

379

例 8.2

一个具有 3 位量化器、$OSR=20$ 的二阶 $\Sigma\Delta$ 调制器,在主反馈回路中使用带有蝶形开关随机发生器的 DAC,蝶形开关采用了三级时钟化的平均。请确定其输出频谱,以及由于在 DAC 的 8 个元件中 0.5% 的随机失配导致的误差频谱。比较采用蝶形随机开关和不采用蝶形随机开关的结果。

解

带有 3 位 DAC 和 $OSR=20$ 的二阶 $\Sigma\Delta$ 调制器在 -2dB_{FS} 处可以得到峰值 69dB 的 SNR,没有谐波和期望的频谱整形。这个结果可以通过使用 simulink 文件 Ex8_2 和运行程序验证,将单位元件失配设置为零(mism=0)。

可以插入三级、8 个层次的蝶形随机发生器或者通过一个适当的标志位来禁用它。此外,虽然 ADC 是理想的,但是 DAC 使用的单位元件的值会受到随机失配的影响。禁用随机发生器产生的误差频谱和调制器输出的频谱如图 8.19 所示。注意到,DAC 的误差频谱在输入频率及其倍频处有谐波。这是因为在调制器输入端注入的误差没有经过整形减小,如图 8.19 右图所示,第 2 和第 3 次谐波清楚地浮现在整形过的量化噪声之上。

380

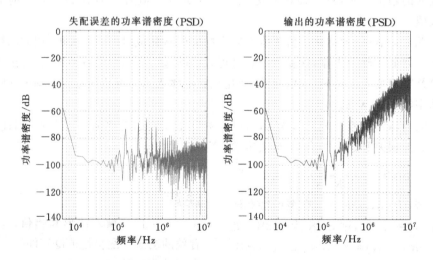

图 8.19 DAC 的误差频谱(左图)和带有 0.005 随机失配的输出频谱(右图)

381 图 8.20 显示,带有 0.005 随机失配误差导致了一个噪声更多的频谱,特别在低频处,该频谱中谐波位于高频位置,超出了我们感兴趣的范围。高频谐波在输出频谱中不可见,这是因为它们变得低于整形过的噪声。要想观察到这些谐波,可能在 FFT 中需要使用非常长的序列。

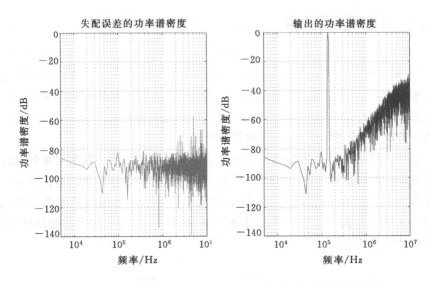

图 8.20　带蝶形开关随机发生器的 DAC 的误差频谱和输出频谱

仿真结果依赖于所用的特殊的随机数值的集合;但是,不用随机化方法 SNDR 总是在 50dB 上下,而采用了随机化方法后 SNDR 在 60dB 左右。相对理想情况而言,即使采用了随机化,SNDR 损失的原因是,在低频处的频谱没有降低到零而变得平坦,也许没有失真的谐波,该平坦频谱是由于一些失配功率留在了信号频带内。

元件的随机化会把在输出频谱中产生谐波的失配误差转变成伪噪声。因为随机化的结果是将谐波变平滑了,但并没有使总的误差功率降低,那么对于奈奎斯特数据转换器而言,SNDR 保持几乎不变而 SFDR 提高了。相反,对于过采样转换器,因为只用到了奈奎斯特频带的一部分,所以 SNR 提高了,但是增加了由失配导致的白噪声频谱,好处仅仅是:采样率每倍频可提高 3dB,正如简单的过采样结构所发生的情况。相反,对于 ΣΔ 转换器这就很有用,除了量化噪声整形外,还会有失配误差的整形,可以将其能量的一部分推到高频,被数字滤波器去掉。这是在后面的两个小节将要讨论的方法中所要实现的目标。

所有的方法目的在于快速地循环使用阵列中的所有元件,因为当所有的元件都被用到时,得到的总误差就只是增益误差。因为快速的循环所产生的是高频噪声项,在高频处频谱将显示更多的噪声功率。

8.6.2 各体层面的平均

各体层面的平均(Individual Level Averaging,ILA)方法的目标在于：让 DAC 中对于每个数字输入码采用每个单位元件的概率相同。该算法使用索引寄存器,索引 $I_k(i)$ 对应于每个可能的输入码 k。当施加的输入码为 k 时使用的元件是 $I_k(i),I_k(i)+1,\cdots,I_k(i)+k-1$,其中 i 表示时间索引。当索引值超过元件个数时,选择器回到开始,使用第一个元件。

382　这样做的结果是如果相同的码连续发生就会使得阵列中的所有单位元件全被用到。正如所描述的,如图 8.21 所示,该方法需要使用索引记住转换某个给定输入码时所用的元件集合,当相同的输入码下一次又发生时使用不同的元件集合。用这种方法,相同输入码在多次转换后,DAC 中所有的元件就都被用到,失配就会被平均化了。

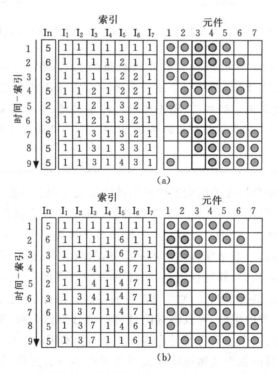

图 8.21　一个给定输入数据序列的 ILA 的索引和 7 个元件的使用
(a)旋转方法；(b)相加方法(译者注：(b)中索引 I_5 的最后一个数应该是 2,
原文误为 1,(b)最后一行应该是 5 个阴影圆,最后一个格子没有圆。)

有两种选择元件的方法：旋转方法和相加方法。旋转方法增加输入码 k 的

索引 I_k，每次出现输入码 k 时增加 1。相加方法是在所有出现输入码为 k 的时候将索引 I_k 增大 k，并对 M 取模。

为了更好的理解这个方法，考虑图 8.21 中的情况，采用由 {5 6 3 5 2 3 6 5 5} 组成的输入序列，有 7 个元件。初始时，所有的索引都等于 1，第一个输入数据确定使用前 5 个元件。然后，如果是旋转方法索引 $I_5(2)$ 变成 2，而对于相加方法 $I_5(2)$ 变成 6。因为在时间索引 2 和 3 时输入不是 5，$I_5(3)$ 和 $I_5(4)$ 保持不变。下一次输入为 5 是在时间索引为 4 时，$I_5(4)$ 确定使用不同的元件（旋转方法使用从 2 到 6 号元件，而相加方法使用 {6 7 1 2 3} 号元件）。然后，旋转方法的话索引 $I_5(5)$ 变成 3，而相加方法索引变成 4。

如果每个元件频繁地在用和不用之间进行切换，那么 ILA 方法就使失配误差得到整形。再次考虑图 8.21 的例子，每个元件的控制波形如图 8.22，显示旋转方法和相加方法忙碌的信号。旋转方法只有元件 2 和 7 只切换了一次，其他所有元件在 9 个时钟周期的序列中都至少切换了两次。

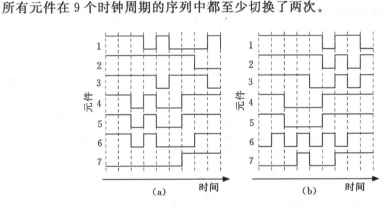

图 8.22　图 8.21 的输入序列时 7 个元件的开关波形
(a)旋转方法；(b)相加方法

该方法的结果很好，但其更加坚实的有效性还需要通过 $\Sigma\Delta$ 多位调制器的计算机仿真来验证。

例 8.3

一个二阶 $\Sigma\Delta$ 调制器用一个 8 级电平的 ADC 及一个 8 个元件的 DAC。调制器采用了 ILA 方法进行元件的动态匹配。确定 DAC 元件之间的失配等于 0.2% 时该方法的效果。

解

这个例子和下一个例子通过在目录 SD_DEM 中的行为模型的帮助来解答。

在 SD2_DEM.mdl 文件中描述的结构是一个二阶调制器,其第二个积分器的输出由 DEM 子系统处理,DEM 由两个模块构成:ADC 和 DEM+DAC。ADC 的输出是调制器的输出信号,而第二个输出用于主(原文误为 mail)反馈通路。因为第二个反馈通路假设是理想的,所以图中使用了 ADC 的输出。

384   模型的运行程序通过标志信号设置了许多选项。为了理解各种仿真的可能情况,建议读者在使用所提供的文件之前花些时间理解各种仿真可能性。这将使你更好地理解问题并通过自己修改代码实现更一般的应用。

采用理想元件和 $OSR=64$ 时的仿真结果产生了预期的噪声整形,在输入幅值为低于满刻度幅值 6dB 时 SNDR 为 95dB。

0.002 的失配在 DAC 的输出引起的误差频谱如图 8.23 所示。与理想情况比较的调制器输出频谱图也在右边的同一个图中显示出来。众所周知,因为误差的谐波没有被整形,所以它们没有任何改变地出现在输出频谱中。

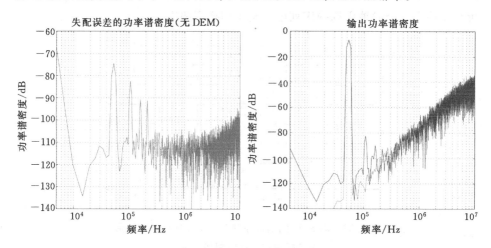

图 8.23　DAC 误差(0.002 失配)的频谱和有失配及无失配的输出频谱

注意到,为了确保输出频谱使用的是相同的刻度,在信号处理前奈奎斯特频率处有个标记被加到信号中,使得到的频谱相对于标记幅值归一化。标志信号"DEM_sel"用来选择动态匹配的类型,而标志信号"nochange"用于使能失配保持不变,目的是为了比较相同条件下不同算法的结果。两种可能的 ILA 方法的仿真结果如图 8.24 和 8.25 所示。两种方法均可消除谐波,也都显示出低频处对误差的衰减。但是,相加方法将更多的误差能量推到了高频处,这可以通过所得到的 SNDR 值得到验证,旋转方法得到的 SNDR 为 84dB,相加方法得到的
385 SNDR 为 87dB。由于所使用的坐标刻度的原因,这个差别无法从图中观察出来。两种结果的 SNDR 都比理想情况的小,但都比不用动态匹配的结果好得

多,相同条件下,后者可以低到 75dB,并且根据失配的随机数集合,其值可以从 65dB 到最大 80dB。

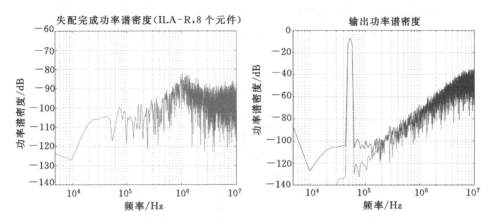

图 8.24　采用 ILA 旋转方法的 DAC 误差的频谱和有失配和无失配的输出频谱

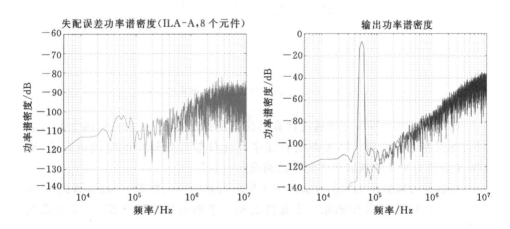

图 8.25　ILA 相加方法的 DAC 误差频谱和有失配及无失配的输出频谱

8.6.3　数据加权平均

第二种方法现在被称为数据加权平均(Data Weighted Averaging,DWA),早期在 ILA 方法之前它是由作者的儿子在其硕士论文中研究用在 ΣΔ 调制器上。该方法只采用一个索引,与所有输入码一样,其内容更新是通过把新的输入码加到索引寄存器中。图 8.26 显示了 15 个单位元件被安排成轮子的样子,表示元件的选择是轮转实现的。

DWA 方法的优点是旋转的周期很快,这多亏了每个时钟周期只更新一个索引。使用图 8.21 中相同的输入数据序列产生的各个元件被采用和相应的波形见图 8.27。快速的校准周期使得单位元件之间的切换频率很快,意味着有高频的误差分量。

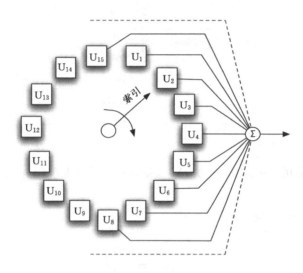

图 8.26 15 个单位元件的数据权重算法选择

ILA 方法和 DWA 方法通过计算机仿真所做的比较显示,它们两个都可以对失配误差进行整修。ILA 方法看起来在元件数目比较少的时候更有效,而 DWA 方法对于 7 个或者更多元件的情况运行良好。

很容易可以看出 DWA 方法决定了失配误差的一阶整形。为此,假设 $X_i = \bar{X} + \delta X_i$ 是 M 个元件中的第 i 个元件的值。忽略可能的增益误差,失配满足条件

$$\sum_1^M \delta X_i = 0 \tag{8.21}$$

随机变量的集合 $\delta X_i, i=1\cdots M$,产生了另一个随机变量的集合 $\Delta_i(k)$

$$\Delta_i(k) = \sum_i^{i+k-1} \delta X_k \quad \text{当 } i+k-1 < M \text{ 时}$$

$$\Delta_i(k) = \sum_i^M \delta X_k + \sum_1^{i+k-1-M} \delta X_k \quad \text{当 } i+k-1 > M \text{ 时} \tag{8.22}$$

这是转换输入 k 时 DWA 索引指向 i 作为第一个元件,所用到的元件给出的总的误差。

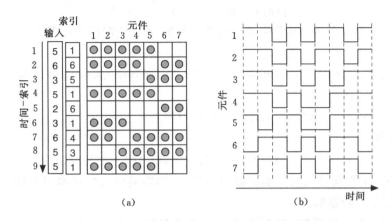

图 8.27　(a)对于给定的输入数据序列 DWA 索引和元件的使用;(b)元件的波形

$\Delta_i(k)$ 是一组 M^2 的随机数,由 M 个 δX_i 值组合决定。他们中有一个是 DAC 在转换 k 时的误差,如图 8.28(a)所示。图 8.28(b)(M=8)的例子显示了 DWA 方法实际执行时的两个连续的元件使用周期。第一个周期从第一个元件开始,在 nT 时钟周期使用前 3 个元件。接下来索引指向 4,因为新的输入等于 4,所以 DAC 使用元件 4 5 6 7。再下来新的索引为 8*,且新的输入为 3;DAC 在 $(nT+2T)$* 完成了其使用到 8 个元件的第一个周期,并且第二个周期的一部分已开始了,使用的元件是 1 和 2。

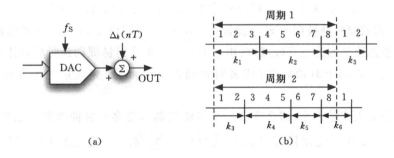

图 8.28　(a)使用注入误差为 DWA 建模;(b)元件使用可能的两个周期

在第一个时间段注入的噪声为 $\Delta_1(k_1)=\delta X_1+\delta X_2+\delta X_3$,而在第二个时间段导致的噪声为 $\Delta_2(k_2)=\delta X_4+\delta X_5+\delta X_6+\delta X_7$。假设将 $\Delta_3(k_3)$ 分成两个部分 $\Delta'_3(k_3)=\delta X_8$ 和 $\Delta''_3(k_3)=\delta X_1+\delta X_2$。第一部分和第一个元件使用周期相关,而第二部分与下一个元件使用周期相关。

使用式(8.21),得

$$\Delta_1(k_1) + \Delta_2(k_2) + \Delta'_3(k_3) = 0 \tag{8.23}$$

可以将一个误差表达成其他误差的函数。例如,第二个时间段的误差变成

$$\Delta_2(k_2) = -[\Delta_1(k_1) + \Delta'_3(k_3)] \tag{8.24}$$

时间段 nT,$(nT+T)$ 的噪声和在 $(nT+2T)$ 期间注入的一部分误差 $\Delta'_3(k_3)$ 的在 z 域的表达式为

$$\Delta_1(k_1) - [\Delta_1(k_1) + \Delta'_3(k_3)]z + \Delta'_3(k_3)z^2 \tag{8.25}*$$

整理后,得

$$-z^{-1}\Delta_1(k_1)(1-z^{-1}) + \Delta'_3(k_3)(1-z^{-1}) \tag{8.26}$$

可以看出 nT 期间注入的样本误差和 $(nT+2T)$ 期间注入的样本误差的一部分均被进行了一阶整形。

在下几个时钟周期,类似方法可以得到与第二个时间段相关的 $\Delta_4(k_4)$,$\Delta_5(k_5)$ 和 $\Delta_6(k_6)$ 的一部分。

再次使用式(8.21),得

$$\Delta_4(k_4) = -[\Delta''_3(k_3) + \Delta_5(k_5) + \Delta'_6(k_6)] \tag{8.27}$$

因为 $\Delta''_3(k_3)$ 部分是在 $(nT+2T)$ 期间被注入,其他项是在 $(nT+3T)$、$(nT+4T)$ 和 $(nT+5T)$ 期间被注入,因此,在 z 域可以得到

$$\Delta''_3(k_3)z^2 - [\Delta''_3(k_3) + \Delta_5(k_5) + \Delta'_6(k_6)]z^3 + \Delta_5(k_5)z^4 + \Delta'_6(k_6)z^5 \tag{8.28}*$$

整理后,得

$$[z^{-1}\Delta_5(k_5) - \Delta''_3(k_3)z^{-2}](1-z^{-1}) + \Delta'_6(k_6)(1-z^{-2}) \tag{8.29}*$$

因此,上式的前两项被 $(1-z^{-1})$ 滤除,而 $\Delta'_6(k_6)$ 项则由于 $(1-z^{-2})$ 可以通过。后一个整形项是因为 $\Delta'_6(k_6)$ 是在相对于 $\Delta_4(k_4)$ 两个时钟周期延时后被注入,而 $\Delta_4(k_4)$ 又需要四个时钟周期(或者时钟周期的一部分)完成第二个元件使用周期。

389 如果输入信号很小,那么完成一个算法周期需要多个时钟周期。如果输入信号很大,需要研究使用互补误差 $\overline{\Delta_i(k)} = \sum_i^M \delta X_k - \Delta_i(k)$ 来得到类似的结论。

上述研究表明失配误差(或者其互补信号)通过了整形函数 $(1-z^{-d})$,其中 d 是采样时间与所考虑的周期的近似中点距离,单位是时钟周期。

因为在低频下整形函数变成

$$(1-z^{-d}) \simeq d(1-z^{-1}); \quad z \to 1, \tag{8.30}$$

所以失配误差被放大了 d 倍且通过 $(1-z^{-1})$,如图 8.29 所示的架构,图中有一个智能开关在误差信号通过 $(1-z^{-1})$ 滤波器之前将其导入适当的放大器模块。

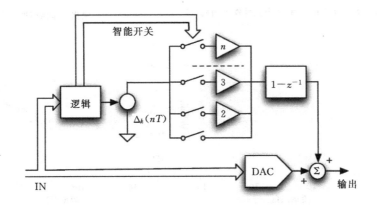

图 8.29　通过 DWA 方法完成失配误差采样处理的模型

例 8.4

一个二阶 $\Sigma\Delta$ 调制器，其 DAC 中有 8 个单位元件，$OSR = 64$，在主反馈通路的 DAC 中采用蝶形或者 DWA 随机化。比较由于元件有 0.004 的随机失配导致的输出频谱和误差频谱。

解

这个例子使用与前一个例子相同的仿真环境，因为它可以通过改变标志信号就可以使能不同类型的元件动态匹配。我们知道，蝶形随机化将元件失配导致的谐波转变成噪声。这实际就是图 8.30 中所示的误差频谱看到的结果，这些噪声被加到调制器的输入，导致频谱在大约 400 kHz 之前都是平坦的。因为信号带宽为 156 kHz，平坦频谱远高于被整形的噪声，因而导致 SNR 显著下降。图 8.30 所示的仿真结果对应于 $SNR = 70$ dB。

使用 DWA 算法产生了预期的一阶噪声整形，如图 8.31 所示。误差频谱在低频之前斜率为 20 dB/dec，多亏了噪声整形，失配误差的频谱从几 kHz 开始就远低于量化噪声。因此，由于信号带宽为 156 kHz，相对理想情况即使有 0.4% 的失配误差 SNR 也没有下降。

输入幅值等于 -3 dB 时，在 ADC 输出端用到了所有的数字码。相反，小的输入信号只用到了半满刻度附近的数字码，在两个时钟周期内结束元件使用周期，这会导致在误差频谱中出现高频谐波分量。

390 ~ 391

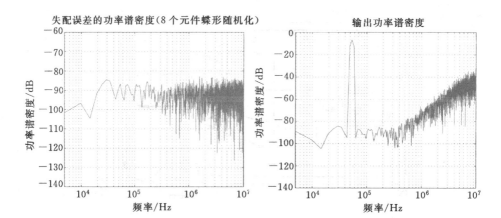

图 8.30   蝶形动态匹配方法的失配误差频谱和输出频谱

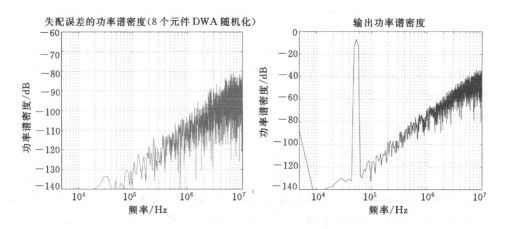

图 8.31   DWA 动态匹配方法的失配误差频谱(左) * 和输出频谱(右)

8.7   抽取与插值

$\Sigma\Delta$ 调制器输出的数字信号在数字域被处理,完成了两项功能:一是去掉位于频带外被整形过的噪声;二是通过抽取降低时钟频率。两个功能互相关联,因为抽取意味着对高速率的信号在低频下的采样,我们知道高速率信号需要抗混迭滤波以消除带外的各种杂波。

插值是一个相反的操作,用来提高采样频率,获得 $\Sigma\Delta$ DAC 要求的过采样。因为数字传输或者存储的数据,其采样频率接近奈奎斯特区间的边界,所以插值

在数字 $\Sigma\Delta$ 调制器之前进行。插值的结果是,得到了高分辨率的过采样信号。然后,利用量化噪声整形该信号被转换成低分辨率过采样 DAC 的数字控制信号。

8.7.1　抽取

我们知道整形在信号带宽内留下很少的噪声,而在奈奎斯特边界(Nyquist limit)附近增大了噪声。因为为了保持信噪比(SNR),必须让总的混叠噪声功率远小于带内噪声,因此,高阶调制器需要非常高的带内滤波效果。

例如,考虑一个 L 阶 $\Sigma\Delta$ 调制器,过采样率为 OSR,量化区间为 k,达到给定的信噪比。由噪声传递函数(NTF)可知,带内靠近奈奎斯特频率处的量化噪声功率为 $2^{2L}\Delta^2/(12 \cdot OSR)$。正相反,信号带宽内的噪声功率是很低的,其值是满刻度正弦波的功率除以 SNR。为了避免由于混叠造成的噪声传递函数下降,在抽取之前的滤波器 H_{dec} 必须满足条件

$$\frac{V_{FS}^2}{8} 10^{-SNR/10} \gg H_{dec}^2(f_S/2) \frac{2^{2L}V_{FS}^2}{12 \cdot k^2 \cdot OSR} \tag{8.31}$$

那么,例如使用一个达到 $SNR=104dB$ 的调制器,$L=3$,$OSR=32$ 且 $k=8$,需要阻带增益远低于 $-87dB$(比如说,至少要 OSR/2→12dB)。 **392**

通常,除了幅值响应外,系统在信号带宽内还要求平坦的群延时,即,由调整相位的全通滤波器、或者更好的是采用 FIR 滤波器所获得的特性。

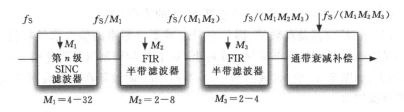

图 8.32　实现抽取滤波器的级联抽取单元

对于大的抽取因子采用单一模块是不合适的,而是采用逐步进行抽取的方法更有效,可以减少高频信号处理部分的复杂度。如果抽取因子 $K_D(K_D=2^{k_d})$ 被分成如下的乘积

$$K_D = 2^{k_{d1}} 2^{k_{d2}} \cdots 2^{k_{dp}} \tag{8.32}$$

抽取方案就可以像图 8.32 所示的那样采用 4 个模块的级联。在级联的抽取滤波器中,这些模块的时钟频率逐级降低,产生连续的混叠,因此对每级都要求低的带内余量噪声。

因为第一级滤波器工作在最大速度下,所以要求它采用简单的结构,如 sinc FIR 滤波器。例如,如果第一个抽取滤波器从 64 个总数中抽取 4,关键的频率区间为 $(31 \to 32)/64 f_N$, $(32 \to 33)/64 f_N$, 和 $(63 \to 64)/64 f_N$。所以第一级滤波器只要处理那些区间。现在

假设那些临界区域的杂波被完全消除了,在第二级抽取和可能的第三级抽取之前第二级的采样频率可以降低 M_1 倍以便进一步滤波。第二级和第三级滤波器的结构通常是半带滤波器,这表示,滤波器中每隔一个抽头(中心的一个除外)的系数都等于零。

级联方案的优点正如所描述的那样,减少了硬件的复杂度,而且也降低了功耗,因为更低的时钟频率减小了所用的功率。

393   sinc 滤波器估算 N 个连续输入样本的运行平均值,其输出为

$$Y_{sinc}(n) = \frac{1}{N} \sum_0^{N-1} X(n-i) \tag{8.33}$$

信号通过 sinc 滤波器的传输函数为

$$H_S(z) = \frac{1}{N} \sum_0^{N-1} z^{-i} = \frac{1}{N} \frac{1-z^{-N}}{1-z^{-1}}; \tag{8.34}$$

在 $z = \sqrt[N]{-1}$ 处有 $(N-1)$ 个零点(不包括 $z=1$ 的零点)。

采用 sinc 滤波器是高效的,因为它只衰减要求频率的输入信号幅值,但其衰减不足以确保要求的噪声抑制。实际上,对于 L 阶调制器需要使用 $sinc^{L+1}$ 滤波器,因为,如图 8.33 所示(该图 $N=4$),高阶 sinc 滤波器在关键频率处大大提高了噪声抑制水平。

让我们验证一下,简单 sinc 滤波器对于一阶 $\Sigma\Delta$ 调制器采用抽取 N 将其过采样率从 OSR 降低到 $OSR' = OSR/N$ 作为抗混叠滤波器是不够的。

量化噪声的频谱经过 $(1-z^{-1})^2$ 整形并通过 $H_n^2(z)$ 滤波后,变为

$$v_{n,out}^2(z) = v_{n,Q}^2 (1-z^{-1})^2 \frac{1}{N^2} \left[\frac{1-z^{-N}}{1-z^{-1}} \right]^2 = \frac{v_{n,Q}^2}{N^2} (1-z^{-N})^2 \tag{8.35}$$

使用 $z \to e^{j\omega T}$ 变换,得

394

$$v_{n,out}^2(\omega) = v_{n,Q}^2 \left[2 \frac{sin(N\omega T/2)}{N} \right]^2 \tag{8.36}$$

在频率区间 $f = k/(NT) \pm f_B; k = 0, \cdots, (N-1)$ 处使用近似公式 $sin(N\omega T/2) \simeq \pm N\omega T/2$,这些频率区间是基带(band base),和由于混叠折叠到基带内的

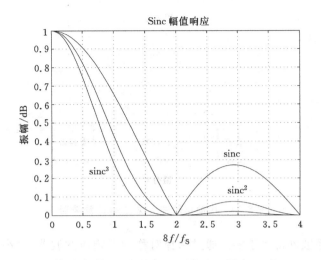

图 8.33　sinc、sinc^2 和 sinc^3 滤波器的频率响应

区域,得

$$v_{n,\text{out}}^2(2\pi f) = v_{n,\text{Q}}^2 \big[2\pi fT\big]^2 \tag{8.37}$$

该式表示,基带与混叠区间频率中的传输函数是相同的。因此,由于混叠造成的叠加将会把带内噪声放大 N 倍,将使得 SNR 恶化 $10\log_2 N$。

对用在第 L 阶 $\Sigma\Delta$ 调制器之后的 sinc^L 滤波器进行同样的研究可以得出相同的结果。所以,必须通过使用级联的额外滤波器加强滤波,或者更好的方法是把 sinc 滤波器的阶数增加 1。

sinc^{L+1} 滤波器是横向结构,需要的电路是延时器、系数乘法器和累加器。如果阶数和内插因子是有限的,那么所用的系数是有限值的整数。例如,对于 $L=3$ 和 $N=4$,滤波器为

$$H_{\text{S}}(z) = (1 + z^{-1} + z^{-2} + z^{-3})^3 \tag{8.38}$$
$$= 1 + 3z^{-1} + 6z^{-2} + 10z^{-3} + 12z^{-4} + 12z^{-5} + 10z^{-6} + 6z^{-7} + 3z^{-8} + z^{-9}$$

可以将系数保存在存储器中,或者在滤波过程中一步一步产生。

对于大的 N 值,横向滤波器系数的个数和抽头的个数大得不切实际。在那 **395** 些情况下,一种可能的实现方法如图 8.34 所示,对于 $L=2$,由三个数字积分器后面跟着 N 抽取器和三个微分器级联构成。该实现方案避免了乘法器的需要以及系数的保存或者生成。而且,运行在高采样率下的硬件数量最少,使得功耗保持最小。

滤波器链的以后各级在抽取后的频率下工作,因为更低的过采样率,所以必须满足更复杂的要求。正如所描述的那样,好的解决方案是使用半带滤波器,其

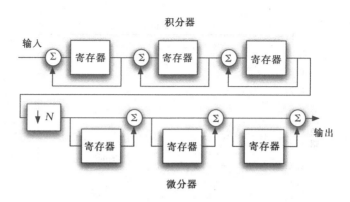

图 8.34　由简单硬件实现的 sinc^3 滤波器

系数除了奇系数外都等于零。通过选择对称冲击响应滤波器,最小化系数的个数,与一般直接形式的滤波器结构相比,计算复杂度减少了近 50%。

8.7.2　内插

　　数字内插可增大在 $\Sigma\Delta$ DAC 之前的数据的过采样率,可抑制频率为输入数据率的倍数处的镜像频率复制。从内插器的性能参数可以预测其对高阶镜像的适度抑制,因为用于消除整形量化噪声中高频分量的重建滤波器能对这些高阶镜像进行衰减。与此相反,第一个镜像必须要仔细地抑制,因为它们一般位于模拟重建滤波器的通带中。所以,如果信号带宽和奈奎斯特区间的边界很接近,通带与阻带之间的过渡必须很陡。

　　内插因子通常很大,因为 $\Sigma\Delta$ DAC 旨在显著减少数字位数(极限是减少到 1位)。例如,如果数字输入 16～18 位对应 SNR 为 98～110 dB,必须要使用 3 阶1 位调制器,过采样率为 64 才能保证 16 位分辨率,过采样率为 128 才能保证 18位分辨率。因为使用更高阶的调制会导致量化噪声在高频处过度放大,所以更低的过采样率需要多位结构。

　　内插器可以用单级或者多级级联实现。后者是首选的方法,因为单级解决方案需要工作在过采样频率下,导致过大的功耗。只有在放宽了通带和阻带之间的过渡区要求时,采用单级内插器才是可接受的。例如,125 抽头的 FIR 滤波器可以得到过渡区为 $0.45\sim0.55f_s$,阻带衰减超过 100 dB,通带(pass banda)纹波约 0.0001 dB 的性能。可能的响应波形如图 8.35 所示。

　　反过来,级联方法可以在不同级采用逐渐增大的时钟频率,从而节约了功耗。第一级的内插因子一般比较低:2 或者 4。图 8.36 级联方案第一级是内插为 2 的内插器作为 FIR 滤波器,其抽头个数较少(抽头个数为 100～140,而单级

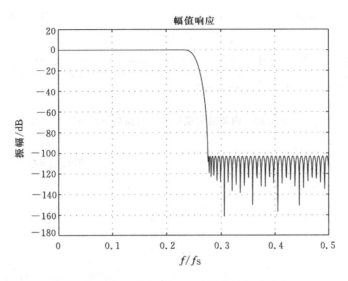

图 8.35　125 抽头的 FIR 滤波器的频率响应

方案则需要 380 个抽头），可以在很平的通带区域中得到增益变化很小的频率响应，以及在通带边缘得到非常陡峭的截止频率，后者对第一个镜像信号能进行很好地抑制。常常甚至第二级的内插因子都为 2，因为基带和第三个镜像信号频率的距离是 f_s，并不需要很陡的截止频率。所以，第二个 FIR 滤

提醒

　　由级联结构构成的内插器可节省硅片面积和功耗。在第一级采用内插因子 2 是最好的选择。

波器的系数的个数变少了，如图 8.36 所示，可以从 100～140 减少到 25～50 个。第三个 FIR 滤波器使用的内插因子还是 2 进一步减少了抽头的数量（4～16 个）。在这之后，因为得到的内插值 8 已经相当大了，剩下的采样率增大可以由一个简单的采样保持器实现，因为其在信号带内给出的衰减是可接受的。

　　图 8.37 显示了图 8.36 所描述的内插器的四个部分可能的频率响应，所显示的频率范围从 0 到 $8f_s$。第一个 FIR 滤波器的奈奎斯特频率为 f_s，而其频率响应在 $2f_s$、$4f_s$、$6f_s$…处被复制。而在 $2f_s$、$6f_s$…和更高频率带处所复制的频谱被第二个 FIR 滤波器抑制，其截止频率边界不是非常陡。第三个 FIR 滤波器消除了在 $4f_s$、$12f_s$…处的复制频谱，而 sinc 函数处理 $8f_s$ 的倍数处的频谱。第二个和第三个奈奎斯特区间的衰减等于 100dB，保证了对这些镜频信号的抑制。对于 4 到 8 的镜像信号，70dB 的衰减或许是可以接受的。

图 8.36 内插的实现中多个内插部分的级联

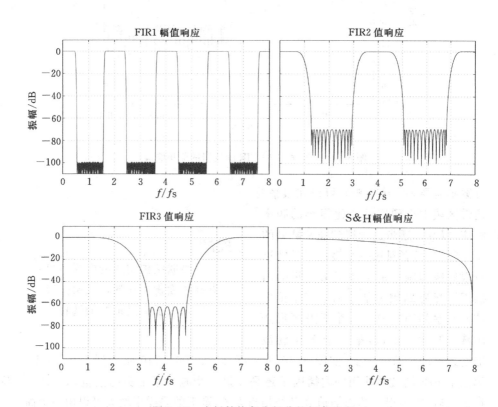

图 8.37 内插结构各个部分的频率响应

398

习题

8.1 一个 $25\mu A$(标称值)单位电流源由过驱动电压(300 ± 10)mV 的源极负反馈 n 沟道晶体管和源和地之间 $5k\Omega$ 的电阻构成,电阻值的绝对精度是 $\pm15\%$。设计一个合适的电阻网络接到负反馈端,使得通过熔丝可以修正 (trimming)到 10 位精度。

8.2　4 路时间交织的 10 位 ADC 采用离线校准方法对增益和失调进行数字校准。预期的失调和增益误差为 $\sigma_{Os}=12mV$, $\sigma_G=0.002$。请确定所保存的校准系数的位数。电路必须保证成品率为 99%。

8.3　一个数字校正的 12 位 ADC 的 SFDR 必须是 100dB。预期的 INL 为 ±4LSB。请确定加到数字结果中的校正信号的分辨率和保存校正数据的 RAM 的最小容量。

8.4　重做例题 8.1,请确定要达到 90dB SFDR 时分割电流的最大误差是多少?仿真时对 FFT 序列可使用适当的点数。

8.5　在一个使用了 32 个标称相等的单位电容的 6 位 MDAC 中采用蝶形随机产生器。对于 0.005 的随机误差,请估算 SFDR。

8.6　重复例题 8.2,但改为使用 4 位量化器。单位元件间的随机失配为 0.3%。使用时钟化带有 5 位控制的平均随机数发生器。

8.7　一个 2－1 MASH $\Sigma\Delta$ 调制器采用 3 位 DAC(7 个元件)。单位元件间的 0.0015 的失配采用了 ILA 旋转方法进行平均。请确定 SNR 随过采样率变化的函数。假设运放的响应是理想的。

8.8　重复前一个习题,但改用数据加权平均(DWA)方法。使用 7 个元件和 15 个元件的 DAC。和前一个习题的结果进行比较。

8.9　请确定在一个过采样率 $OSR=32$ 的转换器中使用的 $sinc^3$ 和 $sinc^4$ 滤波器的带内(in-band)衰减。

399

参考文献

书和专著

J. McClellan, T. Parks, and L. Rabiner: *FIR linear phase filter design program, Programs for Digital Signal Processing*, IEEE Press, Piscataway, NJ, ch. 5.1, 1979.

R. Crochiere and L. Rabiner: *Multirate Digital Signal Processing*, Prentice-Hall, Englewood Cliffs, NJ, 1983.

A. P. Chandrakasan and R. W. Brodersen: *Low Power Digital CMOS Design*, Kluwer, Norwell, MA, 1995.

期刊和会议论文

误差测量和自校准

P. Li, M. J. Chin, P. R. Gray, and R. Castello: *A ratio-independent algorithmic analog-to-digital conversion technique*, IEEE Journal of Solid-State Circuits, vol. 19, pp. 828–836, 1984.

C. Shih and P. R. Gray: *Reference refreshing cyclic analog-to-digital and digital-to-analog converters*, IEEE Journal of Solid-State Circuits, vol. 21, pp. 544–554, 1986.

H. Ohara, H. X. Ngo, M. J. Armstrong, C. F. Rahim, and P. R. Gray: *A CMOS programmable self-calibrating 13-bit eight-channel data acquisition peripheral*, IEEE Journal of Solid-State Circuits, vol. 22, pp. 930–938, 1987.

B. Song, M. F. Tompsett, and K. R. Lakshmikumar: *A 12-bit 1-Msample/s capacitor error-averaging pipelined A/D converter*, IEEE Journal of Solid-State Circuits, vol. 23, pp. 1324–1333, 1988.

M. Mitsuishi, H. Yoshida, M. Sugawara, Y. Kunisaki, S. Nakamura, S. Nakaigawa, and H. Suzuki: *A sub-binary-weighted current calibration technique for a 2.5V 100MS/s 8bit ADC*, Proceedings of the 24th European Solid-State Circuits Conference, pp. 420–423, 1998.

H. Lee: *A 12-b 600 ks/s digitally self-calibrated pipelined algorithmic ADC*, IEEE Journal of Solid-State Circuits, vol. 29, pp. 509–515, 1994.

J. M. Ingino and B. A. Wooley: *A continuously calibrated 12-b, 10-MS/s, 3.3-V A/D converter*, IEEE Journal of Solid-State Circuits, vol. 33, pp. 1920–1931, 1998.

I. Mehr and L. Singer: *A 55-mW, 10-bit, 40-Msample/s Nyquist-rate CMOS ADC*, IEEE Journal of Solid-State Circuits, vol. 35, pp. 318–325, 2000.

E. B. Blecker, T. M. McDonald, O. E. Erdogan, P. J. Hurst, and S. H. Lewis: *Digital background calibration of an algorithmic analog-to-digital converter using a simplified queue*, IEEE Journal of Solid-State Circuits, vol. 38, pp. 1059–1062, 2003.

C. R. Grace, P. J. Hurst, and S. H. Lewis: *A 12-bit 80-Msample/s pipelined ADC with bootstrapped digital calibration*, IEEE Journal of Solid-State Circuits, vol. 40, pp. 1038–1046, 2005.

Y. Chiu, B. Nikolic, and P. R. Gray: *Scaling of analog-to-digital converters into ultra-deep-submicron CMOS*, 2005 IEEE Custom Integrated Circuits Conf., pp. 375–382, 2005.

前台和后台校准方法

D. Fu, K. C. Dyer, S. H. Lewis, and P. J. Hurst: *A digital background calibration technique for time-interleaved analog-to-digital converters*, IEEE Journal of Solid-State Circuits, vol. 33, pp. 1904–1911 1998.

K. C. Dyer, D. Fu, S. H. Lewis, and P. J. Hurst: *An analog background calibration technique for time-interleaved analog-to-digital converters*, IEEE Journal of Solid-State Circuits, vol. 33, pp. 1912–1919, 1998.

U. Gatti, G. Gazzoli and F. Maloberti: *Improving the Linearity in High-Speed Analog-to Digital Converters*, Proceedings IEEE Int. Simp. on CAS, vol. 1, pp. 17–20, 1998.

O. E. Erdogan, P. J. Hurst, and S. H. Lewis: *A 12-b digital-background-calibrated algorithmic ADC with -90-dB THD*, IEEE Journal of Solid-State Circuits, vol. 34, pp. 1812–1820, 1999.

V. Ferragina, A. Fornasari, U. Gatti, P. Malcovati and F. Maloberti: *Gain and Offset Mismatch Calibration in Time-Interleaved Multipath A/D Sigma-Delta Modulators*, IEEE Trans. on Circuits and Systems I, vol. 51, pp. 2365–2373, 2004.

400

动态匹配

R. J. van de Plassche: *Dynamic element matching for high accuracy monolithic D/A converters*, IEEE J. Solid-State Circuits, vol. SC-11, pp. 795–800, 1976.

L. R. Carley: *A noise-shaping coder topology for 15+ bit converters*, IEEE Journal of Solid-State Circuits, vol. 24, pp. 267–273, 1989.

A. Maloberti: *Convertitore digitale analogico sigma-delta multilivello con matching dinamico degli elementi*, Tesi di Laurea, Universita degli Studi di Pavia, 1990–1991.

B. H. Leung and Sehat Sutarja: *Multibit Sigma-Delta A/D converter incorporating a novel class of dynamic element matching techniques*, IEEE Trans. Circuit Syst. II, vol. CAS-39, pp. 35–51, 1992.

F. Chen and B. H. Leung: *A high resolution multibit sigma-delta modulator with individual level averaging*, IEEE Journal of Solid-State Circuits, vol. 30, pp. 453–460, 1995

R. T. Baird and T. S. Fiez: *Linearity enhancement of multibit A/D and D/A converters using data weighted averaging*, IEEE Trans. Circuits Syst. II, vol. 42, pp. 753–762, 1995.

E. Fogleman, I. Galton, W. Huff, and H. Jensen: *A 3.3-V single-poly CMOS audio ADC delta-sigma modulator with 98-dB peak SINAD and 105-dB peak SFDR*, IEEE Journal of Solid-State Circuits, vol. 35, pp. 297–307, 2000.

E. Fogleman, J. Welz, and I. Galton: *An audio ADC Delta-Sigma modulator with 100-dB peak SINAD and 102-dB DR using a second-order mismatch-shaping DAC*, IEEE Journal of Solid-State Circuits, vol. 36, pp. 339–348, 2001.

K. Vleugels, S. Rabii, and B. A. Wooley: *A 2.5-V Sigma-Delta modulator for broadband communications applications*, IEEE J. of Solid-State Circuits, vol. 36, pp. 1887–1899, 2001.

抽取和内插

E. Hogenauer: *An economical class of digital filters for decimation and interpolation*, IEEE Trans. Acoustics, Speech, and Signal Processing, vol. 29, pp. 155–162, 1981.

J. C. Candy: *Decimation for Sigma Delta Modulation, IEEE Trans. Communications*, vol. COM-34, pp. 72–76, 1986.

T. Ritoniemi, E. Pajarre, S. Ingalsuo, T. Husu, V. Eerola, and T. Saramaki: *A stereo audio sigma-delta A/D-converter*, IEEE Journal of Solid-State Circuits, vol. 29, pp. 1514–1523, 1994.

B. P. Brandt and B. A. Wooley: *A Low-Power, Area-Efficient Digital Filter for Decimation and Interpolation*, IEEE Journal of Solid State Circuits, vol. 29, pp. 679–687, 1994.

J. T. Ludwig, S. H. Nawab, and A. P. Chandrakasan: *Low-power digital filtering using aproximate processing*, IEEE Journal of Solid-State Circuits, vol. 31, pp. 395–400, 1996.

C. J. Pan: *A stereo audio chip using approximate processing for decimation and interpolation filters*, IEEE Journal of Solid-State Circuits, vol. 35, pp. 45–55, 2000.

R. Amirtharajah and A. P. Chandrakasan: *A micropower programmable DSP using approximate signal processing based on distributed arithmetic*, IEEE Journal of Solid-State Circuits, vol. 39, pp. 337–347, 2004.

第9章

D/A 和 A/D 转换器测试

本章主要研究测试和描述数据转换器特性的方法。我们首先介绍 DNL(Differential Non-Linearity,微分非线性)和 INL(Integral Non-Linearity,积分非线性)的静态测试方法。然后介绍 DAC 动态特性的测试,即稳定时间、毛刺和失真,ADC(Analog-to-Digital Converter,模数转换器)的静态测试也将被考虑。随后,我们将研究对不同类型输入的直方图测试方法,并讨论失真和互调的测试。最后讨论采用正弦波和 FFT 提取器件部分性能参数的方法。

9.1 概述

在数据转换器设计和制造后,交送客户之前,要经过一系列的测量来验证它是否符合预期性能。在产品寿命期最开始阶段,这些测试帮助电路调试错误,从而提高未来产品的成品率。这个阶段,称为器件的特性测试,一般由工程师手工通过台式测试设备完成,如:电源、信号发生器、示波器等。完全的特性描述非常重要,因为它有助于在产品早期找出问题,也许还有助于专注设计者根据测量结果对工艺和器件性能的变化(silicon changes)进行调整。此外,特性描述还可以检验器件安全工作的范围。

在设计经过确认之后,要进行常规的产品测试。在现代 IC 产业中,它是在 ATE(Automatic Test Equipment,自动测试设备)平台上进行的。ATE 提供广泛的测试资源,能处理从简单,如连通性检测,到相当复杂,如静态和动态线性度的 SNR 的测试。ATE 可以非常高效地测试大量的 IC,在几秒钟内完成对管脚数超过一百个的器件实施数百次测试,因为测试是由计算机控制的,并且测试设备被设计成在对单元进行测试时人员的干预被减小到最小程度。

一个完整的 ATE 系统包括硬件和软件(测试操作系统)。硬件通常由测试头(tester head),主机和用来访问测试资源的工作站组成。探针设备通过客户设

图 9.1　典型 ATE 平台

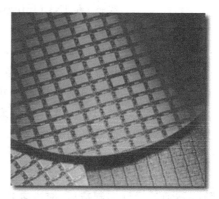

图 9.2　圆片级测试探针(左)和筛选出的芯片(右)

403　计的探针卡接到圆片的管芯(wafer dies)上,探针卡上的探针头可以接触到管芯的焊盘。测试者可以控制探针头的移动,而且还可以通过 PIB(Probe Interface Board,探针接口板)使探针在模拟和数字的信号之间互换。晶圆级测试筛选出坏的管芯(图 9.2),并将它们报废、不封装。当好的管芯封装后,开始最终测试,用来检验经过封装过程的应力后芯片的功能的正确性。ATE 的优点是测试过程的可重复性和大批量的低成本。其主要缺点是前期投资大:包括测试程序编写和设备。

　　以上描述的过程对任何混合信号 IC 都是一样的。数据转换器专门的测试是由专用软件和测量资源完成的。

9.2　测试板

　　封装好的器件的特性描述和测试,均需要使用测试板,如图 9.3 所示,装有

IC 的测试板将为电路提供电源和信号,并将转换结果传送到处理单元。该接口板的设计非常关键,因为它必须能够保持测试出的参数的质量。更具体地说,用来测试高分辨率、高速电路的 PCB,在测试下列参数和几百 MS/s 的转换率下的动态特性时需要特别细心地设计,这些参数是:THD(Total Harmonic Distortion,总谐波失真);SFDR(Spurious Free Dynamic Range,无杂散动态范围)和 IMD(Intermodulation Distortion 互调失真)等等。

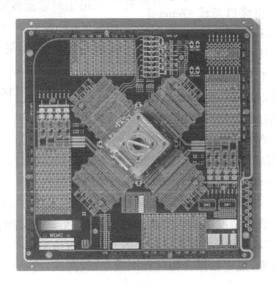

图 9.3　典型的 ATE 接口 PCB

　　测试板的设计应该遵循与第 2 章给出的相类似的设计建议,以便判断出数 404据转换器的质量。地线上的电压降必须最小化。数字电路产生的瞬态开关电流会流过电源线并通过地线返回,必须和模拟通路很好地分隔开。当大的器件电流引起电源线上的电压降时,测试板必须能够通过开尔文连接测量出电源电压误差。而且,如果有必要,可以采用可调节的电源。

　　测试速度在 1 GS/s 左右或者超过 1GS/s 的 DAC 时,测试板要使用好的电源去耦电路,而且它的数字连线要和模拟连线很好地隔离开以避免信号干扰。

　　因为很多 DAC 提供的是差分模拟输出,为的是最小化共模扰动引起的误差,所以必须在测试板上加一个差分到单端的转换,以适合于各种测试用途。对于高速测试,实现这一转换通常采用变压器,而不是放大器。解决方案一般是简化测试板设计,因为变压器将差分转换成单端输出的线性度,很难在放大器输出级得到。常常因为变压器有自己的最佳工作范围,所以有必要用多个变压器完成整个 DAC 频率范围内的测试。

在测试板投入使用之前必须查验：时钟与模拟部分已经隔离。这可以通过关掉 DAC 中模拟部分的电源和测量由带电的数字部分可能引起的各种杂波来完成。

对仪器的控制，像电压、电流发生器，信号图形（pattern）发生器，频谱分析仪，可以将仪器连接到 IEEE488 总线（也叫 GPIB（通用接口总线 General Purpose Interface Bus）或 HPIB 总线）并通过软件实现对这些仪器的控制。另外的可能是，对于那些预算较低或规模中等的测试，可以用 PC 机的串口和并口进行连接。例如，标准并行接口提供 12 个逻辑输出和 5 个输入，可以直

> **警告**
>
> 用于对数据转换器进行验证和测试（后者更重要）的测试板，必须要仔细设计，避免测试板（而不是转换器）引起的虚假误差。而且，要保证所用仪器的精度并被校准。

接连到 TTL/CMOS 电路。并行接口通常驱动两线 I2C 接口，用来传输或者接收输入输出 DUT（device under test，被测器件）的数据。

因为动态特性的测试有必要用到信号源产生器（source generator）或者频谱分析仪，它们的最优精度在不同的频率范围，因此测试板必须预先安排多个输入和输出，以及可以在他们之间进行切换的开关。切换动作可以用软件控制，此外，调整测试的设置，规定数据采集过程中或之后（离线）的信号处理过程等也可由软件完成。

ADC 和 DAC 的测试涉及到数字输入和输出的处理，根据转换速率，确定采用低压差分信号（Low Voltage Differential Signaling，LVDS）或者单端 CMOS 数字驱动电路。通常，350MS/s 是 CMOS 到 LVDS 的切换点。

高速数据转换器测试板的设计需要特殊技巧，一般需要遵循以下经验建议：

- 所有的旁路电容必须非常接近器件，最好在转换器的同一边，用表面贴装元件，可以实现最小路径长度、低电感和低寄生电容。
- 模拟和数字部分的电源，基准电压和共模输入必须使用高频有效的陶瓷电容与低频有效的大电解电容并联旁路到地。
- 用含有分离的地层和电源层的多层板保证最好的信号完整性。
- 电路板上安排分开的地层，以便与转换器封装的模拟和数字地的引脚物理位置匹配，使这两个地层的阻抗尽可能小。
- 当分开的地需要在一点（一般在模拟地和数字地的间隙）接在一起时，通过一个 1 到 5Ω 的低值表面贴装电阻、一个磁珠或直接将他们短接在一起。这样可以保证嘈杂的数字地电流不会干扰模拟地线层。

- 将高速数字信号的布线远离敏感的模拟线路。
- 保持所有信号线较短,避免 90°转角,用 45°或者圆形弧线代替。
- 总是把时钟输入当做模拟信号,但是它的布线要远离实际模拟信号和其他的数字信号线。

9.3　质量和可靠性测试

集成电路的质量和可靠性是很重要的特征,显然,数据转换器的质量和可靠性必须得到保证。要求的质量由可接受的质量水平(Acceptable Quality Level, AQL)确定,AQL 指的是已发货器件中无缺陷的最少数量。加工的成品率必须大于规定的 AQL,否则,每个批次的产品都必须进行测试,以便找出有缺陷单元,并在封装前或者封装后予以去除。

任何产品的质量是都通过在所有步骤中一致性的操作来保证的,这些步骤包括从产品的规划到研制、设计、试生产、批量生产和装运。一般来说,质量一和可靠性是通过保证最适宜的工作环境和应用可靠的技术取得的。对于产品设计,必须在大批量生产之前,通过仔细的设计检查,严格制定产品性能的目标。在大批量生产过程中,产品的质量和可靠性是通过控制所有的生产步骤保证的,从原材料开始,包括生产设备和生产环境的控制。

因为高的质量意味着可靠的电路,进行压力测试和加速老化测试可以确定产品在极端现场条件下如何工作,并且性能会保持多长时间不变。

最常用的压力测试有高温工作寿命测试(HTOL, High Temperature Operating Life),高压锅测试(PCT, Pressure Cooker Test),静电释放(Electro-Static Discharge, ESD)和闩锁

> **注意**
>
> 质量和可靠性不只是生产过程要保证的,还有设计过程。对参数变化、电压变化和失配均不敏感,并且能避免热载流子损害的电路方案才能保证产品质量。

(Latch-up)。电路的压力测试就是在压力试验前后测量电路参数可能的偏移。

HTOL 测试用于确定产品工作很多年后的性能。因为电路工作在高温环境下工作会加速老化效应,所以器件在烤箱(一般 125℃)中工作几千个小时,可以模拟器件在现场数十年的工作,以证明产品的长期可靠性。

高压锅测试是在极端压力、湿度和温度的条件下测试封装和管芯的防护能力。这种压力测试可以证实管芯没有被污染,无接触腐蚀和其他因任何封装缺陷引起的异常。

众所周知,静电释放可以永久损坏没有正确保护和处理的 IC。一个 CMOS

集成电路芯片的内部栅电极是通过薄氧化层与衬底绝缘的。这些电极连接到输入引脚,为了防止氧化层被击穿,需要使用输入保护电路。ESD 测试可以证实这些输入保护电路针对以下三种可能的机制引起的大电压进行保护的有效性:人体接触,机器电压过高,和制造过程中器件的静电充电。

闩锁是影响可靠性的另一个集成电路问题。它引起器件流过过大的电流,导致其性能永久性改变。闩锁效应测试是给器件的引脚施加电流来发现该问题。如果器件的设计不正确,该测试将触发闩锁,发生内部电气短路。

407 9.4 数据处理

对测量数据适当的数据处理可以估算出数据转换器的关键性能参数。对输入斜坡或者正弦波得到的输出结果,应用线性拟合、多项式拟合或者正弦波拟合,即可得到增益、失调和谐波系数。

进一步处理可以给出输出直方图(针对斜坡或者正弦波输入),从中可以得到 DNL,由此再得到 INL。

9.4.1 最佳拟合曲线(Best-fit-line)

ADC 输入输出特性的最佳拟合曲线使用了一系列由覆盖整个动态范围的线性输入信号产生的 n 个数字字 $Y_i, i=1, \cdots, n$。对于 DAC,所用的数据是通过线性数字输入转成模拟输出后再由 ADC 转换得到,与 ADC 的情况一样,覆盖整个动态范围。拟合曲线为:

$$\hat{Y}(i) = G \cdot i + Y_{os} \tag{9.1}$$

其中 G 是增益,Y_{os} 是数据转换器的失调。

最小二乘法最小化了剩余电压的平方和,所以第 i 个数据点是实测值 Y_i 和拟合值 $\hat{Y}_i$ 之间的差

$$r_i = Y_i - \hat{Y}_i \tag{9.2}$$

剩余电压的平方和是

$$S = \sum_1^n r_i^2 = \sum_1^n (Y_i - \hat{Y}_i)^2 = \sum_1^n [Y_i - (Gi + Y_{os})]^2 \tag{9.3}$$

在系数空间最小化 S 要求 S 的偏微分等于零

$$\frac{\partial S}{\partial G} = -2 \sum_1^n i \cdot [Y_i - (G \cdot i + Y_{os})] = 0 \tag{9.4}$$

$$\frac{\partial S}{\partial Y_{os}} = -2 \sum_1^n [Y_i - (G \cdot i + Y_{os})] = 0 \tag{9.5}$$

那么,使用以下值

$$S_1 = 2\sum_1^n i; \quad S_2 = 2\sum_1^n Y_i; \quad S_3 = 2\sum_1^n i^2; \quad S_4 = 2\sum_1^n iY_i \quad (9.6)*$$

作为中间变量,得

$$G = \frac{nS_4 - S_1S_2}{nS_3 - S_1^2}; \quad Y_{OS} = \frac{S_2}{n} - G\frac{S_1}{n} \quad (9.7)$$

这是拟合出的最佳直线响应的增益和失调。

408

该方法可以扩展到用更高阶多项式来确定谐波失真参数的拟合系数。分析研究是基于专业书籍中描述的相似的计算方法,或者是嵌入到计算或系统仿真程序包中的计算方法。

最小二乘法拟合假设所用数据的精度是相等的。然而,当一些数据表示临界区域的输入的时候或者输入偶尔被杂波损坏的地方,可能会发生一些样本点精度降低的情况。因为所用数据集中的小部分劣质数据会影响拟合,所以必须找出并将这些劣质数据从序列中去掉。另一种可能是,在数据用于拟合过程之前给式(9.3)的每个剩余电压项增加一个权重。加权后的最小二乘平方拟合使表达式值最小

$$S' = \sum_1^n w_i(Y_i - \hat{Y}_i)^2 \quad (9.8)$$

很明显,数据加权需要知道转换精度随着整个范围内的不同区域的变化而变化。

9.4.2 正弦波拟合

一些 ADC 测试方法使用精确的模拟正弦信号发生器,以便在输出端产生数字正弦波。一般地,由于 ADC 可能的限制导致输出结果不是精确的正弦波,因此必须从大量测试数据集中提取出最佳的正弦波近似。所用的处理方法是用三个参数的最小二乘法拟合(如果频率已知)或者在频率也需要在其中被确定时用四个参数的最小二乘法拟合。当采集的数据并不是精确的整数个周期时,使用三参数拟合法;否则,对整数个周期的情况,可直接采用 DFT 变换。

正弦波拟合法通过确定合适的 A_0, B_0, Y_{OS}(和 ω_o)的值,以使误差的平方和最小,

$$\sum_{i=1}^M \left[y_i - A_0\cos(\omega_0 iT) - B_0\sin(\omega_0 iT) - Y_{OS} \right]^2 \quad (9.9)$$

其中 $y_1, y_2, \cdots, y_M$ 是 M 个在连续采样时间的输入采样序列。

如果已知频率,我们定义矩阵

$$D_0 = \begin{bmatrix} \cos(\omega_0 T) & \sin(\omega_0 iT) & 1 \\ \cos(2\omega_0 T) & \sin(2\omega_0 iT) & 1 \\ \cdots & \cdots & \cdots \\ \cos(M\omega_0 T) & \sin(M\omega_0 iT) & 1 \end{bmatrix}$$

$$y = \begin{bmatrix} y_1 \\ y_2 \\ \cdots \\ y_M \end{bmatrix} \quad x_0 = \begin{bmatrix} A_0 \\ B_0 \\ Y_{\mathrm{OS}} \end{bmatrix}$$

产生式(9.9)的矩阵表达

$$(y - D_0 x_0)^{\mathrm{T}} (y - D_0 x_0) \tag{9.10}$$

其中 T 代表矩阵转置。

因为上述等式的最小值决定最终结果,所以可以将测试方法分为以下几步: 在 A/D 转换器的输入端加指定参数的正弦波,记录输出数据,通过将式(9.10) 所表示差的平方的和最小化,估算相位、振幅、直流值和(如果需要)频率,将采样 序列拟合成正弦曲线。

如果输入频率未知,拟合方法在计算中先采用一个估算的频率值,并且重复 测算几次后得到 ω_0 值。

9.4.3 直方图法

直方图法是对一系列输出采样值进行的统计研究,ADC 的输入幅值分布 (或者概率密度函数) $p_{\mathrm{in}}(x)$ 是已知的。对理想 ADC 来说,某个输出编码 V_i 的 样本发生概率 P_i 是范围在 V_i 内概率密度函数的积分。因此,对具有 N 个相等 量化间隔和动态范围是 V_{FS} 的理想 ADC,得出

$$P_i = \int_{(i-1)\Delta}^{i\Delta} p_{\mathrm{in}}(x)\mathrm{d}x; \quad i = 1\cdots N; \quad \Delta = V_{\mathrm{FS}}/(N-1) \tag{9.11}$$

如果转换器不是理想的,那么定义输出编码 V_i 的样本发生概率的积分必须 扩展到实际输出码变化的限制范围。

$$P_{i,r} = \int_{V_{L,i}}^{V_{U,i}} p_{\mathrm{in}}(x)\mathrm{d}x; \tag{9.12}$$

其中,输出码的上、下限是

$$V_{L,i} = \sum_{j=1}^{i-1} \Delta_j; \quad V_{U,i} = V_{L,i} + \Delta_i \tag{9.13}$$

假设总的样本点数 M 很大,那么 P_i 和 $P_{i,r}$ 分别近似为在理想或者实际情 况下产生编码 V_i 的采样数 M_i 和 $M_{i,r}$ 除以 M,

$$P_i = \frac{M_i}{M}; \quad P_{i,r} = \frac{M_{i,r}}{M} \tag{9.14}$$

量化间隔的个数和(或者)概率密度函数通常都是典型地被选取,使得可以假设 $p_{in}(x)$ 在第 i 个量化间隔内是常数,令其等于 $p_{in}(V_{L,i})$。因此,由式(9.12),得

$$P_i = p_{in}(V_{L,i})\Delta; \quad P_{i,r} = p_{in}(V_{L,i})\Delta_i \tag{9.15}$$

联立式(9.14),得

$$\Delta_i = \frac{M_i}{M \cdot p_{in}(V_{L,i})} \tag{9.16}$$

而且,如果输入信号在整个动态范围内具有的概率是常数(像扩展到整个模拟信号范围的线性斜坡信号或者锯齿波信号),那么 $p_{in}(x) = 1/V_{FS}$,其中 $p_{in}(x)$ 在 0 到 V_{FS} 范围内的积分是 1。因此

$$\frac{\Delta}{V_{FS}} = \frac{M_i}{M} = \frac{1}{N}; \quad \frac{\Delta_i}{V_{FS}} = \frac{M_{i,r}}{M} \tag{9.17}$$

决定了第 i 个码仓(channel)的 DNL 为

$$DNL(i) = \frac{\Delta_i - \Delta}{\Delta} = \frac{M_{i,r} - M_i}{M_i} \tag{9.18}$$

也可表达为

$$DNL(i) = \frac{N \cdot M_{i,r}}{M} - 1 \tag{9.19}$$

因为 DNL 的累加可以得到 INL,所以直方图法能以一定的精度确定 DNL 和 INL,且该精度与存储在每个输入码仓的样本点数成正比。举例来说,如果在理想情况下码仓中应该含有 10 个采样,但只计了 9 个采样,则 DNL 是 -0.1LSB,精确度为 10%。相比之下,如果理想情况下应该有 1000 个采样,但实际计了 898 个采样,则表示,差不多 DNL $= -0.102$LSB,而测量精度为 0.1%。注意,精度的提高是以第二个直方图的采样增大到 $1000 \times N$ 个而不是原来的 $10 \times N$ 个采样为代价的。

另外,DNL 的精确度还取决于测量不确定性,后者是由于噪声和影响测试信号的非线性所产生的。例如,如果测试信号是完美的慢斜坡信号 $V_{in}(t) = tf_s V_{FS}/M$,它在通过理想间隔 $\Delta = V_{FS}/N$ 时的时间是 M/N 个时钟周期($T = 1/f_s$),则每个码仓中的样本数应该是 floor(M/N)或者 ceil(M/N)(M/N 的向下取整或者向上取整)。然而,并总是这样,因为噪声和失真将改变靠近码仓边界的信号采样数。噪声使码仓两边的采样变模糊,导致 DNL 不精确,其不精确度取决于噪声方差 $\sigma_{n,in}^2$ 和码仓中的样本点个数 $M_{i,r}$

$$\varepsilon_{DNL}^2 \simeq \frac{1}{M_{i,r}^2} + \frac{2\sigma_{n,in}^2}{M_{i,r}\Delta^2} \tag{9.20}$$

411

表明精确的 DNL 的测量要求采用低噪声测试信号或者采集大量的数据。

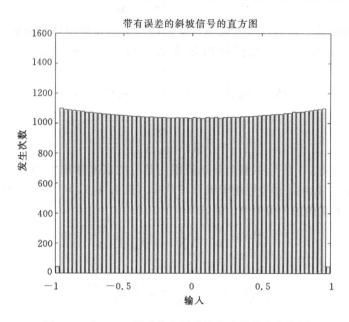

图 9.4 式(9.21)所示带有误差的输入斜坡的直方图

斜坡信号的非线性影响 INL 的测量,例如,可能会产生由增益误差和三阶非线性(外加少量噪声)引起的非线性斜坡信号

$$X(t) = 0.99kt - 0.02\,(kt)^3 + x_n(t); \quad -1/k < t < 1/k \quad (9.21)$$

这种情况得到的直方图如图 9.4 所示。可以看出,误差把第一个码仓和最后一个码仓中的样本点移出了,而谐波项引起直方图弯曲;因噪声使得码仓中的采样个数有轻微的起伏。注意到直方图弯曲对 DNL 没有多大影响,但是误差的累加会导致无法接受的 INL,因此对于高分辨率而言线性度要求是非常严格的。

412　　　在片上如果能够产生线性斜坡信号,就能够进行结构的适当重构以及对逐次自校准的结果进行保存,从而实现数据转换器的自测试。

代替慢斜坡信号或者三角波测试信号的另一种解决方案是,使用一个在整个测量范围内所有幅度概率都相等的随机信号。因为概率密度函数必须是常数且必须是已知的,因此模拟白噪声不是最好的选择。一个更方便的替代测试信号是:把伪随机数字序列转变为模拟信号,并通过低通滤波器后所产生的随机电压。

对于直方图法,准确知道概率密度函数是关键,因此另一个方便的测试信号是正弦波。使用高 Q 石英滤波器滤除谐波分量是很容易完成的;因此,即使是一个失真的正弦波,也可能得到对正弦形状控制得很完美的波形,然后对包含可能偏移量($V = A \cdot \sin(x) - V_{\text{os}}$)的正弦波概率密度函数的精确估计为

$$p(V) = \frac{1}{\pi \sqrt{A^2 - x^2}}; \quad x = V - V_{\text{os}} \qquad (9.22)$$

如图 9.5 所示,幅值为 1,偏移量是 0.01 的信号的直方图是不对称的,因为左边第一个码仓的一些样本被移到了下一个码仓,第二个码仓的被移到了第三个码仓,如此等等。

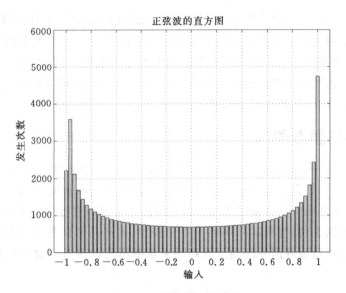

图 9.5　一个幅度为 1,偏移量为 0.01 的正弦波的直方图

概率密度函数从 $V_{\text{L},i}$ 到 $V_{\text{U},i}$ 的积分为

413

$$P(V_{\text{L},i}, V_{\text{U},i}) = \frac{1}{A\pi} \left\{ \arcsin\left[\frac{V_{\text{U},i} - V_{\text{os}}}{A}\right] - \arcsin\left[\frac{V_{\text{L},i} - V_{\text{os}}}{A}\right] \right\} \quad (9.23)$$

该式用于式(9.16),确定了转换特性的每个 $\triangle$ 的值。注意到,因为幅度和偏移量未知,在使用式(9.23)之前估计它们的值是有必要的。这些估计值一般通过对数字数据记录进行的三参数的正弦波最优拟合得到。

如果杂波信号的均值为零,那么在很大程度上噪声和干扰不会影响直方图测试。当然,杂波信号偶尔会将样本点从第 M 个码仓移到第 $M+1$ 个码仓,但是另一个杂波将不同的样本点移回第 M 个码仓的概率是相同的。因为这个过程的均值为零,误差仅取决于在杂波范围内每个码仓的概率密度函数的不同。所以,噪声的主要影响是增加了 DNL 和 INL 估算的不确定性(标准偏差)。

如果模拟输入信号的各个幅值范围是采用不同的仪器得到的,为了保证整个直方图在各个不同的区间及它们的部分重叠的区间内都得到最优的性能,则各仪器所得到的几个直方图必须通过等值的方法组合成一个直方图。例如,对于两个直方图的情况,假设它们的重叠区域是从 X_A 到 X_B,$\Delta X = X_B - X_A$,两个直方图的样本点总数为 M_1 和 M_2,ΔX 间隔内的样本数在两个直方图中的比值由下式得到

$$\alpha_1 = \frac{\sum_{X_A}^{X_B} O_1(i)}{M_1}; \quad \alpha_2 = \frac{\sum_{X_A}^{X_B} O_2(i)}{M_2} \tag{9.24}$$

其中 $O_1(i)$ 和 $O_2(i)$ 分别是两个直方图中处于 ΔX 间隔内第 i 个直方的样本数。

例如,这两个直方图可进行如下组合成一个直方图:第二个直方图中的每个直方的样本数乘以 α_1/α_2 作为等值的直方图;对于交叠区,可采用第一个直方图中的原数据、也可采用等值的第二个直方图的交叠区部分,或者对两个直方图中交叠部分的直方样本数进行加权平均。

9.5 DAC 静态测试

由图 9.6 的基本的测试装置可以得到大部分 DAC 静态性能参数,因为它可以将任意数字码集合加到输入,并可使用精确的数字电压表测量输出。测得的输出被送到计算机中作必要的处理。可以用同一装置来进行特性测试和产品测试,唯一的不同是,特性测试采用的是手动控制,而产品测试是由 ATE(自动测试设备)通过执行编好的一序列测试程序来控制所有的测量步骤并记录测试的结果数据。

414

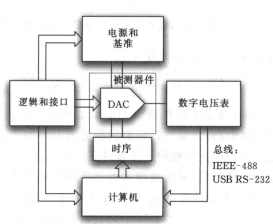

图 9.6 DAC 的静态测试基本结构图

9.5.1　转换曲线测试

众所周知,DAC 转换曲线是所有可能的输入码对应的模拟输出。为了测量该曲线,测试装置使用缓慢的数字斜坡信号,并通过多次重复测试以平均噪声和测量的不精确。

接下来,转换曲线是估算 DAC 的其他静态性能参数的基础,例如,通过末端码的曲线斜率能粗略估算增益;失调是指在本该产生零电压处的输入码产生的电压。但是,要精确估算,最好还是采用最佳拟合曲线方法来测量增益和失调。

因为两个连续码之间的差是量化台阶,因此其相对于理想台阶值的差就是 DNL。根据第 2 章的定义,DNL 的累加就是 INL。其他静态性能参数如模拟输入范围(analog input range)、单调性、迟滞特性等都容易得出。

9.5.2　误差叠加(Superposition of Errors)

测试高分辨率 DAC 需要很长的测试时间。例如,因为一个 16 位 DAC 的输出电平有 $2^{16} = 65536$ 个,测量每个电平即使采用自动化的方法也都是很费时间的。但是,如果知道 DAC 的系统结构并假设其是线性的,通过采用误差叠加技术有助于减少测试时间。

线性系统的特点是两个输入相加的响应是对分别施加单个输入的两个输出的叠加

$$Y(X) = Y(X_1) + Y(X_2); \quad X = X_1 + X_2 \tag{9.25}$$

所以,由两项输入叠加得到的输出电压引起的误差等于两个单独的误差相加

$$\varepsilon_{1+2} = \hat{Y}(X) - Y(X) = \varepsilon_1 + \varepsilon_2 \tag{9.26}$$

其中 $\hat{Y}$ 表示理想 DAC 的输出。

有许多 DAC 的输出是多个部分的和,例如,二进制权重相加的方案。因为每个部分的误差与其他部分无关,总的误差就是所用到的每个二进制部分的误差的和。于是,测试只需要确定各个部分的误差,各个部分组合在一起就可以得到输出,一个给定输入码的输出误差可以由软件计算得到。所以,叠加方法(也叫主载体测试,major carrier testing)大大加快了测试过程,因为二进制加权系统结构的 DAC 只需要 n 次测量而不是 2^n 次。

二进制加权的 DAC 转换曲线的关键点是在满刻度的 $1/2$、$1/4$、$3/4$ 处及相邻的中间点。二进制单元的误差给出了关键点处的 DNL 的中间测量。例如,

半满刻度的码在 MSB 为 1 其他位全为 0 与 MSB 为 0 其他位全为 1 之间切换，因此

$$DNL(2^{n-1}) = \varepsilon_n - \sum_1^{n-1} \varepsilon_i \qquad (9.27)$$

1/4 满刻度前用到的是前 $(n-2)$ 个单元，而在 3/4 满刻度前后用到了第 n 个单元，于是

$$DNL(2^{n-2}) = DNL(2^{n-1} - 2^{n-2}) = \varepsilon_{n-1} - \sum_1^{n-2} \varepsilon_i \qquad (9.28)^*$$

其他中间点等也是一样。

上式表明，与预期的一样，DNL 曲线是相对于中点对称的。

即使 DAC 的系统结构没有采用单元叠加，知道转换器的架构也会简化测试。例如，在电阻分压器结构的 DAC 中，我们一般不关注相邻抽头间的误差；取而代之的是，关注误差的积累导致的大的 INL。研究表明，一个线性单元串或者折叠串产生的是弓形或者 s 型的转换曲线。因此，不用测试所有可能的输出结果，只要测试预期达到最大 INL(1/4、1/2 或者 3/4 满刻度位置)的输出就够了。如果 DAC 结构是电阻分压器和二进制加权电容混合，其测试可以采用叠加方法结合关键点测量。

9.5.3 非线性误差

转换特性 $Y(i)$, $i=0\cdots(2^n-1)$ 还可以导出由 INL 和 DNL 指定的非线性误差。事实上，以 LSB 表示的 DNL 是 DAC 转换曲线的离散微分，如下式：

$$DNL(i) = \frac{Y(i+1) - Y(i) - \Delta}{\Delta}, i = 0\cdots(2^n - 2) \qquad (9.29)$$

其中 Δ 是理想量化台阶，或者更适合的是平均台阶大小，由最优拟合曲线的斜率得到。

INL 测量出了转换曲线与参考曲线的偏差，参考曲线可以是最优拟合曲线、端点连线(end-point line)或者理想 DAC 转换曲线。

$$INL(i) = \frac{Y(i) - Y_{ref}(i)}{\Delta} LSB \qquad (9.30)$$

用来估算谐波失真的最合适的参考曲线是最优拟合曲线：考虑到了增益误差和失调，INL 曲线的端点到零。

当不需要最优拟合曲线的计算时，可以用端点连线估算 INL。这种情况下，INL 曲线是 DNL 累加的结果

$$INL(k) = \sum_{i=1}^k DNL(i) \qquad (9.31)$$

9.6　DAC 动态测试

用于 DAC 动态测试的数字信号通常是单一的正弦波或者正弦波的组合。典型的装置如图 9.7 所示,使用一些仪器记录在模拟信号预处理模块(一般是滤波器)后的模拟信号的性能。该装置适合于测量许多相关的性能参数,如 SNR、SNDR、SFDR 和其他频谱特性参数。需要测试的量为

- 采样频率。
- 输入正弦波频率和幅值。
- 基波输出的幅值。
- 谐波(和各阶互调失真 IMD)的大小。
- FFT 的曲线。

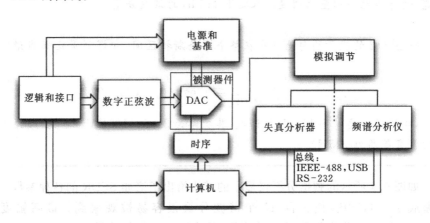

图 9.7　DAC 动态测试基本装置

9.6.1　频谱特性

频谱分析仪的输出由所用的分辨率带宽 Δ_{BW} 决定,因为频谱分析仪在测量区间进行频率扫描,确定扫描频率范围内输入频谱落在 $\pm \Delta_{BW}/2$ 区间的能量大小。如果被测信号由噪声和频率为 f_x、振幅为 A_x 的正弦波组成,那么频谱分析仪上在 f_x 处显示的振幅为

$$S_{out}(f_x) = v_\eta^2 \Delta_{BW} + \frac{A_x^2}{2} \qquad (9.32)$$

如果输出含有谐波失真项,那么频谱分析仪将显示频率 f_k 处有一个振幅为 A_k 的谐波

$$S_{\text{out}}(f_k) = v_n^2 \Delta_{\text{BW}} + \frac{A_k^2}{2};$$ (9.33)

因此,如果要让谐波在本底噪声之上,且清晰可见,那么就必须

$$\Delta_{\text{BW}} \ll \frac{A_k^2}{2 v_n^2}$$ (9.34)

该式决定了频谱分析仪的最大带宽,与 FFT 设定的条件类似。而该条件又决定了最短测量时间,因为对于低分辨率带宽扫描速度越来越慢。所以,测试费用,主要由使用 ATE 的每秒的费用决定,变得很显著。

---

418 **例 9.1**

用测试仪测量 12 位,$1V_{\text{FS}}$,采样率 20MS/s 的 DAC。请确定频谱分析仪的带宽,使得其能够测量满刻度输入之下 115dB 的谐波分量。

解

将 $\Delta^2/12$ 的能量均匀地分布在整个奈奎斯特区间,即得到量化噪声谱。所以

$$v_n^2 = \frac{1^2}{12 \times 2^{24} \times 10^7} = 4.97 \cdot 10^{-16} V^2 / \sqrt{\text{Hz}}$$

所以,要使满刻度以下 115dB 的谐波(其功率为 $3.95 \times 10^{-13} V^2$)可见,频谱分析仪的带宽最高为 795Hz。

如图 9.8 所示的频谱分析仪显示的谱线给出了诸如 SFDR 的各种参数。噪声基底在 $-117dB_{\text{FS}}$ 使得前 10 个谐波分量很容易被观察到。最高幅度在 $-80dB_{\text{FS}}$ 的一个谐波分量(即 3 次谐波)给出了 SFDR 的结果。

419   频谱分析仪的输出上可以得出的另一个性能参数是 THD,它是信号功率与基波信号的各谐波分量的总功率的比值。需要考虑的谐波的个数由制造商选择决定,一般遵循 IEEE 1241 - 2000 标准的建议:使用到第 10 个谐波。所以

$$THD = A_1 - 10 \log 10 \Big[\sum_{i=2}^{10} 10^{A_i/10} \Big]$$ (9.35)

计算出 THD 后,可以通过下式估算 SINAD

$$SINAD = 10 \cdot \log 10 [10^{SNR/10} + 10^{THD/10}]$$ (9.36)

9.6.2 转换时间

测量 DAC 的速度的参数为转换时间,指的是从数字输入信号的阶跃变化开始到输出稳定到最终电压的一个给定百分比之内需要的时间。

转换时间取决于模拟部分的速度和 DAC 控制的最大变化量。如果输入是

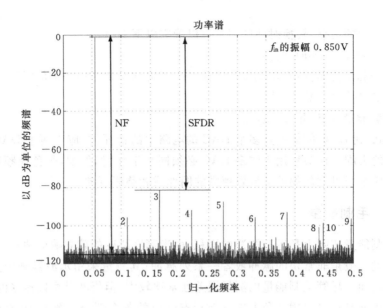

图 9.8　一个频谱分析仪上可能的谱线

奈奎斯特范围内的正弦波,那么 DAC 控制可以从负满刻度电压摆动到正满刻度电压。反之,如果 DAC 采用过采样来放宽重构滤波器的设计,那么最大控制台阶只能是满刻度的一部分。因为正弦波 $A\sin(\omega t)$ 的最大斜率是 $A\omega$,正弦波的相邻两个样本点间的最大变化为 $\pi V_{FS}/(2OSR)$。所以,过采样率 $OSR=4$ 的输出摆幅大约是 $0.4V_{FS}$。

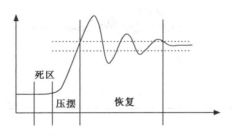

图 9.9　DAC 典型的转换时间

　　转换时间的测量一般使用快速示波器完成。典型的波形如图 9.9 所示可以分成 3 个可能的区域。第一个是由于控制的有限转换延时电路不起作用的停滞时间。第二个周期是压摆过度期,它受对电容(包括寄生电容)充电的最大电流限制。因为压摆率一般会导致过冲,第三个周期是恢复并达到最终值需要的时间。

更一般的情况,转换时间的测量可以确定以下参数:

- 稳定时间(转换时间加恢复时间)。
- 上升和下降时间(在满刻度输入阶跃下正方向和负方向稳定的时间)。
- DAC 到 DAC 偏差(skew)。
- 毛刺能量(Glitch energy)。

DAC 到 DAC 的偏差是多个 DAC 的电路中的特征,对应于两个 DAC 的上升时间的失配。该参数用于许多 DAC 必须同步工作时,例如,彩色视频应用中时间响应之间可能的偏差会导致模糊的图像或者叠影现象。

9.6.3 毛刺能量

毛刺能量实际上是毛刺脉冲的面积,由半刻度跳变的建立响应估算。

毛刺一般是非常快的脉冲或者一系列脉冲;其测量采用示波器确定其峰值和跳变时间。尽管毛刺能量的测量误差通常比较大,但仍然是可以接受的,所以估算毛刺能量时可以用三角形来近似瞬态响应的各个部分。图 9.10 有四块面积,两个正的,两个负的。毛刺脉冲面积的值一般以 pV-s(不是能量的单位)表示,为

$$Glitch = A_1 - A_2 + A_3 - A_4 \qquad (9.37)$$

或者对于一些适合于视频系统的规范

$$Glitch = A_1 \qquad (9.38)$$

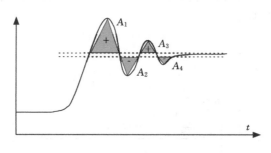

图 9.10 毛刺脉冲面积的测量

显然,精确的测量需要快速建立和宽带宽响应的示波器。测量 DAC 的上升或者下降时间,或者测量 DAC 的毛刺响应需要示波器放大器的带宽等于 $\alpha 0.35/\tau_{DAC}$(α 是一个合适的容限,至少为 1.5)。所以,对于 $\tau_{DAC} = 1\text{ns}$,带宽必须至少为 524 MHz。

如果运放的带宽(或者稳定时间)不满足,我们可以回忆到建立时间是二次

方关系,所以可以估算 DAC 的渡越时间为

$$\tau_{\text{DAC}} = \sqrt{\tau_{\text{meas}}^2 - \tau_{\text{OpAmp}}^2} \tag{9.39}$$

9.7　ADC 静态测试

任何 ADC 静态测试的主要目标是测量量化间隔,即,产生与之对应数字码的模拟电压范围。相应地,测试主要是确定数字码的跳变沿,以便经过处理后得到其他静态性能参数。

图 9.11 所示的基本装置使用一个精确的有计算机控制输出值的电压源或者电流源。接口电路处接收到的数字输出被送入计算机进行处理或者统计研究。

源产生器提供的电压或者电流的精度必须高于一个 LSB,而且噪声要非常低,因为任何随机起伏都会给数字码边沿的测量引入不确定性。ADC 的输入参考噪声(一般是采样保持电路和第一级模拟电路产生的)也会给测量引入不确定性,因此有必要采用统计的方法。

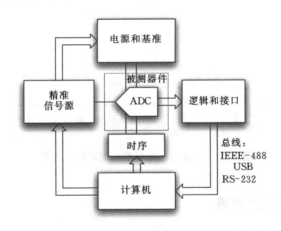

图 9.11　ADC 静态测试的基本装置

如果噪声是白噪声,那么其概率分布函数是正态分布(或者高斯分布),由下422
式描述

$$p(V_n) = f(V_n, \sigma) = \frac{1}{\sigma\sqrt{2\pi}} e^{-V_n^2/(2\sigma^2)} \tag{9.40}$$

其中 σ^2 是随机噪声的方差。

因为噪声给边沿测量引入了不确定性,所以不能说如果输入在量化间隔的阈值内,那么输出码也在该间隔内,取而代之的是,必须给出输出码的概率。如

果边沿与标称的源电压之差远大于 σ，σ 也是 Δ 的一小部分，在如图 9.12 所示的累积的概率分布函数（是正态分布的概率密度函数的积分）下，码仓位置前的数字码概率几乎等于 0，跨过数字码的边沿后概率等于 1。所以，对于含有噪声的 ADC 或者含有噪声的源产生器，码的边沿被定义成产生给定数字码的概率为 $1/2$ 的输入电压。

因为不确定性影响边沿的测量，所以静态测试一般瞄准数字码的中心，即出现该数字码概率几乎为 1 的区域的中间。

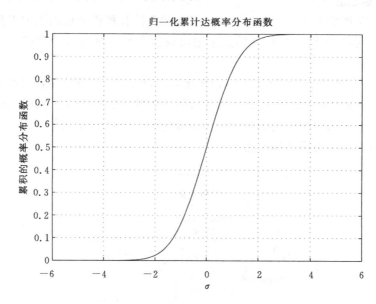

归一化累计达概率分布函数

图 9.12 标准差 σ 与累积的概率分布函数

423

9.7.1 数字码边沿测量

数字码的边沿指的是产生两个连续数字码的概率相同的输入电压。得到它们最简单的方法就是通过微调输入电压来搜索：可能是数字控制的输入源根据适当的搜索算法改变，对每个点系统采集给定的采样数，验证是否一半落在这个数字码，另一半落在下一个数字码内。

即使采用有效的搜索方法（例如二进制树）和自动测试仪，该方法也是相当耗时间的。的确，如果在测量 Δ 时的分辨率为 $\Delta/16$，被测试的 12 位 ADC 本质上是单调的，转换速率为 2 MHz，二进制树搜索需要每个边沿 5 次迭代，每点 100 次采样，那么完成整个范围测试需要的时间为 $100 \times 2^{12} \times 5 = 2.048 \times 10^6$。对于中、低价格的元件，则这个测试时间太长（大约 1 秒），元件测试费用太高。

　　另一种可能的方法是伺服回路测试，比上述技术要快，因为在搜索过程中不需要数据平均。可能的测量装置如图 9.13 所示，其模拟输入与 1 位 DAC 集成，当数字输出变化一个数字码时 DAC 的控制反转。因为环路延时和反馈，电压连续经历三角波变化直到积分器的输出达到量化间隔的一小部分以内。当积分器的输出稳定时，数字电压表测量数字码的边沿。

　　实际上，该方法使得积分器的输出追踪由于输入参考噪声而上下起伏的阈值电压。但是，环路滤波去除了高频毛刺，对于低失调和低 $1/f$ 噪声的器件其测量精度是足够的。

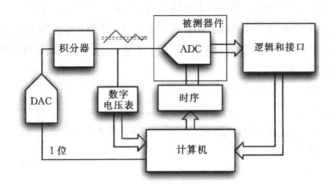

图 9.13　测量数字码边沿的伺服测试装置

　　实际上，直方图技术的另一种可能的应用是，很适合于码边沿或者码的中点的测量。输入信号，正像已经研究过的，可能是个线性的斜坡或者是个正弦波。因为每个码仓只需要相对少的采样个数就能得到好的精度，那么对于 12 位、2MS/s 的转换器需要 $20 \times 2^{12} = 81920$ 次测量，比第一个讨论的方法少 24 倍。

　　由每个码仓 M 个样本点的幅度平均得出的直方图可以测量出每个码仓的相对幅度，该幅度可作为第 i 个码仓的采样数 M_G 与期望的采样数 M 间的比值。数字码边沿的绝对数值要求知道将台阶大小从 Δ 改变成 Δ_{av} 时可能的增益误差。使用由二进制搜索或者伺服回路测试得到的端点电压值为 $V_{in}(0)$ 和 $V_{in}(2^n-1)$，则可得到以下等式

$$\Delta_{av} = \frac{V_{in}(2^n-1) - V_{in}(0)}{2^n-1} \tag{9.41}$$

INL 曲线是由将实际量化台阶的误差相加给出的

$$INL(k) = \Delta'_{id}\left[\sum_1^k \frac{M_G}{M} - k\right] \tag{9.42}$$

注意到，在测量 INL 时直方图的每个码仓相对少的采样数并不会导致破坏

性的误差积累:每个码仓中的误差被相邻码仓的误差补偿了。例如,如果误差导致三个连续的码仓中产生的采样数是 31.3、32.7 和 31.4,而不是标称的 32,那么测量出的采样数会是 31、33 和 31。DNL 的精度为 1/32,但是−0.3/32、0.7/32 和−0.4/32 互相取舍补偿,在 INL 估算时不会有破坏性的积累。

9.8 ADC 动态测试

ADC 的动态测试使用输入阶梯信号,正弦波(或者多频正弦波),音频或者视频测试信号,通信专用测试信号等等。动态测试的基本装置几乎与静态测试使用的相同;唯一的不同是所使用的输入信号源。模拟信号产生器一般通过 IEEE−488 总线或者其他等效的标准进行数字化控制,这使得仪器数字化控制构成自动测试变得容易。显然,数字接口的速度和数字处理能力必须适应于用到的速度和位数。

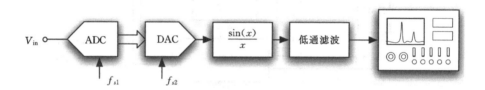

图 9.14 动态 ADC 测试的背对背装置

导出的性能参数一般由对数字输出数据集进行的信号处理确定。然而,在有些情况下回到模拟域采用所谓背对背的方法可能更方便,如图 9.14 所示在被测 ADC 后面使用一个 DAC。有些情况下,ADC 的采样频率和 DAC 的转换频率不同,产生欠采样的益处:采用高频重复的输入波形测试 ADC 的动态特性;在 DAC 之后降采样将结果送到更方便的频率范围用于下一步在模拟域进行特性描述。

9.8.1 时间域参数

ADC 的时间响应决定了与之密切相关的时域参数:最大采样频率。该参数取决于采样保持电路的上升和下降时间、建立时间和从过冲(overdriver)中恢复的时间,以及可能的 ADC 的第一级模拟电路。在确定 ADC 的特性过程中,对所描述的参数进行测试,找出其瓶颈是很重要的。为此,通常都会通过增加额外的引脚、探针可以连接的测试点或者使电路为了对单独模块可测试而进行重新配置等办法让关键模块具有更好的可观察性。

即使对于日常产品,也是可以很方便地为测试目的而增加额外的引脚,在正常工作时不使用它们。测试完成后,通过烧断熔丝可以隔离或者关断这些引脚。另一种策略是关键模拟电路部分多复制集成一份,通过额外的引脚使它们具有可观察性,为了测试更灵活,也采用额外的时钟。

图 9.15 所示的电路的配置采用了第二个采样保持(S&H)器用于测试主采样保持器和 ADC 的第一级模拟电路。第二个采样保持器的采样频率相对 f_{S1} 下降到 $f_{S2} = f_{S1}/k$,k 为整数,来对测量的模拟信号进行降采样。因为结果包含差频 $f_{in} - f_{S2}$,那么使用接近 f_{S2} 的输入频率就可以得到几乎直流的测量的同时降低了第二个采样保持器的速度要求,最小化了时序误差。此外,由于低的差频,第二个采样保持器的采样电容可以变大,降低了 kT/C 噪声。

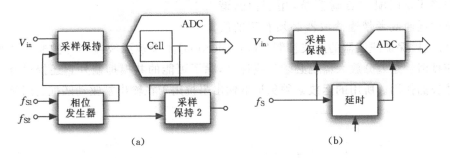

图 9.15　(a)使用额外的采样保持器测试模拟部分;(b)采样保持器采集时间测试

采样保持器正常工作要求的时间可以通过如图 9.15(b)所示的额外的电路测量出。在 S&H 和 ADC 之间可变的延时减小了 S&H 的稳定时间,在一个给定点,SNR 或者 SFDR 会下降一定的数值(例如,1dB)。该点就是正确采样需要的时间,对应地可得最大工作频率。

9.8.2　提高正弦波的频谱纯度

很显然信号源的精确度决定了测量的精度。也就是说,对于使用正弦波发生器的动态测试(例如,就像谐波失真的测量),信号源的纯度必须高于要求的精度;比如说,至少要大 10 dB。相应的,为了测量需要的性能参数,有必要使用频谱纯度高于实验室中已有的信号发生器,就必须花高昂的费用购买新的精确的源发生器。但是,另一种更合理的替代方案是采用提高现有发生器频谱纯度的方法。

可以预见提高频谱纯度的方法是采用带通滤波器消除中等质量发生器输出中存在的谐波项。但是,因为不仅是频谱的限制,本底噪声(noise floor)是另一个重要因素,选用的信号发生器带有滤波器是很关键的。注意到,本底噪声是由相噪声(phase noise)引起的;所以,当测试工程师选择源发生器时应该主要考虑相噪声性能,因为滤除谐波还是可以完成的任务,但是减小由于抖动导致的宽带噪声要困难得多。

图 9.16 所示是用于提高正弦波发生器频谱纯度的典型方案。图 9.16(a)的电路图用于低频,使用了一个伪差分输入产生差分输出。输入放大器的增益被设置到合适,使信号发生器产生最佳的振幅,该振幅下的相噪声和失真最小。输入网络还要匹配 50Ω 源阻抗,用于消除谐波的低通或者带通滤波器必须有高的线

注意

用于提高频谱纯度的额外电路必须非常线性,它们对谐波失真的贡献必须小于所要求的频谱纯度。

性度,以保证滤波器的杂波抑制(spur rejection)不会被滤波器本身的非线性响应抵消。全差分放大器也必须是线性的,除了可能的共模抑制外它还提供低通滤波的作用。所用的运放必须保证低输出阻抗用于在输出端驱动匹配的阻抗。

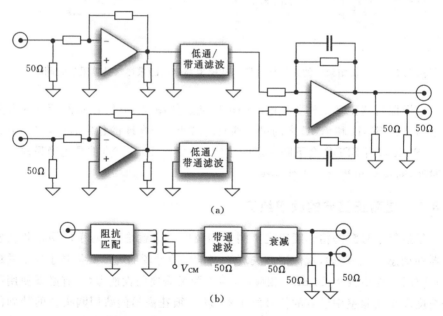

(a)

(b)

图 9.16　(a)提高中等频率正弦波频谱纯度的电路;(b)用于高频的频谱纯度提高电路

图 9.16(b)的电路可提供一个适合高频应用的更简单解决方法。在输入阻抗匹配网络后射频变压器相对共模电压 V_{CM} 产生对称的差分信号。带通滤波器用来提高频谱纯度,一般是无源的 LC 网络,其阶数取决于谐波抑制的需要。显

然,滤波器的带宽必须允许输入频率在要求的测量范围内变化。因此,Q 通常较低,或者如果需要,在不同频率范围测试时必须改变滤波器。

9.8.3　孔径不确定性测量

孔径不确定性是时钟抖动和采样保持器孔径延时的组合,正如所知的,孔径延时是由于随机起伏和与信号有关的开关阈值导致的。孔径延时和时钟抖动都导致白噪声,降低了 SNR;但是,在表征 ADC 特性阶段,为了优化电路设计,确定可能的故障,了解两个噪声源(孔径延时和时钟抖动)各自的贡献是很重要的。

孔径延时是通过将输入信号和时钟锁定后的测量得到的,这样可有效地消除时钟抖动,以便于进行直方图的分析。其可能的测试装置如图 9.17 所示。带通滤波器从低抖动时钟中提取出基频信号,从而得到和时钟锁定的正弦波。经过适当的移相和衰减后,正弦波交流耦合到一个直流信号上,产生 ADC 的输入。

$$V_{\text{in,ADC}}(t) = V_{\text{DC}} + A_1 \sin(\omega_S t + \Phi_1) \tag{9.43}$$

其中振幅 A_1 取决于衰减器和 RC 滤波器组时钟频率下的频率响应。

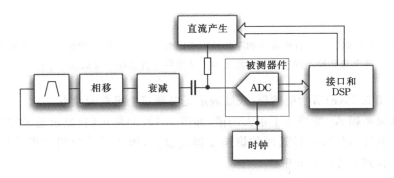

图 9.17　测量孔径不确定性的测试装置

直流部分对应一给定的输出码,交流分量决定了在该输出码上下变化的范围。改变相位将改变正弦波的采样瞬间,从而使对应 $2A_1$ 范围内所有可能的码受影响。

图 9.18(a)中的相移 Φ_1 产生的采样位于正弦波的上半部分,高于直流输出码。但是,改变相位到 Φ_1' 使得输入电压在直流电平上。没有输入噪声和孔径延时的话,所有采样点将落入同一个码仓,直方图看起来像一个 delta 函数。如果正弦波的振幅很小,直流信号上的噪声或者转换器前端的噪声(可以参考到直流电平上)导致的直方图相当大程度地由直流等效噪声的方差控制。其结果看

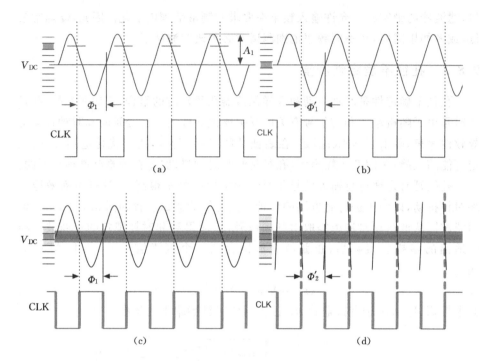

图 9.18　(a)和(b)没有直流噪声和零孔径不确定性时影响码仓的相移;(c)直流电平上的
噪声和孔径不确定性;(d)放大的正弦波使得直流噪声可以忽略不计

起来像图 9.18(c)所示的情形,灰线表示延展到三个码仓的噪声。

如果振幅 A_1 变成一个很大的值,如图 9.18(d)所示(只显示出了过零点附近的正弦波部分),孔径延时的影响变得明显了,因为采样时间的误差将 ADC 的输入移到了许多码仓中。

430　直方图的方差 σ_H 源自直流噪声 σ_n 和孔径不确定性 σ_A 的影响,两者的影响以平方关系结合在一起

$$\sigma_A = \sqrt{\sigma_H^2 - \sigma_n^2} \tag{9.44}$$

孔径不确定性的影响被 $V_{\text{in,ADC}}$ 在过零点处的斜率放大了,因此根据 A1 的幅值

$$\frac{\mathrm{d}V_{\text{in}}}{\mathrm{d}t}\bigg|_{\text{max}} = 2\pi f_S A_1 = K \tag{9.45}$$

因为孔径不确定性 τ_a 使输入电压的变化为 $K\tau_a$,所以方差 σ_A 与 σ_a 的关系为

$$\sigma_A = K\sigma_a \rightarrow \sigma_a = \frac{\sigma_A}{K} \tag{9.46}$$

上式表明,$A_1 = V_{FS}/2$,而且估计在半满刻度位置时直流产生电路的灵敏度最大。

9.8.4 稳定时间(settling-time)测量

ADC 的稳定时间主要由采样保持的建立时间决定。如果采样时间不够,采样保持电路俘获的信号不稳定,导致误差。所以,要测量稳定时间,控制采样阶段的时间是很必要的。

稳定时间有限的 ADC 的非理想响应可以分解成如图 9.19(a)所示那样模块。第一个是具有有限稳定时间的连续时间单位增益放大器,后面接理想采样保持电路(S&H)。假设输入信号是一个阶跃电压,被第一个模块根据其阶越响应 $h(t)$ 做出修改。如果理想 S&H 的作用是将输入阶跃信号 $U(t)$ 延时一给定时间 δ,那么采样电压为 $Uh(\delta)$。因此,改变延时,就有可能测量稳定信号波形。

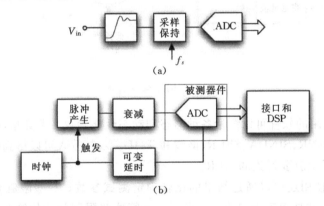

图 9.19 (a)有限稳定响应的 ADC 模型;(b)稳定时间测试装置

图 9.19(b)的测试装置可以得到上述的结果,通过时钟触发一个脉冲产生 431 器。同一个时钟经过延时后提供给被测的 ADC,阶越输入的幅值可能被衰减器调整。因为 ADC 的输出是对在延时建立的时间处输入信号的转换,所以增加延时,保存数字结果就可以画出稳定时间的响应。

9.8.5 FFT 测试的使用

FFT 是确定数字输出频谱的有效方法,而且对将频谱特性与性能参数关联起来也是有用的。用于 FFT 测试的装置由输入信号产生器,例如单一正弦波(或者两个或多个正弦波),被测器件和缓冲存储器组成,缓冲存储器用于保存数据序列,使得在测试完成后在 PC 上可以离线处理这些数据。数字时间的采集是通过一个专用的缓存存储器或者逻辑分析仪完成的。

显然,采集板必须通过使用缓冲的放大器、稳定的振荡器、滤波器、去耦电路和匹配网络,来保证输入信号、基准源和时钟必要的质量。对于用单个正弦波信号源(也许需要滤波以确保频谱纯度)产生双频或者多频信号进行测试的情况,如图 9.20 所示,必须结合匹配网络以避免可能的反射和交叉调制。

要测试的性能参数的类型决定了序列的长度,众所周知,该长度能给予所要求的处理增益(process gain)。例如,因为 16384 个采样给出 39.1 dB 处理增益,12 位 ADC 的测试产生的本底噪声为 73.8+39.1=112.9 dB。所以,测试能处理的杂波(spur)甚至可以低于−100 dB$_{FS}$。

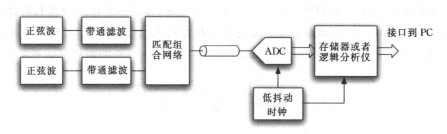

图 9.20 FFT 测试装置

PC 上使用的软件可以测量各种静态和动态性能参数。尤其是,使用单频输入可以估算 SNR、SINDA、SFDR、谐波和 THD。双频输入可以得到的关键特性如 IMD,和马上就要讨论的 NPR。

FFT 的使用还可以通过结果的比较确定测试参数。一些限制导致了影响 SNR 的噪声,这是大家所知的。如果可以不管这些限制就能估算 SNR,并且当这些限制且只有这些限制影响测量时可以重复 SNR 的测量,可以由一个适当的处理提取出性能参数。例如,因为时钟抖动的影响取决于信号频率,孔径抖动的非直接估算是通过测量信噪比分别在低频率下(SNR$_L$)和高频率下(SNR$_H$)得到的。如果转换器的频带远比所使用的高频大,并且信号源的抖动远比期望测量的值小,那么 SNR 的降低是由孔径抖动导致的。

回想起,在对幅值为 $V_{FS}/2$,频率为 f_S 的正弦波进行采样时,τ_{ji} 的抖动产生的噪声功率为 $(V_{FS}\pi f_{in}\tau_{ij})^2/2$。那么

$$SNR_L = 10 \cdot \log\left[\frac{V_{FS}^2/8}{V_n^2}\right];$$

$$SNR_H = 10 \cdot \log\left[\frac{V_{FS}^2/8}{V_n^2 + (V_{FS}\pi f_{in}\tau_{ij})^2/2}\right] \tag{9.47}$$

其中 V_n^2 为当忽略抖动贡献的时候输出噪声功率。

解式(9.47)方程,得到

$$\tau_{ij}^2 = \frac{1}{2\pi f_{in}}\left[10^{-SNR_H/10} - 10^{-SNR_L/10}\right] \tag{9.48}$$

另一个采用 FFT 进行测试的例子是测量模拟带宽。对于模拟电路,带宽极限为输出幅值降低 3dB 时的频率。ADC 带宽的测量可以采用相似的方法,通过观察 FFT 的显示下降 3dB 处的输入频率得到。

433

习题

9.1　画出测试一快速、12 位 ADC 动态性能的印刷电路板的草图。集成电路有分开的模拟电源和数字电源,并且有外接的基准电压 V_{low} 和 V_{high}。输入信号是差分的,频率范围从 0.1MHz 到 120MHz。采用本章给出的建议作为核对表。

9.2　在互联网上搜索,找到一个用于测试数据转换器、由该转换器的数据手册建议的印刷电路板版图。检查地线层和用于过滤电源电压的元件的放置。

9.3　ADC 的静态测试给出的输出是二进制格式。输入是缓慢的斜坡信号。写段程序代码或者用某些现成的软件找到一解决方法,用最优拟合曲线法确定增益和失调。

9.4　重复上一个习题,但假设输入信号是一个频率合适的正弦波。确定可以使能 10^{14} 个不同输入电平的所用频率。

9.5　使用数字输入正弦波对一个 12 位 DAC 进行静态测试。DAC 的输出用一个 16 位的 ADC 进行转换。写段程序代码或者用现成的软件找到一解决方法,用于确定谐波失真项。确定最佳正弦波频率、需要使用的采样点个数和能达到的测试精度。

9.6　确定 12 位电流舵 DAC 的测试步骤。DAC 采用 4-4-4 分段,假定本方案工作在线性系统。

9.7　确定例 9.1 中讨论的情况下测试的时间,但假设测量方法改为输入频率是阶越改变的,每个频谱点采集 1024 个采样用于完成 DFT,自动切换输入频率需要的时间是 1ms。

434

参考文献

书和专著

M. Mahoney: *Tutorial DSP-Based Testing of Analog and Mixed-Signal Circuits*, Computer Society, IEEE, Washington D.C., 1987.

M. Burns and G. W. Roberts: *An Introduction to Mixed-Signal IC Test and Measurement*, Oxford University Press, New York, 2001.

期刊和会议论文

J. Doernberg, H. Lee, and D. A. Hodges: *Full-speed testing of A/D converters*, IEEE Journal of Solid-State Circuits, vol. 19, pp. 820–827, 1984.

E. J. McCluskey and F. Buelow: *IC Quality and Test Transparency*, IEEE Transaction on Industrial Electronics, vol. 36, pp. 197–202, 1989.

M. Burns: *High Speed measurements Using Undersampled Delta Modulation*, Teradyne User's Group Proceedings, Teradyne, 1997.

Y. Sun: *Analogue and mixed-signal test for systems on chip*, Special Session Introduction, IEE Proceedings, Part G, vol. 151, pp 335–336, 2004.

E. Truebenbach: *Instruments for Automatic test*, IEEE Instrumentation and Measurement Magazine, vol. 8, pp. 27–34, 2005.

索引 ①

---

① 本索引中的页码为原书页码,标注在本书靠近切口的白边上。